"十四五"普通高等教育汽车服务工程专业教材

Qiche Paifang yu Zaosheng Kongzhi

汽车排放与噪声控制

（第3版）

李岳林　吴　钢　主　编

人民交通出版社股份有限公司

北　京

内 容 提 要

本书为"十四五"普通高等教育汽车服务工程专业教材。主要内容包括:大气污染与控制概述、汽车污染物危害及汽车排放标准与试验方法、车用汽油机排放污染物的生成机理及影响因素、车用柴油机排放污染物的生成机理及影响因素、汽车排放污染物成分的预测、汽车排放污染物净化技术、声音(噪声)的基本知识、汽车噪声及其控制,共计八章。

本书可作为汽车服务工程专业的本科生教材,也可供从事汽车与环境保护研究的工程技术人员和科研人员参考。

图书在版编目(CIP)数据

汽车排放与噪声控制／李岳林,吴钢主编.—3版
.—北京:人民交通出版社股份有限公司,2023.1
ISBN 978-7-114-18387-4

Ⅰ.①汽… Ⅱ.①李…②吴… Ⅲ.①汽车排气—空气污染控制—教材②汽车噪声—噪声控制—教材 Ⅳ.①X734.201②U461

中国版本图书馆 CIP 数据核字(2022)第 252229 号

书 名:	汽车排放与噪声控制(第3版)
著 作 者:	李岳林 吴 钢
责任编辑:	李 良
责任校对:	赵媛媛 魏佳宁
责任印制:	刘高彤
出版发行:	人民交通出版社股份有限公司
地 址:	(100011)北京市朝阳区安定门外外馆斜街 3 号
网 址:	http://www.ccpcl.com.cn
销售电话:	(010)59757973
总 经 销:	人民交通出版社股份有限公司发行部
经 销:	各地新华书店
印 刷:	北京市密东印刷有限公司
开 本:	787×1092 1/16
印 张:	18
字 数:	438 千
版 次:	2007 年 10 月 第 1 版
	2017 年 5 月 第 2 版
	2023 年 1 月 第 3 版
印 次:	2023 年 1 月 第 3 版 第 1 次印刷 累计第 7 次印刷
书 号:	ISBN 978-7-114-18387-4
定 价:	57.00 元

前言

Qianyan

2012 年,国家教育部公布了新的本科专业目录,汽车服务工程成为目录内的普通本科专业,2020 年 2 月,在教育部发布的《普通高等学校本科专业目录(2020 年版)》中,汽车服务工程专业隶属于工学、机械类(0802),专业代码为080208。该专业顺应了我国社会机动化和汽车普及化的时代发展要求,面向汽车使用领域和汽车服务领域,培养应用型、复合型、创新型乃至创业型的高级人才。"懂技术、擅经营、会服务"是这个新兴专业对其毕业生的基本能力素质要求。为了实现人才培养目标,汽车服务工程专业需要高水平教材支撑课程教学。

当前,汽车产业正处于深度的调整和变革进程中。一是汽车科技日新月异,正在向着轻量化、电动化、智能化、网联化等方向纵深发展,新能源汽车、智能汽车、网联汽车等新品不断涌现,无人驾驶、虚拟现实、增强现实、生物识别等人工智能技术在汽车上的应用越来越多,"互联网 +"与汽车研发、制造、营销、运用和服务等领域的融合越来越深刻,这些变化将彻底改变传统的市场调研、汽车开发、营销与服务的方式,改变企业的生产经营模式,甚至诞生跨界经营,进而引起产业生态的变革;二是我国汽车市场在经历 21 世纪初叶十余年的快速发展,并在 2009 年超越美国成为世界最大的新车消费市场之后,汽车需求从宏观总量上看必将转入低微增长乃至震荡波动的发展形态,市场趋于饱和,企业竞争逐渐加剧,这种变化必将导致企业的营销方式大不同于以往,市场经营范围也将由以国内市场为主转向国际和国内两个市场并重,真正实现全球经营。另一方面,我国的高等教育也同样处于调整变革进程中。一是国家调整高等教育的建设方式,由以前的"985 工程"和"211 工程"模式调整为"双一流"建设模式,更加注重学科(专业)特色优势的建设;二是创新创业教育和高等教育的国际化步伐加快,特别是在工科教育方面,我国已于 2016 年正式成为《华盛顿协定》的成员国,各高校均以工程教育国际认证为契机,全面促进专业的建设发展。

基于此,全国汽车服务工程专业教学指导委员会结合我国汽车维修行业发展动态和工程教育专业认证需要,并在征求行业专家、专业教师的建议基础上,组织编写了"十四五"普通高等教育汽车服务工程专业系列教材。

《汽车排放与噪声控制》为本套教材之一,是汽车服务工程专业本科学生专业技能课之一。本书由长沙理工大学李岳林、吴钢担任主编。其中第一章由长安大学王生昌教授编写,第三章由长沙理工大学刘志强教授编写,第二、四、七章由长沙理工大学吴钢教授编写,第八章由长沙理工大学刘鹏编写,李岳林教授编写了第五、六章并对全书进行统稿。本书成稿后,长安大学郭晓汾教授仔细审阅了全文,并提出了许多宝贵意见和建议,使本书质量有了明显提高。同时,在编写过程中,还得到了长沙理工大学徐小林、张志勇、王明松、袁翔等诸位老师的许多帮助,在此一并表示衷心的谢意。

　　由于编者水平有限,时间仓促,书中缺点和错误在所难免,欢迎读者批评指正。

编　者

2022 年 10 月

目 录

Mulu

第一章 大气污染与控制概述

进入 21 世纪以后，人类在改造自然和发展社会经济方面取得了前所未有的辉煌业绩。而经济的快速发展、城市化进程的不断加速所带来的一系列环境问题也严重地阻碍了社会、经济的可持续发展，并威胁着人类的健康与生存。"保护生态环境就是保护生产力，改善生态环境就是发展生产力"，党的十八大以来，我国统筹经济发展与生态环境保护的关系，"绿水青山就是金山银山"理念已经成为全党、全社会的共识和行动。

大气是人类生存不可缺少的最基本条件。在诸多的环境问题中，大气污染是一个十分严重的问题。近年来，在我国一些城市群中出现了煤烟型与机动车污染共存的特殊大气复合污染，具有明显的局地污染和区域污染相结合、污染物之间相互耦合作用的特征。因此，大气环境形式总体上进入了以多污染物共存、多污染源叠加、多尺度关联、多过程演化、多介质影响为特征的复合型大气污染阶段，已对我国公众健康和生态安全构成了巨大威胁。大气污染的控制与治理刻不容缓。

第一节 大气污染控制的起源与发展

一、大气污染控制的起源

呼吸清洁空气是每个人与生俱来的权利。18 世纪中叶产业革命之后，随着蒸汽机的发明与广泛使用，社会生产力得到了飞速发展，煤和石油逐渐成为主要能源，化石燃料燃烧造成的大气污染也随之日益加剧，严重的大气污染事件接连发生。第二次世界大战以后，许多工业发达国家的现代工业迅速发展，带来了范围更大、情况更加严重的环境污染问题。例如：进入 20 世纪 40 年代以后，由于汽车尾气的排放，美国洛杉矶市经常在夏季出现光化学烟雾；欧洲由于燃煤造成大气污染，使北欧许多国家降酸雨，多次引起国际争端。由于大气污染事件的相继出现，导致了公众和各国政府对空气污染的认识和重视，1956 年，英国通过了主要针对煤烟型大气污染控制的《清洁空气法》，该法案拉开了大气污染控制的序幕；1963 年，美国国会通过了《清洁空气法》，并于 1970 年进行了第一次修正，增加了对汽车排放污染物控制的要求。1972 年，联合国召开了斯德哥尔摩全球人类环境会议，通过了《联合国人类环境会议宣言》。该宣言呼吁世界各国政府和人民共同来维护和改善人类环境，为子孙后代造福。斯德哥尔摩全球人类环境会议对于推动全球环境问题控制有着重要意义。进入 20 世纪 80 年代以后，由于各国人民对环境保护的要求日益提高，迫使各国政府开始重视环境保护，着手治理环境污染，许多国家用于防治大气污染的投资大幅度增加。由于一些国家相继制定了空气质量法、大气污染控制法，并加强了严格的环境管理，以及采取了综合防治措施,使得这些国家的大气污染基本上得到控制,环境质量有了一定的改善。1990 年,美国大幅度修订《清洁空气法》,对汽车排放实施更加严格的限制,并提出了制造低排放、超低排放和零排放车的目标。2015 年 12 月 12 日的巴黎气候变化大会通过了《巴黎协定》,并在 2016 年 4 月 22 日"世界地球日"这一天,100 多个国家聚集联合国,见证了全球性的气候新协议《巴黎协定》的签署。

二、我国大气污染控制的发展

斯德哥尔摩全球人类环境会议后,我国于 1973 年召开了第一次全国环境保护工作会议,大会确定了"全面规划,合理布局,综合利用,化害为利,依靠群众,大家动手,保护环境,造福人民"的 32 字环境保护工作方针,拉开了我国环境保护事业的序幕。至此,大气污染防治被提上日程并进入社会公众的视野,从无到有,开启了我国的大气环境保护历史。历经煤烟型大气污染治理、机动车污染控制、区域性复合型大气污染控制等,大气污染物排放控制成为我国环保事业的一个缩影。也就是从那时起,我国政府在完善大气污染防治法律体系的同时,开始重视与大气污染相关的科学研究,逐步投入大量资金研发相关的治理技术,长时间的科技研发为大气环境保护提供了切实的技术保障,所取得的一系列成果推动了相应的政策制定、法规完善和标准出台。

20 世纪 70 年代,我国的大气污染防治工作尚处于起步阶段,这一时期的空气污染范围尚以城市局部为主,主要关注的污染物是悬浮颗粒物(TSP),大气污染防治工作也主要以改造锅炉、消烟除尘、控制工业点源污染为主。

自进入 20 世纪 80 年代以来,随着经济的快速发展,能源消耗量急剧增加,城市环境空气的二氧化硫(SO_2)污染越来越严重,同时,在我国西南、华南地区出现了区域性的酸雨污染。1982 年,我国第一次颁布了《中华人民共和国大气污染防治法》,内容总体上比较原则和笼统。后来在 1987 年和 1995 年又分别进行了修改,主要是加强了对煤烟型污染的控制力度,对机动车排放污染物的控制只一条粗略带过。

至 21 世纪之初,我国大气污染的主要污染源仍为燃煤和工业,主要污染特征为煤烟尘、酸雨,空气污染范围从局地污染向局地和区域污染扩展。这一阶段的大气污染问题,很大程度上来自于我们的能源结构,更确切地讲是煤的燃烧造成的,属于煤烟型污染。

进入 21 世纪后,我国城市化进程不断加快,高速发展的城市群交通和汽车产业带来了日趋严重的机动车排放污染。在发展模式仍旧粗放,能源消费不断攀升、工业化城市化进程持续推进等的大背景下,各种大气污染物排放量居高不下,我国各地区特别是东部经济发达地区大气复合污染问题日益突出。这一阶段,我国大气环境中的煤烟型与机动车污染共存,受大气环流及大气化学的双重作用,二次污染愈加明显,相邻城市间污染传输影响突出,区域内空气重污染现象大范围同时出现的频次日益增多。2000 年 4 月修订通过的《中华人民共和国大气污染防治法》专门列出 1 章 4 条,加强对机动车船排放污染物的控制力度,规定机动车船排放的污染物不得超过同期规定的排放标准;制造的机动车不符合当时在用车污染物排放标准的,不得上路行驶等。虽然我国政府较早就比较重视对大气污染的防治,但由于缺乏操作性强的实施细则,以及受到经济水平和环保意识的制约,大城市空气污染状况仍在逐年积累和恶化,空气污染程度已经相当严重。2012 年秋冬季,尤其是 2013 年 1 月,北京地区以及我国整个东部地区,出现了长时间、大面积灰霾,其中,2013 年 1 月 14 日的霾污染面积超过 100 万平方千米,影响了我国东北、华北、华中和四川盆地的大部分地区,受影响的人口达 8.5 亿之多。这是我国于 2013 年 9 月出台《大气污染防治行动计划》的重要背景之一。

党的十九大报告把污染防治列入全面建成小康社会的三大攻坚战之一,2018 年 5 月的全国生态环境保护大会明确:"生态环境是关系党的使命宗旨的重大政治问题,也是关系民生的重大社会问题。新时代推进生态文明建设,打好污染防治攻坚战是重点任务。"为了全面贯彻落实党的十九大部署和精神,国务院于 2018 年 7 月印发了《打赢蓝天保卫战三年行动计划》,该计划中,把柴油货车列为大气污染重点治理的领域;生态环境部等部委于 2019 年 1 月发布了《柴油货车污染治理攻坚战行动计划》;2019 年 1 月 1 日起我国全面提供国 Ⅵ 标准的柴油,而《重型柴油车污染物排放限值及测量方法(中国第六阶段)》也于 2019 年 7 月 1 日起正式实施。随着这些法规措施的相继实施,我国大气污染物排放治理进入了快车道。

第二节 大气的成分与结构

从自然科学角度来看,大气和空气两个词并没有实质性的差别。大气是指环绕地球的全部空气的总和,而将室内和特定某个地方(如车间、厂区等)供动、植物生存的气体习惯上称为环境空气(或简称空气)。

可见,大气和空气通常是作为同义词使用的,其区别仅在于大气所指的范围更大些,空气所指的范围相对小些。在大气物理、大气气象和自然地理的研究中,研究对象是大区域或全球性的气体,常用"大气"一词,对这种范围内的空气污染,也就称之为大气污染。

一、大气的成分

自然状态下,大气是由混合气体、水汽和杂质组成。除去水汽和杂质的空气称为干洁空气,其主要成分包括 78.09% 的氮(N_2)、20.95% 的氧(O_2)和 0.93% 的氩(Ar)。这 3 种气体占总量的 99.97%,其他各项气体含量总计不到 0.1%,这些微量气体包括氖、氪、氙、氦等稀有气体。在近地空气中上述气体的含量几乎被认为不变化,称为恒定成分。干洁空气的组成,以及各成分的体积分数见表 1-1。

干洁空气的气体成分   表 1-1

成 分	分 子 量	体积分数 (以百分比计)	成 分	分 子 量	体积分数 (以百分比计)
氮(N_2)	28.01	78.09	甲烷(CH_4)	16.04	0.000 15
氧(O_2)	32.00	20.94	氪(Ke)	83.80	0.000 1
氩(Ar)	39.94	0.93	一氧化二氮(N_2O)	44.01	0.000 05
二氧化碳(CO_2)	44.01	0.032	氢(H_2)	2.016	0.000 05
氖(Ne)	20.18	0.001 8	氙(Xe)	131.30	0.000 008
氦(He)	4.008	0.000 52	臭氧(O_3)	48.00	0.000 001 ~ 0.000 004

大气中的易变成分是二氧化碳、水蒸气等。这些气体受到地区、季节、气象以及人类生活和生产活动的影响。另外,大气中的某些成分是不定的,包括以下两个原因:其一是自然

界的火山爆发、山林火灾、海啸、地震等暂时性的自然灾害所生成的气体和空气悬浮物;其二是人类社会的发展及城市工业布局不合理,环境管理不善等人为因素使某些成分增多。大气中的不定成分主要为氮氧化合物、碳氢化合物、臭氧、空气悬浮物等,这些不定成分是空气污染的主要根源。

二、大气的分层

包围地球外层的混合气体的总质量约为 3.9×10^{15} t,仅占地球总质量的百万分之一。大气质量在垂直方向的分布是极不平均的,在地心引力作用下,其主要质量集中于下部,即50%集中在距地面5km以内,75%集中在10km以内,90%集中在30km以内。

根据温度、成分、荷电等物理性质的差异,同时考虑到大气的垂直运动状况,可将大气分为5层,其中对流层、平流层、中间层、电离层的分布如图1-1所示。

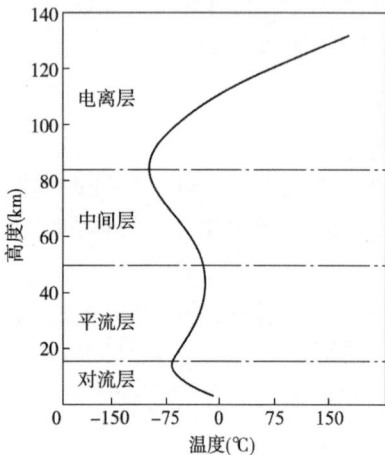

图1-1 大气圈层状结构及温度分布

1. 对流层

对流层是大气圈中最低的一层,底界是地面。由于其与地面接触,从地面得到热能,使大气温度随高度升高而降低,平均每升高100m气温约降低0.65℃。

对流层平均厚度12km,具有强烈的对流作用,但其强度随纬度位置而有所不同。一般在低纬度区较强,高纬度区较弱,所以对流层的厚度从赤道向两极逐渐减小,在低纬度区约为17~18km,中纬度区为10~12km,高纬度区为8~9km。

对流层相对于大气圈的总厚度来说是很薄的,但质量却占整个大气的质量75%、主要天气现象(云、雾、雨、雪、雷、电等)都发生在这一层,由于温度和湿度在对流层分布不均匀,使大气发生大规模的水平运动,因此,对流层对人类生产、生活的影响最大。大气污染现象(发生、迁移、扩散及转化)也主要发生在这一层中,特别是靠近地面的1~2km范围之内。

2. 平流层

从对流层顶到距地面50~55km的一层,空气垂直对流运动很弱,主要是水平运动,故称为平流层。根据温度的分布情况又把平流层分为同温层和暖层,同温层是从对流层顶到30~35km范围内,气温几乎不变,常年保持在-55~-50℃;暖层是从35~55km处,气温随高度的上升而增高,到平流层顶气温升高到-3℃,主要是由于该层中的臭氧能吸收来自太阳的紫外线同时被分解为原子氧和分子氧,当它们重新化合生成臭氧时,释放出热能,使气温升高。

这一层空气干燥,下面对流层的云和气流不易穿入,所以没有云、雨等天气现象,也没有尘埃,大气能见度很高,是现代超音速飞机飞行的理想场所。但是该层由于空气对流很弱,所以,飞机排放废气很难扩散稀释,废气中的 NO_x 与 O_3 迅速反应,消耗 O_3,这样就降低了大气遮蔽波长小于300nm的紫外线的能力,从而大量紫外线射向地面,使人类皮肤癌发病率增高。

3. 中间层

从平流层顶到距地面85km是温度再一次随着高度上升而下降的中间层。到层顶温度降至-100℃,在这一层空气又出现较强的垂直对流运动。

4.电离层

从中间层顶到距地面800km,空气稀薄,仅占大气总质量的0.5%,这一层由于原子氧吸收了太阳紫外线的能量,使该层的温度随高度上升而迅速升高,由于太阳和其他星球射来的各种宇宙射线的作用,使该层大部分空气分子发生电离,而具有较高密度的带电粒子,故称为电离层。电离层能将电磁波反射回地球,是全球性的无线电通信理想场所。

5.逸散层(外层)

高度800km以外的大气圈最外层称为逸散层。随着地心引力减弱,大气越来越稀薄,以致一个气体质点被撞出这一层,就很难有机会被上层的气体质点撞回来而进入宇宙空间去了,空气分子几乎全部电离。该层气温也是随高度增加而升高的。

第三节 大气污染源及污染物

我们周围的大气,既是氧的来源,又是人类活动过程中排放出的各种气态污染物扩散、稀释的场所。所谓大气污染,是指分散在大气中的有害气体和颗粒物质远远超过正常本底含量,累积到超过空气自净化过程(稀释、沉降等作用)所能降低的程度,对人体、动物、植物及物体产生不良影响的大气状况。

一、大气污染物的来源

空气污染之所以发展成为一个问题,首先是由于人类对能源的利用,其次是城市人口的增加。最初,空气污染始于取暖和煮食燃用的燃料,18世纪产业革命和工业革命后,工业用的燃料更多,对空气的污染更加严重。19世纪,燃煤释放的烟气成为当时的空气污染源。20世纪中叶后的工业发达国家,汽车数量急剧增加及其在城市的高度集中,使得汽车排放的尾气发展成为城市主要空气污染源。不过,空气污染带来的危害主要取决于空气中污染物的浓度,而不仅是它的数量。由于城市人口的集中使局部空气中的污染物浓度提高,而且难以稀释和扩散出去,从而使空气污染问题更为突出。

大气污染与能源利用、工业和交通运输业的发展密切相关,早在1971年,美国对大气污染物来源进行了分类统计,结果表明,城市大气中CO的77.3%、HC的55.3%、NO_x的50.9%和TSP的3.7%来自于汽车排放。由此说明,汽车排放已成为城市的主要污染源。美国环境保护署(EPA)公布的1992年美国排放分担率中,汽车排放的CO占80%、HC占36%、NO_x占44%,由此可见,汽车NO_x、HC排放分担率有所降低,汽车排放分担率中高速公路上的车辆排放占主要部分。表1-2是1995年一些发达国家机动车污染物排放分担率。

发达国家机动车污染物排放分担率(以百分比计)　　　　表1-2

国　别	NO_x	CO	VOC_s	PM	CO_2
美国	43	67	33	17	33
英国	49	80	32	25	—
日本	44	95	95	50	37
加拿大	61	66	37	—	—
法国	76	71	60	—	48
意大利	52	91	87	—	—

21 世纪初期,北京市和广州市机动车排放分担率的调查表明,CO 分担率占到 80.3% 和 90% ,NO_x 分担率占到 54.8% 和 79% 。2001 年,天津市机动车排放的 CO、HC、NO_x 分担率占到总排放量的 83%、81% 和 55% 。由此可以看出,我国大型城市与发达国家一样,空气污染物主要来源于机动车排放。

二、大气污染物的分类

一般来讲,大气污染可认为是由自然界所发生的自然灾害和人类活动所造成的,即自然污染源和人为污染源。在大气污染防治中,主要研究和控制的对象是人为污染源。人为污染源的划分方式有以下几种:

1. 按污染源存在的形式划分

(1)固定污染源。污染物由固定地点排出,如各种类型工厂、火电厂、钢厂等的烟或排气。

(2)移动污染源。污染物可以移动,如汽车行驶中排放的废气等。

2. 按污染物排放的方式划分

(1)高架源。污染物通过垂直高度大于 15m 的排气筒排放,是排放量比较大的污染源。

(2)面源。由多个垂直高度小于 15m 的排气筒集合起来而构成的区域性污染源。

(3)线源。移动污染源,如汽车在街道上行驶造成的线状污染。

3. 按污染物排放的时间划分

(1)连续源。污染物由排放源连续排放,如造纸厂排放制浆蒸煮废气的排气筒。

(2)间歇源。排放源间歇排放污染物,如取暖锅炉的烟囱。

(3)瞬时源。排放时间短暂,如工厂的事故排放。

4. 按污染物产生的类型划分

(1)工业污染源。这里主要包括燃料燃烧排放的污染物;生产过程的排气,如炼焦厂向大气排放硫化氢、酚、苯、烃类等有害物质,各化工厂向大气排放具有刺激性、腐蚀性、异味或恶臭的有机和无机气体,化纤厂排放的硫化氢、氨、二氧化硫、甲醇、丙酮等;生产过程中排放的各类物质和金属粉尘。

(2)生活污染源。由生活活动产生的废气,如烹调过程产生的废气。目前,我国的室内生活污染越来越受到重视。

(3)交通污染。由汽车、飞机、火车和船舶等交通工具排放的废气所造成的大气污染称为交通污染源。

自然界产生的大气污染物主要有:火山喷发排放的火山灰颗粒、二氧化硫、硫化氢,煤矿和油田自然逸出的煤气和天然气,腐烂的动植物排放出的有害气体。

三、主要大气污染物

大气污染物通常指以气态形式进入近地面或低层大气环境的外来物质,如氮氧化物、硫氧化物和碳氧化物以及飘尘、悬浮颗粒等,有时还包括甲醛、氡以及各种有机溶剂,其对人体或生态系统具有不良效应。通常,与交通源有关的主要污染物有:一氧化碳、氮氧化物、碳氢化合物、硫氧化物和悬浮颗粒物等。

1. 一氧化碳

一氧化碳(CO)是一种无色无味的气体,在燃料不完全燃烧过程中产生。随着家庭用煤的逐渐减少和机动车数量的迅速增加,城市大气中的CO主要来自汽车排放。

高浓度的CO一般都出现在道路两侧区域,离道路距离较远时,浓度值下降较快,其污染范围相对有限。道路边CO浓度水平与气象条件和交通状况显著相关,因而随时间和地点变化很大。绝大部分城市的CO峰值浓度出现在交通高峰时段,特别是在寒冷的冬天,汽车发动机燃烧状况相对较差,加之风速较低不利于扩散,容易出现CO严重超标的情况。汽车在冷起动和怠速状态下,排放出的CO最多,因而,在道路十字路口往往CO浓度较高。

2. 氮氧化合物

氮氧化物通常是NO_2和NO的统称,可概括表示为NO_x。它们主要是在高温燃烧过程中由空气中的氧和氮化合而成,燃料中含氮化合物也会部分形成氮氧化物排放。汽车尾气中直接排放的氮氧化物基本上是NO,之后在大气中被氧化为NO_2,氧化过程一般需要几个小时,但当空气中有臭氧等强氧化剂存在时,氧化过程会变得很迅速。NO本身是无害的,而NO_2是一种刺激性很强的污染物。

空气中NO_2占总氮氧化物的百分比受季节、与排放源的相对位置、气象条件等诸多因素影响,一般在$30\% \sim 80\%$的范围,平均约为50%。冬季由于大气氧化性较弱,化学转化过程变慢,NO_2的百分比也相对较低,离排放源越近,NO_2百分比也越低;而当出现弱风或静风天气时,空气团滞留时间长,就会有更多的NO被转化,因而NO_2的百分比也就高一些。

3. 二氧化硫

空气中的二氧化硫(SO_2)主要来自于含硫化石燃料的燃烧过程,如煤和石油中较重组分(柴油、重油等)的燃烧。SO_2除了自身具毒害作用外,它还引起大气中的二次污染物(特别是硫酸盐),是形成酸雨的主要成分,也是影响城市能见度的主要原因之一。SO_2的自然背景浓度通常低于$5\mu g/m^3$,由于电厂等采用高烟囱排放,经过稀释、扩散的作用,虽然使城市SO_2的污染有所下降,但是广大农村的空气质量受到严重破坏,污染面积大幅度扩大,形成大面积的酸雨区。

4. 悬浮颗粒物

悬浮颗粒物是来自多种排放源的有机和无机物质的复杂混合物,通常可以分为粗颗粒(颗粒直径大于$2.5\mu m$)和细颗粒(颗粒直径小于$2.5\mu m$)两大类。细颗粒包括硫酸盐、硝酸盐和硝酸盐粒子(由其气体氧化物转化而成),以及煤和石油燃烧产生的黑烟;粗颗粒通常包含土壤碎粒和道路及工业扬尘。

颗粒物的组成非常复杂,其表述和测量方法也多种多样。可以根据所用测量技术的不同分为总悬浮颗粒物和黑烟;也可以根据颗粒的尺寸来分类,按其粒径大小通常分为PM_{10}(粒径小于$10\mu m$)和$PM_{2.5}$(粒径小于$2.5\mu m$)等。称重法测得的颗粒物通常叫作总悬浮颗粒物(TSP),通常它比滤纸烟度法测得的黑烟浓度在数值上要大,因为称重法可以检测滤纸烟度法测不出来的一些粒子,如硫酸盐颗粒等。

5. 臭氧

城市臭氧(O_3)污染也常叫作对流层臭氧问题,它不是由污染源直接排放的一次污染物,而是由一系列一次污染物在大气中经化学反应形成的二次污染物,是光化学烟雾的代表性污染物,不能将对流层臭氧与我们要保护的平流层臭氧相混淆。平流层的臭氧层能吸收太阳的紫外线辐射,从而保护地球上的动植物生长,这一臭氧层位于离地面高度12km以上的平流大气层内,对地面的生物起到非常有益的保护作用。相反,当臭氧出现在近地面动植物活动的对流层大气内时,它是一种刺激性很强的污染物,会对这些生态系统产生许多不利影响。城市臭氧主要是由挥发性有机气体(VOC_s)与NO_x经过一系列复杂的链式光化学反应而生成的。

四、主要温室气体

温室气体指的是大气中能吸收地面反射的太阳辐射,并重新发射辐射的一些气体,如二氧化碳、氧化亚氮、氟利昂、甲烷等,它们会使地球表面变暖。《京都议定书》中规定主要对二氧化碳、氢氟碳化物、甲烷、氧化亚氮、全氟化碳、六氟化硫六种温室气体进行控制;其中,二氧化碳浓度占比最高,对全球辐射强迫的贡献占比最大(约占66%)。自工业革命以来,人类活动导致的温室气体排放对全球生态系统产生了重要影响。2015年气候变化大会达成的《巴黎协定》提出了"要控制全球升温在2℃以内,努力控制在1.5℃以内"的目标,2020年9月,中国在第七十五届联合国大会上提出庄严承诺"CO_2排放力争于2030年前达到峰值,努力争取2060年前实现碳中和"。

二氧化碳是一种在常温下无色无味的气体,传统的燃油车在化石燃料燃烧过程中会产生大量二氧化碳,对人体没有伤害,但会造成温室效应,加速全球温升。按照二氧化碳排放来源类别统计,排前三的主要是电力及热能生产行业、交通领域、一般工业领域,从1990—2018年,电力及热能领域排放的二氧化碳总量从6.39亿t增加到2018年的48.96亿t,年度占比从30%升至51%;一般工业领域排放的二氧化碳总量从7.45亿t增加到2018年的26.67亿t,年度占比从35%下降至27%;交通领域排放的二氧化碳总量从0.94亿t增加到2018年的9.17亿t,年度占比从4.5%上升至9.6%,三者之和占比从70.75%上升至89%。

第四节　大气污染的影响

一、对人体健康的影响

大气污染物侵入人体主要有三条途径:表面接触、食入含污染物的食物和水和吸入被污染的空气。

由于空气是人们每天一刻不停地与之打交道的物质,因此,吸入被污染的空气是大气污染物侵入人体最主要途径。污染物通过呼吸进入人体,对健康的影响与空气污染程度有关,主要表现为引起呼吸道疾病。空气污染等级越高,因呼吸系统疾病就医人数就越多,并且高污染天数持续时间越长,患病的人数就越多,在突然的高浓度污染物作用下可造成急性中毒,甚至在短时期内死亡;长期接触低浓度污染物,会引起支气管炎、支气管哮喘、肺气肿和肺癌等疾病。而且,呼吸道疾病发病高发日比高污染日稍有滞后。除了伤害呼吸系统外,通过呼吸系统吸入的有害物质,对人体具有全身性的危害。此外,还发现一些尚未查明的可能与大气污染有关的疑难病症。对人体健康危害较大的污染物有:CO、SO_2、NO_x、HC、悬浮颗粒物、O_3等。

大气中的重金属铅、汞、铝等,通过降水沉降到地面,使水中的铅、汞及铝浓度升高,人类通过饮水，导致人体中血铅升高；水中的鱼吸收水中的汞，生成甲基汞并在体内蓄积，汞通过食物进入人体，导致甲基汞中毒；铝通过饮水进入人体，可导致人体四肢肌肉患萎缩性硬化症和帕金森病。

空气中的氧气和汽车尾气中的氮氧化物，在紫外线照射的作用下发生光化学反应，形成有害气体臭氧，臭氧通过刺激眼黏膜，使得眼睛灼热不适，甚至发炎；刺激呼吸道，可引起呼吸短促、呼吸困难及咳嗽，甚至可以导致肺炎等。臭氧威胁的人群主要包括婴幼儿、儿童、老年人、呼吸道患者及户外工作者等。

二、对植物的影响

大气污染对植物的危害也表现为三种情况。

（1）在高浓度污染物影响下产生急性危害，使植物体表面产生伤斑（或称坏死斑），或者直接使植物叶面枯萎脱落。

（2）在低浓度污染物长期影响下产生慢性危害，使植物叶片退绿。

（3）在极低浓度污染物影响下，产生所谓不可见危害，即植物外表并不出现受害症状，但生理机能受到影响，造成生产量下降，品质变坏。

大气污染除对植物外形和生长发育产生上述直接影响外，还会产生间接影响，主要表现为植物生长力减弱，降低对病虫害的抵抗能力等。因此，在大气污染严重的地区，植物的病虫害比较严重。

对植物生长危害较大的污染物主要有 SO_2、氟化物、NO_2 和 O_3 等，特别是 SO_2 和 NO_2 污染严重的地区，空气中 SO_2、NO_2 与水分结合形成酸雨降落到地面后，不仅危害植物，还会使土壤变质。

三、对器物的影响

大气污染对金属制品、油漆涂料、皮革制品、纸制品、纺织品、橡胶制品及建筑物等有严重损害。这些损害包括玷污性损害与化学性损害两个方面，它们都会造成很大的经济损失。

玷污性损害是尘、烟等粒子落在器物上造成的，有的可以用清扫冲洗去掉，但有的却很难去除。化学性损害是由于污染物的化学作用，使器物腐蚀变质，如 SO_2 及其生成的酸雾、酸滴等，能使金属表面产生严重腐蚀，使纸品、纺织品、皮革制品等腐蚀破碎，使金属涂料变质，降低其保护效果。涂料与 SO_2、H_2S 等接触，能化合成硫化铅，可使白铁皮屋顶变成黑屋顶，使油画等美术品失去艺术价值。光化学烟雾中的臭氧能使一般橡胶制品迅速老化脆裂。

四、对全球环境的影响

由于大气污染，大气中的飘尘、烟雾和各种气态污染物增多，致使大气变得浑浊，能见度降低，太阳直接辐射减少。另外，大量的废热排出、地面长波辐射的变化、大气中微粒形成水蒸气凝结核的作用等，使地球或局部地区大气的温度、湿度和雨量等发生变化，引起气候反常。特别是近30年出现的全球气候变暖、酸雨、臭氧层的破坏三大全球性环境问题，日益威胁着人类的生存，使人类面临新的严峻挑战。

1. 温室效应

二氧化碳(CO_2)在大气中比例只有万分之几,它不但对人体无害,而且对人类来说,它几乎和氧气有同等重要作用,提高 CO_2 浓度可增强植物的光合作用。但到今天,人们已经发现大气中 CO_2 含量增加太快,已经产生温室效应,使地球变暖。大气层中 CO_2 浓度变化如图 1-2 所示。

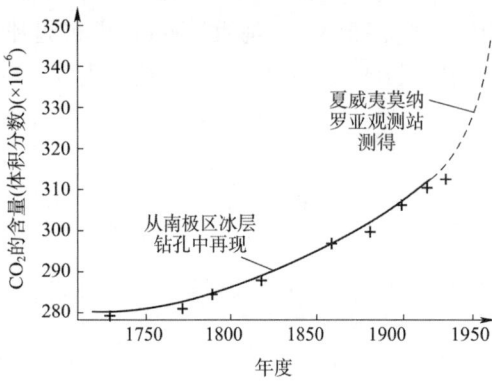

图 1-2 大气层中 CO_2 浓度的增长

温室气体指的是大气中 CO_2、水蒸气、CH_4、N_2O、氯氟烃($CFCs$)和 O_3 等气体。太阳射出的短波辐射透过大气层射向地面而使地表温度提高,与此同时,地球表面又能放出长波辐射(红外线),它大部分被这些温室气体所吸收,有少量会逸出到宇宙空间,吸收的热能大部分反射到地面,使地球表面能维持在 15℃ 左右的平均温度(若没有这部分辐射回来的热能,地球表面温度将为 −18℃ 左右)。当这部分温室气体数量不变化时,相当于地球上空有一个玻璃罩,维持其在一个平衡温度上,但当温室气体数量增加时就打破了这个平衡,地球将变暖,这就是温室效应。图 1-3 所示为温室效应示意图。在 19 世纪初,大气中 CO_2 含量约为 290×10^{-6},据美国夏威夷的莫纳罗亚观测站测得 1958 年 CO_2 浓度为 315×10^{-6},到 1988 年增加到 350×10^{-6}。按此增长速率,到 2050 年将到工业革命前大气 CO_2 含量的 2 倍,那时地球表面平均温度将上升 1.5 ~ 5.5℃,将对降雨、风暴、植物生长等与人类活动密切相关的气象产生明显影响,自然灾害将加重,而且会使冰川融化,海平面上升 0.5 ~ 1.5m,一些沿海城市将被淹没,森林破坏、物种加速灭绝,严重威胁人类的生存和地球环境。

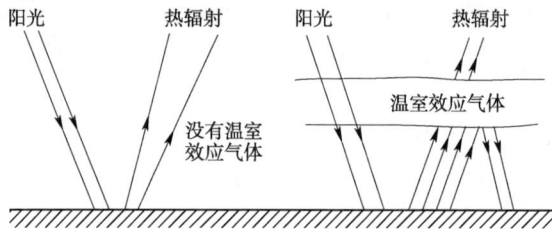

图 1-3 温室效应示意图

对温室效应的影响程度不仅与温室气体在大气中的浓度有关,而且与该温室气体在大气中停留时间(寿命)有密切的关系。表 1-3 列出各种温室气体的浓度、寿命、分担率和致暖势。致暖势是评定温室气体对气候影响的指标值,它是一个温室气体对气候变化的影响与 CO_2 对气候变化影响的比值。由表 1-3 可见,CO_2 分担率为 55%,它是最重要的温室气体。CH_4 的温室效应比 CO_2 大 32 倍(致暖势为 32),但它的寿命较短,在大气中的滞留时间为 11 年。氟氯烃(氟利昂、$CFCs$)是人工合成的化学品,广泛用作空调(包括汽车空调)、发泡剂、溶剂,其中起温室体作用的主要是 CFC-11 和 CFC-12,在大气中浓度极低,但近年来增长极快,年递增 5% 左右,它们的致暖势高达 14 000 和 17 000,而且寿命长,若不加以控制发展下去的话,会成为第二大的温室气体。

温 室 气 体	浓度 （×10⁻⁶）	浓度增长率 （以百分数计）	寿命 （年）	分担率 （以百分数计）	致　暖　势
CO_2	354	0.5	50 ~ 200	55	1
CH_4	1.7	1.1	11	15	32
N_2O	0.3	0.3	150	6	150
CFC-11	0.000 2	5	75	17	14 000
CFC-12	0.000 32	5	111		17 000

　　据国际能源机构数据:1995 年全球的 CO_2 总排放量为 220 亿 t,其中美国占 23.7%,人均 CO_2 排放量 20t/人,均居榜首地位,中国占 13.6%,为第二位,人均为 2.5t/人。我国的能源构成中,煤占 75.5%,石油占 16.7%,由此可见,煤的燃烧是造成 CO_2 的主要因素,但随着我国汽车保有量的增加,石油消耗量会有很大增长,因而要十分重视降低汽车油耗,以减少流动源造成 CO_2 的增加对温室效应的影响。

　　2. 臭氧层破坏

　　地球的大气圈在靠近地面 0 ~ 12km 左右的高度是对流层,大气污染主要发生在这一层,CO_2 也在此层,对人类生活的影响最大。对流层中臭氧浓度不高,但浓度在增长,此层的臭氧是污染物质,对植物与人体健康都有影响。位于对流层之上高度为 12 ~ 55km 是气流平稳的平流层(同温层),在平流层中,特别是在 20 ~ 35km 范围内,臭氧集中,构成臭氧层。太阳辐射透过大气层射向地面时,臭氧层几乎全部吸收了太阳辐射中波长 300nm 以下的紫外线,保护了地球上的生命免遭短波辐射紫外线的伤害,因而臭氧层构成了一层天然屏障。1984 年英国科学家发现南极上空出现臭氧空洞,其大小相当于美国国土面积美国航空航天局(NASA)测定北半球地区臭氧层减少 1.7% ~ 3%。图 1-4 所示为大气层臭氧分布变化图。

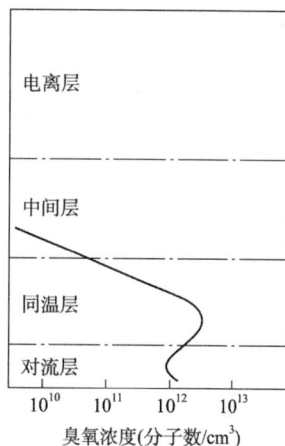

图 1-4　大气层内臭氧的分布

　　研究认为,臭氧层减少的主要原因是人类过多使用氯氟烃(CFCs)类物质。CFCs 由于其化学性能极其稳定,因而在对流层中不易分解,寿命长,但到平流层后受到紫外线的强烈照射,使其中的卤素元素 Cl 光解出来,形成活性很强的自由基[Cl],对臭氧(O_3)有破坏作用,消耗了平流层中的 O_3。光解作用为:

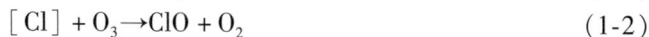

$$CFCl_3 + hv \rightarrow CFCl_2 + [Cl] \tag{1-1}$$
$$[Cl] + O_3 \rightarrow ClO + O_2 \tag{1-2}$$

式中:hv——太阳光能。

　　除 CFCs 外,对臭氧层有破坏作用的气体还有溴(Br)化物,CH_4、N_2O 等。

　　计算表明,O_3 每减少 1%,辐射到地面上的强紫外线数量就会增加 2%,则人体皮肤癌发病率会增加 2%,人体免疫功能将受损害,白内障等眼病也将增加。同时,O_3 减少,会使植物减产,使水中动植物遭破坏,而且会使光化学烟雾增加。臭氧层破坏问题已受到国际社会的严重关注,1985 年 3 月签订的保护臭氧层的《维也纳公约》呼吁全球控制 CFCs 的排放。1987 年《蒙得利尔协定书》指出,1998 年 CFCs 的生产量应减少到 1986 年的一半。到 2000 年已停止了 CFCs 的生产,研究出了 CFCs 的代用品。

第五节 大气质量控制标准

一、大气环境质量标准

随着大气污染问题越来越为人们所重视,世界卫生组织(WHO)和许多国家(地区)都采用空气质量来控制主要污染物在大气中的含量,以保护公众健康和生态环境。我国根据《中华人民共和国环境保护法》《中华人民共和国大气污染防治法》等法令的要求,为了进一步控制和改善大气质量,创造清洁的环境,保护人民健康,防止生态破坏,对《大气环境质量标准》进行了三次修订,于2016年1月1日开始实施修订后的《环境空气质量标准》(GB 3095—2012),这个标准规定了大气环境中10项主要污染物及微小颗粒物的最高允许浓度,见表1-4。这个标准作为大气污染物的评价依据,也是制订汽车排放污染物标准的准则。生态环境部组织起草《环境空气质量标准》第1号(GB 3095—2012×G1—2018)修改单,并向相关部委、地方、科研单位和社会公众征求意见。修订内容主要有:一是将污染物按照标准状态(0℃、1个标准大气压)监测,修改为气态污染物按照参考状态(25℃、1个标准大气压)、颗粒物及其组分按照实况状态(监测点的实际气温和气压)监测;二是明确要求各监测点记录气温、气压等气象参数,支持空气质量数据的对比分析。此次修改前后的标准污染物项目及限值不变。

各项污染物的浓度限值   表 1-4

污染物名称	取值时间	浓度限值			浓度单位
		一级标准	二级标准	三级标准	
二氧化硫 (SO_2)	年平均	0.02	0.06	0.10	mg/m^3 (参考状态)
	日平均	0.05	0.15	0.25	
	1h平均	0.15	0.50	0.70	
总悬浮颗粒物 (TSP)	年平均	0.08	0.20	0.30	mg/m^3 (实况状态)
	日平均	0.12	0.30	0.50	
可吸入颗粒物 (PM_{10})	年平均	0.01	0.10	0.15	
	日平均	0.05	0.15	0.25	
氮氧化物 (NO_x)	年平均	0.05	0.05	0.10	mg/m^3 (参考状态)
	日平均	0.01	0.10	0.15	
	1h平均	0.15	0.15	0.30	
二氧化氮 (NO_2)	年平均	0.04	0.04	0.08	
	日平均	0.08	0.08	0.12	
	1h平均	0.12	0.12	0.24	
一氧化碳 (CO)	日平均	4.00	4.00	6.00	
	1h平均	10.00	10.00	20.00	
臭氧 (O_3)	1h平均	0.12	0.16	0.20	

污染物名称	取值时间	浓度限值			浓度单位
		一级标准	二级标准	三级标准	
铅（Pb）	季平均	1.50			$\mu g/m^3$（实况状态）
	年平均	1.00			
苯并芘 B[a]P	日平均	0.01			
氟化物（F）	日平均	7①			$\mu g/(dm^2 \cdot d)$
	1h 平均	20①			
	月平均	1.8②		3.0③	
	植物生长季平均	1.2②		2.0③	

注：①适用于城市地区。
　　②适用于牧业和以牧业为主的半农半蚕区、蚕桑区。
　　③适用于农业和林业区。

不同的污染物对人体健康有不同的影响，因此，这些污染物的浓度采样时间不尽相同。有些污染物的短时间高浓度比较危险，而另外一些污染物则主要是长期积累效应。当然，也有的污染物是长期和短期浓度均需加以控制的。空气质量标准是基于对所有人群，包括敏感人群在内，暴露在此浓度下不会察觉的副作用限值。因此，这些标准值不是严格不能违背的，在轻度超标情况下，正常人应该不会受到明显的伤害。世界卫生组织的欧洲地区办公室给欧洲提出的空气质量指导值见表 1-5 和表 1-6。

世界卫生组织建议的欧洲 SO₂ 和悬浮颗粒物指导值（$\mu g/m^3$）　　表 1-5

采样时段	SO₂	黑　烟	总悬浮微粒	可吸入微粒
10min	500	—	—	—
1h	350	—	—	—
24h	125	125	120	70
1 年	50	50	60~90	—

世界卫生组织建议的欧洲 NO₂、O₃、CO 空气质量指导值（$\mu g/m^3$）　　表 1-6

采样时段	NO₂	O₃	CO
30min	—	—	88 000
1h	400	150~200	50 000
8h	—	100~120	25 000
24h	150	—	10 000

世界卫生组织从保护人群健康出发，在 2021 年对空气污染物浓度限值进行了调整，如表 1-7 所示。

世界卫生组织建议的保护人体健康的空气质量指导值（$\mu g/m^3$）　　表 1-7

采样时段	SO₂	NO₂	CO	O₃	PM₁₀	PM₂.₅
10min	500	—	30	—	—	—
1h	—	200	—	—	—	—
8h	—	—	10	100	—	—

采样时段	SO_2	NO_2	CO	O_3	PM_{10}	$PM_{2.5}$
24h	40	25	4	—	45	15
1 年	—	10	—	—	15	5
高峰季	—	—	—	60	—	—

注:WHO 的《空气质量准则》前身是《欧洲空气质量准则》,2005 年升级为针对全球适用的准则。

为了保护生态系统安全,制定的空气质量限值标准比为了保护公众健康而设定的限值应该还要严格,尤其是长期平均浓度值。世界卫生组织建议的保护生态系统的空气质量指导值见表1-8。

世界卫生组织建议的保护生态系统的空气质量指导值($\mu g/m^3$) 表 1-8

采 样 时 段	NO_2	O_3	SO_2
生长季节(100 天)	—	60	—
1h	—	200	—
4h	100	—	—
24h	—	66	100
1 年	30	—	30

美国、欧盟、日本的环境空气质量标准相关污染物限值,见表1-9、表1-10、表1-11。

美国国家环境空气质量标准($\mu g/m^3$) 表 1-9

污 染 物	采 样 时 段	主 要 标 准	次 要 标 准
SO_2	年平均	80	—
	24h 平均	365	—
	3h 平均	—	1 300
颗粒物	年平均	50	50
	24h 平均	150	150
CO	8h 平均	10 000	—
	1h 平均	40 000	—
O_3	1h 平均	240	240
NO_2	年平均	53	53

欧盟的环境空气质量标准($\mu g/m^3$) 表 1-10

采 样 时 段	各项污染物限值		
	SO_2	黑烟	NO_2
1 年(日均值的中值)	120(黑烟<40) 80(黑烟>40)	80	—
冬季(日均值的中值)	120(黑烟<40) 80(黑烟>40)	130	—
1 年(日均值的98% 高值)	120(黑烟<40) 80(黑烟>40)	250	200

采 样 时 段	各项污染物限值		
	SO₂	黑烟	NO₂
1 年(小时平均值的 98% 高值)	—	—	200
以下为指导值			
24h 平均	—	100 ~ 150	—
1 年平均	—	40 ~ 60	—
1 年(小时平均值的 50% 高值)	—	—	50
1 年(小时平均值的 98% 高值)	—	—	140

注:从 1980 年开始实施。

日本的环境空气质量标准($\mu g/m^3$) 表 1-11

污染物	采 样 时 段	标准值	污染物	采 样 时 段	标准值
SO₂	1 年(最大 1h 值)平均	106	CO	日平均	10 000
	1h 平均	266		8h 平均	20 000
颗粒物	1h	200	O₃	1 年(最大 1h 值)平均	120
	24h	100	NO₂	1 年(最大 1h 值)平均	75 ~ 115

二、空气污染指数

为了评价环境污染程度的恶化程度,经常使用空气污染物标准指数(PSI)评价空气质量,美国在 1976 年 9 月公布了 PSI 指数与各污染物浓度的关系及分级方法,见表 1-12。PSI 指数考虑了 CO、NO_2、SO_2、O_3(臭氧)和微粒物质以及 SO_2 微粒物质的乘积 6 个参数,各污染物的分指数与浓度的关系采用分段线性函数。已知各污染物的实测浓度后,可按分段线性函数关系参照表 1-11 的数据用内插法计算各分指数,然后选择各分指数中最高值预报大气质量。把污染物标准指数 PSI 为 500、400、300、200 时的大气污染浓度水平分别称之为显著危害水平、紧急水平、警报水平、警戒水平。

污染物标准指数 PSI 与各污染物浓度的关系($\mu g/m^3$) 表 1-12

PSI　污染物	500	400	300	200	100	50	0
微粒物(24h)	1 000	875	625	375	260	75①	0
SO₂(24h)	2 620	2 100	1 600	800	365	80②	0
CO(8h)	57.5	46	34	17	10	5	0
O₃(8h)	1 200	1 000	800	400	160	80	0
NO₂(1h)	3 750	3 000	2 260	1 130	①		
SO₂ 和微粒物(1h)	480 000	393 000	261 000	65 000	①		

注:①浓度低于警戒水平时不报告此分指数。

②一级标准年平均浓度。

污染物标准指数 PSI 等于 100 时的大气污染浓度水平为美国大气一级标准,污染物标准指数 PSI 等于 50 时的大气污染浓度水平为美国大气一级标准的 50%。根据污染物标准指数 PSI,大气分成 5 级,0~50 为良好,51~100 为中等,101~200 为不健康,201~300 为很不健康,301~500 为有危险。

近年来,我国实施了城市空气质量周报和日报制度,采用根据国家空气质量标准制定的空气污染指数(Air Pollution Index, API)来标示空气污染状况。这一制度对提高公众的环保意识起到了良好的促进作用。空气污染指数与对应的污染物最大日均浓度值,见表 1-13。

我国城市空气污染指数(API)与对应的污染物最大日均浓度值(mg/m³)　　表 1-13

API	TSP	PM$_{10}$	SO$_2$	NO$_2$	NO$_x$
500	1.0	0.6	2.62	0.94	0.94
400(五级)	0.875	0.5	2.1	0.75	0.75
300(四级)	0.625	0.42	1.6	0.565	0.565
200(三级)	0.5	0.25	0.25	0.12	0.15
100(二级)	0.3	0.15	0.15	0.08	0.1
50(一级)	0.12	0.05	0.05	0.04	0.05

空气污染指数 API 可以通过实测污染物浓度进行计算。第 i 种污染物的分指数 I_i 可由实测 C_i 按照分段线性方程计算。第 i 中污染物的第 j 个转折点$(C_{i,j}, I_{i,j})$的分指数值和相应的浓度值可由表 1-3 确定。当第 i 种污染物浓度 $C_{i,j} \leq C_i \leq C_{i,j+1}$ 时,则其分指数 I_i 由下式确定。

$$I_i = \frac{(C_i - C_{i,j})(I_{i,j+1} - I_{i,j})}{(C_{i,j+1} - C_{i,j})} + I_{i,j} \tag{1-3}$$

污染指数的计算结果只保留整数,小数点后的数值全部进位。各污染物的污染分指数都计算出来后,取最大值作为被测区域或城市的空气污染指数 API,即 API = max(I_1, I_2, I_3,…),并且污染分指数最大的污染物为被测城市或地区空气中的首要污染物。

如某地区 TSP 的监测值为 0.315mg/m³,则其污染指数的计算方法为:由表 1-13 可知,0.315mg/m³ 介于 0.300mg/m³ 和 0.500mg/m³ 之间,故有:$C_{1,2} = 0.300$,$C_{1,3} = 0.500$,相应的分指数 $I_{1,2} = 100$,$I_{1,3} = 200$,于是可得 TSP 的污染物分指数 I_1,即:

$$\begin{aligned} I_1 &= \frac{(0.315 - C_{1,2})(I_{1,3} - I_{1,2})}{(C_{1,3} - C_{1,2})} + I_{1,2} \\ &= \frac{(0.315 - 0.300) \times (200 - 100)}{(0.500 - 0.300)} + 100 \\ &= 107.5 \approx 108 \end{aligned}$$

我国也按照空气污染指数 API 的大小将大气分成 5 级,API 值在 0~50 之间的空气质量为优,级别为 I;API 值在 50~100 之间空气质量为良,级别为 II;API 值在 101~200 之间的空气质量为轻度污染,级别为 III;API 值在 201~300 之间的空气质量为中度污染,级别为 IV;API 值大于或等于 300 的空气质量为重度污染,级别为 V。空气质量级别于人体健康的关系,见表 1-14。

空气污染指数 API	空气质量级别	空气质量状况	对健康影响	对应空气质量适用范围
0 ~ 50	Ⅰ	优	可正常活动	自然保护区、风景名胜区和其他需要特殊保护的地区
51 ~ 100	Ⅱ	良		为城镇规划中确定的居住区、商业交通居民混合区、文化区、一般工业区和农村地区
101 ~ 200	Ⅲ	轻度污染	长期接触,易感人群症状有轻度加剧,健康人群出现刺激症状	特定工业区
201 ~ 300	Ⅳ	中度污染	一定时间接触后,心脏病和肺病患者症状显著加剧,运动耐受力降低,健康人群普遍出现症状	
> 300	Ⅴ	重度污染	健康人群运动耐受力降低,有明显强烈症状,提前出现某些疾病	

三、空气污染警报

由于气象条件或区域性的污染物传输等原因,当空气污染出现严重峰值时,大多数人的健康都会或多或少地受到伤害。为了在出现这种污染峰值时段情况下保护公众健康,一些国家制定了污染警报标准和法规。当污染物达到不同级别的警报浓度时,政府将分别发出相应的警报,并采取相应的紧急措施,如停开部分车辆,关闭部分工厂等。德国和日本的空气污染警报标准见表 1-15 和表 1-16。我国部分城市目前参照国外的标准制定了具体的警报政策。

德国的空气污染警报标准　　　　表 1-15

污染物	参考时段	浓度($\mu g/m^3$)	警报类别
颗粒物 + SO_2	日均	1 100	警告
		1 400	一级警报
		1 700	二级警报
NO_2	3h	1 100	警告
CO	3h	30 000	警告

日本的空气污染警报标准　　　　表 1-16

污染物	参考时段	浓度($\mu g/m^3$)	备注	污染物	参考时段	浓度($\mu g/m^3$)	备注
SO_2	1h	520	持续 3h	颗粒物	2h	2 000	
	1h	800	持续 2h	NO_2	1h	950	
	1h	1 330		CO	1h	30 000	
	48h	400		O_3	1h	250	

第六节　大气污染物的扩散与输送

为了保护人类健康和生活环境,了解和预测污染物在空气中的浓度水平是非常重要的。最直观的方法是进行监测。但是,通常难以将不同的监测结果进行直接比较,因为监测到的浓度受当时的气象条件、特定空气污染监测点的位置以及所用的监测分析方法等影响。

环境空气的污染物浓度水平,与距离污染源的远近有密切关系。位于道路边的空气污染监测站,会得到与机动车排放密切相关的几种污染物的高浓度值;如果在电厂的下风向,则 SO_2 浓度较高。气象条件如风速、风向对污染物的浓度影响很大。通常,当空气处于接近静止的状态时,污染物浓度达到最大。

一、气象条件对污染物扩散的影响

直接影响空气污染的大气层是靠近地面 1～2km 厚的大气边界层。空气污染的程度与大气的稀释和扩散过程有关。在大气边界层中这两个过程几乎完全依赖于湍流、风、温度、降水、大气稳定度等气象条件。所以,空气污染与气象条件有密切的关系。

1. 风的影响

风是指气流运动的平均状况,风具有大小和方向。平均风速是影响扩散的主要因素,它决定着污染物稀释的速度,平均风速越大,污染物在单位时间内就进入较大的空气体积里,因而污染度就小。风向决定着污染物的输送方向。

在大气边界层中,由于地面粗糙度的影响,平均风速随着高度的增加而增加,通常以指数形式表示:

$$u_z = u_{10} \left(\frac{z}{10} \right)^m \tag{1-4}$$

式中:u_z——z 高度处的风速,m/s;

u_{10}——10m 高处的风速,m/s;

　m——指数,它是地面粗糙度和大气稳定度的函数。

m 值通过实测确定,如无实测值时,在 150m 高度以下,可按表 1-17 选取。在 150m 高度以上 u_z 为常数值(等于 150m 处的风速)。

m 值选取原则　　　　　　　　　　　表 1-17

稳定度级别[①]	A	B	C	D	EF
m	0.10	0.15	0.20	0.25	0.30

注:①稳定度等级 A、B、C、D、EF 参照表 1-21 选取。

在城市,由于建筑物林立,其大气边界层的粗糙度比郊区和平坦的乡村要大得多,在同一高度上城市风速比郊区和乡村要小,风速梯度也小,所以,城市上空大气中的污染物质很快就混合,但水平方向风速比较小,污染物质迁移就比较慢。

在城市汽车污染扩散过程中,最重要的一个特点是街道峡谷对局地流场的影响。街道峡谷是指两侧有较密集建筑物的街道,由于上层大气会在峡谷内产生一个或几个涡旋,因而使得峡谷内流场完全不同于上层大气。20 世纪 80 年代,国外专家研究发现,任何垂直于街道峡谷的气流都会在峡谷中产生涡流,涡流的横向速度与建筑物顶面风的横向速度分量成正比。

尽管街道峡谷中涡流现象非常复杂，但有一个规律是相同的，即上层大气中风速加大时，峡谷内污染物与上层大气的扩散交换也随之加剧，从而使得峡谷内污染物浓度降低。

由于涡流的存在，街道峡谷内某一特定受体点处的浓度对风向也非常敏感。试验发现，街道内 CO 的浓度分布由建筑物顶处的风向决定，建筑物背风面 CO 浓度明显高于迎风面。这个现象表明在街道附近的涡流有一个与建筑物顶面风向相反的速度分量。于是，Johnson 等人提出了经验模式 STREET 来计算峡谷内的污染物浓度。

2.湍流与温度层结的影响

湍流是指各种不同尺度的涡旋做无规则运动的状态。若大气做有规律的运动，那么从烟囱排放出的烟云由于只有分子扩散，呈现粗细变化不大的烟管。而实际情况并不是这样，由于湍流的扩散，随下风距离加大，烟云周界逐渐扩张，污染物浓度不断减小。因此，污染物的稀释扩散作用，主要是大气中湍流运动的原因。

大气湍流的强弱与大气温度随高度的分布密切相关。气温 T 随高度的分布通常称为温度层结；用气温垂直递减率 γ 表示，即：$\partial T / \partial z = -\gamma$。气温的干绝热递减率是指在大气中的空气团绝热上升过程中，每升高 100m 时温度降低 0.98℃，以 $\gamma_d = -0.98℃$ 表示。

当 $\gamma > \gamma_d$ 时，由于上升的气块比周围大气温度高，因而产生浮力，即在运动力方向上继续上升，因此，大气湍流也随之增加，这时的大气处于不稳定状态，如图 1-5a) 所示。

当 $\gamma < \gamma_d$ 时，上升的气块比周围大气温度低，因为上升了的气块受沉降力作用，下降了的气块则受浮力作用，所以此时大气湍流减弱，大气处于稳定状态，如图 1-5b) 所示。

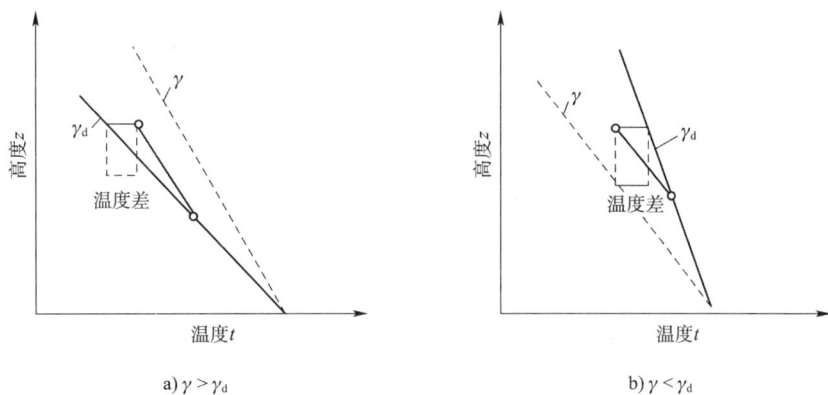

a) $\gamma > \gamma_d$　　　　　　b) $\gamma < \gamma_d$

图 1-5　上升气块与周围大气的温度差

当 $\gamma = \gamma_d$ 时，上升或下降的气块与周围大气之间没有温差，则大气呈中性状态。

表 1-18 给出了大气湍流的强度、温度递减率、大气稳定度的对应关系。

除了温度层结 γ 的浮力因素对大气湍流的强弱有影响外，平均风速随高度的分布 $\partial \bar{u} / \partial z$ 也影响湍流的强弱，这两种因素对湍流强弱贡献大小的比较，常用一个无因次数 R_i 表示：

$$R_i = \frac{g}{\theta} \cdot \frac{\dfrac{\partial \bar{\theta}}{\partial z}}{\left(\dfrac{\partial \bar{u}}{\partial z}\right)^2} = \frac{g}{T} \cdot \frac{\gamma_d - \gamma}{\left(\dfrac{\partial \bar{u}}{\partial z}\right)^2} \qquad (1-5)$$

式中：$\bar{\theta}$——位温；

R_i——里查逊（Richardson）数。

大气稳定度与温度递减率及湍流强度的关系　　　　　表 1-18

大气稳定度	温度递减率	湍流强度	温度分布的名称
不稳定	$\gamma > \gamma_d$	强	递减
中性	$\gamma = \gamma_d$	中	绝热递减
稳定	$\gamma > \gamma_d$	弱	弱递减
	$0 < \gamma < \gamma_d$		—
	$\gamma = 0$		等温
	$\gamma < 0$		逆温

如果 R_i 数值越小，甚至变成负值（即 $\gamma > \gamma_d$）那么湍流就越强，污染物的扩越快。

温度的垂直分布与烟云的形态有密切的关系，图 1-6 表示烟云的几种典型形状以及对应的温度分布 $\overline{T}_{(z)}$。

波浪形：烟云呈波浪状，扩散良好，发生在不稳定大气中，即 $\gamma > \gamma_d$，多在白天发生。

锥形：烟云呈圆锥形，它发生在中性条件下，即 $\gamma = \gamma_d$。

扇形：烟云在垂直方向扩散很小，它像一条带子飘向远方，一般发生在稳定条件下，即 $\gamma < \gamma_d$，或烟囱出口处于逆温层中。对于高架源，在近距离的地面上不会造成污染，而在远方造成污染。但对于低架源，在近距离的地面会造成严重污染。

屋脊形：烟云及温度 $T_{(z)}$ 分布下部是稳定大气，上部是不稳定大气。它是在日落后出现，地面由于辐射而失热，在底层形成逆温，但高空仍保持温度递减状态，因此烟云呈屋脊形。

熏烟形：烟云上部是逆温层顶盖阻挡污染物向上扩散，烟云下部是不稳定大气，而污染物向下扩散形成熏烟形污染。它常出现在日出后，由于近地面层空气被加热，使逆温层自下向上逐渐被破坏，气温垂直分布，上部仍保持逆温，故烟囱排出的污染物在其下方很快扩散，而向上则受阻，故形成地面大气污染。

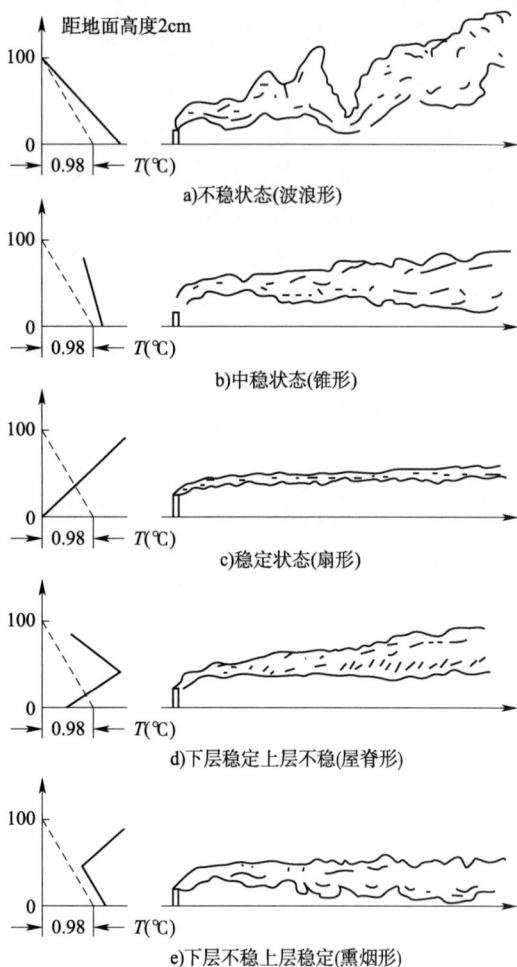

图 1-6　烟云形状与其相对应的温度层

3. 大气稳定度分类

常用的大气稳定度分类是帕斯奎尔（Pasquill）分类法，分为强不稳定、不稳定、弱不稳定、中性、较稳定和稳定 6 级，分别表示为 A、B、C、D、E、F。确定等级时，首先由云量与太阳高度角按表 1-19 查出辐射等级，再由辐射等级与地面风速按表 1-21 查出稳定度等级。

云量①	太阳高度角 $h_0$②				
总云量/低云量	夜间	$h_0 < 15℃$	$15℃ < h_0 ≤ 35°$	$35° < h_0 ≤ 65°$	$h_0 > 65°$
≤4/≤4	−2	−1	+1	+2	+3
5~7/≤4	−1	0	+1	+2	+3
≥8/≤4	−1	0	0	+1	+1
≥7/5~7	0	0	0	0	+1
≥8/≥8	0	0	0	0	0

注:①云量是全天十分制。

②太阳高度角 h_0 使用下式计算:

$$h_0 = \sin^{-1}\left[\sin\varphi\sin\delta + \cos\varphi\cos\delta(15t + \lambda - 300)\right]$$

式中:φ——当地地理纬度,(°);

λ——当地地理经度,(°);

δ——太阳倾角,(°),按当时月与日期查表 1-20;

t——观测进行的背景时间,h。

我国太阳倾角 δ(4 年平均值)   表 1-20

日期	月											
	一月	二月	三月	四月	五月	六月	七月	八月	九月	十月	十一月	十二月
1	−23.1	−17.2	−7.80	4.30	15.0	22.0	23.1	18.2	8.40		−3.00	−14.3	−21.8
2	−23.0	−16.9	−7.40	4.70	15.3	22.2	23.1	17.9	8.10	−3.00	−14.3	−21.8
3	−22.8	−16.6	−7.40	4.70	15.3	22.2	23.1	17.9	8.10	−3.00	−14.3	−21.8
4	−22.7	−16.3	−6.50	5.50	15.9	22.4	22.9	17.4	7.40	−3.80	−15.0	−22.1
5	−22.6	−16.0	−6.20	5.90	16.2	22.5	22.8	17.1	7.00	−4.10	−15.3	−22.2
6	−22.5	−15.7	−5.80	6.30	16.4	22.6	22.7	16.8	6.60	−4.50	−15.6	−22.3
7	−22.4	−15.4	−5.40	6.60	16.7	22.7	22.6	16.5	6.20	−4.90	−15.9	−22.4
8	−22.3	−15.1	−5.10	7.00	17.2	22.8	22.5	16.3	5.90	−5.30	−16.2	−22.6
9	−22.1	−14.8	−4.70	7.40	17.2	22.9	22.4	16.1	5.50	−5.79	−16.5	−22.7
10	−22.0	−14.5	−4.30	7.80	17.5	23.0	22.3	15.7	5.10	−6.10	−16.7	−22.8
11	−21.8	−14.2	−3.90	8.10	17.8	23.1	22.2	15.4	4.70	−6.50	−17.0	−22.9
12	−21.8	−14.2	−3.90	8.10	17.8	23.1	22.2	15.4	4.70	−6.50	−17.0	−22.9
13	−21.5	−13.5	−3.10	8.90	18.3	23.2	21.9	14.8	4.00	−7.20	−17.6	−23.1
14	−21.4	−13.2	−2.70	9.20	18.5	23.3	21.7	14.5	3.60	−7.60	−17.9	−23.1
15	−21.2	−12.8	−2.30	−9.60	18.8	23.3	21.6	14.2	3.20	−8.00	−18.1	−23.2
16	−21.0	−12.5	−1.90	10.0	19.0	23.4	21.5	13.9	2.80	−8.30	−18.4	−23.3
17	−20.8	−12.1	−1.50	10.3	19.2	23.4	21.3	13.5	2.50	−8.70	−18.6	−23.3
18	−20.6	−11.8	−1.10	10.7	19.5	23.4	21.1	13.5	2.50	−8.70	−18.6	−23.3
19	−20.4	−11.4	−0.80	11.0	19.7	23.1	20.9	12.9	1.70	−9.40	19.1	23.4
20	−20.2	−11.0	−0.40	11.4	19.9	23.1	20.7	12.6	1.30	−9.80	19.4	−23.4

日期	月											
	一月	二月	三月	四月	五月	六月	七月	八月	九月	十月	十一月	十二月
21	−20.0	−10.7	0.000	11.7	20.1	23.1	20.5	12.3	0.900	−10.2	−19.6	−23.4
22	−19.8	−10.4	0.400	12.1	20.3	23.1	20.3	11.9	0.500	−11.0	−20.1	23.4
23	−19.5	−10.0	0.800	12.4	20.5	23.1	20.1	11.6	0.100	−11.0	−20.1	−23.4
24	−19.3	−9.60	1.33	12.7	20.6	23.1	19.9	11.2	0.000	−11.3	−20.3	−23.4
25	−19.1	−9.30	1.70	13.0	20.8	23.1	19.7	10.9	−0.60	−11.6	−20.5	−23.4
26	−18.8	−8.90	−2.10	13.4	21.1	23.1	19.5	10.6	−1.10	−12.0	−20.7	−23.4
27	−18.6	−8.50	2.40	13.6	21.2	23.1	19.3	10.2	−1.50	−12.6	−20.9	−23.3
28	−18.3	−8.10	2.80	14.0	21.4	23.3	19.1	9.90	−1.90	−13.0	−21.1	−23.3
29	−18.0	—	3.20	14.4	21.6	23.3	18.9	9.50	−2.20	−13.3	−21.3	−23.3
30	−17.8	—	3.60	14.7	21.7	23.3	18.6	9.20	−2.60	−13.7	−21.4	−23.2
31	−17.5	—	4.00		21.9	—	18.4	8.80	—	14.0	21.6	23.2

大气稳定度等级　　　　　　　　　　表 1-21

地面风速[①] (m/s)	太阳辐射等级					
	+3	+2	+1	0	−1	−2
≤1.9	A	A~B	B	D	E	F
2~2.9	A~B	B	C	D	E	F
3~4.9	B	B~C	C	D	D	E
5~5.9	C	C~D	D	D	D	D
≥6	C	D	D	D	D	D

注:①地面风速系指离地面 10m 高处 10min 的平均风速。

4. 大气混合层与日照的影响

地面在受热后就会发生对流,在其直接达到的高度之内都叫混合层。在混合层中,温度呈中性或不稳定分布,在混合层外侧是稳定分布。除最下面的近地面以外,湍流大小和扩散系数随高度而产生的变化都不大,混合层的厚度随着日出而增加,到午后时达到最大。混合层顶犹如一个顶盖,抑制下层大气将污染物向上输送。

另外,如果在街道峡谷内有来自一定方向的日照,使得峡谷一侧的建筑物受热后温度上升,而引起局部气流不均匀升温,会改变峡谷内的流场特征,从而对污染扩散产生明显的影响。Nakamura 和 Oke 对街道中风与温度的分布进行详细的测量,结果表明,由于受日照的不均匀加热作用,一天中不同时段峡谷内气流在各处稳定程度和扩能力有明显差别。试验表明:若街道开阔,建筑物高度与街道宽度的比值小于 1/3 时,峡谷作用引起的局部流场变化,对整个街区的扩散影响不大。

二、污染物的扩散模式

1. 公路线源汽车污染物扩散模式

在城市、公路或街道附近,汽车等流动源的排放是污染大气的重要原因之一。随着汽车保有量的增加,公路附近的空气污染问题受到越来越广泛的重视。

一条笔直而平坦的公路,可以近似地看成是一个连续的无限源,其源强可由交通量和汽车单车污染排放因子导出。根据风向与线源所成的角度 θ 不同,可分为三种类型:

当 $60° \leqslant \theta \leqslant 90°$ 时,定为直角风,则连续排放的线源下风向地面浓度为:

$$C = \left(\frac{2}{\pi}\right)^{\frac{1}{2}} \frac{Q}{u\,\sigma_z} \exp\left(-\frac{H^2}{2\,\sigma_z^2}\right) \tag{1-6}$$

当 $30° < \theta < 60°$ 时,定为斜风,则连续排放的线源下风向地面浓度为:

$$C = \left(\frac{2}{\pi}\right)^{\frac{1}{2}} \frac{Q}{u\,\sigma_z \sin\theta} \exp\left(-\frac{H^2}{2\,\sigma_z^2}\right) \tag{1-7}$$

式中:C——线源下风向地面污染物浓度,mg/m^3;

$\quad Q$——单位距离的源强,mg/(s·m);

$\quad H$——排放高度,m;

$\quad \sigma_z$——扩散参数,z 方向上的浓度标准差,$\sigma_z = cx^d$,c、d 按大气稳定度选取。

当 $0° \leqslant \theta \leqslant 30°$ 时,定为平行风,则连续排放的线源下风向某评价点的地面源浓度,应当是上风向各小线源段对该点浓度贡献的总和:

$$C = \sum_{i=1}^{N} \left(\frac{2}{\pi}\right)^{\frac{1}{2}} \frac{q\,l_i}{u\left(\frac{\pi}{4}x_i + S_0\right)\sigma_z(x_i)} \exp\left(-\frac{H^2}{2\,\sigma_z^2(x_i)}\right) \tag{1-8}$$

式中:q——线源源强,mg/(s·m);

$\quad l_i$——第 i 个小线源段的长度,m;

$\quad x_i$——第 i 个小线源段中心到评价点的距离,m;

$\quad N$——所划分的小线源段的个数;

$\quad S_0$——$S_0 = \omega/4$,ω 是线源的宽度,m。

例题:某区域有一条 25m 宽的公路,交通量每小时 2 000 辆,该公路南北走向,吹西风。某天下午,风速为 4m/s,车速为 20km/h,在此速度下,估计平均每辆车排放的碳氢化合物为 2×10^{-3} g/s,试估算在公路下风向 300m 处由汽车排放所造成的碳氢化合物浓度。

解:该公路可看作是一无限连续线源,有源强可通过每米公路的交通量与每辆车的排放量之乘积求得。

$$\frac{2\,000}{20 \times 1\,000} = 0.1(辆/m)$$

源强:

$$Q = 0.1 \times 2 \times 10^{-3} = 2 \times 10^{-4}[g/(s·m)] = 0.2[mg/(s·m)]$$

在风速为 4m/s 的阴天条件下,D 类(中性)稳定度适用。在 D 类条件下,$x = 300m$ 处,$\sigma = cx^d = 0.104(300)^{0.820} = 11.65$。

$$C(300,0,0) = \frac{2Q}{\sqrt{2\pi}\sigma_z u} = \frac{2 \times 0.2}{\sqrt{2\pi} \times 11.65 \times 4} = 3.42 \times 10^{-3}(mg/m^3)$$

2. 街道峡谷汽车污染物扩散模式

由于城市街道峡谷流场的复杂性,使得开发一个普遍适用的污染扩散模式比较困难。目前应用较广的是美国较早从试验获得的 STREET 模式,STREET 模式的主要缺点是考虑风向对扩散的影响较差,在接近静风条件下,描述浓度与风速的关系不准确。

1973 年，Johnson 等人根据现场实验得到了经验模式 STREET，其原理如下：

$$C_{ST} = K \frac{(TQ_{av})_G + (TQ_{av})_D}{(u + u_0)(L + L_0)} \tag{1-9}$$

式中：C_{ST}——街道峡谷内的污染物浓度；

  K——常数，由试验确定；

  Q_{av}——排放因子，根据街道上运行的实际车型组成和各种车型的排放因子加权平均
    得到；

  T——交通流量，通过实际调查获得；

  G——汽油指数；

  D——柴油因子；

  u——风速；

  u_0——初始稀释常数，取 0.5m/s；

  L——测点至交通中线的距离；

  L_0——初始扩散参数（2m）。

  STREET 模式认为扩散浓度正比于排放强度，反比于风速及街道宽度。其缺点是对风向的影响考虑不够，在静风条件下的风速影响不能正确描述。

第二章 汽车污染物危害及汽车排放标准 与试验方法

第一节 汽车污染源及主要污染物

一、汽车大气污染源

汽车的有害气体主要通过汽车尾气排放、曲轴箱窜气和汽油蒸气三个途径进入大气中,造成对大气的污染。

1. 曲轴箱窜气

在发动机的压缩行程和做功行程,燃烧室的气体由活塞与汽缸之间的间隙窜入曲轴箱后,由于曲轴箱内必须有新鲜空气不断循环(早期的方法是将曲轴箱与空气滤清器连通),外界新鲜空气从加机油管口盖的空气过滤器进入曲轴箱,和窜气混合后,由进气歧管真空度吸入空气滤清器,过滤后进入汽缸燃烧掉。这种方法,在发动机高负荷运转时,窜气量增加,但由于进气歧管真空度减弱,反而不能全部吸走窜气,因此窜气会从加机油管口盖处逸出,造成污染。其主要污染物是碳氢化合物(HC),也有部分一氧化碳(CO)、氮氧化物(NO_x)等。自从有了封闭式带 PCV 阀的曲轴箱强制通风装置后,这部分污染得到了有效的控制。图 2-1 是目前汽车上普遍采用的封闭式曲轴强制通风装置。从空气滤清器引入新鲜空气,经 C 管和闭式呼吸器 6 进入曲轴箱,与窜气混合后,从汽缸盖罩经 A 管,由 PCV 阀 3 计量后吸入进气歧管进入汽缸内烧掉。高速高负荷时进气歧管真空度弱,一旦窜气量过多而不能完全吸尽时,窜气会从曲轴箱倒流入空气滤清器,吸入进气管进入汽缸烧掉。

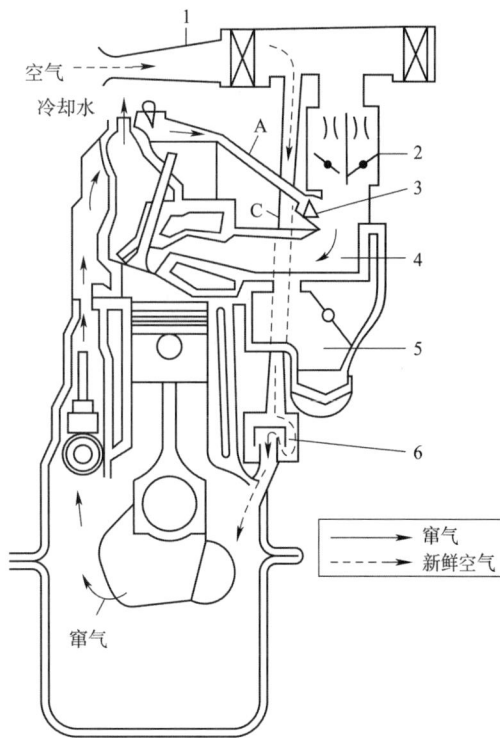

图 2-1 闭式曲轴箱强制通风系统

1-空气滤清器;2-节气门;3-PCV 阀;4-进气歧管;5-排气管;6-闭式呼吸器

2.汽油蒸气

油箱等盛油容器,由于温度升降产生呼吸作用,使油蒸气中的 HC 向大气中排放;油管接头处的渗漏蒸发也向大气中排放 HC。目前采用活性炭罐吸附使油箱产生的 HC 排放得到了一定的控制,但并未从根本上解决这一污染源的污染问题。

3.汽车尾气排放

尾气排放是汽车最主要的大气污染源,排放物包含有许多种成分,并且随发动机类型及运行条件的改变而变化。若燃料和空气完全燃烧时,其发动机排气的基本成分是二氧化碳(CO_2)、水蒸气(H_2O)、过剩的氧(O_2)及残余的氮(N_2)等,这些物质均是无毒的。

排气中除了上述基本成分外,还有不完全燃烧和燃烧反应的中间产物,包括一氧化碳(CO)、碳氢化合物(HC)、氮氧化物(NO_x)。颗粒物(炭烟、油雾等)、二氧化硫(SO_2)以及臭气(甲醛、丙烯醛)等。这些污染物基本上都是有毒的,而且它们的排放量随汽车运行工况的不同变化较大。其排放总量,在柴油机排气中占不到废气总量的 1%,而在汽油机中所占的比例有时最高可达 5% 以上。表 2-1 给出汽车在不同运行工况下排气中有害成分的浓度值。

不同工况下汽车排气有害成分的浓度 表 2-1

车　种	工况 (km/h)	CO (以百分数计)	HC ($\times10^{-6}$)	NO_x ($\times10^{-6}$)	炭烟 (g/m^3)	排　气　量
汽油车	怠速 0	3.0 ~ 10	300 ~ 2 000	50 ~ 100	0.005 以下	少
	加速 0→40	0.7 ~ 5.0	300 ~ 600	1 000 ~ 4 000		增多
	等速 40	0.5 ~ 1.0	200 ~ 400	1 000 ~ 3 000		高速最多
	减速 40→0	1.5 ~ 4.5	1 000 ~ 3 000	5 ~ 50		减少
柴油车	怠速 0	0 ~ 0.01	300 ~ 500	50 ~ 70	0.1 ~ 0.3	少
	加速 0→40	0 ~ 0.50	200 ~ 300	800 ~ 1 500		增多
	等速 40	0 ~ 0.10	90 ~ 150	200 ~ 1 000		高速最多
	减速 40→0	0 ~ 0.05	300 ~ 400	30 ~ 35		减少

在有害成分中,CO、HC、NO_x 和炭烟是造成大气污染的主要物质,汽车和内燃机的净化措施就是研究如何控制汽车排气中这些物质的含量。

二、汽车主要污染物

综上所述,直接由汽车排放的污染物以及与交通源相关的主要污染物有:CO、CH 化合物(包括苯、苯并芘等)、NO_x(NO、NO_2、N_2O 等)、炭烟(主要是 $2.5\mu m$ 以下的细微颗粒物及其上附着的高分子 HC 化合物和 SO_2 等)、SO_2、CO_2、醛类等。还有汽车排放到大气中的 HC 化合物和 NO_x 在特定的气象和地理条件下形成的光化学烟雾,其主要成分是 O_3 和过氧化酰基硝酸盐(PAN)等光化学过氧化产物,其毒性更大。

第二节　汽车主要污染物的产生与危害

汽车排放是目前增长最快的大气污染源,在发达国家的城市区域,汽车是 CO、HC、NO_x

和 O_3 等空气污染物的主要来源,柴油车排放的细微颗粒物在城市区域往往也占到很大的比重。近年来,我国汽车拥有量每年以 15% ~ 20% 的速度增长。迅速增长的汽车排放直接导致了我国北京、上海、广州等一些大城市环境空气质量的恶化,突出表现在道路网密集、交通繁忙的地区,而这些地区往往人口密集,因此,汽车排放在我国也已经对一部分人群造成了严重的健康威胁,特别是对儿童、老人、孕妇以及患有心脏病和呼吸系统疾病的人群,伤害更大。下面分别介绍各污染物的产生和危害。

一、一氧化碳

汽车尾气中一氧化碳(CO)是烃燃料燃烧的中间产物,主要是在局部缺氧或低温条件下,由于烃不能完全燃烧而产生的。当汽车负重过大、慢速行驶时或空挡运转时,燃料不能充分燃烧,废气中 CO 含量会明显增加,是汽车及内燃机排气中有害浓度最大的产物。现代城市空气污染中 80% 左右的 CO 来自于汽车排放。

CO 是无色、无味的窒息性易燃有毒气体。一般城市中的 CO 水平对植物及有关的微生物均无害,但对人体则有害,因为它能与血红素作用生成羧基血红素(Carboxyhemoglobin,COHb)。实验证明,

血红素与 CO 的结合能力较与氧的结合能力大 200 ~ 300 倍,因此,一旦吸引过量 CO,会使人体血液输送氧的能力降低而引起缺氧。CO 被人体大量吸入之后会使人发生恶心、头晕、疲劳症状,严重时会使人窒息死亡。

CO 对人体的毒害程度大小,由许多因素决定,空气中 CO 的浓度大小、同 CO 接触时间的长短、呼吸的速度以及有无吸烟习惯(吸烟者羧基血红素的本底含量约为 5% ,不吸烟者约为 0.5%)等对人们的受害程度有很大影响。人体中 COHb 的含量随接触 CO 的时间增长而增多,经过 7 ~ 9h 后 COHb 的含量稳定不再增加,但其稳定值随着空气中 CO 含量的增加而增加,其变化曲线如图 2-2 所示。由图可见,人在 CO 含量 ϕ_{CO} 为 15×10^{-6} 的空气中滞留大约 8h,便发生有害影响。表 2-2 是不同浓度 CO 对人体健康的影响。

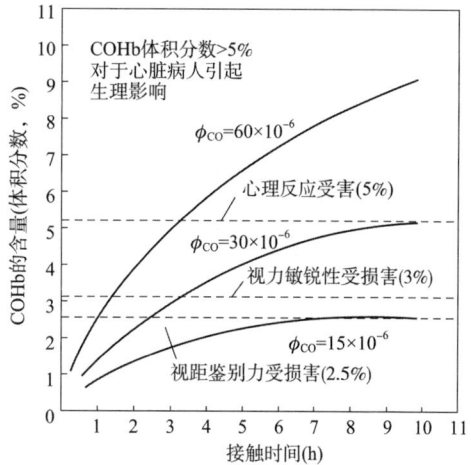

图 2-2　人体中 COHb 的含量随接触 CO 的浓度和时间的变化

不同浓度 CO 对人体健康的影响　　　　　　　　　表 2-2

CO 浓度 ($\times 10^{-6}$)	对人体健康的影响	CO 浓度 ($\times 10^{-6}$)	对人体健康的影响
5 ~ 10	对呼吸道患者有影响	250	2h 接触,头痛,血液中 COHb = 40%
30	人滞留 8h,视力及神经机能出现障碍,血液中 COHb = 5%	500	2h 接触,剧烈心痛、眼花、虚脱
40	人滞留 8h,出现气喘	3 000	30min 即死亡
120	1h 接触,中毒,血液中 COHb > 10%	—	—

城市中一氧化碳含量小时的变化情况,随城市交通量和车辆的技术状况而异,如图 2-3 所示,早晚上下班交通高峰期 CO 含量出现峰值;假日不上班,则不出现高峰。另外,车速越高,CO 排出越少,因此,大城市的交叉路口和交通繁忙的道路上,常常出现高浓度的 CO 污染。所以,良好的交通管理,有助于降低城市空气中 CO 的含量。

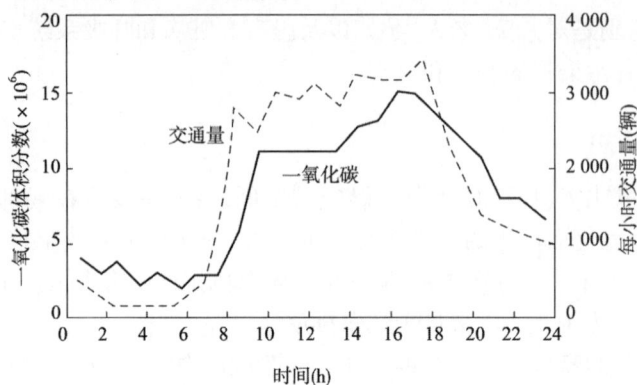

图 2-3 城市中 CO 含量与交通量的关系

二、碳氢化合物

碳氢化合物(HC)主要是未燃和未完全燃烧的燃油、润滑油及其裂解产物和部分氧化物。汽车排放的 HC 主要有烷烃或饱和烃 C_nH_{2n+2}、环烷烃 C_nH_{2n}、烯烃、芳香族化合物和含氧化合物醛、醇、醚类和酮类。烷烃有 100 多种,其中直链烃最多,其碳原子数为 1 ~ 37,带有支链的异构烷烃其碳原子数在 6 以下;多环芳香烃有 200 多种;醚、醇、酮和醛的数量在十几种到几十种不等。通常含有 1 ~ 10 个碳原子的挥发性碳氢化合物在大气中以气相存在。含有较多碳原子的不易挥发的碳氢化合物经常形成气溶胶或吸附在微粒物上。

饱和烃危害性小,不饱和烃危害性很大。甲烷气体无毒性。当甲醛、丙烯醛等醛类气体浓度超过 1×10^{-6} 时,就会对眼睛、呼吸道和皮肤有强刺激作用;浓度超过 25×10^{-6} 时,会引起头晕、恶心、红白细胞减少、贫血;超过 $1\,000 \times 10^{-6}$ 时,会急性中毒。苯是无色气体,但有类似汽油味的气味,可引起食欲不振、体重减轻、易倦、头晕、头痛、呕吐、失眠、黏膜出血等症状,也可引起血液变化,红细胞减少,出现贫血,还可导致白血病。应当引起特别注意的是,带更多环的多环芳香烃,如苯并芘及硝基烯,是强致癌物质。烃类成分还是引起光化学烟雾的重要物质。

三、氮氧化物

氮氧化物(NO_x)是燃料高温燃烧过程中剩余的氧与氮化合形成的产物,其主要成分有 NO、NO_2、N_2O_3、N_2O_5 等,总称为 NO_x。汽车尾气中氮氧化物的排放量取决于汽缸内燃烧温度、燃烧时间和空燃比等因素。城市空气中的 NO_x 主要来源于汽车排放,据 1997 年日本东京检测结果,汽车排放的 NO_x 占到城市总排放量的 64%,在汽车排气中主要是 NO,约占 95%,其次是 NO_2,约占 5%。

NO 是无色、无味气体,稍溶于水,只有轻度刺激性,毒性不大,高浓度时会造成中枢神经轻度障碍,NO 可被氧化成 NO_2。NO_2 是一种棕红色强生理刺激性的有毒气体,是引起急性呼吸道疾病的主要物质,在含量为(0.063~0.083)×10^{-6}下,持续6个月,儿童的支气管炎发病率就会增加,含量为0.1×10^{-6}时即可嗅到,1×10^{-6}~4×10^{-6}就感到恶臭,其对人体健康的影响见表2-3。NO_2吸入人体后,和血液中血红素蛋白Hb结合,使血液输氧能力下降,对心脏、肝、肾都会有影响。NO_2会使植物枯黄,但NO_2较易扩散,遇水易溶解:$3NO_2 + H_2O \rightarrow 2HNO_3 + NO$。故其累积浓度不会过高。$NO_2$是地面附近大气中形成光化学烟雾的主要物质。

不同浓度的NO_2对人体健康的影响 表2-3

NO_2浓度(×10^{-6})	对人体健康的影响
1	闻到臭味
5	闻到强烈臭味
10~15	10min眼、鼻、呼吸道受到刺激
50	1min内人呼吸困难
80	3min感到胸痛、恶心
100~150	在30~60min内因肺气肿而死亡
250	很快死亡

N_2O是一种无色有甜味的气体,在一定条件下能支持燃烧,但在室温下稳定,有轻微麻醉作用,N_2O也是一种强大的温室气体,它的效果是CO_2的296倍。其对人体身体健康也会产生较大影响,N_2O进入人体血液能导致人体缺氧,长期接触能引起高血压、晕厥、心脏病发作、贫血和中枢神经系统损伤等多种疾病。N_2O主要来自燃烧的副产物和催化剂消除常规气体污染物(CO、HC、NO)过程中的二次产物。早期我国的排放法规并没有明确要求控制N_2O的排放量,2020年我国轻型车国六排放法规要求在使用寿命期内N_2O的排放量要小于20mg/km。

四、光化学烟雾

光化学烟雾是汽车排放到大气中的HC和NO_x在太阳光能(3 000×10^{-10}~4 000×10^{-10}m紫外线)作用下进行光化学反应生成臭氧、醛类和过氧化酰基硝酸盐等形成的一种浅蓝色烟雾。它是一种强刺激性有害气体的二次污染物。这种污染事件最早出现在美国洛杉矶,所以,又称洛杉矶光化学烟雾。

空气中的HC和NO_x在特殊的地理环境,即大气对流不畅的河谷、盆地的工业交通发达地区,特定的气象条件,即夏秋晴朗季节,日照充足,无风,大气处于稳定状态下,产生一系列光化学反应生成,其反应机理如图2-4所示。

光化学烟雾各成分浓度的变化规律如图2-5所示。HC和NO_2在上午上班时间(早晨8时左右)浓度达到最高值;经3~4h照射后,O_3和醛类的含量达到最大值。到了晚上,O_3和醛类等的含量便显著降低。

光化学烟雾的主要危害可归纳为四个方面。第一是光化学烟雾中的甲醛、过氧化苯甲醛酰硝酸酯(PBzN)、PAN和丙烯醛对眼睛的刺激。第二是光化学烟雾中的O_3是强氧化剂,引起的胸部压缩、刺激黏膜、头痛、咳嗽、疲倦等症状,空气中O_3的含量对人体健康的影响见表2-4。第三是光化学烟雾中的O_3对有机物质(如橡胶、棉布、尼龙和聚酯等)的损害。第四是使哮喘病增多,植物毁坏。

$$NO+O_2\rightarrow NO_2$$

$$NO+hr\rightarrow NO+O$$

$$O+O_2\rightarrow O_3$$

$$O+HC\rightarrow RCHO+RCO_2$$

$$O_3+NO\rightarrow NO_2+O_2$$

$$O+NO_2\rightarrow NO+O_2$$

$$O+HC\rightarrow R+RCHO$$

$$R+O_2\rightarrow RO_2$$

$$RO_2+NO\rightarrow RO+NO_2$$

$$RO\rightarrow R+O$$

$$RO+NO_2\rightarrow RONO_2$$

$$RCO_2+NO\rightarrow NO_2+RCO$$

$$RCO+NO_2+O_2\rightarrow RCO_3NO_2$$

汽车排气 —— HC —— NO$_x$ —— 烟雾

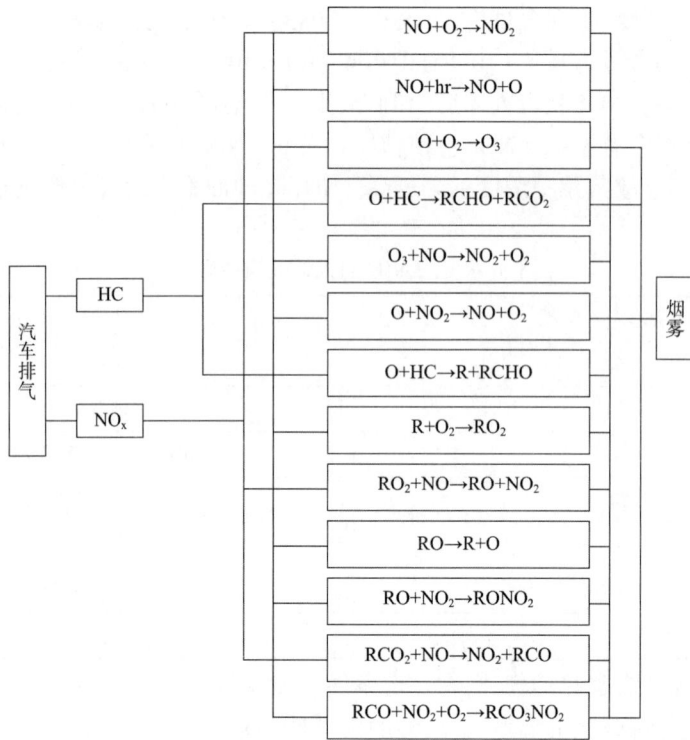

图 2-4　光化学烟雾的反应机理

hr-太阳光能；O_2-臭氧；R-烷基；RO-含氧烷基；RO_2-含双氧烷基；RCO-酰基；RCO_2-氧化酰基；$RONO_2$-烷基硝酸盐；RCO_3NO_2-过氧酰基硝酸盐；RCHO-醛

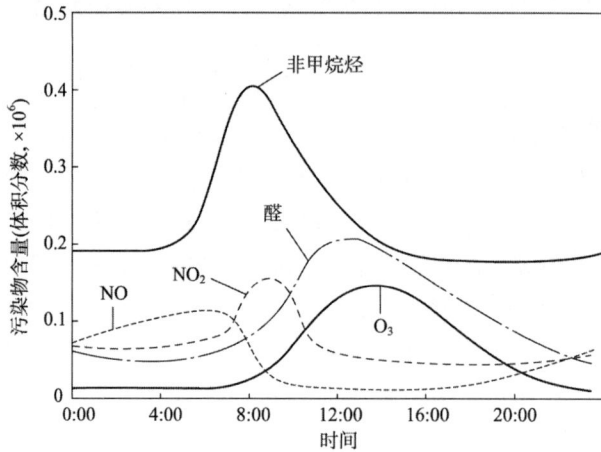

图 2-5　光化学烟雾各成分含量的变化规律

O_3 的含量对人体健康的影响　　　　　　　　　　　表 2-4

O_3 含量（$\times10^{-6}$）	人体中毒后的症状
0.02	5min 内多数人能觉察，1h 内胶片脆化
0.2~0.3	胸机能降低、胸部有压迫感
0.1~1.0	1h 内呼吸紧张
0.2~0.5	3~6h 内视力降低

O_3 含量（$\times 10^{-6}$）	人体中毒后的症状
1~2	2h 内头疼、胸痛、肺活量减少
5~10	全身疼痛，开始出现麻痹症，得肺气肿
15~20	小动物 2h 内死亡

五、微粒

汽车排放到大气中的微粒绝大多数是直径小于 $1\mu m$ 的固态和液态物质，以气溶胶、烟雾、尘埃等状态存在于大气中。汽油机和柴油机所排放的微粒是不同的，汽油机主要是铅化物、硫酸盐以及一些低分子物质，只有当技术状况变坏，烧机油时，有大量炭烟排出；柴油机微粒排放要比汽油机高 30~60 倍，成分也更复杂，它是一种类似石墨形式的含炭物质（炭烟）并凝聚和吸附了相当数量的高分子可溶性有机物和 SO_2 等，这些有机物包括未燃的燃油、机油及其不同程度的氧化和裂解产物。微粒物对人体健康的影响，取决于颗粒物的浓度和其在空气中暴露的时间。

1. 铅化物

铅化物是发动机燃用含铅汽油时，抗爆剂四乙基铅的燃烧产物，其微粒直径小于 $0.2\mu m$。排放到大气中的铅化物除燃烧直接排出的小颗粒外，多数是附着于排气道及消声器而逐渐长大的颗粒，大部分散落在地面上。

铅化物主要影响人的神经系统，可导致智力低下。由于儿童摄入的铅剂量相对其体重更高，而神经系统又正处于发育阶段，因此，儿童是铅污染的主要受害者。它可通过肺部、消化器官和皮肤等途径进入人体，并在体内逐渐蓄积起来，妨碍红细胞的生长和发育。儿童的血铅水平与儿童智能发育障碍、神经系统发育等问题都有显著的相关性。据上海市调查，当铅含量提高 0.01mg/100mL，儿童智力将下降 7%。高血铅儿童成年以后高血压、心肌梗死和慢性肾功能衰竭的发病率都将明显提高。

血液中含铅量达到 0.01~0.06mg/100mL 时，将引起贫血、牙齿变黑、肝功能不正常等慢性中毒症状，提高心血管、肾炎的发病率，含铅量超过 0.08mg/100mL 时，会出现四肢麻痹、腹痛直至死亡等典型铅中毒症状。铅还会使催化转换器中催化剂"中毒"失效，影响其使用寿命。我国于 2000 年 7 月 1 日开始全面禁止使用有铅汽油。

2. 炭烟

炭烟是柴油在高温（2 000~2 200℃）、局部缺氧的条件下，经过热裂解、脱氢、再经聚合、环构化和进一步脱氢形成的具有多环结构的不溶性炭烟晶核，然后经不断聚集、长大成为大的、甚至肉眼能见的炭烟微粒。其形成过程如图 2-6 所示。

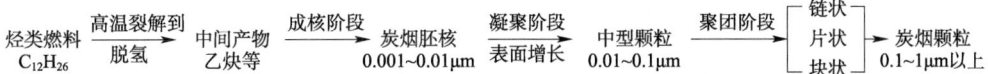

| 烃类燃料 $C_{12}H_{26}$ | 高温裂解到 脱氢 | 中间产物 乙炔等 | 成核阶段 | 炭烟胚核 0.001~0.01μm | 凝聚阶段 表面增长 | 中型颗粒 0.01~0.1μm | 聚团阶段 | 链状 片状 块状 | 炭烟颗粒 0.1~1μm 以上 |

图 2-6 炭烟颗粒形成过程

炭烟微粒表面往往黏附有 SO_2 和致癌物质苯并芘等有机化合物和臭气，对人体和生物都有危害，且微粒愈小，悬浮在空气中的时间愈长，吸入人体后滞留在肺部和支气管中的比例愈大，危害也就愈大。小于 $0.1\mu m$ 的炭烟微粒能在空气中做随机运动，进入肺部并附在肺细胞的组织中,有些还会被血液吸收。$0.1 \sim 0.5 \mu m$ 微粒能深入肺部并黏附在肺叶表面的黏液中,随后会被绒毛所清除。炭烟微粒除对人体呼吸系统有害外,由于微粒的孔隙内黏附着 SO_2、未燃 HC、NO_2 等有毒物质或苯并芘等致癌物,因而对人体健康造成更大危害。

六、二氧化硫

二氧化硫(SO_2)是含硫燃料燃烧后的产物,由于柴油的含硫量高于汽油,因此,柴油机排放的 SO_2 高于汽油机。

SO_2 对人类健康有重要影响,它能刺激人的呼吸系统,尤以有肺部慢性病和心脏病的人最易受害,使呼吸道疾病等增多。当空气中 SO_2 年平均含量大于 0.04×10^{-6}、日平均含量大于 0.11×10^{-6} 时即对人体产生危害。值得指出的是,当 SO_2 与微粒物质在空气中共存时,其危害可增大 $3 \sim 4$ 倍,因而空气标准中对 SO_2 的含量和微粒含量的乘积作了限制。当含量为 3×10^{-6} 时,则可闻到刺激性臭味,SO_2 还能与水反应生成亚硫酸。SO_2 的腐蚀性较大,软钢板在体积分数 0.02×10^{-6} 的 SO_2 中腐蚀一年失重约 16%,SO_2 能使空气中动力线硬化和拉索钢绳的使用寿命缩短,它还能使皮革失去强度,建筑材料变色破坏,塑像艺术品破坏;能损害植物的叶片,影响植物的生长,减少产量。SO_2 还会使三元催化转换器的催化剂产生"中毒"损害,因此,应控制燃油中含硫量。

第三节　汽车排放标准

降低汽车排放污染物的最根本途径是依靠汽车排放控制技术的开发和应用,而推动这些先进的排放控制技术发展的动力,主要是实施严格的汽车排放标准。

20 世纪 60 年代以来,全球范围内由于汽车尾气引起的空气污染日趋严重,许多国家纷纷通过制定机动车排放法规来为解决这一问题而做出努力。逐步严格的排放法规,给汽车和发动机制造商提出了巨大的挑战和新的发展机遇,一些实力强大的汽车制造商和研发机构也不断推出满足新排放法规的产品。对控制汽车排放对大气的污染起到了积极的推动作用。

一、国外汽车排放法规与控制历程

汽车排放控制最早起源于美国的加利福尼亚州,1960 年,美国加利福尼亚州颁布了世界上第一部汽车排放法规。1963 年美国政府制定了《大气清洁法》,其后进行了多次修订和补充,逐步严格化,但在 1968 年以前美国一直采用加州汽车排放标准。从 1968 年起美国才有了联邦汽车排放标准,之后几乎是逐年严格化。但是直到目前为止,加州汽车排放法规仍然是世界上最严格的控制汽车排放法规。继美国之后,日本和欧洲经济委员会分别于 1966 年和 1970 年相继制定了机动车排放法规和标准。

1. 国外轻型汽车排放法规演变

纵观世界各国汽车排放法规体系,基本上是按照美国、日本和欧洲的汽车排放法规体系建立的,其形成和发展大体上可分为三个阶段。

第一阶段(1966 ~ 1974 年):汽车排放法规的形成阶段。

这一阶段,美国、日本、欧洲等分别制订了国家汽车排放标准,从控制汽油车曲轴箱窜气排放的 HC 开始,到限制怠速排放的 CO、HC 浓度,然后逐步实施工况法控制尾气中 CO、

HC、NO$_x$ 的排放量见表 2-5。1970 年之前主要是对 CO、HC 的限制,1971 年起美国加州首先采用 7 工况连续采样对 NO$_x$ 实施控制;1973 年美国联邦和日本分别采用 LA-4C 工况和 10 工况 CVS 采样增加对 NO$_x$ 的限制。1970 年欧洲经济委员会制订了统一的 ECE 排放法规,供欧洲各国使用,主要是对 CO、HC 的限制。在此阶段,采用的排放控制技术主要是发动机改造,包括燃烧系统的改进,如稀化空燃比、延迟点火、进气预热等;化油器的改进,如由简单化油器改为带有多项净化装置的复杂化油器,并提高化油器的流量控制精度。另外,一些国家开始采用 EGR 装置降低 NO$_x$ 的排放量。

国外 1975 年前汽车排气限制标准　　　　　　表 2-5

实施年份 国家及地区试验规范	1969	1970	1971	1972	1973	1974	1975
美国联邦 CO(g/mile)③ HC(g/mile) NO$_x$(g/mile)	7 工况循环,连续取样,用 NDIR 分析 CO 及 HC			LA-4C 工况 CVS-1 取样① 综合分析仪②			LA-4CH 工况 CVS-3 取样 综合分析仪②
	1.5% 275ppm	23 2.2	23 2.2	39 3.4	39 3.4 3.0	39 3.4 3.0	15 1.5 3.1
美国加利福尼亚州 CO(g/mile) HC(g/mile) NO$_x$(g/mile)	7 工况循环,连续取样,NDIR 分析 CO、HC 及 NO$_x$		LA-4C 工况 CVS-1 取样 综合分析仪②			LA-4CH 工况 CVS-3 取样 综合分析仪②	
	1.5% 275ppm	23 2.2	23 2.2 4.0	39 3.2 3.2	39 3.2 3.0	39 3.2 2.0	9.0 0.9 2.0
日本 CO(g/km) HC(g/km) NO$_x$(g/km)	4 工况循环,连续取样,用 NDIR 分析 CO			急速	10 工况,CVS 取样 综合分析仪②	1)10 工况 2)11 工况(g/次)	
	3.0%	2.5%	2.5%	4.5%	18.4 2.94 2.18	18.4 2.94 2.18	1) 2.10 0.25 1.20　　2) 60.0 7.0 9.0
法国	急速 CO 为 5%			ECE 标准第 Ⅰ、Ⅱ类			
原联邦德国	急速 CO 为 4.5%			ECE 标准第 Ⅰ、Ⅱ类			

注:①CVS(Constant Volume Sampling)为定容取样法简写。
②不分光红外分析仪(NDIR)分析 CO;氢火焰离子化分析仪(FID)分析 HC;化学发光分析仪(CLD)分析 NO$_x$。
③美国排气限制标准采用英制,为了便于参考,不作变动(1g/mile = 0.621g/km)。

第二阶段(1975—1992 年):汽车排放法规的加强和完善阶段。

美国从 1975 年实施《马斯基法》并采用 FTP-75 规程 LA-4CH 工况,不断强化 CO 和 HC 限值,并逐年加强对 NO$_x$ 的限制。同时,鉴于当时汽车技术水平,规定在空气污染严重的地区实施 I/M(Inspect Maintenance)制度。

日本于 1991 年在城市 10 工况循环基础上增加了高速工况称为 10.15 工况循环。10.15 工况的排放限值与 10 工况相比没有改变,但由于增加了高速工况,使 NO$_x$ 排放量增加,实质上加严了排放限值。美国、日本 1975 年后轻型汽车排气限制标准见表 2-6。

美、日1975年后轻型汽车排气限制标准 表2-6

国名及地区	试验规范（单位）	实施年份	小轿车			小型货车或客车		
			CO	HC	NO$_x$	CO	HC	NO$_x$
美国联邦①	LA-4CH（g/mile）	1976	15	1.5	3.1	20	2.0	3.1
		1977	15	1.5	2.0	20	2.0	3.1
		1980	7.0	0.41	2.0	18	1.7	2.3
		1982③	3.4	0.41	1.0	18	1.7	2.3
		1991	3.4	0.41	1.0	10	0.8	1.7
美国加州①	LA-4CH（g/mile）	1976	9.0	0.9	2.0	17	0.9	2.0
		1977	9.0	0.41	1.5	17	0.9	2.0
		1980	9.0	0.41	1.0	9	0.5	2.0
		1983	7.0	0.41	0.4	9	0.5	2.0
		1990	7.0	0.41	0.4	9	0.5	1.0
日本②	10 工况（g/km）	1976	2.1 (2.7)	0.25 (0.39)	0.60/0.85⑤ (0.80/1.20)	13 (17)	2.1 (2.7)	1.8 (2.3)
		1978	2.1 (2.7)	0.25 (0.39)	0.25 (0.48)	13 (17)	2.1 (2.7)	1.8 (2.3)
		1979	↑	↑	↑	13 (17)	2.1 (2.7)	1.0/1.2④ (1.4/1.6)
		1981	↑	↑	↑	13 (17)	2.1 (2.7)	0.6/0.9 (0.84/1.26)
		1991	↑	↑	↑	2.1/13④ (2.7/17)	0.25/2.1 (0.39/2.7)	0.25/0.7 (0.48/0.98)
	11 工况（g/次）	1976	60 (85)	7.0 (9.5)	6.0/7.0⑤ (8.0/9.0)	100 (130)	13 (17)	15 (20)
		1978	60 (85)	7.0 (9.5)	4.4 (6.0)	100 (130)	13 (17)	15 (20)
		1979				100 (130)	13 (17)	8.0/9.0④ (10.0/11.0)
		1981				100 (130)	13 (17)	6.0/7.5 (8.0/9.5)
		1991				60/100④ (185/135)	7.0/13 (9.5/17)	4.4/6.5 (6.0/8.5)
	10.15 工况（g/km）	汽油车 1991	2.1 (2.7)	0.25 (0.39)	0.25 (0.48)			
		柴油车 1986	2.1 (2.7)	0.4 (0.62)	1992.10 0.7/0.9⑥			

注：①总质量≤1 720kg级标准。

②日本小型货车指乘员10人以下，总质量2 500kg以下四冲程汽油或液化石油汽车。标准中括号内为最大允许值。

③美国联邦对小型柴油货车PM排放标准规定：1982年车型<0.6g/mile，1985年车型<0.2g/mile，1992年车型<0.13g/mile。

④用于不同等价惯性质量：1 700kg以下车辆/1 700kg以上车辆。

⑤用于不同等价惯性质量小客车：1 000kg以下车辆/1 000kg以上车辆。

⑥用于车辆总质量≤1 265kg/1 266～2 500kg，烟度限值50%。

欧洲 ECE 法规在这一阶段变化较大,1975 年 10 月执行 R15/01 法规,只对 CO 及 HC 进行限制。1977 年 10 月执行 R15/02 法规,采用全量(欧洲大袋)取样法增加了对 NO_x 的限制。1979 年执行的 R15/03 法规,1982 年实施的 R15/04 法规,采样方法由原来的全量取样法改为 CVS 取样法,并将 HC + NO_x 加到一起进行限制,ECE(及 EEC)15 工况排放标准见表 2-7。1989 年开始实行的 ECE-R83 新法规,其排放限值减少到原来的 40%,并将按车辆质量划分限值改为按发动机排量划分,ECER83(EEC-89/491)新法规的排放限值见表 2-8。

ECE(EEC)15 工况排放限值(g/次)[①]   表 2-7

法规及执行时间	R15/01 1975.10		R15/02 1977.10	R15/03 1979.10			R15/04 1982.10—1992[②]		
污染物车辆质量 W(kg)	CO	HC	NO_x	CO	HC	NO_x	CO	HC + NO_x[③]	HC + NO_x[④]
$W \leqslant 750$	80	6.8	10	65	6.0	8.5	58/70[⑤]	19/23.8	23.7/29.7
$750 < W \leqslant 850$	87	7.1	10	71	6.3	8.5	58/70	19/23.8	23.7/29.7
$850 < W \leqslant 1\ 020$	94	7.4	10	76	6.5	8.5	58/70	19/23.8	23.7/29.7
$1\ 020 < W \leqslant 1\ 250$	107	8.0	12	87	7.1	10.2	67/80	20.5/25.6	25.6/32.0
$1\ 250 < W \leqslant 1\ 470$	122	8.6	14	99	7.6	11.9	76/91	22.0/27.5	27.5/34.3
$1\ 470 < W \leqslant 1\ 700$	135	9.2	14.5	110	8.1	12.3	84/101	23.5/29.4	29.3/36.7
$1\ 700 < W \leqslant 1\ 930$	149	9.7	15	121	8.6	12.8	93/112	25.0/31.3	31.2/39.1
$1\ 930 < W \leqslant 2\ 150$	162	10.3	15.5	132	9.1	13.2	101/121	26.5/33.1	33.1/41.3
$2\ 150 < W$	176	10.9	16.0	143	9.6	13.6	110/132	28.0/35.0	35.0/43.7

注:①适用于最大总质量小于 2 500kg 的汽油和柴油车。
　　②EEC 为 83/351 法规,于 1984.10 执行,限值相同,适用于最大总质量≤3 500kg 的汽油和柴油车。
　　③适用于乘员≤6 人座的客车。
　　④适用于乘员 >6 人座、总质量≤3 500kg 的轻型车。
　　⑤分子为型式认证试验限值,分母为产品一致性试验限值。

1989 年后 ECE(EEC)新法规   表 2-8

法　规	发动机排量 V(L)	时间	排放限值			试验规范
			CO	HC + NO_x	PM	
ECE-R83[①] EEC-89/491 (g/次)	$V > 2.0$	1989.10	25/30[②]	6.5/8.1		ECE-15 工况
	$1.4 \leqslant V \leqslant 2.0$	1991.10	30/36	8.1/10	1.1	
	$V < 1.4$	1992.7	19/22	5.0/5.8		
EEC MVEG-1	车辆总质量 G <1 250kg, 限值单位: (g/km)	1993	2.72/3.16	0.97/1.13	0.14/0.18	ECE + EUDC 工况 蒸发物限值 (2g/次)
MVEG-2		1996	2.22	0.5		
MVEG-3		2000	1.5	0.2		

注:①适用于最大总质量≤2 500kg,最多 6 人座的汽油或柴油车,PM 只限制柴油车。
　　②分子为型式认证试验限值,分母为产品一致性试验限值。

这一阶段是汽车排放控制技术发展最快、各国大气质量改善最为明显的时期。三效催化转换器和电子控制燃油喷射技术就是在这一时期发展起来的。这些新技术的采用不仅使汽车排放污染物大幅度降低,而且使动力性、经济性和驾驶性能都得到了较大的改善,促进了汽车工业的技术进步。与此同时,由于使用三效催化剂对汽油的含铅量和含硫量提出较苛刻的要求,也促进了石油工业的发展,实现了汽油无铅化。

第三阶段(1992年以后):加强对HC的控制进入低污染车时期。

以美国为代表,从1990年大幅度修改大气清洁法,要求到2003年以后,对CO、HC和NO_x的限制以1993年为基准分别降低到50%、25%和20%,可见法律的强化程度。

美国联邦1992年后轻型车排气限制中,汽油车总质量≤1 720kg,耐久性试验,运行50000mile内必须达到的排气限制标准见表2-9。其降低HC的措施为逐年提高达标车的生产比例。

美国联邦1992年后轻型车排气限制标准(g/mile)　　　　表2-9

| 年　份 | CO | NO_x | HC | | PM | 生产达标车 |
			总HC	NMHC		(%)
1992	3.4	1.0	0.41		0.20	100
1993	3.4	0.4	0.41		0.20	100
				0.25	0.08	0
1994	3.4	0.4	0.41		0.20	60
				0.25	0.80	40
1995	3.4	0.4	0.41		0.20	20
				0.25	0.80	80
1996	3.4	0.4		0.25	0.80	100
2003	1.7	0.2		0.125	0.08	

从2017—2025年,美国联邦逐步实行第三阶段(Tier3)排放标准,Tier3分为7个等级,其所要求的整车排放耐久性由Tier2的192 000km增加到240 000km,排气限值标准见表2-10。

美国联邦Tier3排放标准　　　　表2-10

| 等级序号 | 整个寿命 | | | |
| | NMOG + NOx | PM | CO | HCHO |
	(mg/mile)	(mg/mile)	(mg/mile)	(mg/mile)
Bin160	160	3	4.2	4
Bin125	125	3	2.1	4
Bin70	70	3	1.7	4
Bin50	50	3	1.7	4
Bin30	30	3	1	4
Bin20	20	3	1	4
0	0	0	0	0

美国加利福尼亚州1992年后总质量≤1 720kg的轻型汽、柴油车,耐久性试验,运行50 000mile、100 000mile内应达到的排气限制标准见表2-11。加州1994年起实施严格的低排放汽车标准(LEV),分三阶段进行,即过渡低排放车(TLEV)、低排放车(LEV)、超低排放车(ULEV),最终达到零排放车(ZEV)。要求1998年ZEV应占汽车生产量的2%,2001年占到5%,2003年占到10%。

美国加州 1992 年后轻型车排气限制标准（g/mile） 表 2-11

车辆类别	50 000mile					100 000mile				
	NMOG	HCHO	CO	NO_x	微粒	NMOG	HCHO	CO	NO_x	微粒
1992	0.39[①] 0.41[②]	—	7.0	0.4	0.08	—	—	—	—	—
1993	0.25[①]	—	3.4	0.4	0.08	0.31[①]	—	4.2	1.0	—
TLEV 1994	0.125	0.015	3.4	0.4	—	0.156	0.018	4.2	0.6	0.08
LEV 1998	0.075	0.015	3.4	0.2	—	0.090	0.018	4.2	0.3	0.08
ULEV 1998	0.040	0.008	1.7	0.2	—	0.055	0.011	2.1	0.3	0.04
ZEV	0	0	0	0	0	0	0	0	0	0

注:①指非甲烷碳氢化合物(NMHC);

②指总碳氢(THC)。

加州排放法规有 3 个阶段的排放标准,排放水平分为 3 个等级,即低排放(LEV)、极低排放(ULEV)、超级低排放(SULEV),2003 年采用第一阶段 LEV 标准,从 2004—2010 年逐步过渡到 LEV Ⅱ标准,并于 2011—2014 年全面实施 LEV Ⅱ标准;从 2015—2025 年逐步过渡到 LEV Ⅲ标准,如表 2-12 所示。

美国加州 LEV Ⅲ 排放标准 表 2-12

车 型	排放等级	150000mile			
		NMOG + NO_x (g/mile)	CO (g/mile)	HCHO (mg/mile)	PM (g/mile)
所有 PCs, LDTs≤3 825kg	LEV160	0.16	4.2	4	0.01
	ULEV125	0.125	2.1	4	0.01
	ULEV70	0.07	1.7	4	0.01
	ULEV50	0.05	1.7	4	0.01
	SULEV30	0.03	1	4	0.01
	SULEV20	0.02	1	4	0.01
MDVs, 3 825 ~ 4 500kg	LEV395	0.395	6.4	6	0.12
	ULEV340	0.34	6.4	6	0.06
	ULEV250	0.25	6.4	6	0.06
	ULEV200	0.2	4.2	6	0.06
	SULEV170	0.17	4.2	6	0.06
	SULEV150	0.15	3.2	6	0.06
MDVs, 4 500 ~ 6 300kg	LEV630	0.63	7.3	6	0.12
	ULEV570	0.57	7.3	6	0.06
	ULEV400	0.4	7.3	6	0.06
	ULEV270	0.27	4.2	6	0.06
	SULEV230	0.23	4.2	6	0.06
	SULEV200	0.2	3.7	6	0.06

注:PC-乘用车;LDT-轻型载货汽车;MDV-中型车。

日本 1992 年以后执行 10.15 工况,其排放限值见表 2-13。2005 年 4 月,日本中央环境会议制定了最新的削减汽车尾气排放目标的规划,主要是加强对柴油车排放的颗粒物（PM）和 NO_x 的控制,见表 2-14。同时,日本还提出了对汽油车排放的颗粒物的限制规划,从 2009 年起,对安装有 NO_x 还原装置的缸内直喷、稀薄燃烧的汽油机将增加新的 PM 排放限制规定,轿车、轻型车（GVW < 1 700kg）、中型车（1 700 ≤ GVW ≤ 3 500kg）、重型车（GVW > 3 500kg）等的车用汽油机,PM 的限值分别为 0.005、0.005、0.007、0.010g/（kW·h）。

日本轻型车排放标准限值 表 2-13

| 车型 | 最大总质量（t） | 实施年份 | CO | | HC | | NO_x | | 微粒（g/km） |
			10.15 工况（g/km）	11 工况（g/试验）	10.15 工况（g/km）	11 工况（g/试验）	10.15 工况（g/km）	11 工况（g/试验）	
汽油乘用车		2000[1]	0.67（1.27）[3]	19（31.1）	0.08（0.17）	2.2（4.42）	0.08（0.17）	1.4（2.5）	
汽油载货车	≤1.7	2000[1]	0.67（1.27）	19（31.1）	0.08（0.17）	2.2（4.42）	0.08（0.17）	1.4（2.5）	
	1.7 ~ 2.5	1994[1]	13(17)	100(130)	2.1(2.7)	13(17.7)	0.4(0.63)	5(6.6)	
		1998[1]	6.5(8.42)	76(104)	0.25(0.39)	7(9.5)	↑	↑	
		2001[1]	2.1(3.36)	24(38.3)	0.08(0.17)	2.2(4.42)	0.13(0.25)	1.6(2.78)	
柴油载货车	≤1.7	1993[2]	2.1(2.7)		0.4(0.62)		0.6(0.84)		0.2(0.34)
		1997[2]	↑		↑		0.4(0.55)		0.08(0.14)
		2002[2]	0.63		0.12		0.28		0.052
	1.7 ~ 2.5	1993[2]	2.1(2.7)		0.4(0.62)		1.3(1.82)		0.25(0.43)
		1997[2]	↑		↑		0.7(0.97)		0.09(0.18)
		2003[2]	0.63		0.12		0.49		0.06

注:①1992 年起改为 10·15 工况,g/km;
②1993 年后改为 10·15 工况,g/km;
③括号外为平均值,括号内为最大值。

日本最新柴油车排放目标限值［g/（kW·h）］ 表 2-14

车型		PM	NO_x	CO	NMHC	实行时间
轿车	限值	0.005	0.08	0.63	0.024	2009 年
	下降幅度	62%	43%	0	0	
轻型车（<1 700kg）	限值	0.005	0.08	0.63	0.024	2009 年
	下降幅度	62%	43%	0	0	
中型车（GVW 为 1 700 ~ 3 500kg）	限值	0.007	0.15	0.63	0.024	2009 年（>2 500）
	下降幅度	53%	40%	0	0	2010 年（≤2 500）
重型车（GVW >3 500kg）	限值	0.01	0.7	2.22	0.17	2009 年（>12 000）
	下降幅度	63%	目标65%挑战88%	0	0	2010 年（≤12 000）

注:①长期规划对比值为与现行标准(2003 年后目标);
②GVW 为车辆总质量;NMHC 为非甲烷碳氢化合物。

欧盟于 1993 年 10 月起执行 EEC/MVEG-1 新法规,同时改用 ECE15 + EUDC(郊外高速工况)工况;1996 年执行 MVEG-2 法规,将 CO 的限值降低 20%,HC + NO$_x$ 限值降低约 50%,达到 0.5g/km;2000 年执行 MVEG-3 法规,将 CO 再减少约 1/3,对 HC 和 NO$_x$ 实行分开限制,两者之和降低 60% 以上,相当美国加州低排放车 LEV 的排放限值。同时 MVEG-3 法规测试时,规定发动机起动后立即采样(2 号法规是起动 40s 后采样),这相当于进一步严格了对 CO、HC 的限制;2005 年执行 MVEG-4 法规,对 CO 约降低 35%,HC 和 NO$_x$ 降低 50%;2009 年执行的欧 5 法规,对轻型汽油车增加了 PM 限制;2011 年执行柴油车欧 5b 法规,在 PM 排放限值的基础上新增了对 PN 的限值;2014 年执行欧 6 法规,其中,汽油车欧 6 标准中增加了对 GDL 的 PN 限制,具体限值见表 2-15。对于总质量 ≤3 500kg 轻型货车(或乘员数大于 6 人,但总质量 <3 500kg 乘用车),按车辆基准质量分成 3 组给定限值,见表 2-16。

欧洲联盟轻型乘用(Passenger Cars)汽车的排放限值(g/km)　　　　表 2-15

等级	实施时间	测试循环	CO	HC	HC + NO$_x$	NO$_x$	PM	PN
			g/km					个/km
压燃式(柴油车)								
欧 1	1992 年 7 月	NEDC	2.72	—	0.97	—	0.14	—
欧 2	1996 年 1 月		1	—	0.7	—	0.08	—
欧 3	2000 年 1 月		0.64	—	0.56	0.5	0.05	—
欧 4	2005 年 1 月		0.5	—	0.3	0.25	0.025	—
欧 5a	2009 年 9 月		0.5	—	0.23	0.18	0.005	—
欧 5b	2011 年 9 月		0.5	—	0.23	0.18	0.005	6×10^{11}
欧 6	2014 年 9 月	WHTP	0.5	—	0.17	0.08	0.005	6×10^{11}
点燃式(汽油车)								
欧 1	1992 年 7 月	NEDC	2.72	—	0.97	—	—	—
欧 2	1996 年 1 月		2.2	—	0.5	—	—	—
欧 3	2000 年 1 月		2.3	0.2	—	0.15	—	—
欧 4	2005 年 1 月		1	0.1	—	0.08	—	—
欧 5	2009 年 9 月		1	0.1	—	0.06	0.005	—
欧 6	2014 年 9 月	WHTP	1	0.1	—	0.06	0.005	6×10^{11}

欧洲轻型商用车(Commercial Vehicles)排放标准限值[①](g/km)　　　　表 2-16

法　规	基准质量 R_m(kg)	$R_m \leqslant 1\ 250$	$1\ 250 < R_m \leqslant 1\ 700$	$R_m > 1\ 700$
欧 1 (1994 年 10 月)	CO	2.72	5.17	6.90
	HC + NO$_x$	0.97	1.40	1.70
	PM	0.14	0.19	0.25

法　规	基准质量 R_m(kg)		$R_m \leqslant 1\,250$	$1\,250 < R_m \leqslant 1\,700$	$R_m > 1\,700$
欧2 (1998年10月)	汽油	CO	2.2	4.0	5.0
		$HC+NO_x$	0.5	0.6	0.7
	柴油	CO	1.0	1.25	1.5
		$HC+NO_x$	0.7	1.0	1.2
		PM	0.08	0.12	0.17
欧3 (2000年10月)	汽油	CO	2.3	4.17	5.22
		HC	0.2	0.25	0.20
		NO_x	0.15	0.18	0.21
	柴油	CO	0.64	0.80	0.95
		$HC+NO_x$	0.56	0.72	0.86
		NO_x	0.50	0.65	0.78
		PM	0.05	0.07	0.10
欧4 (2005年10月)	汽油	CO	1.00	1.81	2.27
		HC	0.10	0.13	0.16
		NO_x	0.08	0.10	0.11
	柴油	CO	0.50	0.63	0.74
		$HC+NO_x$	0.30	0.39	0.46
		NO_x	0.25	0.33	0.39
		PM	0.025	0.04	0.06

注:①包括乘员数超过6人和最大总质量超过2 500kg的乘用车。

这一阶段采取的技术措施有:改进催化剂成分,电控发动机技术(包括电控多点燃油喷射、电控点火、电控EGR和电控催化器等),新配方汽油,低污染或无污染的代用燃料汽车、混合动力、电动汽车等。节能、低污染或无污染已成为今后世界汽车工业的发展方向。

2. 重型汽车排气限制标准

世界各国在20世纪80年代后加强了对重型汽车的排放控制,表2-17是美国重型汽车(总质量>3 855kg)采用EPA瞬态工况试验的排气限值标准,对柴油车和汽油车分别限制;表2-19是日本20世纪90年代后重型汽车(总质量>2 500kg)排气限值标准,并于1994年后采用13工况试验;欧洲从1982年起对重型载货汽车和公共汽车应用ECE49-13工况稳态试验法,对CO、HC、NO_x进行控制,1992年实施欧洲1号法规增加了微粒控制,2000年实施的3号法规又增加了对动态烟度测试。表2-20是欧洲ECE(EEC)重型柴油货车(总质量>3 500kg)的排气限制标准。

汽车排放与噪声控制(第3版)　40

美国重型车(车辆总质量 >3 855kg)排气限制标准①　　　　表2-17

标准	车型总质量 (kg)		实施年份	CO [g/(kW·h)]	HC [g/(kW·h)]	NOₓ [g/(kW·h)]	蒸发 (g/次)	怠速CO (%)
美国联邦	汽油机②	≤6 350 >6 350	1987—1989	19.2 50.3	1.5 2.0	14.4	3.0 4.0	0.5
		≤6 350 >6 350	1990	19.2 50.3	1.5 2.0	8.2	3.0 4.0	0.5
		≤6 350 >6 350	1991 起	19.2 50.3	1.5 2.0	6.8③ (8.2)	3.0 4.0	0.5
	柴油机②	车辆总质量 (kg)	实施年份	CO (g/kW·h)	HC (g/kW·h)	NOₓ (g/kW·h)	PM (g/kW·h)	烟度 (%)
		>3 855	1987	21.1	1.8	1989 前 14.6	—	加速25 减速15 最大50
			1988—1990				0.82	
			1991—1993			1990 后 6.8(8.2)	0.34(0.82)	
			1994				0.14(0.82)	
美国加州	汽油	车辆总质量 (kg)	实施年份	CO (g/kW·h)	HC (g/kW·h)	NOₓ (g/kW·h)	蒸发 (g/次)	怠速CO (%)
		≤6 350 >6 350	1987	19.2 50.3	1.5 2.0	14.4	0.2	0.5
		≤6 350 >6 350	1988—1990	19.2 50.3	1.5 2.0	8.2		
		≤6 350 >6 350	1991 起	19.2 50.3	1.5 2.0	6.8 (8.2)		
	柴油机②	车辆总质量 (kg)	实施年份	CO (g/kW·h)	HC (g/kW·h)	NOₓ (g/kW·h)	PM (g/kW·h)	烟度 (%)
		>3 855	1987	21.1	1.8	6.9	—	加速25 减速15 最大50
			1988—1990			8.2	0.82	
			1991—1993			6.8(8.2)	0.34(0.82)	
			1994				0.14(0.82)	

注:①采用 EPA 瞬态试验循环;
　　②曲轴箱排放量为零;
　　③括号内为最大值,括号外为平均值。

从 2004 年开始美国联邦与加州实行统一排放标准,见表 2-18。但是,加州在 2005—2007 年间要求进行额外的补充排放测试 SET 和 NTE。

美国重型柴油机排放法规　　　　表2-18

等　　级	实施时间	测试循环	CO	NMHC	NOₓ	PM
			g/kW·h			
US2004 (选择一)	2004	FTP	20.7		3.22	0.119

第二章　汽车污染物危害及汽车排放标准与试验方法

等　级	实施时间	测试循环	CO	NMHC	NOx	PM
			g/kW·h			
US2004 (选择二)	2004	FTP	20.7	1.19	3.35	0.119
US2007	2007	FTP	19.2	0.19	1.49	0.013
US2010	2010	FTP	9.6	0.19	0.26	0.013

日本重型车(车辆总质量 >2 500kg)排气限制标准　　　　表 2-19

车型范围	试验规程	年　度	CO	HC	NOx	PM	烟度
总质量2 500kg以上汽油和液化石油气货车及乘员11人以上公共汽车	汽油车6工况	1994 年 4 月前	1.1(1.6)(以百分数计)	440(520)($\times 10^{-6}$)	650(850)($\times 10^{-6}$)	—	—
	汽油车13工况	1994 年 4 月后[g/(kW·h)]	105(136)	6.8(7.9)	5.5(7.2)	—	—
总质量2 500kg以上柴油货车和公共汽车	柴油车6工况	1996 年 4 月前($\times 10^{-6}$)	790(980)	510(670)	260(350)[1]400(520)[2]	—	50%
	柴油车13工况	1994 年 4 月后[g/(kW·h)]	7.4(9.2)	2.9(3.8)	5.0(6.8)[1]6.0(7.8)[2]	0.7(0.96)	40%

注:①分隔式;②直喷式。

欧洲重型车用柴油机排放限值[g/(kW·h)]　　　　表 2-20

等级	测试循环	实施年份	CO	HC	NMHC	CH4	NOx	微粒	PN	动态烟度
—	ECE R49	1982	14	3.5	—	—	18	—		—
欧0	ECE R49	1988	11.2	2.4	—	—	14.4	—		
欧Ⅰ	ECE R49	1992	4.5	1.1	—	—	8.0	0.610.36[1]		
欧Ⅱ	ECE R49	1995	4.0	1.1	—	—	7.0	0.150.25[2]		
欧Ⅲ	ESC	2000	2.1	0.66	—	—	5.0	0.10.13[2]		0.8m^{-1}
	ETC	2000	5.45	—	0.78	1.6	5.0	0.160.21[2]		
欧Ⅳ/Ⅴ	ESC	2005/2008	1.5	0.46	—	—	3.5/2.0	0.02		0.5m^{-1}
	ETC	2005/2008	4.0	—	0.55	1.1	3.5/2.0	0.03		
欧Ⅵ	WHSC	2013	1.5	0.13	—	—	0.4	0.01	8×10^{11}	
	WHTC	2013	4	—	0.16	0.5	0.46	0.01	6×10^{11}	

注:①适用于功率 >85kW 的柴油机;

②适用于单缸排量 <0.7L,额定转速 >3 000r/min 柴油机。

二、我国汽车排放标准

1. 我国汽车排放标准的建立和完善

我国从 1981 年开始制定标准,于 1983 年首次发布了国家汽车排放标准 GB 3842~3847—1983,并于 1984 年 4 月 1 日起执行。其中,GB 3842—1983、GB 3843—1983、GB 3844—1983,分别为四冲程汽油机新车和在用车怠速时的排放标准、柴油车自由加速时的烟度标准和柴油机全负荷时的烟度标准。标准的排放物限值见表 2-21~表 2-23。GB 3845~3847 为与上述标准相对应的测量方法。

汽油车怠速污染物排放标准   表 2-21

项 目	类 别	限 值
CO	新生产车	≤5%
	在用车	≤6%
	进口车	≤4.5%
HC[①]	新生产车	$\leq 2\,500 \times 10^{-6}$
	在用车	$\leq 3\,000 \times 10^{-6}$
	进口车	$\leq 1\,000 \times 10^{-6}$

注:①HC 浓度限值按正己烷当量。

柴油车自由加速烟度标准   表 2-22

项 目	类 别	限值(波许单位)
烟度	新生产车[①]、进口车	$\leq R_b 5.0$
	在用车	$\leq R_b 6.0$

注:①包括新型车及现生产车。

柴油机全负荷烟度标准   表 2-23

项 目	类 别	限值(波许单位)
烟度	新型柴油机、进口汽车柴油机	$\leq R_b 4.0$
	现生产柴油机	$\leq R_b 4.5$

此后,我国又发布的汽车排放标准为 GBN 267—1987、GB 6456—1986,标准对汽车及工程机械用柴油机的排放试验方法及排放的最高值进行了规定,于 1987 年 4 月 1 日起执行。这一标准已在 1983 年的标准上前进了一大步,再不是单一工况下的限制值,而是采用 13 工况测得的排放浓度的加权统计限定值。另外,该排放标准对 NO_x 的排放量也进行了相应限制。该标准中的排放限制值见表 2-24。1989 年制定了《轻型汽车排气污染物排放标准》(GB 11641—1989)和《轻型汽车排气污染物测试方法》(GB 11642—1989)。

汽车及工程机械用柴油机排放标准限定值[①][g/(kW·h)]   表 2-24

柴油机配套用途	NO_x	CO	HC
汽车及其他道路运输车辆	18	34	3
工程机械	20		

注:①按 13 工况进行 1 次排放试验的平均排放量不得超过的允许限值。

此后,我国对国家排放标准进行了修订和完善,于 1993 年 11 月批准,1994 年 5 月 1 日起实施的 7 项排放标准有:《轻型汽车污染物排放标准》(GB 14761.1—1993)、《车用汽油机排气污染排放标准》(GB 14761.2—1993)、《汽油车燃油蒸发污染物排放标准》(GB 14761.3—1993)、《汽车曲轴箱污染物排放标准》(GB 14761.4—1993)、《汽油车怠速污染物排放标准》(GB 14761.5—1993)、《柴油车自由加速烟度排放标准》(GB 14761.6—1993)、《汽车柴油机全负荷烟度排放标准》(GB 14761.7—1993)。

GB 14761—1993 为我国最为全面和完善的国家排放标准,污染物的限值是按照汽车的基准质量确定的,同时标准限值分为型式认证试验标准值和产品一致性检查标准值,对曲轴箱污染物排放及汽油车的蒸发排放污染都进行了限制。产品一致性试验的目的是为了检查成批生产的汽车排放和蒸发排放部件于类型认证车辆及部件的一致性。7 项国家排放标准对各种污染物的限制值见表 2-25 ~ 表 2-31。

轻型汽车排放标准限值(g/试验)　　　　　　表 2-25

基准质量 R_m(kg)	CO	HC(碳当量)	NO_x(NO_2 当量)
$R_m \leq 750$	65[1](78)[2]	10.8[1](14.0)[2]	8.5[1](10.2)[2]
$750 < R_m \leq 850$	71(85)	11.3(14.8)	8.5(10.2)
$850 < R_m \leq 1\,020$	76(91)	11.7(15.3)	8.5(10.2)
$1\,020 < R_m \leq 1\,250$	87(10.4)	12.8(16.6)	10.2(12.2)
$1\,250 < R_m \leq 1\,470$	99(119)	13.7(17.8)	11.9(14.3)
$1\,470 < R_m \leq 1\,700$	110(132)	14.6(18.9)	12.3(14.8)
$1\,700 < R_m \leq 1\,930$	121(145)	15.5(20.2)	12.8(15.4)
$1\,930 < R_m \leq 2\,150$	132(158)	16.4(21.2)	13.2(15.8)
$R_m > 2\,150$	143(172)	17.3(22.5)	13.6(16.3)

注:①括号外为型式认证试验限值;
　　②括号内为产品一致性检查试验限值。

车用汽油机排放标准限值[g/(kW·h)]　　　　　　表 2-26

实施期限	排气污染物排放标准值	
	CO	HC + NO_x
1995 年 1 月 1 日—1997 年 12 月 31 日	54[1](65)[2]	21[1](26)[2]
1998 年 1 月 1 日起	34(41)	14(17)

注:①括号外为型式认证试验限值;
　　②括号内为产品一致性检查试验限值,一致性检查执行期限比型式认证相应推后一年。

汽油车燃油蒸发污染物排放标准值(g/测量循环)　　　　　　表 2-27

车　　别	标　准　值
1995 年 7 月 1 日起定型、生产的轻型汽车	2
1996 年 7 月 1 日起定型、生产的重型汽车	4

汽车曲轴箱污染物排放标准　　　　　　表 2-28

定量:从通风管和 PCV 阀或计量孔测得的复合流量经修正后应大于漏气量
定性:汽车运行 80 000km 内,从机油标尺口测量不允许出现正压力

汽车排放与噪声控制（第 3 版）

汽油车怠速污染物排放①标准 表 2-29

车 别	CO(以百分数计)		HC②(×10⁻⁶)			
			四冲程		二冲程	
	轻型车③	重型车④	轻型车	重型车	轻型车	重型车
1995 年 7 月 1 日以前的定型汽车⑤	3.5	4.0	900	1 200	6 500	7 000
1995 年 7 月 1 日以前的新生产汽车⑥	4.0	4.5	1 000	1 500	7 000	7 800
1995 年 7 月 1 日以前生产的在用汽车⑦	4.5	5.0	1 200	2 000	8 000	9 000
1995 年 7 月 1 日起的定型汽车⑤	3.0	3.5	600	900	6 000	6 500
1995 年 7 月 1 日起的新生汽车⑥	3.5	4.0	700	1 000	6 500	7 000
1995 年 7 月 1 日起生产的在用汽车⑦	4.5	4.5	900	1 200	7 500	8 000

注:①均为体积分数;

②HC 体积分数值按正己烷当量;

③轻型车是指最大质量≤3 500kg 的汽车;

④重型车是指最大质量>3 500kg 的汽车;

⑤定型汽车是指发动机燃油系统为新引进、新设计的汽车;

⑥新生产汽车是指制造厂合格入库或出厂的汽车;

⑦在用汽车是指上牌照以后的汽车。

柴油车自由加速烟度排放标准值 表 2-30

车 别	烟度值(波计单位)	车 别	烟度值(波计单位)
1995 年 7 月 1 日以前的定型汽车	4.5	1995 年 7 月 1 日起的定型汽车	3.5
1995 年 7 月 1 日以前的新生产汽车	4.5	1995 年 7 月 1 日起的新生汽车	4.0
1995 年 7 月 1 日以前生产的在用汽车	5.0①	1995 年 7 月 1 日起生产的在用汽车	4.5①

注:①经国家环保局认可的监测人员,可采用目测法,烟度不得超过林格曼 2 级。

汽车柴油机全负荷烟度排放标准值 表 2-31

车 别	烟度值(波计单位)	车 别	烟度值(波计单位)
定型汽车	4.0	新生产汽车	4.5

2. 与国际接轨的现行国家排放标准

国家技术监督局曾于 1999 年 3 月 10 日颁布了 4 项国家汽车排放标准。分别是《汽车排放污染物限值及测试方法》(GB 14761—1999)、《压燃式发动机和装用压燃式发动机的车辆排放污染物排放限值及测试方法》(GB 17691—1999)、《压燃式发动机和装用燃式发动机的车辆排气可见污染物排放限值及测试方法》(GB 3847—1999)、《汽车用发动机净功率测试验方法》(GB/T 17692—1999)。这 4 项国家排放标准等效采用了联合国欧洲经济委员会排放法规体系,限值为欧洲 20 世纪 90 年代初期水平,比原有标准严格了 80%。对液化石油气汽车、压燃天然气汽车该标准同样适用。当时计划于 2000 年 1 月 1 日起实施,但是 1999 年对当时国内生产的全部类型的轻型车抽检结果显示,没有一辆汽车达到标准的限值要求。

因此,国家环保局和国家质量监督检验局于 2001 年 4 月 16 日又颁布了《轻型汽车污染物排放限值及测量方法(Ⅰ)》(GB 18352.1—2001)、《轻型汽车污染物排放限值及测量方法(Ⅱ)》(GB 18352.2—2001)和《车用压燃式发动机排气污染排放限值及测量方法》(GB 17691—2001),标准等效采用了欧洲经济委员会的排放法规和欧洲联盟关于防止汽车排放污染大气的法律的全部技术内容。明确标准的限值和测试方法等同于欧洲 1 号法规和 2 号法规,使我国的排放标准体系实现了与国际接轨。标准适用于装燃用优质无铅汽油(铅含量小于5mg/L的点燃式发动机的 M_1 类, M_2 类, N_1 类、N_2 类的所有车辆)。

GB 18352.1—2001 和 GB 18352.2—2001 规定了适用范围内车辆的汽车排气排放、曲轴箱气体排放、蒸发排放的标准限值和执行日期,见表2-32、表2-33、表2-34,以及污染物控制装置耐久性的性能要求等。GB 17691—2001 规定的排气污染物限值见表2-35。

轻型汽车污染物排放限值(GB 18352.1—2001)(g/km) 表2-32a

车辆类型	基准质量 R_m (kg)	限 值							执行时间
		一氧化碳 (CO)L_1		碳氢化合物 + 氮氧化物 (HC + NO$_x$)L_2		颗粒物① (PM)L_3			
		点燃式发动机	压燃式发动机	点燃式发动机	非直喷压燃式发动机	直喷压燃式发动机	非直喷压燃式发动机	直喷压燃式发动机	
第一类车	全部	2.72(3.16)④		0.97(1.13)		1.36②(1.58)	0.14(0.18)	0.20②(0.25)	2000 年 1 月 1 日 (2000 年 7 月 1 日)
第二类车	$R_m \leq 1\ 250$	2.72(3.16)		0.97(1.13)		1.36②(1.58)	0.14(0.18)	0.20③(0.25)	2001 年 1 月 1 日 (2001 年 10 月 1 日)
	$1\ 250 < R_m \leq 1\ 700$	5.17(6.00)		1.40(1.60)		1.96③(2.24)	0.19(0.22)	0.27③(0.31)	
	$R_m > 1\ 700$	6.90(8.00)		1.70(2.00)		2.38③(2.80)	0.25(0.29)	0.35③(0.41)	

注:①只适用于装用压燃式发动机的车辆。
②表中所列的以直喷式柴油机为动力的车辆的排放限值的有效期为 2 年。
③表中所列的以直喷式柴油机为动力的车辆的排放限值的有效期为 1 年。
④括号外数据和时间为认证试验限值和执行时间,括号内数据和时间为一致性检查限值和执行时间。

轻型汽车污染物排放限值(GB 18352.1—2001)(g/km) 表2-32b

车辆类型	基准质量 R_m (kg)	限 值							执行时间
		一氧化碳 (CO)L_1		碳氢化合物 + 氮氧化物 (HC + NO$_x$)L_2		颗粒物① (PM)L_3			
		点燃式发动机	压燃式发动机	点燃式发动机	非直喷压燃式发动机	直喷压燃式发动机	非直喷压燃式发动机	直喷压燃式发动机	
第一类车	全部	2.2	1.0	0.5	0.7	0.9	0.08	0.10	2004 年 7 月 1 日 (2005 年 7 月 1 日)①
第二类车	$R_m \leq 1\ 250$	2.2	1.0	0.5	0.7	0.9	0.08	0.10	2005 年 7 月 1 日 (2006 年 7 月 1 日)①
	$1\ 250 < R_m \leq 1\ 700$	4.0	1.25	0.6	1.0	1.3	1.12	0.14	
	$R_m > 1\ 700$	5.0	1.5	0.7	1.2	1.6	0.17	0.20	

注:①括号内为生产一致性检查执行时间。

曲轴箱气体排放标准

表 2-33

试 验 对 象	标 准 限 值
压燃式发动机除外	曲轴箱通风系统不允许有任何曲轴箱气体排入大气中

蒸发排放标准限值(g/试验)

表 2-34

试 验 对 象	标 准 值
最大总质量≤3 500kg 的 A 类及 B 类认证车辆	2

车用压燃式发动机排气污染物排放限值(GB 17691—2001)[g/(kW·h)]

表 2-35

项目	实施阶段	实 施 日 期	一氧化碳(CO)	碳氢化合物(HC)	氮氧化物(NOx)	颗粒物(PM)	
						≤85kW[①]	>85kW[①]
型式认证	1	2000 年 9 月 1 日	4.5	1.1	8.0	0.61	0.36
	2	2003 年 9 月 1 日	4.0	1.1	7.0	0.15[②]	0.15[②]
生产一致性	1	2001 年 9 月 1 日	4.9	1.23	9.0	0.68	0.40
	2	2004 年 9 月 1 日	4.0	1.1	7.0	0.15[②]	0.15[②]

注:①指发动机功率;

②第 2 阶段型式认证和生产一致性检查限值一致。

我国还于 2000 年 12 月 28 日发布了在用汽车排放控制的《在用汽车排气污染物限值及测试方法》(GB 18285—2000),标准规定在用汽车排气污染物排放检测采用双怠速和加速模拟工况试验。其中,加速模拟工况试验限值和试验方法是参照美国国家环保局 1996 年 7 月发布的标准《加速模拟工况试验规程、排放标准、质量控制要求及设备技术要求技术导则》(EPA-AA-RSPD-IM-96-2)制定的。对于装用压燃式发动机按 GB 18352.1—2001 通过认证的车辆,使用透光式烟度计进行自由加速可见污染物试验。该标准的限值和执行时间见表 2-36 ~ 表 2-38。

装置点燃式发动机的车辆双怠速试验排气污染物限值

表 2-36

车 辆 类 型	怠 速		高 怠 速	
	CO(以百分数计)	HC(×10⁻⁶)[①]	CO(以百分数计)	HC(×10⁻⁶)[①]
2001 年 1 月 1 日以后上牌照的 M₁[②] 类车辆	0.8	150	0.3	100
2001 年 1 月 1 日以后上牌照的 N₁[③] 类车辆	1.0	200	0.5	150

注:①HC 容积浓度值按正己烷当量;

②M₁ 指车辆设计乘员数不超过 6 人,且车辆的最大总质量不超过 2 500kg;

③N₁ 还包括设计上乘员数超过 6 人,或车辆的最大总质量超过 2 500kg 但不超过 3500kg 的 M 类车辆。

为了控制汽车排放对城市空气质量的影响,北京市和上海市还相继制定了比国家标准更严格的地方标准。北京市 1994 年出台的地方标准 DB 11/044—1994 就采用双怠速检测控制汽油车怠速污染物的排放,1998 年北京市根据《中华人民共和国大气污染防治法》制定了地方标准《轻型汽车排气污染排放标准》(DB 11105—1998),于 1999 年 1 月 1 日起执行,相当于国家标准 GB 18352.1—2001 的排放限值。2017 年 1 月北京将开始实施第六阶段油品地方标准。油品升级后,在用车的污染物排放将有所下降。

车 辆 类 型	基准质量 R_m （kg）	ASM 5025			ASM 2540		
		HC （×10⁻⁶）①	CO（以百分数计）	NO （×10⁻⁶）	HC （×10⁻⁶）①	CO（以百分数计）	NO （×10⁻⁶）
2001 年 1 月 1 日以后上牌照的 $M_1$② 类车辆	<1 050	260	2.2	2 500	260	2.4	2 300
	<1 250	230	1.8	2 200	230	2.2	2 050
	<1 470	190	1.5	1 800	190	1.8	1 650
	<1 700	170	1.3	1 550	170	1.5	1 400
	<1 930	150	1.1	1 350	150	1.3	1 250
	<2 150	130	1.0	1 200	130	1.2	1 100
	<2 500	120	0.9	1 050	120	1.1	1 000
2002 年 1 月 1 日以后上牌照的 $N_1$③ 类车辆	<1 050	260	2.2	2 500	260	2.4	2 300
	<1 250	230	1.8	2 200	230	2.2	2 050
	<1 470	250	2.3	2 700	250	3.2	2 600
	<1 700	190	2.0	2 350	190	2.7	2 200
	<1 930	220	2.1	2 800	220	2.9	2 600
	<2 150	200	1.9	2 500	200	2.6	2 300
	<2 500	180	1.7	2 250	180	2.4	2 050
	<3 500	160	1.5	2 000	160	2.1	1 800

注:①HC 容积浓度值按正己烷当量;

　　②M_1 指车辆设计乘员数不超过 6 人,且车辆的最大总质量不超过 2 500kg;

　　③N_1 还包括设计上乘员数超过 6 人,或车辆的最大总质量超过 2 500kg 但不超过 3 500kg 的 M 类车辆。

装配压燃式发动机的车辆自由加速试验烟度排放限值　　　　表 2-38

车 辆 类 型	检测类别	限 值
1995 年 7 月 1 日以前生产的在用车	波许烟度值（Rb）	4.7
1995 年 7 月 1 日起生产的在用车	波许烟度值（Rb）	4.0
2001 年 1 月 1 日以后上牌照的在用车	光吸收系数（m⁻¹）	2.5
2001 年 1 月 1 日以后上牌照的装配废气涡轮增压器的在用车	光吸收系数（m⁻¹）	3.0

　　2005 年 5 月 30 日,国家环境保护总局和国家质量监督检验检疫总局颁布了四项国家污染物排放标准。即:《车用压燃式、气体燃料点燃式发动机与汽车排气污染物限值及测量方法(中国Ⅲ、Ⅳ、Ⅴ)》(GB 17691—2005),于 2007 年 7 月 1 日起实施,实施之日起代替 GB 17691—2001 和 GB 17692—2002 中气体燃料点燃式发动机部分。

　　《车用压燃式发动机和压燃式发动机汽车烟度排放限值及测量方法》(GB 3847—2005)中提到的发动机在稳定转速下所排放气体光吸收系数应满足表 2-39 的要求。自由加速试验光吸收系数校正值按下式确定:

$$X_L = \frac{S_L}{S_M} X_M \tag{2-1}$$

式中：X_L——自由加速试验光吸收系数校正值，m^{-1}；

X_M——按照自由加速试验规程测得的自由加速试验光吸收系数值，m^{-1}；

S_L——与实测的 S_M 所对应的相同名义流量下规定的光吸收系数值，m^{-1}；

S_M——稳定转速试验下测得的排气光吸收系数中，最接近名义流量所对应的实测光吸收系数值，m^{-1}。

稳定转速试验的烟度排放限值（GB 3847—2005）　　　　表 2-39

名义流量 G （L/s）	光吸收系数 k （m^{-1}）	名义流量 G （L/s）	光吸收系数 k （m^{-1}）
≤42	2.26	125	1.345
45	2.19	130	1.32
50	2.08	135	1.30
55	1.985	140	1.27
60	1.90	145	1.25
65	1.84	150	1.225
70	1.775	155	1.205
75	1.72	160	1.19
80	1.665	165	1.17
85	1.62	170	1.155
90	1.575	175	1.14
95	1.535	180	1.125
100	1.495	185	1.11
105	1.465	190	1.095
110	1.425	195	1.08
115	1.395	≥200	1.065
120	1.37		

该标准于 2005 年 7 月 1 日起实施，实施之日起代替 GB 3847—1999、GB 14761.6—1993、GB 14761.7—1993、GB/T 3846—1993 和 GB 18285—2000 中压燃式发动机汽车部分。

《点燃式发动机汽车排气污染物限值及测量方法（双怠速法及简易工况法）》（GB 18285—2005）。新生产汽车排气污染物排放限值见表 2-40，在用汽车排气污染物排放限值见表 2-41。该标准于 2005 年 7 月 1 日起实施，实施之日起代替 GB 14761.5—1993 和 GB 18285—2000 中点燃式发动机汽车部分。

新生产汽车排气污染物排放限值（GB 18285—2005）　　　　表 2-40

车　　型	类　　别			
	怠速		高怠速	
	CO （以百分数计）	HC （$\times 10^{-6}$）	CO （以百分数计）	HC （$\times 10^{-6}$）
2005 年 7 月 1 日起新生产的第一类轻型车	0.5	100	0.3	100
2005 年 7 月 1 日起新生产的第二类轻型车	0.8	150	0.5	150
2005 年 7 月 1 日起新生产的重型车	1.0	200	0.7	200

车　型	类　别			
	怠速		高怠速	
	CO（以百分数计）	HC（×10⁻⁶）	CO（以百分数计）	HC（×10⁻⁶）
1995 年 7 月 1 日前生产的轻型车	4.5	1 200	3.0	900
1995 年 7 月 1 日起生产的轻型车	4.5	900	3.0	900
2000 年 7 月 1 日起生产的第一类轻型车①	0.8	150	0.3	100
2001 年 10 月 1 日起生产的第二类轻型车	1.0	200	0.5	150
1995 年 7 月 1 日前生产的重型车	5.0	2 000	3.5	1 200
1995 年 7 月 1 日起生产的重型车	4.5	1 200	3.0	900
2004 年 9 月 1 日起生产的重型车	1.5	250	0.7	250

注：①对于 2001 年 5 月 31 日起生产的 5 座以下（含 5 座）微型面包车，执行此排放限值。

《摩托车和轻便摩托车排气烟度排放限值及测量方法》（GB 19758—2005），于 2005 年 7 月 1 日起实施。

为进一步加强对在用汽车排气污染物排放的控制，2005 年 12 月国家环境保护总局还发布了中华人民共和国环境保护行业标准《确定点燃式发动机在用汽车简易工况法排气污染物排放限值的原则和方法》（HJ/T 240—2005）。参考的稳态工况法排放限值见表 2-42。2000 年 7 月 1 日以前生产的第一类轻型汽车和 2001 年 10 月 1 日以前生产的第二类轻型汽车瞬态工况法排放限值见表 2-43，2000 年 7 月 1 日起生产的第一类轻型汽车和 2001 年 10 月 1 日起生产的第二类轻型汽车瞬态工况法排放限值见表 2-44。2000 年 7 月 1 日以前生产的第一类轻型汽车和 2001 年 10 月 1 日以前生产的第二类轻型汽车简易瞬态工况法排放限值见表 2-45，2000 年 7 月 1 日起生产的第一类轻型汽车和 2001 年 10 月 1 日起生产的第二类轻型汽车简易瞬态工况法排放限值见表 2-46。

稳态工况法排气污染物排放限值（HJ/T 240—2005） 表 2-42

基准质量 R_m（kg）	最低限值						最高限制					
	ASM5025			ASM2540			ASM5025			ASM2540		
	CO（以百分数计）	HC（×10⁻⁶）	NO（×10⁻⁶）	CO（以百分数计）	HC（×10⁻⁶）	NO（×10⁻⁶）	CO（以百分数计）	HC（×10⁻⁶）	NO（×10⁻⁶）	CO（以百分数计）	HC（×10⁻⁶）	NO（×10⁻⁶）
≤1 020	2.2①（1.3）	230①（230）	4 200①（1 850）	2.9①（1.5）	230①（230）	3 900①（1 700）	1.3（0.6）	120（120）	2 600（950）	1.4（0.6）	110（110）	2 400（850）
1 020 < R_m ≤ 1 250	1.8（1.1）	190（190）	3 400（1 500）	2.4（1.2）	190（190）	3 200（1 350）	1.1（0.5）	100（100）	2 100（800）	1.2（0.5）	90（90）	2 000（700）
1 250 < R_m ≤ 1 470	1.6（1.0）	170（170）	3 000（1 300）	2.1（1.1）	170（170）	2 800（1 200）	1.0（0.5）	90（90）	1 900（700）	1.1（0.5）	80（80）	1 750（650）
1 470 < R_m ≤ 1 700	1.5（0.9）	160（160）	2 650（1 200）	1.9（1.0）	150（150）	2 500（1 100）	0.9（0.4）	80（80）	1 700（600）	1.0（0.4）	80（80）	1 550（550）

汽车排放与噪声控制（第 3 版）

基准质量 R_m (kg)	最低限值						最高限制					
	ASM5025			ASM2540			ASM5025			ASM2540		
	CO (以百分数计)	HC ($\times 10^{-6}$)	NO ($\times 10^{-6}$)	CO (以百分数计)	HC ($\times 10^{-6}$)	NO ($\times 10^{-6}$)	CO (以百分数计)	HC ($\times 10^{-6}$)	NO ($\times 10^{-6}$)	CO (以百分数计)	HC ($\times 10^{-6}$)	NO ($\times 10^{-6}$)
$1\ 700 < R_m \leqslant 1\ 930$	1.2 (0.8)	130 (130)	2 200 (1 000)	1.6 (0.8)	130 (130)	2 050 (900)	0.8 (0.4)	70 (70)	1 400 (500)	0.8 (0.4)	70 (70)	1 300 (450)
$1\ 930 < R_m \leqslant 2\ 150$	1.1 (0.7)	120 (120)	2 000 (900)	1.5 (0.8)	120 (120)	1 850 (800)	0.7 (0.3)	60 (60)	1 300 (450)	0.8 (0.3)	60 (60)	1 150 (450)
$2\ 150 < R_m \leqslant 2\ 500$	1.1 (0.6)	110 (110)	1 700 (750)	1.3 (0.7)	110 (110)	1 600 (700)	0.6 (0.3)	60 (60)	1 100 (400)	0.7 (0.3)	50 (50)	1 000 (350)

注:①对于2000年7月1日以前生产的第一类轻型汽车和2001年10月1日以前生产的第二类轻型汽车执行"( )"外限值，2000年7月1日起生产的第一类轻型汽车和2001年10月1日起生产的第二类轻型汽车执行"( )"内限值。

瞬态工况法排气污染物排放限值 I（HJ/T 240—2005）　　　　表2-43

基准质量 R_m (kg)	CO (g/km)	HC (g/km)	NO_x (g/km)
$R_m \leqslant 750$	19	3.5	2.5
$750 < R_m \leqslant 850$	21	3.7	2.5
$850 < R_m \leqslant 1\ 020$	22	3.8	2.5
$1\ 020 < R_m \leqslant 1\ 250$	26	4.1	3.0
$1\ 250 < R_m \leqslant 1\ 470$	29	4.4	3.5
$1\ 470 < R_m \leqslant 1\ 700$	33	4.7	3.7
$1\ 700 < R_m \leqslant 1\ 930$	36	5.0	3.8
$1\ 930 < R_m \leqslant 2\ 150$	39	5.2	3.9
$R_m > 2\ 150$	42	5.6	4.0

瞬态工况法排气污染物排放限值 II（HJ/T 240—2005）　　　　表2-44

车辆类型		基准质量 R_m (kg)	限值(g/km)	
			CO	HC + NO_x
第一类车		全部	3.5	1.5
第二类车	I 类	$R_m \leqslant 1\ 250$	3.5	1.5
	II 类	$1\ 250 < R_m \leqslant 1\ 700$	6.5	2.0
	III 类	$R_m > 1\ 700$	8.5	2.5

简易瞬态工况法排气污染物排放限值 I（HJ/T 240—2005）　　　　表2-45

基准质量 R_m (kg)	最低限值			最高限值		
	CO (g/km)	HC (g/km)	NO_x (g/km)	CO (g/km)	HC (g/km)	NO_x (g/km)
$R_m \leqslant 1\ 020$	41.9	5.9	6.7	22	3.8	2.5
$1\ 020 < R_m \leqslant 1\ 470$	45.2	6.6	6.9	29	4.4	3.5
$1\ 470 < R_m \leqslant 1\ 930$	48.5	7.3	7.1	36	5.0	3.8
$R_m > 1\ 930$	51.2	8.0	7.2	39	5.2	3.9

车 辆 类 型		基准质量 R_m (kg)	最低限值		最高限值	
			CO (g/km)	HC + NO$_x$ (g/km)	CO (g/km)	HC + NO$_x$ (g/km)
第一类车		全部	12	4.5	6.3	2.0
第二类车	I 类	$R_m \leq 1\ 250$	12	4.5	6.3	2.0
	II 类	$1\ 250 < R_m \leq 1\ 700$	18	6.3	12	2.9
	III 类	$R_m > 1\ 700$	24	8.1	16	3.6

2013 年 9 月 17 日，环境保护部和国家质量监督检验检疫总局联合发布了《轻型汽车污染物排放限值及测量方法（中国第五阶段）》（GB 18352.5—2013），本标准修改采用欧盟（EC）No 715/2007 法规《关于轻型乘用车和商用车排放污染物（欧 5 和欧 6）的型式核准以及获取汽车维护修理信息的法规》和（EC）No. 692/2008 法规《对（EC）No. 715/2007 法规关于轻型乘用车和商用车排放污染物（欧 5 和欧 6）的型式核准以及获取汽车维护修理信息的执行和修订的法规》以及联合国欧盟经济委员会 ECE R83-06（2011）法规《关于根据发动机燃料要求就污染物排放方面批准车辆的统一规定》及其修订法规的有关技术内容。该标准与上述欧盟法规相比主要修改内容有：对原 II 型试验和烟度试验进行了修改；增加了炭罐有效容积和初始工作能力的试验要求；增加了催化转换器载体体积和贵金属含量的试验要求；对获得汽车车载诊断（OBD）系统和汽车维护修理信息的相关要求进行了修改采用；修订了生产一致性检查的判定方法，增加了炭罐、催化转换器的生产一致性检查要求；在用符合性增加了蒸发排放的检查要求；未包含灵活燃料汽车、生物柴油汽车等的试验要求；试验用燃料的技术要求。

我国轻型汽车现行的污染物排放限值标准为 2016 年 12 月 23 日发布的《轻型汽车污染物排放限值及测量方法（中国第六阶段）》（GB 18352.6—2016）。该标准是《轻型汽车污染物排放限值及测量方法（中国第五阶段）》（GB 18352.5—2013）的升级，相比于国五标准，国六标准整体加严了 50% 以上，自 2020 年 7 月 1 日起开始实施国六 a，国六 b 将会在 2023 年 7 月 1 日实施，具体排放限值见表 2-47。与国五标准相比，该标准主要修改内容有：更改了测试循环方法；修订了更加严格测试要求；排放限值要求更加严格；新增了实际道路行驶排放检测；加严了蒸发排放控制要求；增加了排放质保期的要求；提高了低温试验要求；引入了严格的美国车载诊断系统控制要求。

轻型汽车污染物排放限值（GB 18352.6—2016） 表 2-47

项 目		基准质量 R_m(kg)	限 值							
类别	级别		国六	CO (g/km)	THC (g/km)	NMHC (g/km)	NO$_x$ (g/km)	N$_2$O (g/km)	PM (g/km)	PN (个/km)
第一类车	—	全部	a	700	100	68	60	20	4.5	6×10^{11}
			b	500	50	35	35	20	3	6×10^{11}
第二类车	I	$R_m \leq$ 1 305	a	700	100	68	60	20	4.5	6×10^{11}
			b	500	50	35	35	20	3	6×10^{11}
	II	$1\ 305 < R_m \leq$ 1 760	a	880	130	90	75	25	4.5	6×10^{11}
			b	630	65	45	45	25	3	6×10^{11}
	III	$R_m >$ 1 760	a	1 000	160	108	82	30	4.5	6×10^{11}
			b	740	80	55	50	30	3	6×10^{11}

注：2020 年 7 月 1 日前，汽油车过渡限值为 6×10^{11} 个/km。

2016 年 8 月 22 日,环境保护部和国家质量监督检验检疫总局联合发布《轻型混合动力电动汽车污染物排放控制要求及测量方法》(GB 19755—2016),自 2016 年 9 月 1 日起开始实施,具体的污染物控制项目、排放限值执行 GB 18352 相应阶段的要求,该标准是对《轻型混合动力电动汽车污染物排放测量方法》(GB 19755—2005)的修订,主要修订内容有:改变了Ⅰ型试验规程;增加了Ⅵ型试验规程;增加了双怠速试验规程;增加了 OBD 试验规程;增加了自由加速烟度试验规程;增加了在用符合性的检查与判定方法;对可外接充电的混合动力电动汽车,增加了新的测试方法;对部分试验提出了试验有效性判定的要求。

我国现行的重型柴油车污染物排放限值标准为《重型柴油车污染物排放限值及测量方法(中国第六阶段)》(GB 17691—2018),该标准于 2018 年 6 月 28 日发布,自 2019 年 7 月 1 日起正式实施,替代了 GB 17691—2005,具体排放限值见表 2-48。与 GB 17691—2005 相比,该标准的主要变化有:严格了污染物排放限值;增加了粒子数量排放限值;变更了污染物排放测试循环;增加了非标准循环排放测试要求和限值(WNTE);增加了整车实际道路排放测试要求和限值(PEMS);提高了耐久性要求;增加了排放保质期的规定;对车载诊断系统的监测项目、阈值及监测条件等技术要求进行了修订;增加了排气管口位置和朝向要求;增加了实际行驶工况有效数据点的氮氧化物排放浓度要求;增加了降低原机氮氧化物排放的要求;修订了生产一致性和在用符合性的检查判定方法;增加了新生产车的达标监管要求;增加了双燃料发动机的型式检验要求;增加了替代用污染控制装置的型式检验要求。

重型柴油车整车试验排放限值　　　　　　　　　　　　　表 2-48

发动机类型	CO $[mg/(kW \cdot h)]$	THC $[mg/(kW \cdot h)]$	NO_x $[mg/(kW \cdot h)]$	PN(2) $[mg/(kW \cdot h)]$
压燃式	6 000	—	690	1.2×10^{12}
点燃式	6 000	240(LPG) 750(NG)	690	—
双燃料	6 000	1.5 × WHTC 限值	690	1.2×10^{12}

　　注:1. 应在同一次试验中同时测量 CO_2 并同时记录。

　　　　2. PN 限值从 6b 阶段开始实施。

我国目前施行的非道路移动机械用柴油机排气污染物排放限值标准为发布于 2014 年 5 月 16 日的《非道路移动机械用柴油机排气污染物排放限值及测量方法(中国第三、四阶段)》(GB 20891—2014)。自 2014 年 10 月 1 日起,凡进行排气污染物排放型式核准的非道路移动机械用柴油机都必须符合本标准第三阶段要求,自 2022 年 12 月 1 日起,所有生产、进口和销售的 560kW 以下(含 560kW)非道路移动机械及其装用的柴油机应符合本标准第四阶段要求,560kW 以上的第四阶段实施时间另行公告。该标准是对《非道路移动机械用柴油机排气污染物排放限值及测量方法(中国Ⅰ、Ⅱ阶段)》(GB 20891—2007)的修订,排放限值见表 2-49,与 GB 20891—2007 相比,主要变化有:严格了污染物排放限值;增加了瞬态试验循环(NRTC);增加了 560kW 以上柴油机的控制要求;优化了一致性检查的判定方法;增加了排放控制耐久性要求;增加了催化转换器载体体积和贵金属含量的试验要求;修订了试验用基准柴油的技术要求。

阶段	额定功率(P_{max}) (kW)	CO [g/(kW·h)]	HC [g/(kW·h)]	NO_x [g/(kW·h)]	HC+NO_x [g/(kW·h)]	PM [g/(kW·h)]	NH_3 ($\times 10^{-6}$)	PN [g/(kW·h)]
第三 阶段	$P_{max}>560$	3.5	—		6.4	0.20	—	—
	$130 \leqslant P_{max} \leqslant 560$	3.5			4.0	0.20		
	$75 \leqslant P_{max} < 130$	5.0			4.0	0.30		
	$37 \leqslant P_{max} < 75$	5.0			4.7	0.40		
	$P_{max} < 37$	5.5			7.5	0.60		
第四 阶段	$P_{max}>560$	3.5	0.40	3.5,0.67①	—	0.10	25②	—
	$130 \leqslant P_{max} \leqslant 560$	3.5	0.19	2.0		0.025		5×10^{12}
	$56 \leqslant P_{max} < 130$	5.0	0.19	3.3		0.025		
	$37 \leqslant P_{max} < 56$	5.0			4.7	0.025		
	$P_{max} < 37$	5.5			7.5	0.60		—

注:①适用于可移动式发电机组用 $P_{max} > 900kW$ 的柴油机。

②适用于使用反应剂的柴油机。

三、汽车排放试验规范

由上述汽车排放标准可以看出,各国的排放污染物限值有较大差异,这种差异主要是来源于各国汽车排放试验规范的不同。

1. 国外现行汽车排放试验规范

世界上最早的排放试验规范是由美国加利福尼亚州在 1966 年制定的,称之为加利福尼亚标准测试规范,用测功机来模拟汽车在道路上的实际运行工况,进行排放分析试验,该规范已于 1972 年被美国联邦试验规范 FTP-72 所取代。FTP-72 是通过对美国洛杉矶市早上上班的公共汽车的实际运行工况实测得到的,1975 年后改为 FTP-75 试验规范。此后日本和欧洲联盟相继制定了各自的标准测试的试验规范。各国轻型汽车试验行驶规范及发展见表 2-50。表 2-51 是各国重型汽车试验规范及发展。

各国轻型汽车排放试验规范及发展　　　　表2-50

国家或地区		美国		日本			欧洲	
试验规范		FTP-72 LA-4C	FTP-75 LA-4CH	1973 年 10 工况	1975 年 11 工况	1991 年 10.15 工况	1975 年 ECE15 工况	1996 年 ECE + EUDC
适用车型		汽、柴油车	汽、柴油车	汽油车	汽油车	汽、柴油车	汽油车	汽、柴油车
测试设备		转鼓试验台	转鼓试验台	转鼓试验台	转鼓试验台	转鼓试验台	转鼓试验台	转鼓试验台
起动条件		冷起动	冷、热起动	热起动	冷起动	热起动	冷起动	冷起动
取样方法		CVS-1	CVS-3	CVS-1	CVS-1	CVS-1	全量联样	CVS-1
行驶工况	行驶时间(s)	1 372	1 372 + 505	5 × 135	25 + 4 × 120	3 × 135 + 255	4 × 195	4 × 195 + 400
	行驶距离(km)	12.07	16.42	5 × 0.664	4 × 1.021	4.16	4 × 1.013	4 × 1.013 + 6.96
	平均车速(km/h)	31.5	31.5	17.7	30.6	22.7	18.7	18.7 + 62.6
	最高车速(km/h)	91.3	91.3	40	60	70	50	120
测定成分及仪器		CO-NDIR、HC-FID、NO_x-CLD						

国别	试验规范		适用车型	设　备	起动条件	取样方法	测定成分及仪器
美国	汽油车	1987 年前 9 工况	总质量 > 3 850kg 重型货车	发动机台架、电力测功器	冷起动	直接取样	CO-NDIR FID HC HFID(柴)
		1987 年后 瞬态工况					
	柴油车	1987 年前 13 工况	—		热起动		
		1987 年后 瞬态工况					
日本	汽油车	1994.4 前 6 工况	总质量 > 2 500kg 货车;乘员 11 人以上公共汽车	发动机台架、电力测功器	热起动	直接取样	—
		1994.4 后 13 工况					
	柴油车	1996.4 前 6 工况	全部车用柴油机				
		1996.4 后 13 工况					
欧洲	柴油车	欧洲 13 工况	总质量 > 3 500kg 柴油货车	发动机台架、电力测功器	冷起动	直接取样	

（1）美国汽车排放试验规范。

美国轻型汽车排放试验规范执行的 FTP-75 规范 LA-4CH 是在 FTP-72 规范 LA-4C 冷起动行驶循环工况［图 2-7a）］上增加一个热起动行驶工况,如图 2-7b）所示。试验车在 15.6～30℃ 环境中停放 12h,按循环模型工况分 3 个阶段运转,第一阶段为冷起动过渡工况阶段（0～505s）;第二阶段为稳定阶段（506～1 372s）并在室温下间歇 600s;第三阶段为热起动过渡工况阶段（后 505s）。3 个试验阶段的排放物和环境空气分别按 CVS-3 取样到 3 套袋中,进行分析并乘以不同的加权系数,其和为试验结果。加权系数分别为冷态过渡工况阶段 0.43、稳定阶段 1.0、热态过渡工况阶段 0.57。各种废气成分的排放率为

$$y_{wm} = 0.43y_{ct} + 0.57y_{ht} + y_s \qquad (2-2)$$

式中:y_{wm}——废气某成分的排放率,g/mile;

　　y_{ct}——冷起动后最初 505s 的排放率,g/mile;

　　y_{ht}——热起动后 505s 的排放率,g/mile;

　　y_s——稳定阶段 506～1 372s 的排放率,g/mile。

美国重型汽车排放试验规范从 1987 年开始实施的 EPA 瞬态工况如图 2-8 所示。

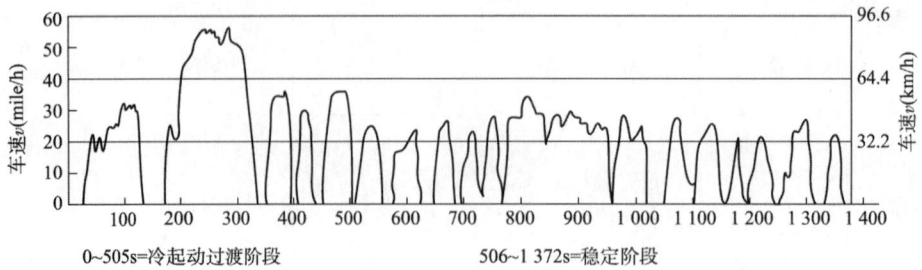

0~505s=冷起动过渡阶段   506~1 372s=稳定阶段

a)FTP-72/LA-4C冷起动工况

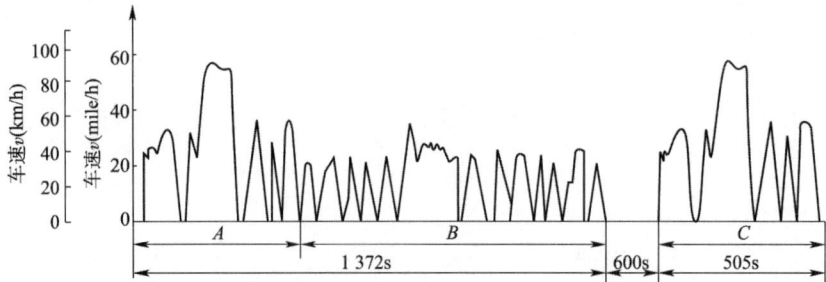

b)FTP-75/LA-4CH冷、热起动工况

图 2-7 美国轻型汽车排放试验规范循环图
A-冷起动过渡工况;*B*-稳定阶段;*C*-热起动过渡工况

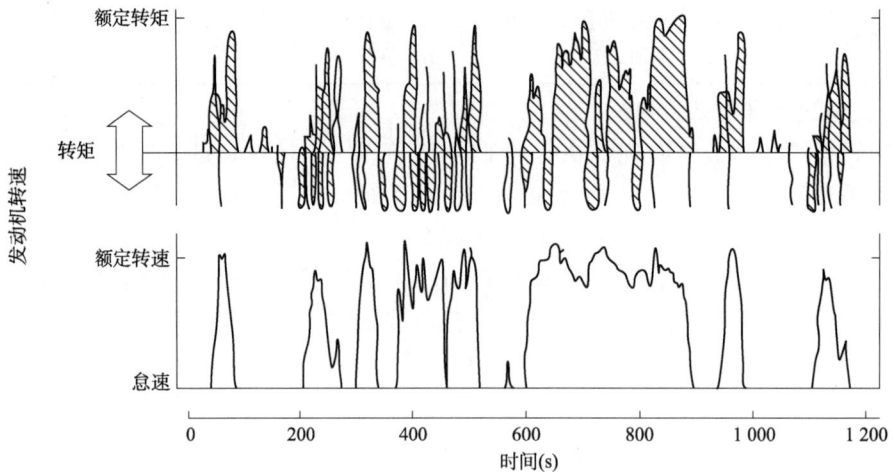

图 2-8 美国重型汽车 EPA 瞬态试验工况循环图

(2)日本汽车排放试验规范。

日本轻型汽车排放试验规范从 1991 年起实施 3 个 10 工况运转循环,再运行一个高速 15 工况,如图 2-9 所示。共计运行 606s,最高车速 70km/h,按 CVS 取样到一套样袋,分析确定试验结果。

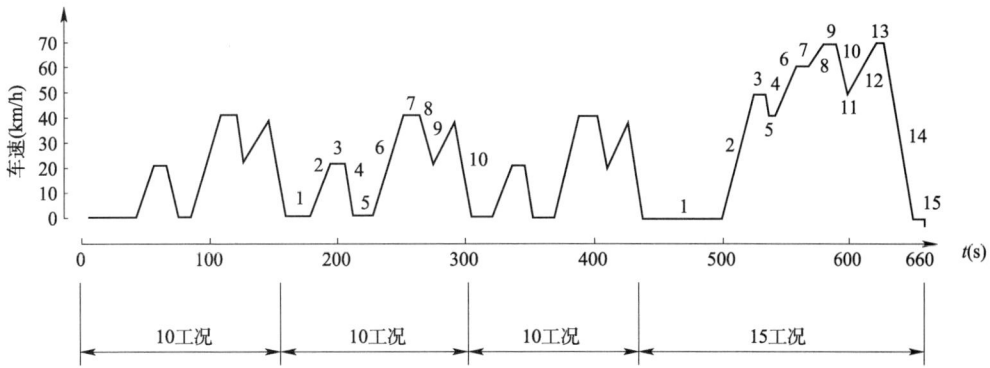

图 2-9 日本轻型汽车 10.15 工况试验循环

日本重型汽车从 1994 年开始实施的 13 工况试验规范见表 2-52。

日本重型车 13 工况试验规范 表 2-52

	汽油或液化石油气车				柴 油 车		
工况	额定功率转速（%）	额定功率（%）	加权系数（%）	工况	额定功率转速（%）	额定功率（%）	加权系数（%）
1	20	0	20.5	1	20	0	15.7
2	40	20	3.7	2	40	40	3.6
3	40	40	2.7	3	40	60	3.9
4	20	0	20.5	4	20	0	15.7
5	60	20	2.9	5	60	20	8.8
6	60	40	6.4	6	60	40	11.7
7	80	40	4.1	7	80	40	5.8
8	80	60	3.2	8	80	60	2.8
9	60	60	7.7	9	60	60	6.6
10	60	80	5.5	10	60	80	3.4
11	60	95	4.9	11	60	45	2.8
12	80	80	3.7	12	40	20	9.6
13①	60→20	5→0	14.2	13	60→20	20→0	9.6

注：①13 工况时，将节气门（油门）关闭返回 1 工况。

（3）欧洲汽车排放试验规范。

欧洲经济委员会 1993 年开始对轻型汽车实施更严格的 MVEG-1 法规，行驶工况作了相应的变更，冷起动后 40s 怠速（不测量），先进行 4 个 ECE15 工况循环后，接着进行 1 个郊外高速 EUDC 工况如图 2-10 所示，共行驶 1 220s，最高车速 120km/h，行驶距离 19.44km，用 CVS 取样，分析确定试验结果。

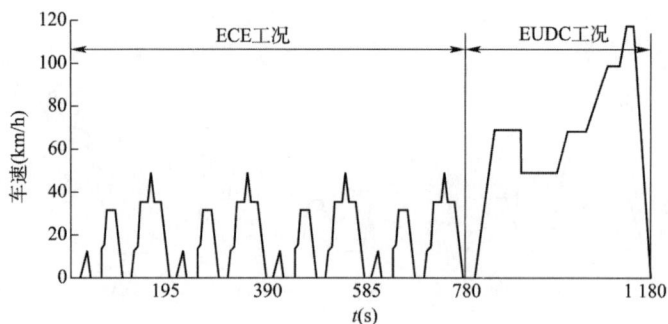

图 2-10 欧洲轻型汽车 ECE15 + EUDC 工况试验循环

欧洲重型车用柴油机采用的 13 工况试验规范,见表 2-53。

欧洲重型柴油车 13 工况   表 2-53

工况	发动机转速	负荷 (以百分数计)	加权系数	工况	发动机转速	负荷 (以百分数计)	加权系数
1	急速	0	0.25/3	8	额定转速	100	0.10
2	中速	10	0.08	9	额定转速	75	0.02
3	中速	25	0.08	10	额定转速	50	0.02
4	中速	50	0.08	11	额定转速	25	0.02
5	中速	75	0.08	12	额定转速	10	0.02
6	中速	100	0.25	13	急速	0	0.25/3
7	急速	0	0.25/3				

2. 我国现行的汽车排放试验规范

1) 新车型式认证和一致性检查试验规范

(1) 轻型汽车排放试验规范。

自 2020 年 7 月 1 日起,我国轻型汽车排放标准采用国六排放法规,《轻型汽车污染物排放限值及测量方法(中国第六阶段)》(GB 18352.6—2016)规定,我国轻型汽车实施运转循环由全球统一的轻型车测试循环(WLTC)的低速段、中速段、高速段和超高速段四部分组成,持续时间共 1800s。其中,低速段的持续时间 589s,中速段的持续时间 433s,高速段的持续时间 455s,超高速段的持续时间 323s,各速度段示意图如图 2-11 ~ 图 2-14 所示。

经预处理后的汽车,在正式试验前车辆应进行 6 ~ 36h 的浸车,如果没有特殊要求,也可以采用强制冷却的方法将车辆冷却到 23℃ ±3℃,试验室温度应控制在 23℃ ±5℃,正式试验开始前,发动机机油温度和冷却液温度应在 23℃ ±2℃ 范围内。冷起动时或起动前即开始用定容取样法取样,用 NDIR 分析仪测定 CO、CO_2;FID(除柴油以外的所有燃料)或 HFID(柴油燃料)检测器测定 HC;用 GC + FID 或 NMC + FID 测定 CH_4,CLD 分析仪测定 NO_x,连续测量稀释排气中的 NO_2 需使用专门的设备 NDUV 和 QCL,用 GC-ECD 测定 N_2O,滤纸称重法测量颗粒物的排放量,临界流量文丘里管测量稀释后的排气流量。

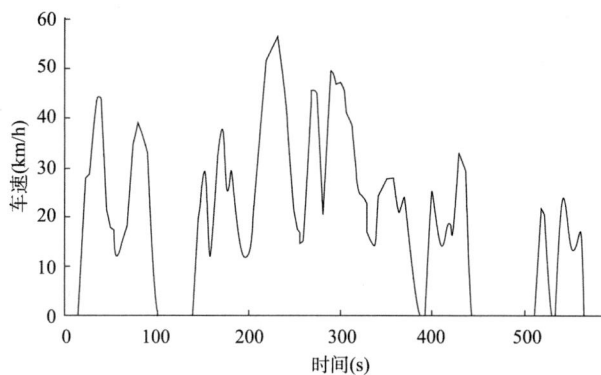

图 2-11　低速段示意图

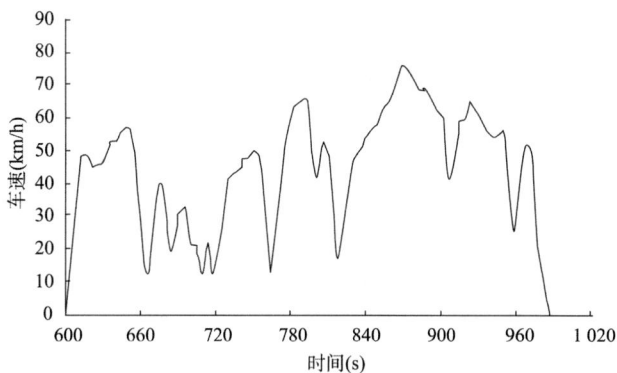

图 2-12　中速段示意图

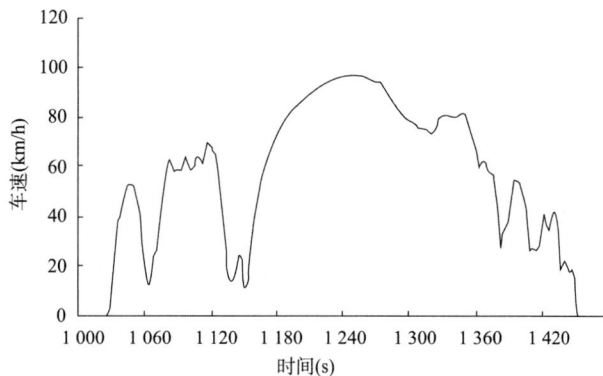

图 2-13　高速段示意图

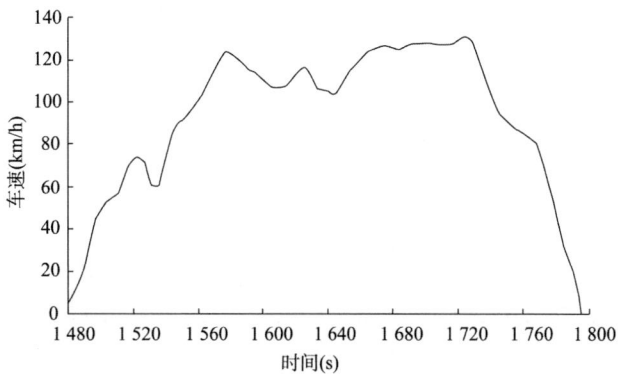

图 2-14　超高速段示意图

（2）轻型混合动力电动汽车试验规范。

自 2016 年 9 月 1 日起轻型混合动力电动汽车污染物排放控制测量方法按照《轻型混合动力电动汽车污染物排放控制要求及测量方法》（GB 19755—2016）执行。《轻型混合动力电动汽车污染物排放控制要求及测量方法》（GB 19755—2016）规定的试验规程如下：

车辆正常起动，当车辆进入起动状态时开始第一个循环，制造厂应按单次循环进行试验，或按多次循环进行试验。

单次循环：取样按照 GB 18352 的规定进行，应在车辆起动前或起动的同时开始取样，在市郊运转循环最后一个急速工况结束时停止取样。

多次循环：应在车辆起动前或起动的同时开始取样，连续重复一定数量（N 次）的试验循环。在储能装置达到最低荷电状态时第一个市郊运转循环的最后一个急速期结束时停止取样。

在每两次循环之间，允许有不超过 10min 的热浸过程，热浸期间动力系统应处于关断状态。每次测试循环结束时，均要测量电量平衡值 Q，测量方法按《轻型混合动力电动汽车能量消耗量试验方法》（GB/T 19753）的相关规定进行，并判定储能装置是否处于最低荷电状态，经过 N 次测试循环后储能装置达到最低荷电状态时，在制造厂的要求下，也可以增加试验循环次数。

（3）重型柴油车试验规范。

我国重型车用柴油机采用欧洲重型柴油车 13 工况试验规范（表 2-53）。

《重型柴油车污染物排放限值及测量方法（中国第六阶段）》（GB 17691—2018）规定：我国重型柴油机发动机标准循环采用稳态试验规范 WHSC，见表 2-54。

稳态试验规范 WHSC　　　　　　　　　　　　　　　表 2-54

序　号	转速规范值 （以百分数计）	转矩规范值 （以百分数计）	工况时间 （s）
1	0	0	210
2	55	100	50
3	55	25	250
4	55	70	75
5	35	100	50
6	25	25	200
7	45	70	75
8	45	25	150
9	55	50	125
10	75	100	50
11	35	50	200
12	35	25	250
13	0	0	210
合计			1 895

（4）柴油车烟度试验。

车用压燃式发动机和装用压燃式发动机汽车排气烟度排放采用加载减速试验和自由加

速烟度试验,不透光烟度计检测发动机排气的光吸收系数值。

2)在用汽车排放试验规范

《汽油车污染物排放限值及测量方法(双怠速法及简易工况法)》(GB 18285—2018)规定:我国采用怠速法、双怠速、加速模拟工况法(稳态工况法)、瞬态工况法和简易瞬态工况法检测汽油发动机车辆的排气污染物。《柴油车污染物排放限值及测量方法(自由加速法及加载减速法)》(GB 3847—2018)规定:用自由加速试验法和加载减速法检测柴油发动机可见污染物。欧洲、美国和日本在用汽车检测也基本采用上述试验规范。

(1)怠速法。

这种方法对汽油车在怠速运行时排气中 CO 和 HC 浓度进行监测。按照我国国家标准的规定,测量时,首先使汽车离合器处于接合位置,加速踏板松开,变速操纵杆位于空挡位置,采用化油器供油系统的车,发动机阻风门全开;待发动机达到规定的热状态(四冲程水冷发动机的水温在 60℃ 以上,风冷发动机的油温在 40℃ 以上)后,再按制造厂《使用说明书》规定的调整法将发动机转速调至规定的怠速转速和点火定时;在确定排气系统无泄漏情况下,从排气管直接采样,用不分光红外分析仪进行测量。测量时:

①发动机由怠速加速到 0.7 倍的额定转速,维持 60s 后,再降至怠速状态。

②将取样管插入排气管中,深度为 400mm,并固定于排气管上。

③发动机怠速状态维持 15s 开始读数,读取 30s 内的最低及最高值,其平均值即为测量结果。

④若为多排气管时,则取各管最大测量值的算术平均值。

(2)双怠速法。

为了监控因化油器量孔磨损造成的汽车排放恶化,或者为了监控因催化转换器效率降低造成的汽车排放恶化,近年来各国普遍采用了双怠速排放测量。双怠速排放测量法的程序为:

①进行排放测试时,发动机冷却液或机油温度应不低于 80℃,或者达到汽车使用说明书规定的热状态。

②发动机由怠速加速到 0.7 倍的额定转速或企业规定的暖机转速,维持 30s 后,降至高怠速(即 0.5 倍的额定转速),轻型汽车高怠速转速规定为 2 500r/min ± 100r/min;重型汽车高怠速规定为 1 800r/min ± 100r/min。

③将取样管插入排气管中,深度不少于 400mm,并固定于排气管上。

④发动机在高怠速状态维持 15s 后开始读数,读取 30s 内的最低值及最高值,其平均值即为高怠速排放测量结果。

⑤发动机从高怠速降至怠速状态,在怠速状态维持 15s 后开始读数,读取 30s 内的最低值及最高值,其平均值即为怠速排放测量结果。

⑥在测试过程中。若任何时刻 CO 与 CO_2 的浓度之和小于 6%,或发动机熄火,应终止测试,排放测量结果无效,需重新进行测试,混合动力车辆除外。

⑦若为多排气管时,应取各排气管测量结果的算术平均值作为测量结果。

(3)加速模拟工况法(ASM)。

经预热后的车辆,在底盘测功机上以 25km/h(ASM5025)和 40km/h(ASM2540)的速度稳定运行,系统根据测试车辆的基准质量按规定自动施加规定的载荷,测试过程中保持施加的转矩不变,车速控制在规定范围内。试验规范的运转循环见表 2-55 和图 2-15。

工 况	运转次序	速度 (km/h)	操作时间 (s)	采样测试时间 (s)
5025	1	0 ~ 25	—	—
	2	25	5	
	3	25	10	90
	4	25	10	
	5	25	70	
2540	6	25 ~ 40	—	—
	7	40	5	
	8	40	10	90
	9	40	10	
	10	40	70	

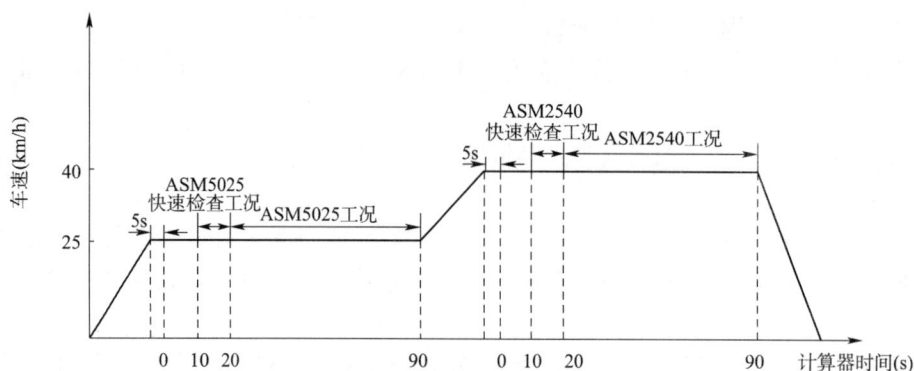

图 2-15　加速模拟工况(ASM)试验运转循环

测试程序为:

①车辆的驱动轮置于测功机滚筒上,将排气分析仪的取样探头插入排气管,深度至少400mm,并固定,对独立工作的多排气管应同时取样。

②ASM5025 工况:车辆经预热后,加速至 25km/h,测功机根据车辆基准质量自动加载,驾驶员控制车辆保持在 25km/h ± 2km/h 等速运转,维持 5s 后,系统自动开始计时(t = 0),若测功机的速度或转矩连续 2s,或者累计 5s,超出速度或者转矩允许波动范围,检测应重新开始。ASM5025 工况计时开始 10s 后(t = 10s),进入快速检查工况,排气分析仪开始测量,以每秒测量一次,并根据稀释修正系数和湿度修正系数计算 10s 内的排放平均值,运行 10s 后,进行快速检查判定,在 0 ~ 90s 测量过程中,任意连续 10s 内第 1 到第 10s 的车速变化相对于第 1s 小于 ±1km/h,测试结果有效。快速检测工况的 10s 内的排放平均值经修正后小于或等于限值的 50%,则测试合格,检测结束;否则,应继续进行测试。若所有检测污染物连续 10s 内的平均值修正后均不大于标准规定限值,则该车应被判定为 ASM5025 工况合格,排放检验合格,否则应继续进行 ASM2540 工况检测;在检测过程中若任意连续10s 内的任何一种污染物 10s 排放平均值经修正后均高于限值的 500%,则测试不合格,检测结束。

③ASM5025工况排放检验不合格的车辆,需要继续进行ASM2540工况排放检验。被检车辆在ASM5025工况结束后应立即加速运行至40.0km/h,测功机根据车辆基准质量自动加载,车辆保持在40km/h±2.0km/h范围内等速运转,维持5s后开始计时($t=0s$)。如果测功机的速度或者转矩,连续2s,或者累计5s,超出速度或者转矩允许波动范围(实际转矩波动范围不容许超过设定值的±5%),工况计时器置0,重新开始计时。ASM2540工况计时10s后($t=10s$),开始进入快速检查工况,计时器为$t=10$,排气分析仪器开始测量,每秒测量一次,并根据稀释修正系数及湿度修正系数计算10s内的排放平均值,运行10s($t=20s$)后,ASM2540快速检查工况结束,进行快速检查判定。在0~90s的测量过程中,任意连续10s内第1~10s的车速变化相对于第1s小于±1.0km/h,测试结果有效。快速检查工况10s内的排放平均值经修正后如果不大于限值的50%,则测试合格,排放检测结束,输出检测结果报告;否则应继续进行。如果所有检测污染物连续10s的平均值经修正后低于或等于标准规定的限值,则该车应判定为排放检验合格,排放检测结束,输出排放检验合格报告。当任何一种污染物连续10s的平均值经修正后超过限值,则车辆排放测试结果不合格,检验结束,输出不合格检验报告。

(4)瞬态工况法(IM195)。

汽车在底盘测功机上完成瞬态工况运转循环,如图2-16所示。完成一次试验,运行时间195s,理论行驶里程1.013km,平均车速19km/h,运转循环工况分解见表2-56。测试时,试验车辆工作温度应满足出厂规定,车辆起动后怠速运转40s开始用CVS取样,用NDIR分析仪测定CO、CO_2;FID或HFID(对压燃式发动机)检测器测定HC;CLD分析仪测定NO_x,临界文杜里管测量稀释后的排气流量,可测得一个试验循环排气污染物的单位为g/试验,除以一个试验循环汽车行驶的里程,即可换算为g/km。

(5)简易瞬态工况法(IG195)。

与瞬态工况法一样,汽车在底盘测功机上完成一个瞬态工况运转循环,如图2-15所示。测试时,试验车辆工作温度应满足出厂规定,车辆驱动轮置于滚筒上,排气分析仪取样探头插入排气管,深度不小于400mm,车辆起动后怠速运转40s,开始对排气直接取样,用NDIR分析仪测定CO、CO_2和HC;电化学分析仪测定NO_x,排气分析仪至少每秒采样一次,计算机再采样数据按每秒平均值计算排放浓度,气体流量分析仪对着排气管,测量稀释后的排气流量和稀释前后排气中的氧含量来确定稀释比,通过稀释比和气体流量计测得的排气流量,计算出每秒的排气体积,然后根据排气体积和排气分析仪测得的排气各成分浓度计算出车辆每秒排放出的污染物质量,计算机再按照车辆单位时间行驶里程,即可得到完成一个试验循环排气污染物的单位里程排放质量,单位g/km。

(6)柴油车自由加速烟度试验规范。

将排气取样探头插入汽车排气管至少400mm,在每个自由加速循环的开始点发动机(包括废气涡轮增压发动机)均应处于怠速状态,对重型车用发动机,将加速踏板放开后至少等待10s。在进行自由加速测量时,必须在1s的时间内,将加速踏板连续完全踩到底,使供油系统在最短时间内达到最大供油量,对每个自由加速测量,在松开加速踏板前,发动机应达到额定转速,重复操作3次,烟度计应记录每次自由加速过程最大值,将三次自由加速烟度最大值的算术平均值作为测量结果。

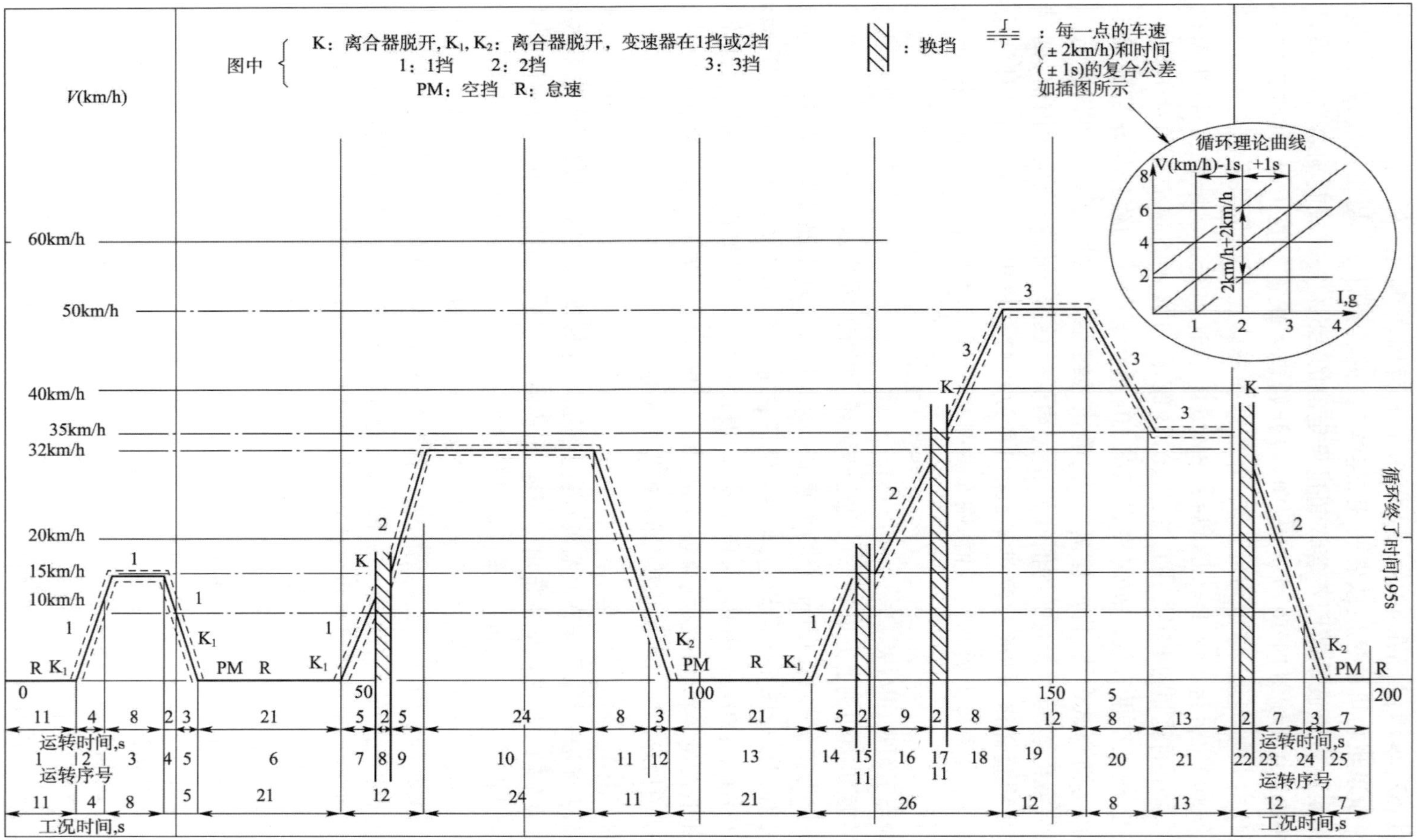

图 2-16 瞬态工况运转循环

工 况 分 解   表 2-56

工况	时间（s）	百分比	
怠速	60	30.8	35.4
怠速、车辆减速、离合器脱开	9	4.6	
换挡	8	4.1	
加速	36	18.5	
等速	57	29.2	
减速	25	12.8	
合计	195	100	

（7）加载减速法。

排气试验之前，发动机应充分预热，将采样探头插入排气管中至少400mm，起动发动机，变速器置空挡，逐渐加大加速踏板开度直到达到最大，并保持在最大开度状态，记录这时发动机的最大转速，然后松开加速踏板，使发动机回到怠速状态。使用前进挡驱动被检车辆，选择合适的挡位，使加速踏板处于全开位置时，测功机指示的车速最接近70km/h，但不能超过100km/h。对装有自动变速器的车辆，应注意不要在超速挡下进行测量，计算机对按上述步骤获得的数据自动进行分析，判断是否可以继续进行后续的检测，被判定为不适合检测的车辆不允许进行加载减速检测。确认可以进行排放检测后，将底盘测功机切换到自动检测状态，自动控制系统采集两组检测状态下的检测数据，以判定受检车辆的排气吸光系数k和NO_x是否达标。

（8）非道路移动机械用柴油机试验规范。

自2014年10月1日起，我国非道路移动机械用柴油机采用《非道路移动机械用柴油机排气污染物排放限值及测量方法（中国第三、四阶段）》（GB 20891—2014）。

我国非道路移动机械用柴油机采用发动机标准采用稳态试验循环。稳态试验循环，包含五工况、六工况和八工况循环，适用于所有第三阶段、第四阶段柴油机的排气污染物的测量。

对于在非恒定转速下工作的柴油机，按表2-57八工况循环进行试验。

八 工 况 循 环   表 2-57

工 况 号	柴油机转速	负荷百分比	加权系数
1	额定转速	100	0.15
2	额定转速	75	0.15
3	额定转速	50	0.15
4	额定转速	10	0.1
5	中间转速	100	0.1
6	中间转速	75	0.1
7	中间转速	50	0.1
8	怠速	0	0.15

对于额定净功率小于19kW、在非恒定转速下工作的柴油机，也可以按表2-58六工况循环进行试验。

工 况 号	柴油机转速	负荷百分比	加权系数
1	额定转速	100	0.09
2	额定转速	75	0.20
3	额定转速	50	0.29
4	额定转速	25	0.30
5	额定转速	10	0.07
6	怠速	0	0.05

对于在恒定转速下工作的柴油机,按表 2-59 五工况循环进行试验。

工 况 号	柴油机转速	负荷百分比	加 权 系 数
1	额定转速	100	0.05
2	额定转速	75	0.25
3	额定转速	50	0.3
4	额定转速	25	0.3
5	额定转速	10	0.1

对于第四阶段的柴油机,采用瞬态试验循环(NRTC)试验循环。按照 GB 17691—2005 附件 BB 规定的试验规程进行试验。

第四节 汽车排放检测与试验技术

一、运行工况模拟

汽车排放检测与试验时,模拟汽车和发动机实际运行工况的设备有底盘测功机和发动机台架。

1.底盘测功机

底盘测功机的作用是在室内模拟汽车在道路上按特定的行驶循环实际行驶的状况,并测得在整个行驶循环期间汽车排出污染物的量。底盘测功机的测试系统如图 2-17 所示,包括转鼓、惯性质量、测功机、行驶监视仪、控制台、排气采样及分析仪、记录仪等。以转鼓表面来代替路面,并通过加载装置给转鼓轴施加行驶阻力。用于排放试验的转鼓有单鼓(转鼓直径为 1 220mm,即 48in)和双鼓(转鼓直径为 508mm,即 20in)。底盘测功机的加载装置有电涡流测功机和直流电力测功机,此外,还有惯性飞轮组组成的惯性质量,它能模拟非稳定工况下汽车质量的影响。行驶监视仪能在屏幕上显示出试验规范所设定的特定行驶循环(车速-时间曲线)和驾驶员正在操作汽车的实际行驶车速曲线,以便驾驶员随时调整车速,所以也称之为"司机助"。整个底盘测功系统(包括排气采样及分析系统)由一个主计算机管理系统集中管理,实现自动控制。

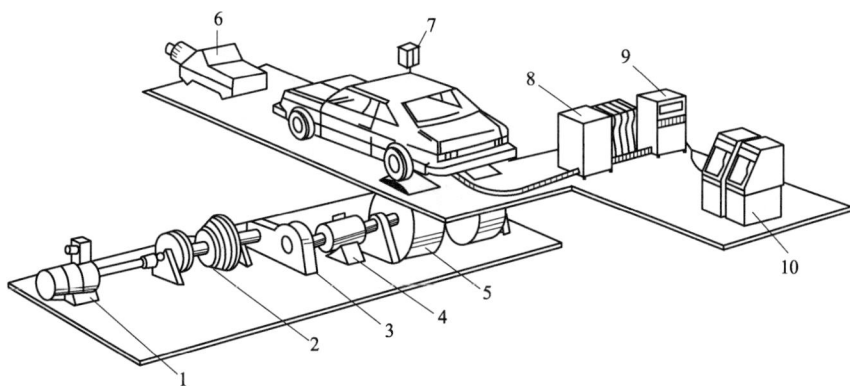

图 2-17 转鼓底盘测功机

1-测功机;2-车重模拟装置(惯性飞轮);3-增速机;4-转矩仪;5-转鼓;6-冷却风机;7-司机助;8-排气采样装置(CVS);9-排气分析仪;10-记录仪

2.发动机台架

对于重型汽车,要求将其发动机装在台架上进行稳态或瞬态试验,测试排放污染物的浓度,再进行计算。发动机台架试验系统的主要设备是测功机,常用的有水力测功机、电力测功机和电涡流测功机。

(1)水力测功机。

水力测功机是靠转盘上的柱销搅动水在定、转子组成的涡流室中做旋转运动,造成摩擦起制动作用,控制出水量以调节水环厚度,水层愈厚,水与外壳摩擦力矩愈大,吸收功率愈大。

(2)电涡流测功机。

电涡流测功机的原理是用涡电流效应将被测发动机的机械能变成涡电流继而又转为热能消耗掉。励磁线圈中通过电流时,使由铁壳、电涡流环、空气隙和转子组成的闭合磁路中产生静止磁通,当转子转动时,齿轮状凹凸使空气隙的磁阻发生变化,使磁通量不断增减变化,因而在涡流环中产生感应电动势而形成涡电流的流动,引起制动作用。调节励磁电流大小,即可调整电涡流强度,从而调节吸收负荷的能力。

(3)电力测功机。

电力测功机有直流和交流两种。发动机带动电力测功机,使发动机的机械能变为电能,转子和定子有磁通作媒介,两者之间的作用力和反作用力大小相等,只要将定子做成可摇摆的,就可测定外壳上的反转矩,因此这种外壳平衡浮置的电力测功机常称为平衡式电力测功机。产生的电能可输入电网或消耗于负载电阻中。改变定子磁场强度及负载电阻即可调节负荷大小。

进行发动机瞬态工况试验时,需要用发动机动态试验台,所使用的测功机要能按照规定的瞬态循环规范进行各种加速、减速、匀速等变工况试验,就需要有机械模拟(惯性飞轮组)及电模拟惯量,实行全自动控制。

二、采样方式

1.直接取样法

将取样探头直接插入汽车排气管内,用取样泵直接采取一定量的气样,经过粗、细滤器,滤去气体中的灰尘,供排气分析仪分析。为了防止气样中的水分对分析仪的干扰,一般在系统中加由冷凝器和排水装置组成的水分离器,用冷凝法除湿。为防止 HC 中那些蒸气压低的高沸点成分溶于水而产生测量误差,取样导管应做成加热式,对于汽油机应保持在 130℃左右,柴油机应保持在 180～200℃。

直接采样法简单,操作方便,适于连续观察变工况引起的排气成分变化,广泛应用于重型车发动机台架试验,以及怠速法检测。图 2-18 所示为发动机台架测试的直接取样系统,用氢火焰离子检测器 FID 检测 HC 时,包括取样探头 1、粗滤器 2、逆向清扫系统 3 和取样泵 4 在内的取样系统都需要被加热并保持一定的温度。

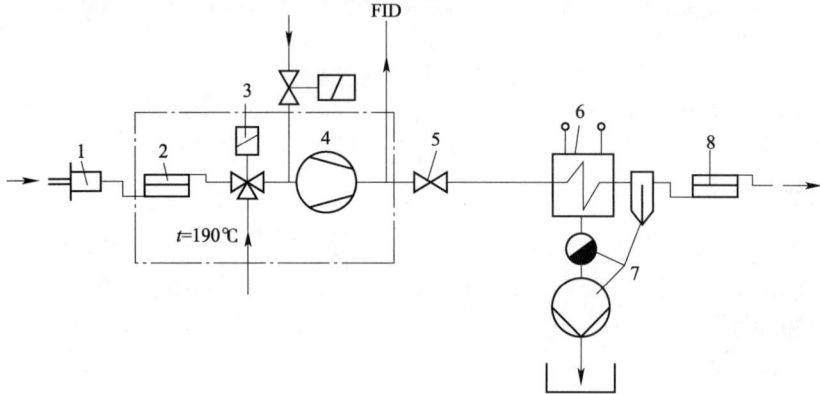

图 2-18　发动机台架测试的直接取样系统

1-取样探头;2-粗滤器;3-逆向清扫系统;4-取样泵;5-减压器;6-气样冷却器;7-冷凝液分离器;8-细滤器

2. 全量取样法

全量取样法就是将汽车排气试验中的全部排气采集到一个有足够大容积的气袋中以供分析。

图 2-19 所示为全量取样法的流程图。这种取样法既能测定排气污染物的平均浓度,也能作排放量的计算。从样气进袋到最后测定期间极易产生 HC 被袋吸附,HC 中易引起反应的组分之间的相互反应或聚合,以及 NO_x 的氧化等现象。试验表明,NO_x 在气袋中若停留30min,浓度约减少 25%,因此,气袋应选择用不易引起 HC 损失的材料,如特德拉(Tedlar),且取样完成后应尽快分析,以减少误差。为防止样气中的水蒸气在气袋中凝结,样气在进入气袋之前,先经过装有 10～15℃ 水冷却的热交换器,因而高沸点的 HC 也容易凝聚而溶于水中随之被放掉,造成一定的误差。

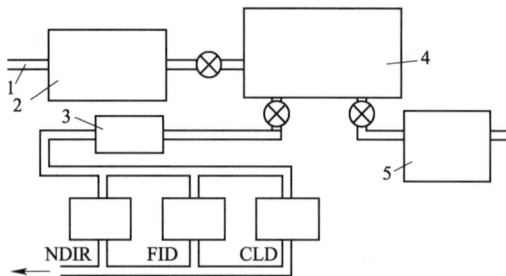

图 2-19　全量取样系统示意图

1-排气;2-热交换器;3-取样泵;4-取样袋;5-取样袋排气和容积测量装置

3. 定容取样(CVS)法

定容取样法是一种接近于汽车排气扩散到大气中的实际状态的取样法。它是用经过滤的清洁空气对样气进行稀释，经热交换器保持恒温，使稀释样气密度保持不变，然后在定容泵作用下，抽取固定容积流量的样气送入大气，在定容泵入口前的流路上，将稀释样气经滤清器、取样泵、针形阀、流量计、电磁阀抽入气袋。取样气体和定容泵的流量之间有严格的比例关系。

由于有足够的稀释，可遏制各排放成分之间相互作用，防止水蒸气凝结，但稀释度过大，稀释样气中污染物浓度太低会带来测量分析仪灵敏度不够等问题，一般规定用 8 倍以上的稀释度，选用 $8.5 \sim 10 \mathrm{m}^3/\mathrm{min}$ 的定容泵，对于大多数汽车已可进行足够的稀释。

由于排气稀释度较高，环境空气中的 HC、CO 和 NO_x 的微量会影响到稀释排气中的成分，造成测试误差，因此需用活性炭层的空气滤清器吸附稀释空气中的 HC，要求做到引入的稀释空气中 HC 浓度低于 15×10^{-6}。且取样气的同时，取集一袋稀释用的空气，以便修正由其引起的误差。

图 2-20 所示为排放法规和标准规定用的定容取样(CVS)系统。被测车辆在转鼓试验台上按规定的工况法测试循环运转，全部排气排入稀释风道中，按规定的比例与空气混合，形成流量恒定的稀释排气。将其中一小部分收集到采样气袋中。美国 FTP-75 测试循环要求各阶段分别采样，即将过渡段、稳定段和重复过渡段期间排出的废气分别采入三个气袋中。欧洲及我国测试循环和日本测试循环则将整个循环期间的全部稀释气体按比例采入一个气袋中。测试循环结束后，用规定的分析仪器分析测量采样气袋中各种污染物的浓度，再乘上定容采样系统中流过的稀释排气总量，可得到各种成分的总排放量；然后分别除以测试循环的总运转里程数后得到比排放量指标(g/km)。

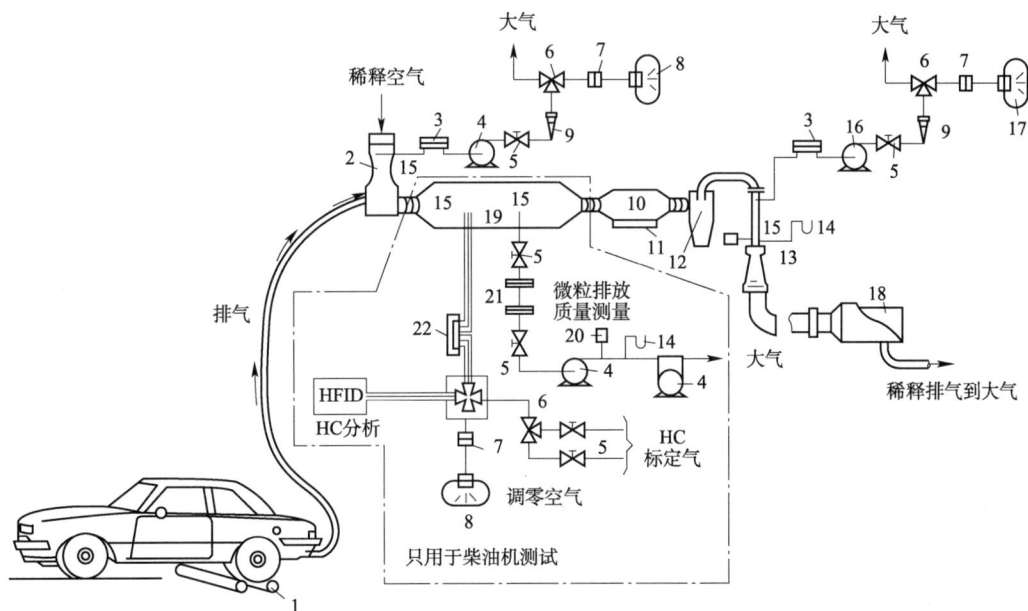

图 2-20 用于轻型汽车工况法测试的定容取样系统(CFV-CVS 系统)

1-底盘测功机；2-稀释空气滤清器；3-过滤器；4-取样泵；5-流量控制器；6-快速作用阀；7-快接管接头；8-空气取样袋；9-流量计；10-换热器；11-温度控制器；12-旋风分离器；13-临界流文杜里管；14-压力表；15-取样探头；16-积累流量计；17-稀释排气取样袋；18-稀释排气抽气泵；19-稀释风道；20-温度传感器；21-测量微粒排放质量的取样过滤器；22-加热过滤器

三、气体成分的分析测试

目前，用于汽车气体排放污染物分析测试的方法主要有三种，即用不分光红外分析仪测量 CO 和 CO_2、用氢火焰离子分析仪测量 HC、用化学发光分析仪测量 NO_x。各国在其工况法检测标准中都严格规定,必须采用上述测试方法。但怠速法检测标准中略有不同,一般用不分光红外法测量 CO、CO_2 和 HC。在试验研究中,对排气气体成分和浓度的分析可采用气相色谱仪。

1. 不分光红外分析仪(Non-Dispersive Infrared Detector,NDIR)

多数气体都具有吸收特定波长的红外线的能力,具体来说,除单原子气体(如 Ar、Ne)和同原子的双原子气体(如 N_2、O_2 和 H_2 等),大多数非对称分子(不同原子构成的分子)都具有吸收红外线的特性。汽车排气中的有害气体均为非对称分子,如 CO 能吸收波长为 $4.5 \sim 5\mu m$ 的红外线,CO_2 能吸收波长为 $4 \sim 4.5\mu m$ 的红外线,C_6H_{14}(正己烷)吸收 $3.5\mu m$ 波长的红外线,而 NO 吸收 $5.3\mu m$ 波长的红外线。

不分光红外分析仪的工作原理正是基于这种大多数非对称气体分子能吸收特定波长段红外线的特性,并且其吸收程度与气体浓度有关。所谓"不分光红外"是指对于特定的被测气体,测量所用的红外光的波长是一定的。

设 I_0 为红外光对气体的入射强度,I 为经气体吸收后透射出的红外光强度,则两者的关系遵循比尔(Bill)定律:

$$I = I_0 \exp(-k_\lambda cl) \tag{2-3}$$

式中:k_λ——气体对波长为 λ 的红外光的吸收系数,对于某一特定成分,k_λ 为常数;

c——气体浓度;

l——红外光透射过的气体厚度。

由式(2-3)可知,当入射的红外光强度 I_0、待测成分(即 k_λ)及其厚度 l 一定时,透射的红外光强度 I 就成了待测气体浓度的单值函数。

图 2-21 所示为 NDIR 分析仪的工作原理示意图。在参比室里充满了不吸收红外线的气体(如 N_2),被测气体流过分析室,从红外光源射出的强度为 I_0 的红外射线经过旋转的光栅周期性地射入参比室和分析室。由于被测气体吸收红外线,使得透射过分析室的红外线减少,其强度变为 I;而参比室内的气体不吸收红外线,其透射红外线强度仍保持为 I_0;两室透射出的红外线周期性地进入检测器。检测器有两个接收室,里面充有与被测气体成分相同的气体,中间用兼作电容器极板的金属膜片隔开。接收室中的气体周期性地被红外线加热,因而产生周期性的压力变化。由于来自分析室的红外线强度 I 小于来自参比室的红外线强度 I_0,使金属膜片向分析室一侧凸起,电容量减少,并且正比于被测气体的浓度。把电容量的变化调制为交流电压信号的变化,经放大器后显示在指示仪或其他的输出装置上。

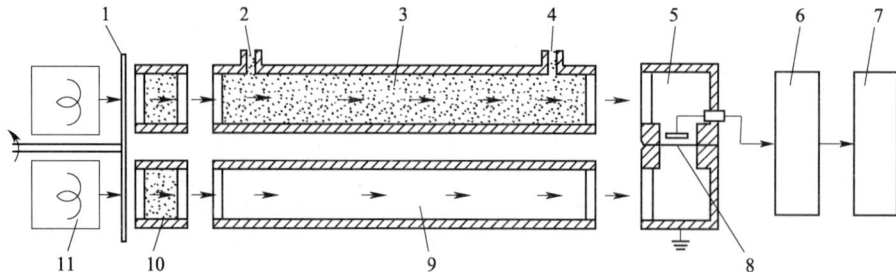

图 2-21 NDIR 分析测量原理

1-旋转光栅;2-试样入口;3-分析室;4-试样出口;5-检测室;6-放大器;7-指示仪;8-金属膜片;9-参比室;10-滤波器;11-红外光源

设置滤波室是为了防止其他气体对测量的干扰。如分析 CO 的 NDIA,在滤波室中充以 CO_2 和 CH_4,分析时就不会受到排气中 CO_2 和 CH_4 的干扰。采用旋转光栅的目的是为了产生交流电压输出信号,因为交流信号放大器的无漂移特性一般好于直流放大器。另外,检测器除电容式的以外,也可用半导体等方式。

NDIR 具有灵敏度高,测量范围大($10^{-6} \sim 10^{-2}$ 体积分数)的优点,可测量分析 CO、CO_2、CH_4、C_6H_{14}、SO_2、H_2O、NO、NO_2 以及 NH_3 等 70 多种气体成分。当然,测量时须在检测器的接收室内封入相应的气体。

应当注意的是,内燃机排气中有上百种 HC,而 NDIR 只能检测某一波长段的 HC。如在检测器的接收室内充填正己烷(C_6H_{14}),则测量仪器对饱和烃敏感,而对非饱和烃和芳香烃不敏感。因而测量结果主要反映了饱和烃的含量,而不代表各种 HC 的总含量。

另外,用 NDIR 测量 NO 时,由于输出信号非线性以及易受干扰,造成测量精度较低。因而 NDIR 一般用于分析 CO 和 CO_2,对精度要求不高的场合(如怠速),也可以用于 HC 的分析,一般很少用来测量 NO_x。

2. 氢火焰离子检测器(Hydrogen Flame Ionization Detector,FID)

FID 的工作原理是利用碳氢化合物在氢火焰的高温(2000℃左右)中热致电离形成自由离子,且离子数与碳原子数基本成正比。

如图 2-22 所示,被测气体与含有 40% H_2(其余为 He)的燃料气体混合后进入燃烧器,在氢火焰的高温下,碳氢化合物裂解产生元素态碳,然后形成碳离子 C^+,在 $100 \sim 300V$ 外加电压作用下形成离子流,微弱的离子电流(约 $10^{-12}A$)经放大后输出。

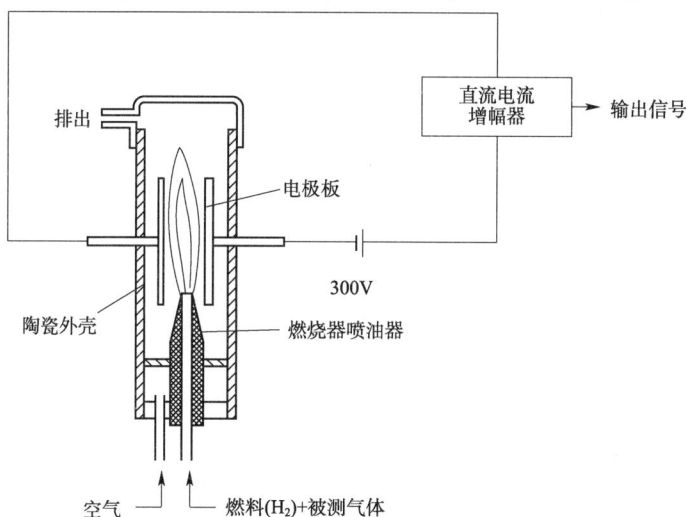

图 2-22 FID 的测量原理

FID 的测量结果不受水蒸气、H_2、CO 以及 CO_2 等无机气体的影响,但会受到碳氢化合物分子结构的影响。FID 测得的 C 原子数与实际 C 原子数之比,对烷烃不低于 0.95,对环烷烃和烯烃一般不低于 0.9,对芳香烃特别是含氧有机物(如醇、醛、醚、酯、酸等)会产生较大偏差。

为防止高沸点的 HC 在采样过程中发生凝结,应对采样管路加热。测量汽油机排气时应加热到 130℃左右,柴油机则须在 190℃,并要求用加热式氢火焰离子检测器(HFID)。

FID 可测量体积分数为 $10^{-7} \sim 10^{-2}$ 浓度的 HC,而且线性和频响特性好。

3. 化学发光分析仪(Chemiluminescent Detector, CLD)

用化学发光测量 NO_x 的原理为:

$$NO + O_3 = NO_2^* + O_2 \tag{2-4}$$

$$NO_2^* = NO_2 + hv \tag{2-5}$$

式中: NO_2^* ——激发态 NO_2;

h ——为普朗克常量;

v ——光量子的频率。

分析时,首先使被测气体中的 NO 与 O_3 反应,生成 NO_2^* 激发态分子,在 NO_2^* 由激发态衰减到基态的过程中,会发出波长为 $0.6 \sim 3\mu m$ 的光量子 hv(即近红外光谱线),称为化学发光。这种化学发光的强度与 NO 浓度成正比,因而通过检测发光强度就可确定被测气体中 NO 的浓度。

由式(2-4)还可看出,化学发光法从原理上讲只能测量 NO,无法测量 NO_2。实际应用中,可以先通过适当的转换将 NO_2 还原成 NO,然后再进行上述分析过程,因此,用同一仪器也可以测得 NO_2 和 NO_x。

图 2-23 所示为化学发光分析仪的测量原理。O_2 持续不断地进入臭氧发生器 2,产生的臭氧 O_3 进入反应室 3。在检测 NO 时,被测气体经转换开关 5 由 A 管路进入反应室。NO 与 O_3 反应产生的化学发光,经滤光片 8 进入光电倍增管检测器 9,电信号经信号放大器 10 输出,其测量结果是 NO 的浓度。分析 NO_2 浓度时,关闭 A 路,使被测气体由 B 管路流经催化转换器 7,NO_2 在此还原成 NO,然后进入反应室。这样,仪器测得的是 NO 与 NO_2 的总 NO_x,NO_2 浓度则等于 NO_x 与 NO 的浓度之差。设置滤光片的目的是为了滤除其他化学发光(如 C_2H_4 与 O_3 反应所产生的化学发光)的干扰。为使 NO_2 全部转化成 NO,催化转换器的工作温度必须保持在 650℃ 以上;并且要经常检测催化转换器的转化效率,如低于 90% 时应更换催化转换器。

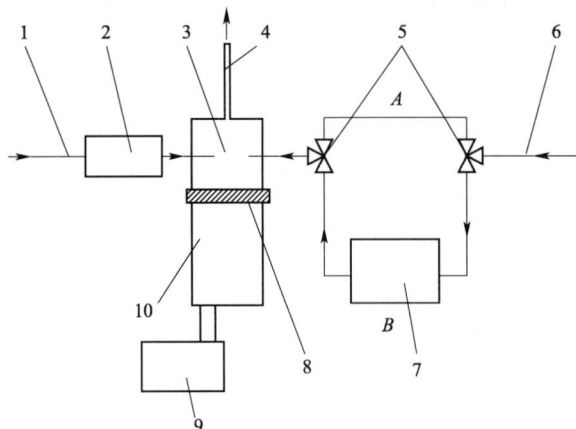

图 2-23 CLD 的测量原理

1-氧气入口;2-臭氧发生器;3-反应室;4-反应室出口;5-转换开关;6-样气入口;7-催化转换器;8-滤光片;9-检测器;10-信号放大器

采用 CLD 测量 NO_x 具有灵敏度高(体积分数可达 10^{-7}),响应性好的特点,可在 $< 10^{-2}$ 范围内保持良好的线性输出特性。因而是测量 NO_x 的标准方法。

4.气相色谱仪(Gas Chromatography,GC)

气相色谱法是一种将混合气体中各种成分相互分离,以便于对混合气的组成和各成分的浓度进行详细分析的方法。图 2-24 是气相色谱仪的基本构成,其主要部分是用于分离各气体成分的色谱柱和定量分析各成分的检测器。

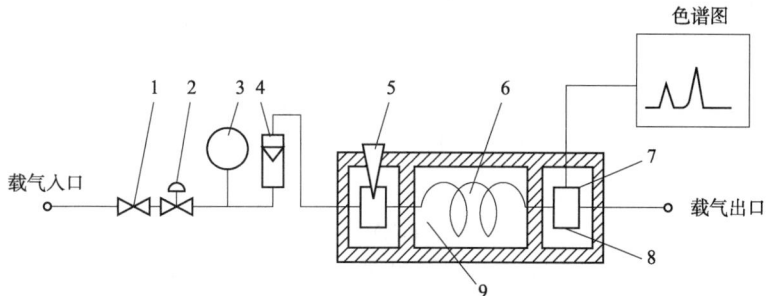

图 2-24　气相色谱仪的基本构成

1-调压阀;2-流量调节器;3-压力计;4-流量计;5-被测样气导入口;6-色谱柱;7-检测器;8-检测器槽;9-色谱柱槽

气相色谱仪一般以氦(He)、氩(Ar)和氮(N_2)等惰性气体作为载气,载气以不变的流速、温度和压力在色谱仪中流动。将微量的被测气体导入,被测气体在载气的带动下流过色谱柱。色谱柱通常用不锈钢或玻璃管制成,其内径约 0.25mm,长度为 1～10m,呈螺旋状,内部充填有氧化铝或硅胶或活性炭分子筛等固定相。由于被测气体中的各种成分对某一固定相的亲和力(对固体固定相表现为吸附性,对液体固定相表现为溶解性)不同,因而导致各种成分最终流出色谱柱的时间不同,即亲和力弱的成分难以被吸附或溶解在固定相上,较早地流出色谱柱,亲和力强的组分流出较晚。这样,就使本来混合在一起的各种成分被分离,并按一定的时间序列进入检测器,检测器依次测定各种成分的浓度,信号经放大调制后记录在色谱图上。

根据试验前用标准样气所进行的标定试验得到的欲测成分流至检测器的时间,可以判断出每个色谱峰所代表的成分;而色谱峰的面积积分或峰高则与相应成分的浓度成正比。

气相色谱仪所用的检测器主要是热导率检测器(TCD)和氢火焰离子检测器(FID),根据被测气体不同,也可用电子捕获型检测器(ECD)和火焰光度检测器(EPD)。

气相色谱仪可用于确定排放气体中 HC 的具体组分以及各种成分的体积分数,而一般的汽车排放分析仪只能给出 HC 的总体积分数。

液相色谱仪的工作原理与气相色谱仪基本相同,只是其流动相和被测试样都是液体。液相色谱仪可用于对燃油和机油的分析,也可用于对排气微粒中可溶性有机成分 SOF 的分析。

四、微粒及烟度检测

柴油机排放的微粒和黑烟虽然是两个不同的测量指标,但两者有着密切的关系。如前所述,微粒是由炭烟、可溶性有机物 SOF 和硫酸盐构成的,特别是在排放严重的中高负荷时炭烟所占比例很大,所以表征炭烟多少的排气烟度长期以来得到了广泛应用。尽管排放法规中规定了微粒排放限值,因而微粒测量是标准的测量方法,但比起烟度测量来,其设备复杂,价格昂贵,测量烦琐,因而难以普及,目前主要用于排放法规检测试验。

1. 柴油机排气微粒检测

1) 柴油机排气微粒的采集

微粒的采集系统可分为两种,即全流式稀释风道采样系统和分流式稀释风道采样系统。前者将全部排气引入稀释风道里,测量精度高,但体积庞大,价格昂贵;后者仅将部分排气引入稀释风道里,因而体积较小。美国轻型车和重型车用柴油机排放法规以及欧洲(我国)轻型车排放法规,规定要用全流式稀释风道测量柴油机微粒排放;欧洲重型车用柴油机排放法规及我国排放标准《重型柴油车污染物排放限值及测量方法(中国第六阶段)》(GB 17691—2018),则全流式和分流式系统都允许使用。

全流式稀释风道微粒取样系统已示于图2-25中。图2-25是分流式微粒采集系统的示意图,带有排放法规所规定的定容采样装置CVS。试验中,整车或发动机按规定的工况运转。在CVS抽气泵的作用下,环境空气经空滤器以恒定的容积流量进入稀释风道。发动机排出的废气进入稀释风道,并与空气混合,形成稀释样气,稀释比一般为8~10。这种稀释方法模拟了由汽车排气管排出的废气在实际环境空气中的稀释状况,可以防止HC的凝结。在距排气入口处10倍稀释风道直径的地方,稀释样气在微粒取样泵的抽吸下以一定的流速流过微粒收集滤纸(一般为直径47mm的涂聚四氟乙烯树脂滤纸),使微粒被过滤到滤纸上。为保证试验精度,微粒取样系统往往并联地设置两套。

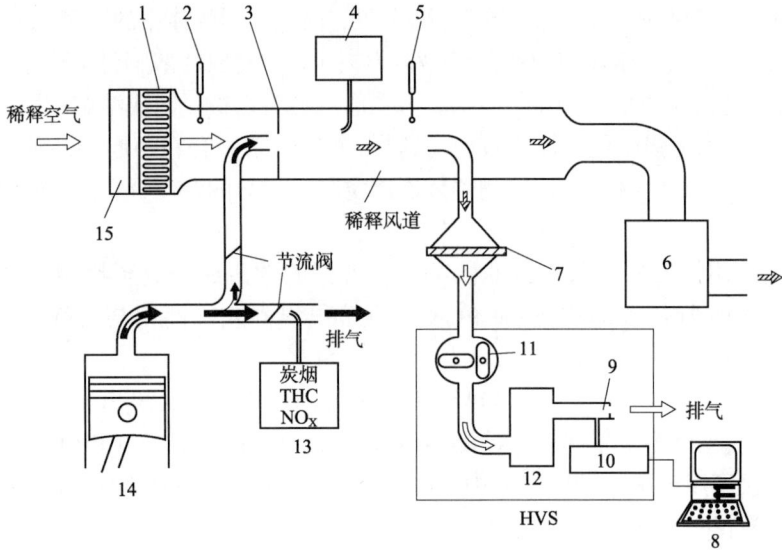

图2-25 分流式微粒采集系统示意图

1-加热器;2、5-测温计;3、9-节流口;4-NO$_x$浓度仪;6-CVS;7-微粒滤纸;8-控制计算机;10-压力计;11-罗茨泵;12-温压箱;13-排气分析仪;14-发动机;15-滤清器

用微克级精密天平称得滤纸在收集前后的质量差,就可得到微粒的质量,并根据需要计算出单位行驶里程的排放量(g/km,对于整车试验)或单位功的比排放量[g/(kW·h),对柴油机试验]。

全流稀释风道测量系统体积庞大,成本极高,难以普及使用。分流稀释风道测量系统由于仅取部分排气进行稀释和测量,体积和造价则要小得多,当然其测量精度不如前者。分流式采样系统除在部分国家的排放法规中允许使用外,最主要是用于研究开发和出厂产品检测。

2）微粒成分的分析方法

如前所述，微粒主要是由炭烟、SOF和硫酸盐组成的，根据各部分所占比例和具体组成成分，可以推测其产生的原因，为发动机和排气后处理系统的设计改进提供指导。因此，尽管法规中仅要求测量微粒的总排放量，但在研究工作中经常要对微粒的成分进行分析。

（1）热解质量分析法（TGA）。

这种分析要使用热质分析仪进行。在惰性气体（如 N_2）中，将微粒按规定的加热速率加热到650℃，保温5min，使其中可挥发成分（VOC）蒸发掉。根据加热过程前后微粒样品的质量变化，就可求出VOC在微粒总质量中所占比例。用热质法测得的VOC成分主要是高沸点HC和硫酸盐。然后，用合成空气（21% O_2 +79% N_2）置换 N_2，在650℃条件下，微粒中的炭烟部分被空气中的 O_2 氧化，因而进一步减少的质量对应着炭烟成分，剩余的则是微量的灰分。

TGA法的优点是准确快捷，能测出试样的质量损失率连续变化曲线，可据此定量分析VOC中的不同馏分，测定炭烟在各种条件下的氧化速率。如对VOC进行冷凝，可继续对VOC进行定性分析。TGA法的缺点价格昂贵，且一次只能处理一个试样，TGA分析中必须将微粒试样与滤纸一起加热，而法规规定的涂聚四氟乙烯的滤纸不能满足耐热性要求（无涂层的玻璃纤维滤纸能基本满足要求）。在TGA分析中，必须考虑采样滤纸的质量损失（例如用白样试验）。

与TGA法类似但大为简化的方法是真空挥发法（VV）。将微粒试样置于真空干燥箱内，在真空度95kPa以上、温度200℃左右加热3h，其质量变化即为微粒中VOC的含量，也与SOF萃取法很接近。这种方法所用设备简单，一次可处理大量试样，操作方便。缺点是不能记录被测试样的质量变化历程，收集VOC较困难。

（2）SOF萃取及分析方法。

对于微粒中的SOF可采用萃取法采集，最常用的是索格利特（SE）萃取法，用二氯甲烷作为萃取溶剂。具体方法是：将微粒样品置于索式萃取器里的萃取溶剂中数小时，使微粒中的HC充分溶解在溶剂中，将不可溶解部分滤掉，然后将溶剂蒸发掉，所剩即为可溶性有机成分SOF。也可以将收集微粒的整张滤纸在萃取溶剂中放置数小时，根据萃取前后滤纸的质量差求得SOF的质量。

SOF与VOC的区别在于，SOF中只有高沸点的HC，而VOC中实际上还包括硫酸盐。

还可通过液相色谱仪对SOF做进一步分析。将含有SOF的二氯甲烷浓缩后送入液相色谱仪，根据色谱图获得SOF所含HC成分的种类及其浓度，以搞清各种HC的来源。一般认为，低于 C_{19} 的HC来自燃油，而高于 C_{28} 的HC则来自机油。如果将色谱仪与质谱仪连用（色质连机分析GC-MS），则可对复杂有机物进行更仔细的分析。

（3）硫酸盐的分析方法。

微粒中所含的硫酸盐可溶解于二甲基丙酮溶液或水中，根据溶解前后滤纸质量的变化，可求出硫酸盐在微粒中的比例。也可用测量含有硫酸盐的二甲基丙酮溶液的导电性的方法确定硫酸盐质量。

2.烟度的测量

烟度的测量方法主要有两种，一种是先用滤纸收集排放黑烟，再比较滤纸表面对光的反射率来测量烟度，这种方法称为滤纸法或称反射法；另一类是根据光在排气中透射的程度来确定烟度，称为透光法或消光法。

1) 滤纸式烟度计

德国博世(Bosch) 烟度计是典型的滤纸式烟度计。我国也使用这种烟度计。图 2-26 是博世烟度计,主要由采样泵和检测仪两部分组成。

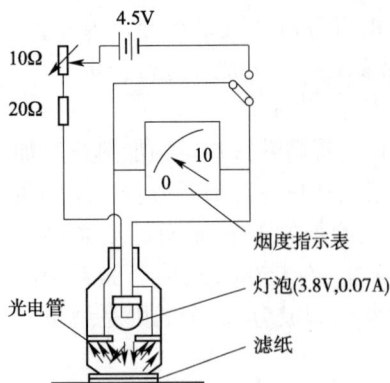

图 2-26　博世(Bosch) 烟度计检测器

采样泵从排气中抽取固定容积(330mL ± 15mL) 的样气,样气通过夹装在泵上的圆片滤纸吸入泵内。样气中的炭烟颗粒就沉积在滤纸上,滤纸因而被染黑。检测器(图 2-26) 内的光源发出的光线射到滤纸上,经滤纸反射回的光线依滤纸被染黑的程度而不同,照射到光电元件上产生光电流,光电流的大小即代表排气烟度值。指示刻度标尺为 0 ~ 10 波许单位。0 代表全白滤纸的烟度值,10 代表全黑滤纸的烟度值。

博世烟度计结构简单,精度较高,操作方便,价格便宜,适用于各种现场检测。这种烟度计只能作稳定工况的烟度检测,不能在非稳定工况下测量,也不能直接连续测量和在线监测。

2) 透光式烟度计

透光式烟度计是利用透光衰减率来测定排气烟度,如图 2-27 所示。该烟度计的主要元件有光源、充满排气并有一定长度的光通路及放置在光源对面将透光信号转变成电信号的光电元件。光电元件的输出与烟气所造成的光强度衰减(遮光度) 成正比。通常,透光法测得的不透光度(即烟度)N 用百分比表示。

$$N = 100\left(1 - \frac{\varphi}{\varphi_0}\right) \tag{2-6}$$

式中: φ ——有烟时的光强度;

φ_0 ——无烟时的光强度。

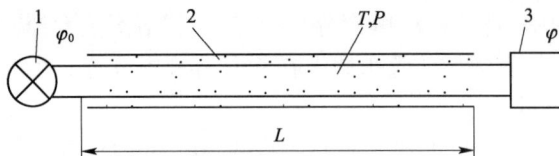

图 2-27　透光式烟度计测量原理

1-光源;2-烟气测量管;3-光电管检测器

根据比耳-兰勃特(Beer-Lambert) 定律:

$$\frac{\varphi}{\varphi_0} = e^{-nAQL} \tag{2-7}$$

式中: n ——单位容积内的颗粒数;

A ——颗粒物平均投影面积;

Q ——颗粒物衰减系数;

L ——光通路的有效长度:

根据测量光通路的光吸收系数 K 定义,有:

$$K = nAQ \tag{2-8}$$

式(2-8)可变为:

$$\frac{\varphi}{\varphi_0} = e^{-KL} \tag{2-9}$$

因而可得：

$$N = 100(1 - e^{-KL}) \tag{2-10}$$

故

$$K = \left(-\frac{1}{L}\right)\ln\left(1 - \frac{N}{100}\right) \tag{2-11}$$

式(2-11)表示不透光度 N 与光吸收系数 K 之间的关系。在测量排烟时，炭烟颗粒的 A 和 Q 值对于发动机大部分运行工况变化不大，而每个颗粒本身的密度也大致相等，因此，可以近似认为 K 与炭烟的质量浓度成正比。

透光式烟度计也可分为全流式和分流式两种，如图 2-28 所示。全流式透光烟度计测量全部排气的透光衰减率，有在线式及排气管尾端式两种。美国 PHS 烟度计(图 2-29)就是这种全流式透光烟度计，其基本原理如图 2-30 所示。在排气管口端不远处的排气烟束两侧分别布置有光源和光电池，光电池接收到的光线与排气烟度成正比。为了不受排气热影响，光源和光电元件放在离排气通路有一定距离的地方，如图 2-28b)所示。

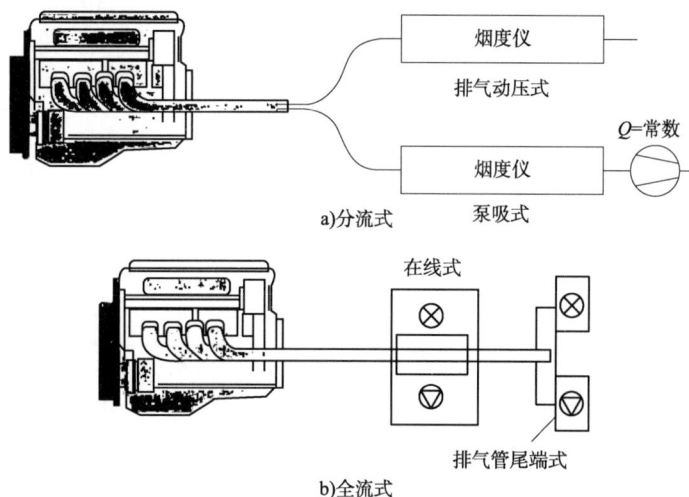

图 2-28 透光式烟度计测量方式

分流式透光烟度计就是将排气的一部分引入测量烟度取样管，送入烟度计进行连续分析。图 2-30 为英国哈特里奇(Hartridge)透光烟度计的结构图。测定前用风机向校正管吹入干净空气，转动手柄使光源和光电池置于校正管两端，进行烟度计零点校正。在测试时，将光源和光电池转至测试管两侧，从排气管取样，光线透过烟气，光电池即可检测出光线的衰减率。指示值 0 为无烟，100 为全黑。图 2-31 为奥地利 AVL 研制的 AVL439 透光烟度计。它采用闭路取样循环进行连续取样，可确保在发动机排气压力波动状态下，样气流量仍保持恒定，如图 2-32 所示。安装在检测器中的加热型镜片，可以保护光学元件。该烟度计有样气温度、压力控制系统，以保证检测器测量压力和温度环境的稳定，提高了测试精度。该烟度计响应时间短(为 0.1s)、灵敏度高(检测室长度为 430mm，优化了灵敏度)、分辨率高(光吸收系数 K 为 $0.002\,5\mathrm{m}^{-1}$，不透光度 N 为 0.1%)。可适用于 ECER24/EWG72/306 法规、欧洲 3 号法规动态烟度试验及 SAEJ1667 试验。

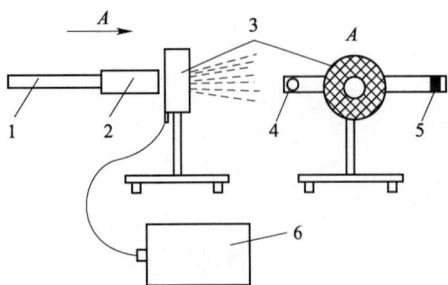

图 2-29　PHS 烟度计基本结构

1-排气管;2-排气导入管;3-检测通道;4-光源;
5-光电检测单元;6-烟度显示记录仪

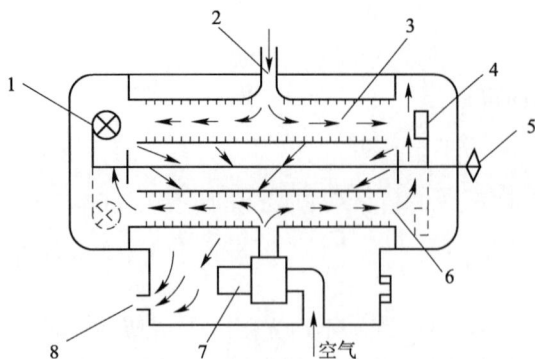

图 2-30　哈特里奇烟度计基本结构

1-光源;2-排气入口;3-排气测试管;4-光电池;5-转换手
柄;6-空气校正器;7-鼓风机;8-排气出口

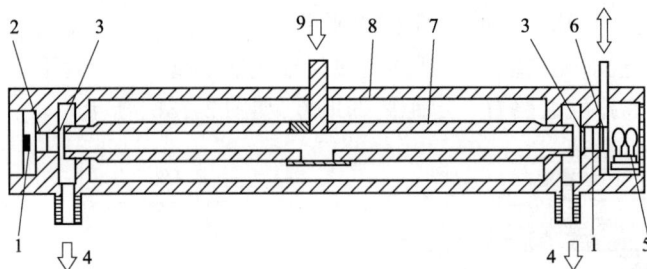

图 2-31　分流式透光烟度计(AVL439)

1-检测器;2-光源孔;3-加热镜片;4-样气出口;5-光源;6-标定镜片位置;7-测量室;8-框架;9-样气流入

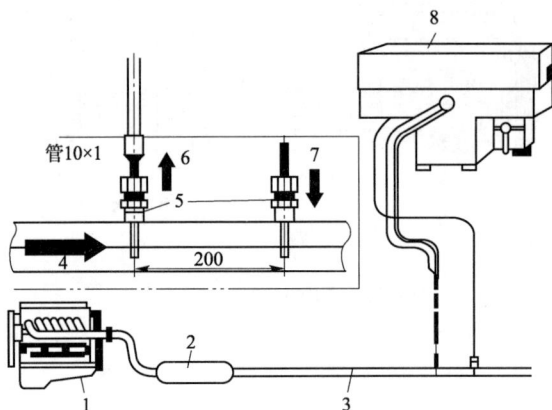

图 2-32　闭路采样循环连续测量透光烟度

1-发动机;2-消声器;3-排气管;4-排气;5-采样探头;6-样气;7-回流;8-AVL439 透光烟度计

此外还有一种便携的分流式透光烟度计(如 AVL437 烟度计),可直接插在排气管尾部或中部接口,安装及使用都较方便,适于现场检测。

五、燃油蒸发污染物测量

目前世界各国对汽油车燃油蒸发污染物的测量方法有两种,即收集法和密闭室法。其测量单位均为 g/测量循环。

收集法是指试验时将汽车燃油系统中有可能排放燃油蒸气的出口连接到收集器,以收集到的全部燃油蒸气的质量来评价排放的方法。如图 2-33 所示,将装满活性炭的收集器分别连接到油箱加油口、空滤器和化油器通气口上,在试验循环中收集燃油蒸气。每一试验循环由昼间换气损失、运转损失和热浸损失三部分组成。在测量昼间换气损失时,要求在 60min 内,用包覆在油箱外的电热褥均匀升温,将燃油从 15℃ 加热到 30℃,收集此期间所产生的燃油蒸气。在测量运转损失时,要求用整车在底盘测功机或发动机在台架上按规定的工况运转 40min,然后息速运转 3min,收集全过程所产生的燃油蒸气。关闭发动机后,迅速更换新的收集器,开始进行热浸损失测量,历时 60min。将三部分试验中所用的全部收集器进行称量,每一收集器质量与收集前的质量差之和,即为蒸发污染物排放量。

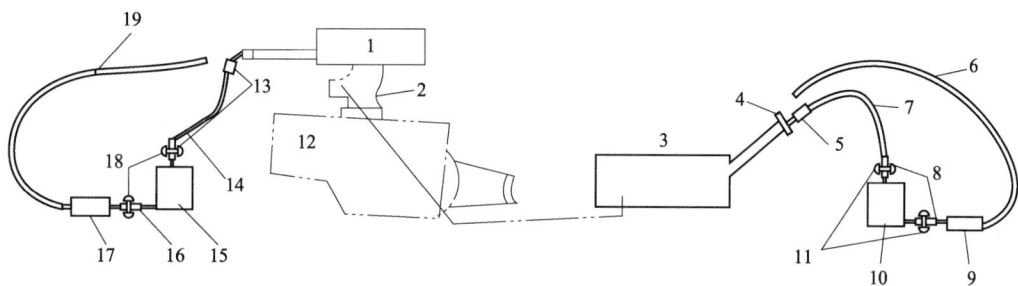

图 2-33 用收集法测定燃油蒸发污染

1-滤清器;2-化油器;3-燃油箱;4-加油口;5、8、13、16-接管;6、19-均压管;7、14-收集管;9、17-除湿管;10、15-收集炭罐;11、18-管夹;12-发动机

密闭室法(SHED)的测试系统如图 2-34 所示。将汽车放置在一个完全密闭的空间内,测量密闭空间中 HC 浓度的变化并计算出蒸发污染物排放量。密闭室法较收集法的测量精度高,覆盖的影响因素全面,但试验装置复杂。在采用相同的排放限值(g/测量循环)时,密闭室法要比收集法严格得多。

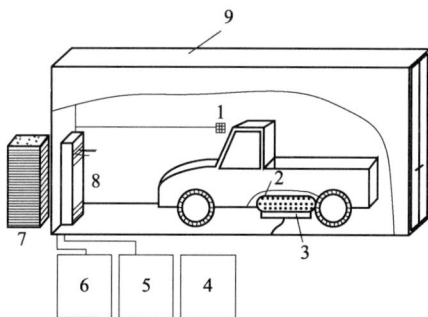

图 2-34 密闭室法测定燃油蒸发污染

1-温度传感器;2-燃油箱;3-加热板;4-HC 分析仪;5-油箱温度控制器;6-记录仪;7-冷却器;8-送风器;9-密闭室

《轻型汽车污染物排放限值及测量方法(中国第六阶段)》(GB 18352.6—2016)规定蒸发排放试验必须在专用密闭室进行。密闭室应是一个气密性好的矩形测量室,车辆与密闭室的墙面应留有距离。室表面不应渗透碳氢化合物。至少有一个墙内表面装有柔性的不渗透材料,以平衡由于温度的微小变化而引起的压力变化。另外墙的设计应具有良好的散热性,在热浸试验期间,密闭室内表面温度既不应低于 20℃,也不应高于 52℃。试验流程如图 2-35、图 2-36 所示。

开始 → 放油和40%加油 → 浸车6~36h → 预处理行驶 →（最多2h）→ 放油和40%加油

炭罐吸附至临界点(丁烷) →（最多1h）→ 高温浸车12~36h →（最多10min）→ 高温行驶 →（最多7min）→ 热浸试验

→（最多2h）→ 常温浸车6~36h → 2昼夜排放测试 → 结束

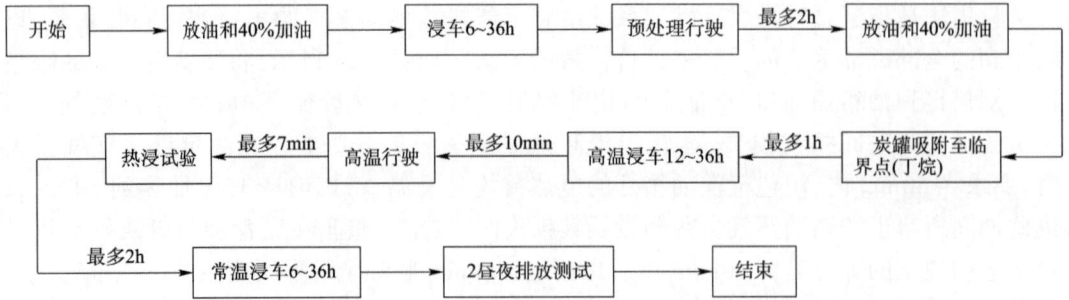

图 2-35　装备整体炭罐、非整体炭罐系统（NIRCO 除外）汽车的蒸发污染物排放测试流程

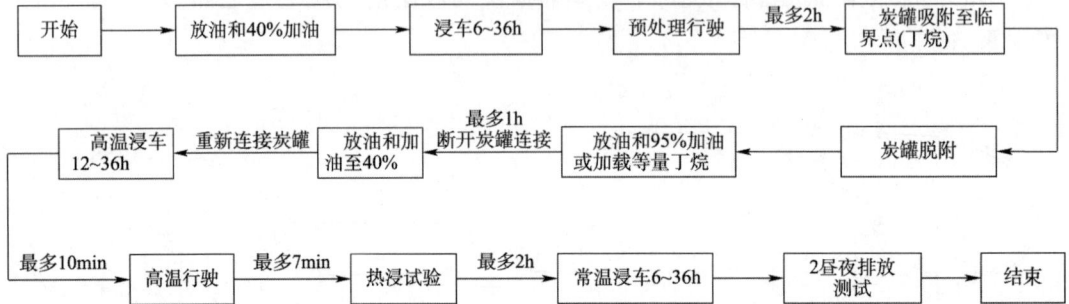

开始 → 放油和40%加油 → 浸车6~36h → 预处理行驶 →（最多2h）→ 炭罐吸附至临界点(丁烷)

炭罐脱附 → 放油和95%加油或加载等量丁烷 →（最多1h　断开炭罐连接）→ 放油和加油至40% → 重新连接炭罐 → 高温浸车12~36h

→（最多10min）→ 高温行驶 →（最多7min）→ 热浸试验 →（最多2h）→ 常温浸车6~36h → 2昼夜排放测试 → 结束

图 2-36　装备整体炭罐、非整体炭罐系统（NIRCO 除外）汽车的蒸发污染物排放测试流程

第三章 车用汽油机排放污染物的 生成机理及影响因素

为了有效控制汽油机的排放污染,人们对汽油机的有害排放物生成机理及影响因素进行了大量的研究。本章将对汽油机的燃烧、排放污染物的生成机理及影响因素等问题进行讨论。

第一节 汽油机燃烧过程概况

汽油机是利用火花塞放电产生的电火花来点燃混合气的。火花塞放电前,汽缸内燃料和空气的混合物已经形成,电火花提供的活化能,经过链反应,活性核心大大增加,于是在火花塞附近产生急剧的氧化反应并形成火焰核心。在火焰的高温作用下,使相邻混合物的温度升高,由于扩散作用,部分活性核心自火焰面渗入附近的新鲜混合气中。这时,与火焰面接触的新鲜混合气由于活性核心浓度升高而反应加速,放热量剧增,形成新的火焰面。火焰面是燃烧产物和新鲜混合气的分界面。由于传热和活性核心的扩散,使火焰面从火花塞向四周传播。火焰面的法向移动速度称为火焰传播速度。火焰在汽油和空气的混合气中的传播速度随混合气的浓度即空燃比 A/F 而变化。按汽油的化学当量要求,空燃比 A/F 约等于 14.8 时的混合气为理论混合气,此时的空燃比为理论空燃比。当空燃比 A/F 约为 13 时,火焰传播速度最快,这时汽油机功率也最大。当空燃比 $A/F = 13.5 \sim 14$ 时,火焰温度最高。在用特殊措施保证混合气均匀、各缸混合比一致的条件下,当 $A/F = 19$ 左右时,汽油机的热效率最高。但在实际成批生产的汽油机中,由于各缸混合比不完全一致,当 $A/F = 19$ 时将出现火焰传播不充分或断火现象。因此,生产线上成品生产的汽油机平均混合比在 $A/F = 16 \sim 17$ 时可以得到最高热效率。一般认为,汽油机的空燃比 $A/F = 10 \sim 19$ 时,火焰可以在混合气中传播,使全部混合气基本燃尽。

汽油机燃烧室中的火焰传播燃烧是一系列的等压燃烧,在封闭的燃烧室中火焰传播的情况相当复杂,图 3-1 为汽油机的火焰传播示意图。图 3-2 表示了一个高度简化的长方形燃烧室中的分段燃烧模型,活塞的运动略去不计。假设火花塞位于燃烧室左侧,火焰前锋以垂直于燃烧室的纵横平面波推进。燃烧室中的气体被虚构的边界分为 4 个等质量部分,分别用标号 1~4 标注,黑点代表气体的一个小单元。

假设在第一区的全部气体在等容条件下点燃,于是第一单元的压力就远远超过第 2、3、4 单元。第一单元的气体膨胀压缩第 2、3、4 单元直至达到压力平衡,如图 3-2b)所示。第 2 单元的混合气引燃后由于燃烧放热而膨胀,将压缩火焰面前的第 3、4 单元的未燃混合气和第一单元已燃的燃烧气并达到压力平衡,如图 3-2c)所示。这一燃烧过程继续进行,直至全部单元都引燃为止。在燃烧终了时,燃烧室中的情况如图 3-2a)所示,虚构的边界接近于均匀分布,燃烧室中的压力又趋于平衡。随着划分单元数量的增加,就可逼近真实的燃烧过程。

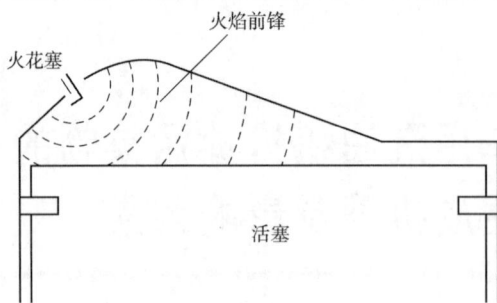

图 3-1　汽油机的火焰传播示意图

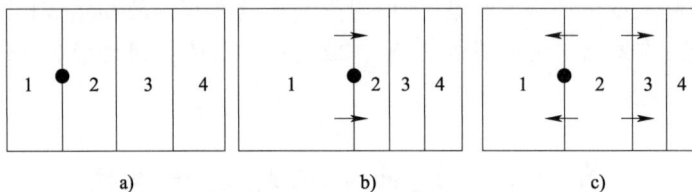

图 3-2　汽油机分段燃烧过程

根据上述火焰传播和分段燃烧的模型分析,汽油机燃烧过程有以下特点:

(1)各层混合气是在不同压力和温度下点燃的。在未燃区,离火花塞最远的单元前受压最大,燃烧前温度也最高。根据计算,离火花塞最远的地方,着火前混合气温度比火花塞附近着火前的温度要高 200℃ 左右,因此爆燃总是产生在最后燃烧部分。

(2)每一个已燃单元的燃烧气要受到正在燃烧的燃烧气层的压缩,因此在燃烧室中发生温度分层现象。燃烧结束时,汽缸内压力均匀,但温度分布不均匀。

(3)由于火焰传播燃烧是一系列的等压燃烧,汽缸内压力越来越高,未燃气体受已燃气体膨胀作用的压力,其密度也越来越大。图 3-3 示出了燃烧室中已燃气体的质量与体积的关系。最初燃烧的 30% 体积的混合气按质量计只有 10%,而最后燃烧的 30% 体积的混合气按质量计却高达 60%,即使最后燃烧的 10% 体积的混合气按质量计也可高达 25%。图中曲线是根据高速摄影计算的,计算时已减去活塞运动对体积的影响。

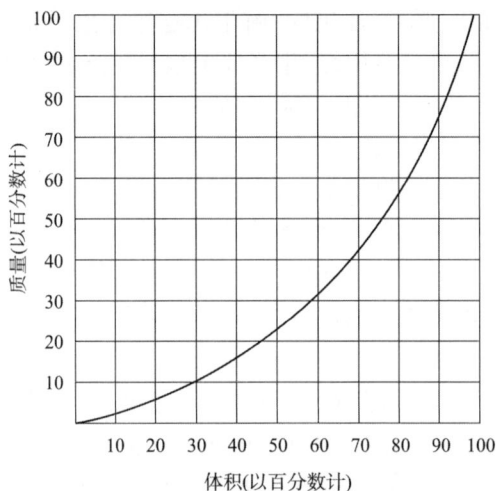

图 3-3　已燃气体的质量与体积的关系

第二节 汽油机污染物的生成机理

一、概述

汽油机排放污染物的排放途径可分为曲轴箱窜气、燃料蒸发泄漏和燃烧排气三部分。

曲轴箱窜气主要是指在压缩或燃烧过程中汽缸中的混合气或燃气从活塞环间隙泄漏到曲轴箱,并由曲轴箱通风口排入大气的气体,其主要成分是未燃碳氢化合物HC。泄漏量随着发动机的磨损而增加。在没有控制曲轴箱排放时,这部分排放量占汽油机HC总排放量的25%左右。发达国家的汽车对泄漏气体已全部进行了控制,使泄漏气体由曲轴箱循环进入发动机中烧掉。

汽油是一种容易蒸发的高挥发性液体,燃油供给系统的蒸发排放主要产生于燃油箱等通大气口。燃油蒸发一般有下列几种形式:一是当燃油箱内压力高于环境压力时,汽油蒸气从油箱盖内的通风口泄漏出来。如果油箱太满时,燃油膨胀将会从通风口溢出,滴漏到地面迅速蒸发进而造成HC污染。另外,采用传统的化油器式发动机,化油器浮子室的外部及内部通风口也是燃油蒸气的一个泄漏途径。当发动机长时间运转后停下来时,发动机机体的温度高于环境温度,浮子室内的燃油会蒸发形成汽油蒸气,这些汽油蒸气便由内部通风口进入空气滤清器内,其中一部分泄漏进入大气形成HC污染。在不加控制的情况下,这部分排放量占汽油机HC总排放量的20%左右。发达国家的汽车都安装了蒸发污染的控制装置,即把由燃油系统的各个通风口泄漏的燃油蒸气用炭罐先吸收起来,到发动机工作时再释放出来使其进入气缸内燃烧。

汽油机的排气污染物主要是从排气管排出的。在汽油机中,如果燃烧完全,烃燃料中的碳和氢将被氧化成CO_2和H_2O。如果燃烧不完全还会生成CO、HC等不完全氧化物。另外,由于燃烧是在高温下进行的,进入汽缸中的氧和氮还会生成NO_x。因此,汽油机排放气体的主要成分有如下几种:

(1)大气成分:氮气N_2和剩余氧气O_2;

(2)完全燃烧产物:水蒸气H_2O和二氧化碳CO_2;

(3)不完全燃烧产物:一氧化碳CO和氢气H_2;

(4)未燃燃料及燃烧分解生成物:碳氢化合物IIC;

(5)燃烧的中间产物:醛类等;

(6)氮氧化物NO_x;

(7)燃料和机油添加物的混合物:氧化铅、碳化物、金属化合物等。

图3-4为一台不加排气催化转换器的汽油机在欧洲标准测试循环中的排气组成。排气中比例的绝大部分是来自空气的不参与燃烧的N_2(约占体积分数的70%)和完全燃烧的产物(体积分数近10%的H_2O和体积分数近20%的CO_2),污染物只有1%左右。

二、有害排放物的生成机理

由于N_2、O_2、H_2、CO_2等成分都是无害气体,未列入大气污染物,因此汽油机排放污染物可归纳如下:排气(尾气)污染物主要有 CO、HC、NO_x、SO_2 和微粒;曲轴箱窜气和燃油蒸发成分 HC。

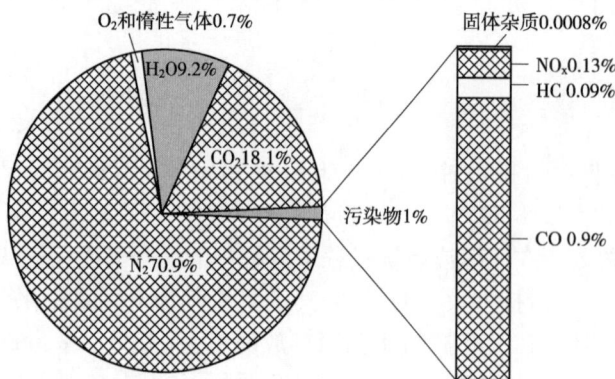

图 3-4　欧洲标准测试循环中汽油机排气的组成

在上述各种有害成分中,排放量较大且对环境有严重污染的是 CO、HC 和 NO_x 三种。其他有害成分较少,而且光化学烟雾的生成又与 HC 和 NO_x 有直接关系。因此本节将对这三种污染物的生成机理进行分析。

1. CO 的生成机理

CO 是烃燃料燃烧的中间产物,排气中的 CO 是由于烃的不完全燃烧所致。根据燃烧化学,理论上当过量空气系数 $\phi_a = 1$(空燃比 $A/F \approx 14.8$)时,燃料完全燃烧,其产物为 CO_2 和 H_2O,即:

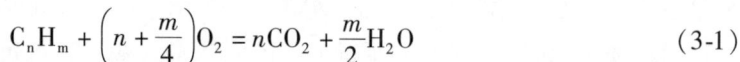

$$C_nH_m + \left(n + \frac{m}{4}\right)O_2 = nCO_2 + \frac{m}{2}H_2O \tag{3-1}$$

实际上由于燃油和空气混合不均匀,在排气中还含有少量 CO。即使混合气混合的很均匀,由于燃烧后的温度很高,已经生成的 CO_2 也会由于一小部分分解成 CO 和 O_2,H_2O 也会部分分解成 O_2 和 H_2,生成的 H_2 也会使 CO_2 还原成 CO,所以,排气中总会有少量 CO 存在。

当空气量不足,过量空气系数 $\phi_a < 1$($A/F < 14.8$)时,则有部分燃料不能完全燃烧,生成 CO 和 H_2,即:

$$C_nH_m + \frac{n}{2}O_2 = nCO + \frac{m}{2}H_2 \tag{3-2}$$

烃燃料在空气中燃烧生成 CO 的详细机理目前尚在研究之中。一般认为,烃燃料在燃烧过程中要经过一系列的中间过程,产生一连串的中间生成物。这些中间生成物如不能被进一步氧化,就可能以部分氧化的形式排出。CO 就是烃燃料在燃烧过程中形成的一种不完全氧化产物,其形成过程可表示如下:

$$RH \longrightarrow R \longrightarrow RO_2 \longrightarrow RCHO \longrightarrow RCO \longrightarrow CO \tag{3-3}$$

式中:RH——烃燃料分子;

R——烃基;

RO_2——过氧烃基;

RCHO——醛;

RCO——酰基。

其中,RCO 自由基生成 CO,或通过热分解,或通过下列方式实现:

$$RCO + \left.\begin{cases} O_2 \\ OH \\ O \\ H \end{cases}\right\} \rightarrow CO + \cdots \qquad (3\text{-}4)$$

CO 在火焰中或火焰后区的主要氧化反应为:

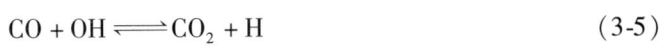

$$CO + OH \rightleftharpoons CO_2 + H \qquad (3\text{-}5)$$

上述反应的正向和逆向反应的速率都很高,一般情况下,可以达到瞬时化学平衡,因此在内燃机膨胀过程中,只要氧化活化基 OH 供应充分,高温下形成的 CO 在温度下降时仍能很快转变为 CO_2。然而在供氧不足的浓混合气情况下,由于 OH 基被 H 夺走而束缚在 H_2O 中,高温下形成的 CO 就会留在燃气中而最终排出发动机外。由此可见,凡是影响空燃比的因素,即为影响 CO 生成的因素。这点也可从图3-5中明显看出。

(1)进气温度的影响。

一般情况下,冬天气温可达 $-20℃$ 以下,夏天在 $30℃$ 以上,爬坡时发动机舱内进气温度超过 $80℃$。随着环境温度的上升,空气密度变小,而汽油的密度几乎不变,供给的混合气的空燃比 A/F 随吸入空气温度的上升而变浓,排出的 CO 将增加。因此,冬天和夏天发动机排放情况有很大的不同。图3-6为一定运转条件下,进气温度与空燃比的关系,大致和绝对温度的方根成反比的理论相一致。

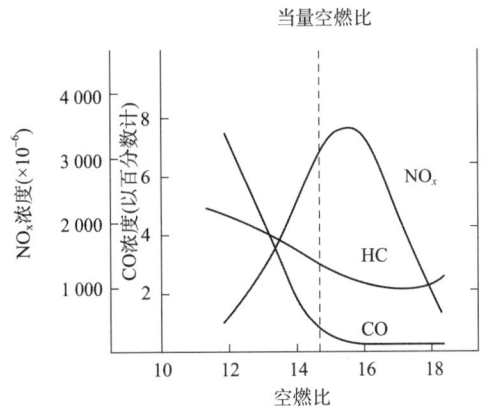

图3-5 排气中 CO、HC、NO_x 与 A/F 的关系

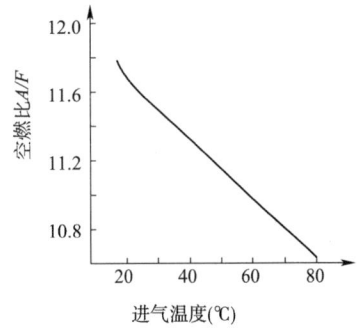

图3-6 进气温度与空燃比的关系

(2)大气压力的影响。

大气压力 P 随海拔高度而变化,由经验公式:

$$P = P_0(1 - 0.022\,57h)^{5.256}(kPa) \qquad (3\text{-}6)$$

式中:h——海拔高度,km。

当海平面 $P_0 = 100kPa$ 时,可绘出海拔高度和大气压力变化关系的曲线,如图3-7所示。

当忽略空气中饱和水蒸气压时,空气密度 ρ 可用下式表示:

$$\rho = 1.293\frac{273P}{760(273 + T)}(kg/m^3) \qquad (3\text{-}7)$$

式中:T——温度,℃。

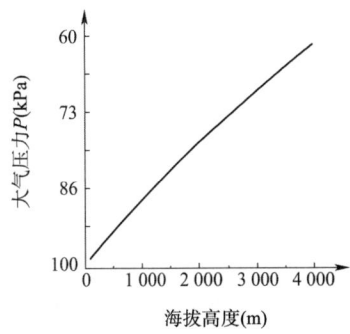

图3-7 海拔高度与大气压力的关系

可以认为空气密度 ρ 和大气压力 P 成正比,空燃比和空气密度的平方根成正比,所以进气管压力降低时,空气密度下降,则空燃比下降,CO 排放量将增大。

（3）进气管真空度的影响。

当汽车急剧减速时,发动机真空度在 68kPa 以上时,停留在进气系统中的燃料,在高真空度下急剧蒸发而进入燃烧室,造成混合气瞬时过浓,致使燃烧状况恶化。CO 浓度将显著增加到怠速时的浓度。

（4）怠速转速的影响。

图 3-8 表示了怠速转速和排气中 CO、HC 浓度的关系。怠速转速为 600r/min 时,CO 浓度为 1.4%,700r/min 时,降为 1% 左右,这说明提高怠速转速,可有效地降低排气中 CO 浓度,但是,怠速过高会加大挺杆响声,对液力变矩汽车,还可能发生溜车的危险。如果这些问题得到解决,一般从净化的观点,希望怠速转速规定高一点较好。

（5）发动机工况的影响。

发动机负荷一定时,CO 的排放量随转速增加而降低,到一定的车速后,变化不大。

图 3-9 为某汽油机负荷一定、匀速工况下的 CO 浓度的变化。当车速增加时,CO 很快降低,至中速后变化不大,这是由于化油器供给发动机的空燃比,随流量增加接近于理论空燃比的结果。

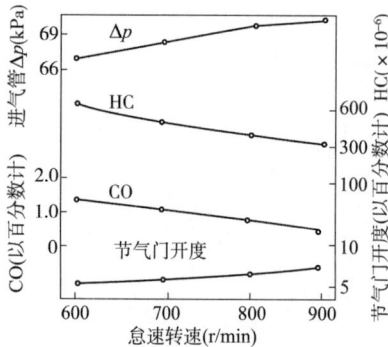

图 3-8　怠速转速对 CO 和 HC 排放的影响

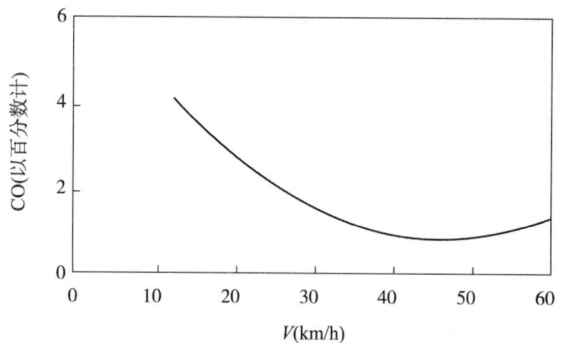

图 3-9　某汽油机等速工况排气成分实测结果

2. HC 的生成机理

汽车排放的 HC,其成分极为复杂,估计有一二百种成分,包括芳香烃、烯烃、烷烃和醛类。除排气中的未燃烃外,还包括燃油供给系统的蒸发排放以及燃烧室等泄漏排放出的 HC。

由排气管排入大气的污染物是在汽缸内形成的。缸内 HC 的成因主要有下列几种:

（1）不完全燃烧（氧化）。

在以预均匀混合气进行燃烧的汽油机中,HC 与 CO 一样,也是一种不完全燃烧（氧化）的产物。大量试验表明,碳氢燃料的氧化根据其温度、压力、混合比、燃料种类及分子结构的不同而有着不同的特点。各种烃燃料的燃烧实质是烃的一系列氧化反应,这一系列的氧化反应有随着温度而拓宽的一个浓限和稀限。混合气过浓或过稀都可能燃烧不完全或失火,因而 HC 排放与空燃比 A/F 有密切关系,如图 3-10 所示。怠速及高负荷工况时,可燃混合气浓度处于过浓状态,加之怠速时残余废气系数大,造成不完全燃烧或失火;另外,汽车在加速或减速时,会造成暂时的混合气过浓或过稀现象,也会产生不完全燃烧或失火。即使在 $A/F > 14.8$ 时,由于油气混合不均匀,造成局部过浓或过稀现象,也会因不完全燃烧产生 HC 排放。

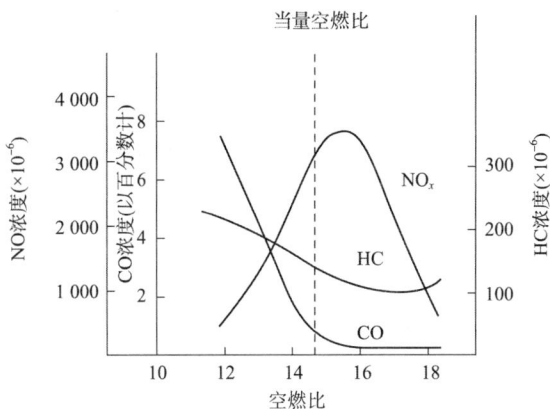

图 3-10 排气中 CO、HC、NO$_x$、与 A/F 的关系

（2）壁面淬熄效应。

燃烧过程中，燃气温度高达 2 000℃以上，而汽缸壁面在 300℃以下，因而靠近壁面的气体，受低温壁面的影响，温度远低于燃气温度，并且气体的流动也较弱。壁面淬熄效应是指温度较低的燃烧室壁面对火焰的迅速冷却（也称激冷，Quenching），使活化分子的能量被吸收，链式反应中断，在壁面形成厚约 0.1～0.2mm 的不燃烧或不完全燃烧的火焰淬熄层，产生大量未燃 HC。淬熄层厚度随发动机工况、混合气湍流程度和壁温的不同而不同，小负荷时较厚，特别是冷起动和怠速时，燃烧室壁温较低，形成很厚的淬熄层。

（3）体积淬熄。

发动机在某些工况下，火焰前锋面到达燃烧室壁面之前，由于燃烧室中压力和温度下降太快，可能使火焰熄灭，称为体积淬熄，这也是产生未燃 HC 的一个原因。发动机在冷起动和暖机工况下，由于发动机温度较低，混合气不够均匀，导致燃烧变慢或不稳定，火焰易熄灭；发动机在怠速或小负荷工况下，转速低、相对残余废气量大，使滞燃期延长、燃烧恶化，也易引起熄火。更为极端的情况是发动机的某些汽缸缺火，使未燃烧的可燃混合气直接排入排气管，造成未燃 HC 排放急剧增加，故汽油机点火系统的工作可靠性对 HC 排放是至关重要的。

（4）狭缝效应。

狭缝主要指活塞头部、活塞环和汽缸壁之间的狭小缝隙，火花塞中心电极的空隙，火花塞的螺纹、喷油器周围的间隙等处。表 3-1 为一台 V6 发动机在冷态条件下缝隙容积数据，缝隙总容积只占发动机燃烧室容积的百分之几。

V6 发动机单缸缝隙容积数据

表 3-1

项　　　目	容积（cm³）	与燃烧室容积之比（以百分数计）
第一道活塞环上部的容积	0.93	1.05
第一道活塞环下部的容积	0.47	0.52
第二、三到环之间的容积	0.68	0.77
整个活塞环纹缝隙容积	2.55	2.9
火花塞螺纹缝隙容积	0.25	0.28
汽缸垫片缝隙容积	0.3	0.84
缝隙总容积	3.1	3.5

注：发动机工作容积 632cm³，燃烧室容积 89cm³，由冷态条件下测得。

当压缩过程中汽缸压力升高时，未燃混合气或空气被压入各个狭缝区域；在燃烧过程中缸内压力继续上升,未燃混合气继续流入狭缝。由于狭缝面容比很大,淬熄效应十分强烈,火焰无法传入其中继续燃烧;而在膨胀和排气过程中,缸内压力下降,当缝隙中的未燃混合气压力高于汽缸压力时,缝隙中的气体重新流回汽缸并随已燃气一起排出。对于上述的 V6 发动机在 2 000r/min,节气门全开时,在所有缝隙里的气体总质量可以占到缸内气体总质量的 8.2%,可重新流回燃烧室的气体占到缸内气体总质量的 7%,流回燃烧室的气体的 HC 体积分数可达 $(5\ 000 \sim 9\ 400) \times 10^{-6}$。可见,虽然缝隙容积较小,但其中气体压力高、温度低,因而密度大,HC 的浓度很高,这种现象称为狭缝效应。由汽缸内狭缝所产生的 HC 排放可达总 HC 排放的 38%,因此狭缝效应被认为是生成 HC 的最主要来源。

部分由壁面淬熄效应和狭缝效应产生的 HC,在排气和膨胀过程中被氧化。这个氧化反应需要高温和足够的氧气,因此,HC 浓度在过量空气系数 $\phi_a = 1.1 \sim 1.25$ 时最小,过量空气系数太小,由于缺氧,HC 不能得到充分氧化;过量空气系数太大,则温度较低,氧化反应的速率不够。

(5)壁面油膜和积炭吸附。

在进气和压缩过程中,汽缸壁面上的机油膜,以及沉积在活塞顶部、燃烧室壁面和进气门、排气门上的多孔性积炭,会吸附未燃混合气和燃料蒸气,而在膨胀和排气过程中这些吸附的燃料蒸气逐步脱附释放出来进入气态的燃烧产物中。像上述淬熄层一样,这些 HC 的少部分被氧化,大部分则随已燃气体排出汽缸。据研究,这种由油膜和积炭吸附产生的 HC 排放占总量的 35% ~ 50%。实验表明,发动机使用含铅汽油时燃烧室积炭可使 HC 排放增加 7% ~ 20%,消除积炭后,HC 排放明显降低。

汽缸中 HC 的排放过程可由透明燃烧室的高速摄影结果(图 3-11)予以说明。图 3-11a)表示在燃烧过程中,汽缸盖底面 1、汽缸壁面 2、活塞顶部 3 以及第 1 道活塞环以上的狭缝 4 等处,存在不燃烧的淬熄层。图 3-11b)表示在膨胀冲程时,由于活塞下行,后期汽缸压力下降,故上止点和活塞顶之间 HC 气体膨胀并沿着汽缸壁铺开;在排气冲程时,由于活塞上行,汽缸壁附近的 HC 被刮离汽缸壁卷成图 3-11c)所示的旋涡。在排气门出口处用快速采样阀测量的结果表明,未燃 HC 排出汽缸时有如图 3-12 所示的两个明显的峰值。图 3-12 中的纵坐标轴有两个,一个轴表示未燃碳氢的排放含量,另一个轴表示碳氢的质量流率,图上的两个峰值,第一个峰值出现在排气门刚打开时的先期排气阶段,这被认为是气体离开汽缸时夹带了汽缸顶部间隙内的混合气以及淬熄层等的气体所形成;第二个峰值出现在排气冲程后期。图 3-11 所示的活塞运动产生的旋涡使汽缸壁面的 HC 和溶于机油薄膜层中的 HC 排出被认为是这个峰值形成的原因,此时排气中的 HC 浓度极高,而排气的质量流率相对较低。

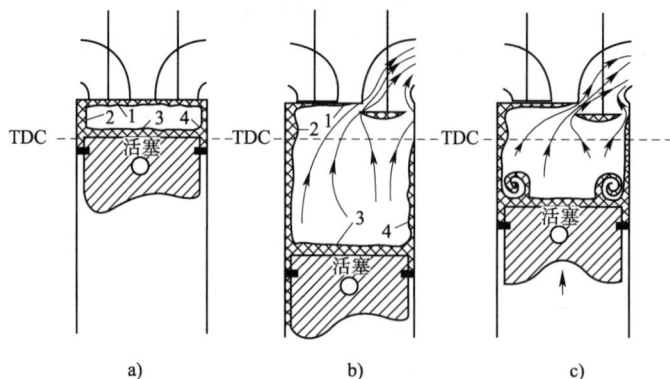

图 3-11 HC 的排放过程

1-汽缸底面;2-汽缸壁面;3-活塞顶部;4-狭缝

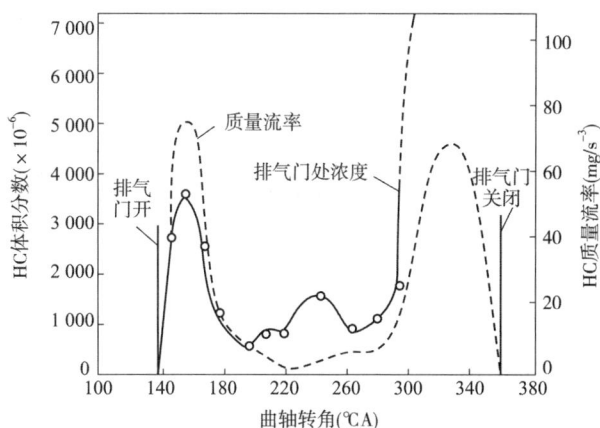

图 3-12　排气中的 HC 随曲轴转角的变化

(汽油机 $\eta = 1\,200\text{r/min}$, $\varphi = 1.2$ 节气门全开)

(6)冷起动。

美国联邦测试循环总排放的大部分来自第一个循环的冷起动过程。冷起动过程中产生的 HC 排放高的原因在于催化剂还未达到有效氧化 HC 的工作温度。因此,在催化剂未达到起燃温度(通常在 300℃ 左右)之前,冷起动过程中的尾管(催化剂后)HC 排放基本等于发动机出口(催化剂前)HC 排放。

(7)碳氢化合物的后期氧化。

在发动机燃烧过程中未燃烧的碳氢化合物,在以后的膨胀和排气过程中不断从间隙容积、机油膜、沉积物和淬熄层中释放出来,重新扩散到高温的燃烧产物中被全部或部分氧化,称为碳氢化合物的后期氧化,包括:

①汽缸内未燃碳氢化合物的后期氧化:在排气门开启前,汽缸内的燃烧温度一般超过 950℃。若此时汽缸内有氧可供后期氧化(例如当过量空气系数 $\phi_a > 1$ 时),碳氢化合物的氧化将很容易进行。

②排气管内未燃碳氢的氧化:排气门开启后,缸内未被氧化的碳氢化合物将随排气一同排放到排气管内,并在排气管内继续氧化。其氧化条件为:a. 管内有足够的氧气;b. 排气温度高于 600℃;c. 停留时间大于 50ms。

3. NO_x 的生成机理

汽油机燃烧过程中生成的氮氧化物主要是 NO,另有少量的 NO_2,统称为 NO_x。燃烧过程中生成的 NO,除了可与含 N 原子中间产物反应还原为 N_2 外还可与各种含氮化合物生成 NO_2。燃烧生成 NO_2 的反应过程非常复杂,如甲烷燃烧生成 NO_2 的相关化学反应就有 162 个,相关的原子团等达 40 种,但生成 NO_2 的主要化学反应可以认为是 NO 与 HO_2 之间的反应,即:

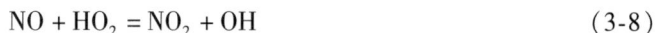

$$NO + HO_2 = NO_2 + OH \tag{3-8}$$

尽管此反应在低温下进行得很快,但由此反应生成的 NO_2 可与燃烧区中的氧原子反应,重新生成 NO,即:

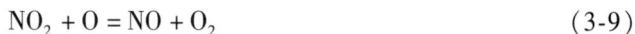

$$NO_2 + O = NO + O_2 \tag{3-9}$$

故与 NO 的生成量相比,NO_2 的生成量较少,且其生成量随过量空气系数 ϕ_a 而变化。对一般汽油机,ϕ_a 较小,$NO_2/NO_x = 1\% \sim 10\%$。

燃烧过程中产生的 NO 经排气管排至大气中,在大气条件下缓慢地与 O_2 反应,最终生成 NO_2。因而在讨论 NO_x 的生成机理时,一般只讨论 NO 的生成机理。

燃烧过程中 NO 的生成有 3 种方式,根据产生机理的不同分别称为热力型(Thermal)NO 也称热 NO 或高温 NO、激发(Prompt)NO 以及燃料(Fuel)NO。热力 NO 主要是由于火焰温度下大气中的氮被氧化而成,当燃烧的温度下降时,高温 NO 的生成反应会停止,即 NO 会被"冻结"。激发 NO 主要是由于燃料产生的原子团与氮气发生反应所产生。燃料 NO 是含氮燃料在较低的温度下释放出来的氮被氧化而成。参与 NO 生成的化学原子团很多,反应方程十分复杂。以甲烷燃烧生成 NO 为例,参加化学反应的物质达 52 种,正逆化学反应方程总数达 235 个。故此处在叙述 NO 的生成机理时仅列出主要化学反应。

(1)高温 NO。

在燃料空气混合气的燃烧过程中,分子氮被氧化为 NO 的机理首先由泽尔多维奇(Zeldovich)于 1946 年提出,其后又被进一步完善。现在普遍使用的是用下列三个化学反应方程描述的、被称之为扩展的泽尔多维奇(Zeldovich)机理,即:

$$O + N_2 = NO + N \tag{3-10}$$

$$N + O_2 = NO + O \tag{3-11}$$

$$N + OH = H + NO \tag{3-12}$$

在高温下 O_2 分子裂解成 O 原子,通过式(3-8)和式(3-9)被氧化成 NO,其中两式都是强烈的吸热反应,只有在大于 1900K 的高温下才能进行,因此也称为高温 NO 生成机理。

图 3-13 是用扩展的泽氏反应机理对甲烷和空气混合物的计量结果。由图可见,在过量空气系数 $\phi_a < 1$ 的条件下,NO 的生成量随氧气浓度增大而增大;过量空气系数较大时,NO 的生成量下降。NO 的峰值总是出现在过量空气系数稍大于 1 处。从图中还可看出,高温停留时间越长,NO 的生成量越多。

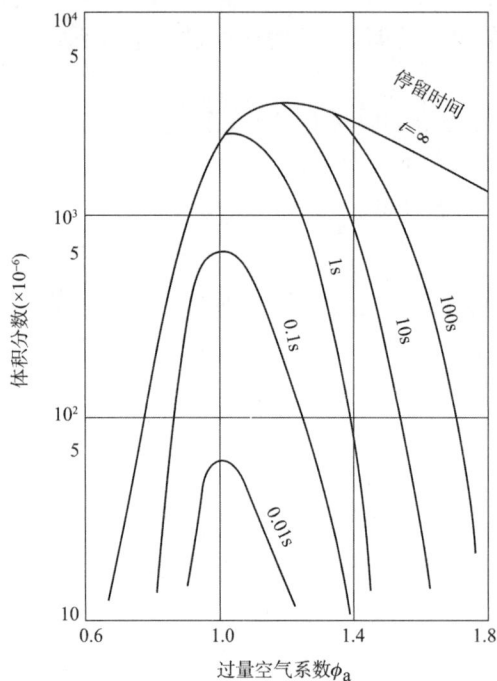

图 3-13　NO 浓度和过量空气系数 ϕ_a、停留时间的关系

图 3-14 为汽油机汽缸内气体平均温度、NO 的化学平衡浓度以及按照化学反应速度计算出来的 NO 浓度随曲轴转角的变化。温度不仅影响 NO 的化学平衡浓度,更重要的是影响生成速度,因为 NO 的生成速度要比其他成分慢得多。例如,CO、CO_2、HC 等化学成分在燃烧开始后 $10^{-5} \sim 10^{-4}s$ 之内就可达到平衡浓度,而 NO 在经过 0.01s 后仅达到平衡浓度的 10%。内燃机是一种高速燃烧的热能机械,其整个燃烧过程一般不超过 $5 \sim 10ms$(按转速为 $1\,000 \sim 2\,000r/min$、燃烧持续期为 $60°CA$ 计算),因而在燃烧期间,NO 的浓度低于化学平衡浓度。在膨胀过程中,NO 浓度很快达到最大值,开始少量地下降,但很快就停止了,NO 的浓度高于化学平衡浓度。这是因为 NO 的还原反应在 $2\,200K$ 以下停止进行。因此,NO 的浓度不能用化学平衡来计算,而只能采用化学动力学计算。从图中还可看出,当缸内气体温度达到峰值时,NO 的浓度几乎同时达到峰值。

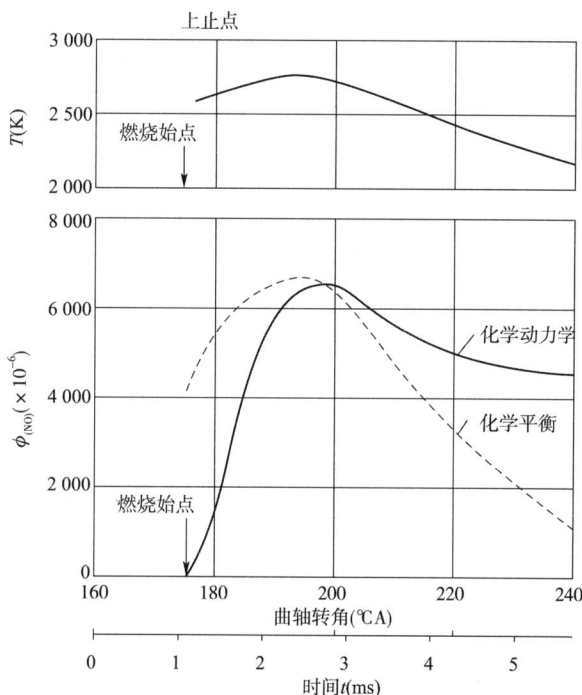

图 3-14 汽油机缸内 NO 浓度、气体平均温度随曲轴转角的变化
(过量空气系数:0.95,点火提前角:30°,压缩比:0.9,转速:2 600r/min)

燃烧过程中,氮的浓度基本上是不变的,因而产生 NO 的三要素是温度、氧浓度和反应时间,即在足够的氧浓度条件下,温度越高和反应时间越长,则 NO 的生成量越大。

(2)激发 NO。

实验证明,在富燃混合气的火焰中,NO 的形成速度要远大于局部平衡值,并且在反应区的附近有较高含量的 HCN,这些 HCN 也在快速消失。这说明燃烧过程中 NO 的生成除了高温条件下空气中的氮被氧化而生成的 NO 外,还有一种仅在火焰的前段中的基于分子 N_2 与碳氢原子团 CH、C_2、C 等反应生成氰化物,这些氰化物与火焰中大量的 O、OH 等进一步反应而生成 NO,称为激发 NO。

分子 N_2 与燃料中碳氢化合物分解生成的 CH、CH_2、C、C_2 等原子团反应生成氰化物的反应方程主要有:

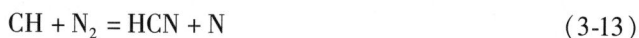

$$CH + N_2 = HCN + N$$

(3-13)

$$C + N_2 = CN + N \tag{3-14}$$
$$CH_2 + N_2 = HCN + NH \tag{3-15}$$
$$CH_2 + N_2 = H_2CN + N \tag{3-16}$$
$$C_2 + N_2 = 2CN \tag{3-17}$$

上述反应由于其活化能很小，故反应速度很快。所生成的氰化物进一步与火焰中大量的 O、OH 等原子团发生反应生成 NO，其反应方程如下：

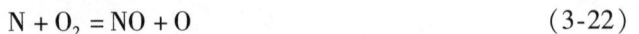

$$HCN + OH = CN + H_2O \tag{3-18}$$
$$HCN + O = NCO + H \tag{3-19}$$
$$CN + O_2 = CO + N \tag{3-20}$$
$$N + OH = NO + H \tag{3-21}$$
$$N + O_2 = NO + O \tag{3-22}$$

激发 NO 的生成主要受三个因素的控制，第一是燃料中碳氢化合物分解为 CH 等原子团的多少；第二是 CH 等原子团与 N_2 反应生成氰化物的速率；第三是氮化物之间相互转换速率。激发 NO 主要发生在预混合富燃料混合气中，并且反应速度很快，与停留时间无关，也与温度、燃料类型、混合程度无关。在气压为 10^5Pa、当量比为 1.64 时，乙烯与空气混合气火焰中 NO 和 HCN 的生成如图 3-15 所示，可见在火焰附近 NO 和 HCN 的变化趋势一致，随时间的增加而增加，说明 HCN 对激发 NO 的产生有主要作用。

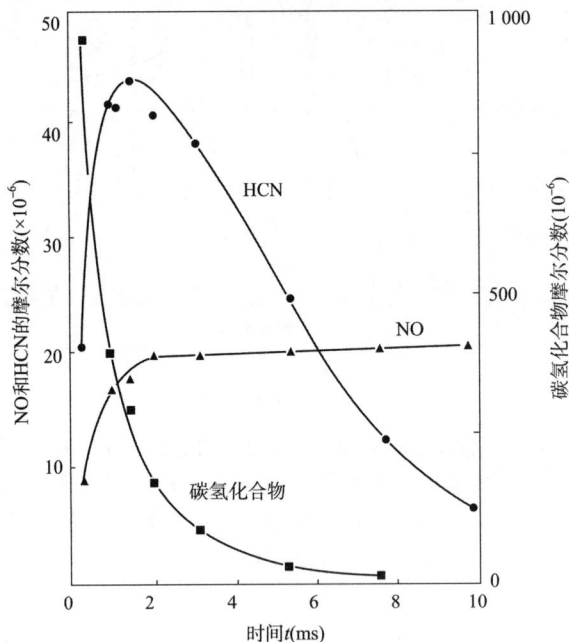

图 3-15　反应区附近 NO 和 HCN 的含量变化

在汽油机中，$\phi_a < 1$ 的过浓条件下容易产生激发 NO，甚至在燃烧初期，缸内温度较低时，火焰前锋面上激发 NO 的生成量超过火焰前锋面后生成的高温 NO。但激发 NO 只占燃烧过程中 NO 生成总量的很小比重。

（3）燃料 NO。

至于燃料 NO 的生成机理，如表 3-2 所示，燃料中的氮化合物分解后生成 HCN 和 NH_3 等中间产物，并逐步生成 NO，这一反应过程在 ≤1600℃ 条件下就可进行。

燃 料 种 类	含氮量（以质量百分数计）	燃 料 种 类	含氮量（以质量百分数计）
中东系原油	0.09 ~ 0.22	柴油	0.002 ~ 0.03
C 重油	0.1 ~ 0.4	煤油	0.000 1 ~ 0.000 5
A 重油	0.05 ~ 0.1	煤炭	0.2 ~ 3.4

表 3-2 中给出了不同燃料的含氮率，其中柴油和重油不同程度地含有氮，而汽油可看作基本不含氮。假设燃料中的氮在燃烧中全部变为 NO，当燃料中含氮率为 0.1% 时，可产生大约 150×10^{-6} 的燃料 NO。一般车用柴油的含氮率很低，因而基本可以不考虑燃料 NO。但未来几十年后当汽车发动机的 NO 排放已降到非常低的水平时，或许燃料 NO 的控制也要认真考虑了。

由表 3-2 还可看出，对于燃用重油或煤的工业锅炉等固定式热力机械，由于所用燃料的含氮率较高，应采取控制燃料 NO 的技术措施。

综上所述，NO 产生的三个途径中，燃料 NO 的生成量极小，因而可以忽略不计；激发 NO 的生成量也较少，且反应过程尚不完全明了，也可暂不考虑。因此可以认为：高温 NO 是 NO 生成的主要来源。一般进行 NO 生成的模拟计算时，仅采用扩展的 Zeldovich 反应机理就可以得到满足工程需要的精度。

第三节　影响汽油机排气污染物生成的因素

汽油机的设计和运行参数、燃料的制备、分配及成分等因素都与排气中污染物的排出量有很大的关系，如图 3-16 所示。为了降低汽油机排气中的有害排放物，必须了解这些因素对有害排放物生成的影响。

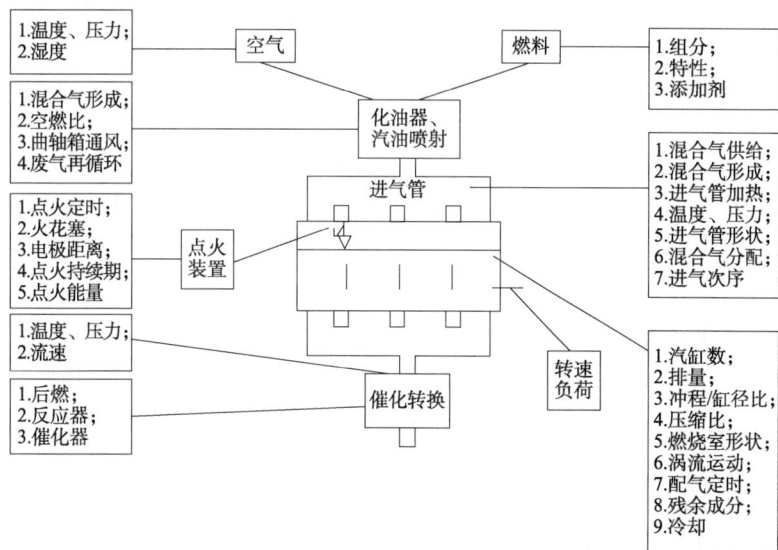

图 3-16　影响汽油机有害排放物的因素

一、空燃比

空燃比 A/F 是影响汽油机排气中污染物产生的重要因素之一。它对排气中 CO、HC 和

NO_x 的影响如图 3-17 所示。从图中可以看出,随着空燃比的增加,CO 排放浓度逐渐下降,HC 排放浓度两头高、中间低,而 NO_x 排放浓度却是两头低、中间高。NO_x 的浓度峰值出现在理论空燃比附近并且靠近稀混合气的一侧。而 HC 排放浓度的谷值则出现在较理论空燃比更稀的地方。

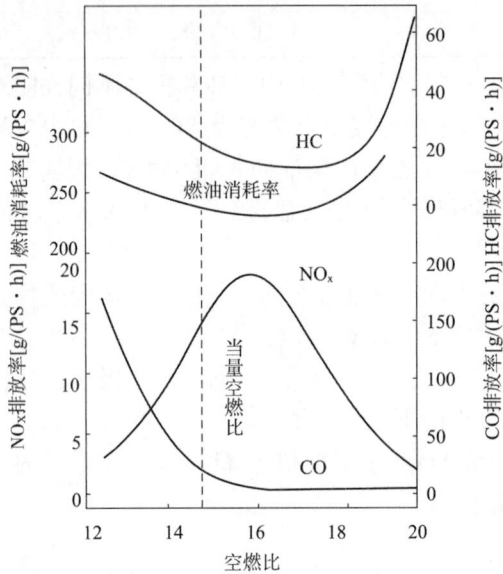

图 3-17　CO、HC、NO_x 排放率及油耗与空燃比的关系

注:1PS＝735W。

CO 的排放浓度随空燃比的增加而下降,这是因为随着空气量的增加,燃料能充分的燃烧。当空燃比大于理论空燃比后,CO 仍保持一定浓度,这主要是由于混合气空燃比分布不均、高温分解及反应冻结所造成。空燃比进一步增加,混合气变稀,使燃烧温度降低,减少了高温分解,因此 CO 的排放浓度就进一步下降。就 CO 而言,其排放量主要受空燃比的支配,其他的因素影响不大。一切影响空燃比的因素都将影响 CO 的排放。

空燃比对 HC 的影响与 CO 有类似的倾向。但是在过稀混合比的情况下,因为火焰传播不充分和断火,HC 排放浓度有所增加。另外 HC 的排放率与汽油机的油耗颇为一致(图 3-17)。混合气过浓时,空气量不足,不能完全燃烧,燃油消耗率和 HC 排放率都增加。混合气过稀时,火焰传播不充分或断火,也使燃油消耗率和 HC 排放率增加。

NO_x 的排放浓度和空燃比的关系与 CO、HC 不同。当空燃比为 16 左右时,由于燃烧温度高,燃气中氧含量充分,此时 NO_x 排放浓度出现峰值。较此更浓的混合气,由于燃烧后的温度和氧的浓度较低,NO_x 生成量减少,浓度下降。较此更稀的混合气,由于火焰传播速度减慢,燃气温度较低,也使 NO_x 生成量减少,NO_x 浓度下降。

二、点火提前角

点火提前角对 CO 排放浓度影响很小,除非点火提前角过分推迟使 CO 没有充分的时间完全氧化而引起 CO 排放量增加。

点火提前角对汽油机 HC 和 NO_x 排放的影响如图 3-18 所示。空燃比一定时,随点火提前角的推迟,NO_x 和 HC 同时减低,燃油消耗却明显恶化。这是因为随点火时刻相对于最佳点火提前角(MBT)的推迟,后燃加重,热效率变差。但点火提前角推迟会导致排气温度上升,使得在排气行程以及排气管中 HC 氧化反应加速,使最终排出的 HC 减少。NO_x 排放降低的原因主要是由于随点火提前角的推迟,上止点后燃烧的燃料增多,燃烧的最高温度下降造成的。图中 ϕ 为当量比,是指理论空燃比与实际空燃比的比值,ϕ 越小表明混合气越稀。

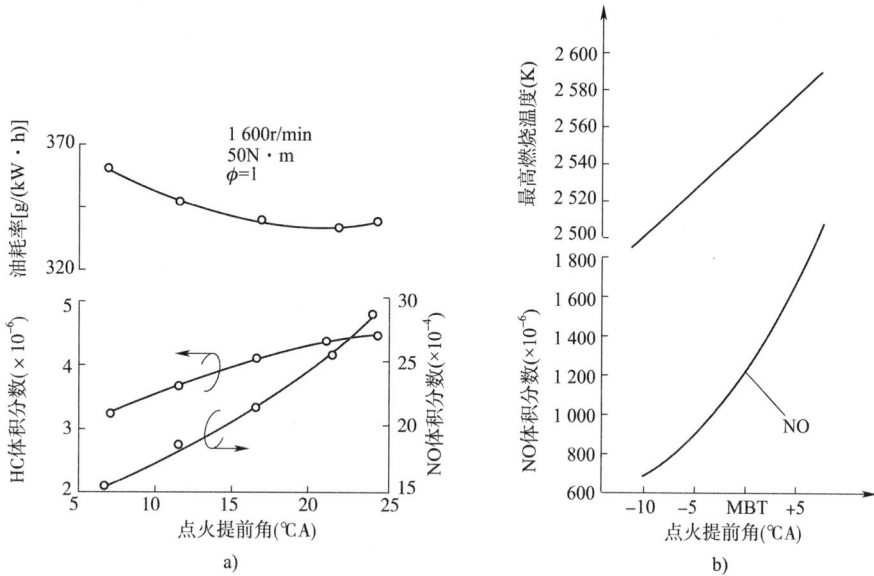

图 3-18　点火提前角对 HC 和 NO_x 排放的影响

三、汽油机运转状态

1. 稳定运转状态

稳定运转状态是指发动机的零部件、冷却液及润滑油的温度趋于平衡,发动机在恒定的转速和负荷下运转。发动机在稳定运转状态下时,除了循环变动外,每个相连的工作循环基本相同。下面主要阐述在稳定运转状态下,转速、负荷、冷却液温度、燃烧室壁面温度、排气背压及燃烧室表面沉积物对排放的影响。

(1)汽油机转速。

汽油机转速 n 的变化,将引起充气系数、点火提前角、混合气形成、空燃比、缸内气体流动、汽油机温度以及排气在排气管中停留的时间等的变化。转速对排放的影响是这些变化的综合影响。一般当 n 增加时,缸内气体流动增强,燃油的雾化质量及均匀性得到改善,紊流强度增大,燃烧室温度提高。这些都有利于改善燃烧,降低 CO 及 HC 的排放。在汽油机怠速时,由于转速低、汽油雾化差、混合气很浓、残余废气系数较大,CO 及 HC 的排放浓度较高。从净化的观点看,希望发动机的怠速转速规定得高一些。

n 的变化对 NO 排放的影响较复杂,如图 3-19 所示。在燃用稀混合气、点火时间不变的条件下,从点火到火焰核心形成的点火延迟时间受转速影响较小,火焰传播的起始角则随转速的增加而推迟。虽然随着转速增加,火焰传播速度也有提高,但提高的幅度不如燃用浓混合气的大。因此有部分燃料在膨胀行程压力及温度均较低的情况下燃烧,NO 生成量减少。在燃用较浓的混合气时,火焰传播速度随转速的提高而提高,散热损失减少,缸内气体温度升高,NO 生成量增加。图中曲线是在压缩比为 6.7 的汽油机上、在点火提前角为 30℃A、进气管内压力为 0.098MPa 的条件下得到的。由图中曲线可以看到,NO 排放随转速 n 的变化而改变,特征的转折点发生在理论空燃比附近。

(2)负荷。

如果维持混合气空燃比及转速不变,点火提前角调整到最佳点,则负荷增加对 HC 排放基本没有影响。因为负荷增加虽使缸内压力及温度升高,激冷层变薄,HC 在膨胀及排气冲程的氧化加速,但压力升高使缝隙容积中的未燃烃的储存量增加,从而抵消了前者对 HC 排放的有利影响。

在上述条件下,负荷变化对 CO 的排放量基本上也没有影响,但对 NO 的排放量有影响,如图 3-20 所示。汽油机是采用节气门控制负荷的,负荷增加,进气量就增加,降低了残余废气的稀释作用,火焰传播速度得到了提高,缸内温度提高,NO_x 排放增加。这一点在混合气较稀时更为明显。混合气过浓时,由于氧气不足,负荷对 NO_x 排放影响不大。

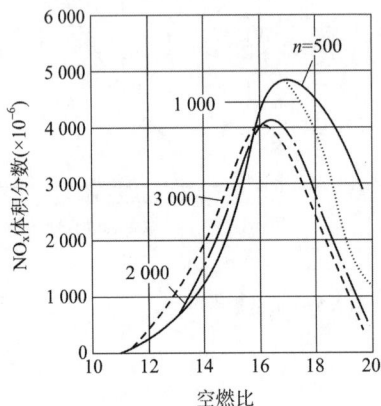

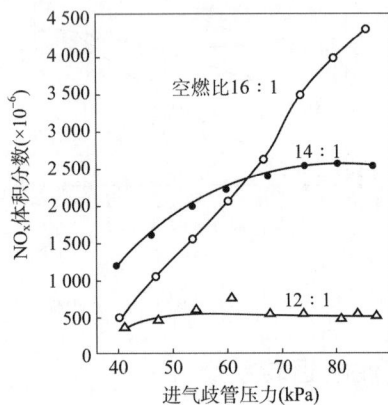

图 3-19　n 的变化对 NO 排放的影响　　图 3-20　负荷变化对 NO 排放的影响(转速
　　　　　　　　　　　　　　　　　　　　　　　　2000r/min,点火提前角30°)

1-$\lambda = 0.81, \theta = 38°$;2-$\lambda = 0.81, \theta = 2°$;3-$\lambda = 1.00, \theta = 20°$;4-$\lambda = 1.16, \theta = 38°$;5-$\lambda = 1.16, \theta = 2°$

(3)汽油机冷却液及燃烧室壁面温度。

提高汽油机冷却液及燃烧室壁面温度,可降低缝隙容积中储存的 HC 的含量,减少淬熄层的厚度,改善缝隙容积逸出的 HC 及淬熄层扩散出来的燃油的氧化条件,而且可改善燃油的蒸发、分配,提高排气温度,这些都能使 HC 排放物减少。HC 排放随冷却液温度增加而减少的情况如图 3-21 所示。不过,冷却液及燃烧室壁面温度的提高,也使燃烧最高温度增加,从而 NO 排放也增加。

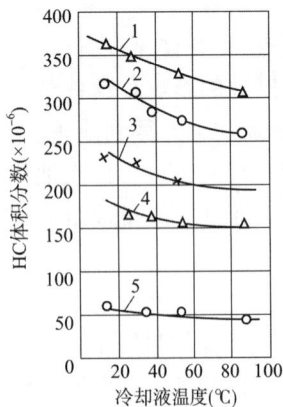

(4)排气背压。

当排气管装上催化转换器后,排气背压必然受到影响。试验表明,排气背压增加,留在缸内的废气增多,其中的未燃烃会在下一循环中烧掉,因此排气中的 HC 含量将降低。然而,如果排气背压过大,则留在缸内的废气过多,稀释了混合气,燃烧恶化,排出的 HC 反而会增加。

图 3-21　冷却液温度对 HC
　　　　　排放的影响

(5)燃烧室壁面沉积物。

沉积在活塞顶部、燃烧室壁面和进气门、排气门上的多孔性积炭,会吸附未燃混合气和燃料蒸气,在排气过程中再释放出来。因此,燃烧室壁面沉积物的增加,将使 HC 排放量增加。试验表明,如果缸盖及活塞顶表面加工质量差,则燃烧室壁面沉积物将增加,造成排气中烃含量增加。

沉积物对排气的多环芳香烃的含量有明显的影响。在汽油机小负荷运转时,芳香烃贮存于沉积物中,而在重负荷运转时释放出来。燃油的芳香烃含量高,则排气中的芳香烃也高。但是,如果没有足够的时间形成沉积物,那么即使使用芳香烃含量高的燃油,排气的芳香烃含量也较低。此外,新沉积层排出的芳香烃较多,而稳定的、老化的沉积层排放的芳香烃则较少。图 3-22 表明,随着汽油机运转时间的增加,沉积物加厚,排气的未燃烃含量增加。图中曲线 1、2 分别表示节气门全开、过量空气系数 $\phi_a = 0.89$、发动机转速 $n = 1\,200\text{r/min}$ 时,排气中 HC 和 CO 的变化;曲线 3 和 4 分别表示节气门部分开启、过量空气系数 $\phi_a = 1.01$、发动机转速 $n = 2\,000\text{r/min}$ 时排气的 HC 和 CO 的变化。由图 3-22 可知,汽油机的运转时间及沉积物的厚度对 HC 排放影响大,而对 CO 排放几乎没有什么影响。点 5 表示清除沉积物后 HC 的变化。

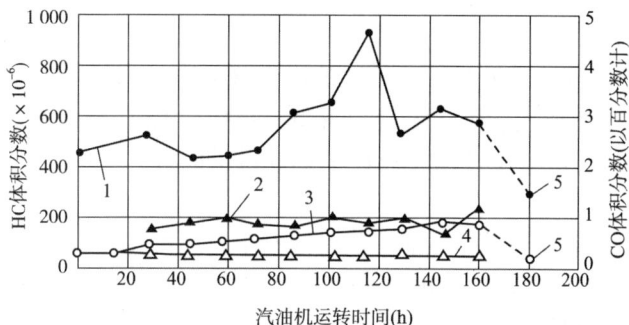

图 3-22　汽油机运转时间对 HC 和 CO 排放的影响

随沉积物的增加,发动机的实际压缩比也随着增加,导致最高燃烧温度升高,NO 排放量增加。汽油机在高负荷下运行时,沉积物成了表面点火的点火源,除了使 NO 排放增加外,还有可能使机件烧蚀。

汽车发动机在稳定运转状态下的有害气体排放量,可以在普通内燃机试验台上测得,并制成相应的特性图。图 3-23 ~ 图 3-25 是一台 2L4 气门车用汽油机的 CO、HC 和 NO_x 的排放特性图。这台汽油机在部分负荷时,为了满足三元催化转换器的要求,将过量空气系数控制在 1.0 左右。

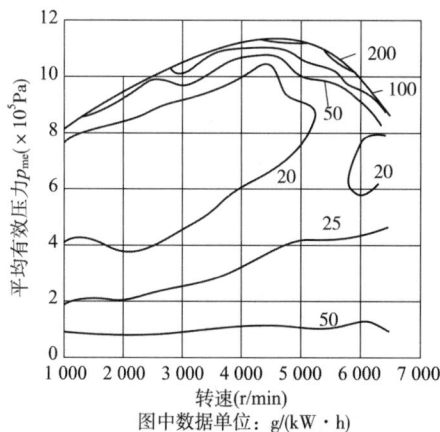

图中数据单位:g/(kW·h)

图 3-23　车用汽油机的 CO 排放特性

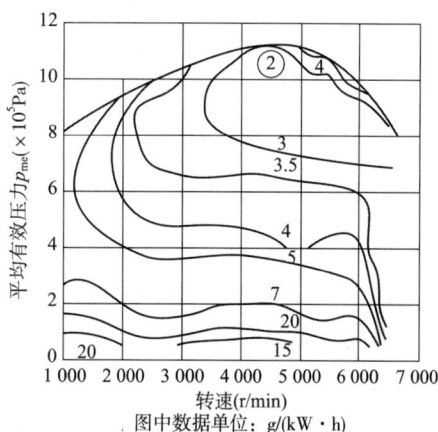

图中数据单位:g/(kW·h)

图 3-24　车用汽油机的 HC 排放特性

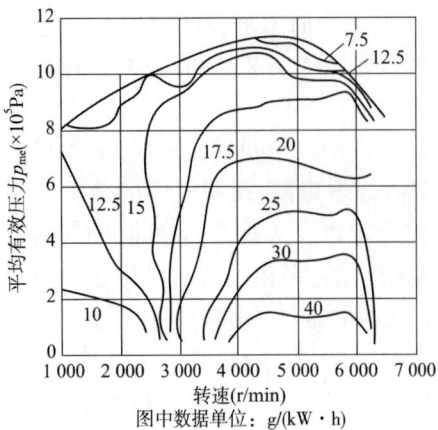

图 3-25　车用汽油机的 NO_x 排放特性

图中数据单位：g/(kW·h)

在高速高负荷时，为满足功率和转矩的要求，过量空气系数小于 1，此时 CO 排放高，NO_x 排放较低。

2. 非稳定运转状态

发动机在实际运行中，零部件、冷却液以及润滑油的温度不可能恒定不变，发动机的转速和负荷也需要随时调整以适应不同的外界条件。在稳定运转状态下测得的排放特性很难代表发动机在实际运行中的排放状况。因此，有必要研究发动机在非稳定运转状态下（例如冷起动、加速、减速等）的排放状况。

（1）冷起动。

汽油机低温起动时由于转速及温度低、空气流速低、燃油的蒸发程度不够以及较多的燃油沉积在冷的进气管壁上，因此需要增加燃油的供应量，以便汽油机能正常起动。汽油机冷起动时过量空气系数小于 1。混合气中的燃油部分以蒸气状态、部分以液体进入汽缸。较浓的混合气导致较高的 CO 排放。部分液体的燃油在燃烧结束后才从壁面上蒸发，没有完全燃烧就被排出汽缸，造成 HC 的大量排放。由于温度较低以及过浓的混合气，冷起动时 NO_x 的排放量很低。

（2）加速。

从发动机的角度看，加速就是在部分负荷状态下迅速增加负荷，从而提高转速，使得车辆加快速度的过程。化油器式汽油机加速运转时，通常由加速泵增加进入缸内的燃油量，即供给较浓的混合气，造成较高 CO 和 HC 排放。燃油喷射式汽油机加速时不产生过浓的混合气，其排放值和相应的各稳定工况点相似。图 3-26 表示在加速过程中这两种汽油机排气中的 CO 浓度变化。

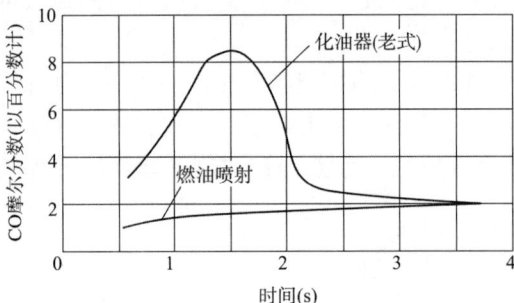

图 3-26　汽油机排气中 CO 摩尔分数在加速时的变化

（3）减速。

汽车减速过程，就是节气门完全回位，发动机由汽车倒拖的过程。在汽油机中，就是节气门关闭，处于怠速状态。用老式化油器的汽油机，如果没有特殊措施，将由于进气管中突然的高真空度状态，使壁面上的液态油膜急剧蒸发，形成瞬时过浓混合气，致使燃烧状况恶化而导致较高的 CO 和 HC 排放。燃油喷射式汽油机在减速时不再供油，而且进气管中的附壁油量少，因此 CO 排放较少。带有减速断油装置的新型化油器发动机排放情况也有改善。图 3-27 是化油器式汽油机和燃油喷射式汽油机减速时的 HC 和 CO 排放特性对比。

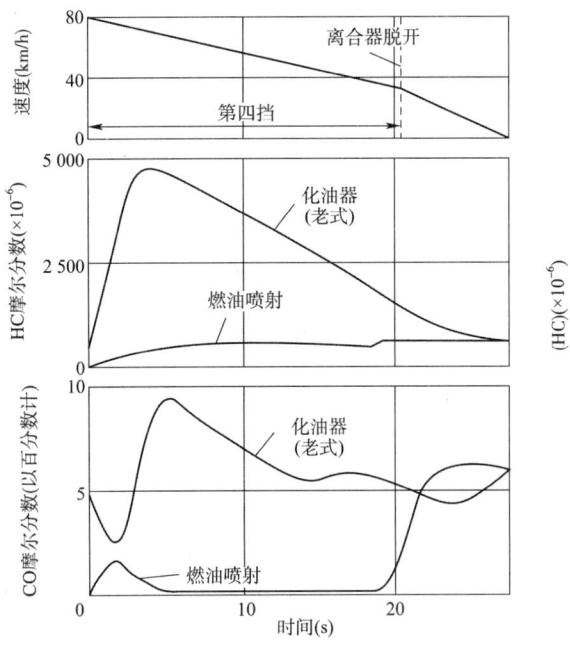

图 3-27 不同形式汽油机减速时的 HC 和 CO 排放特性

四、汽油机结构参数

对汽油机排放影响较大的结构参数有汽缸工作容积、行程缸径比(S/D)、燃烧室形状、压缩比、活塞顶结构尺寸、配气定时以及排气系统等。这些参数的影响遵循下列两点:一是在上止点时燃烧室的面容比 F/V 越大、进入活塞的间隙的混合气越多,排气氧化不多时 HC 的排出量增大;二是若使由燃烧室壁面散失的热量减少、残留气体减少,则 NO 的排放量增大。

1.汽缸工作容积与行程缸径比的影响

汽油机的汽缸工作容积与行程缸径比对排气污染物的排放和油耗有很大的影响。图 3-28 和图 3-29 分别为汽油机的工作容积与行程缸径比对 HC 排放和 NO 排放的影响。图上的 HC 排放量是相对值。

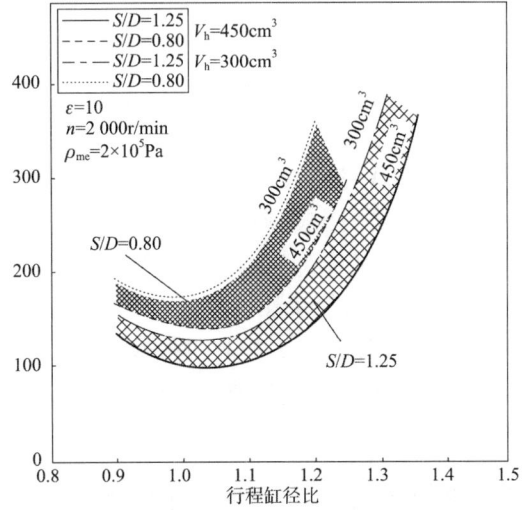

图 3-28 行程缸径比及工作容积对 HC 排放的影响

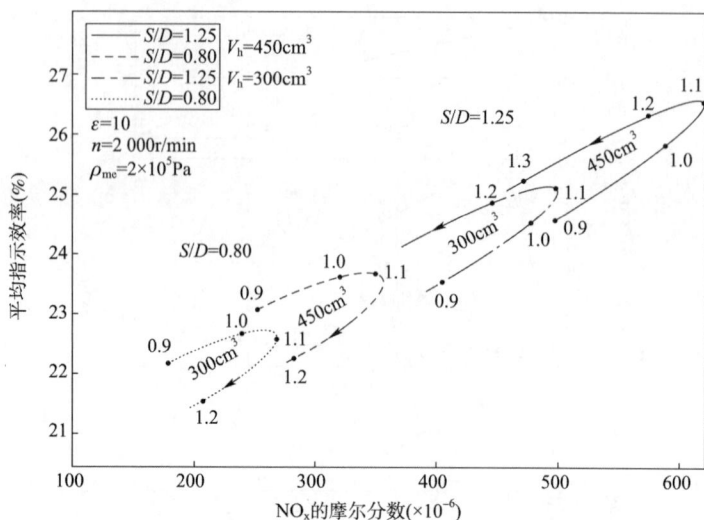

图 3-29　行程缸径比及工作容积对 NO 排放的影响

汽油机的汽缸工作容积越大,则汽缸面容比 F/V 变小,汽缸相对散热面积较小,因此 HC 的排放和油耗越低。汽油机行程缸径比的影响更大,汽油机的行程越长,HC 的排放和油耗越低。根据放热规律的对比分析,长行程汽油机的燃烧速度快,点火定时可以相对后移。长行程汽油机的最高放热率大、燃烧温度高。这些因素都有利于降低汽油机的 HC 排放和燃油消耗。长行程汽油机的这些优点在低负荷时更加明显。但是,长行程和大汽缸的汽油机的 NO_x 排放量也大。

2. 压缩比 ε 的影响

压缩比 ε 增大后, F/V 增大,进入活塞顶环隙的混合气增多, HC 的排放量增加。 NO_x 排放受两方面的影响,一是压缩比升高后,燃烧温度上升导致 NO_x 增多,另一方面是热效率提高和 F/V 增大使 NO_x 减少。压缩比对 HC 及 NO_x 排放的影响如图 3-30 所示。由实验结果看不出 NO_x 的排放随压缩比有明显的变化趋势。

3. 燃烧室形状的影响

当工作容积和压缩比保持一定,变化燃烧室形状时,HC 的排出量与面容比 F/V 成正比,即 F/V 增大,HC 的排出量也增加。 NO_x 的排放与 HC 正好相反,有与面容比 F/V 成反比的倾向,这是因为随 F/V 的增大,热损失变大,燃烧气体的最高温度降低。但对于 NO_x 的排放含量,即使 F/V 相同,由于点火位置等的差异,燃烧速度及燃烧温度也受到很大的影响,故不能认为 NO_x 的排放是 F/V 的函数。图 3-31 表示了不同的燃烧室形状时的 NO 和 HC 排放,图中 SQ/C 表示挤流间隙的大小。

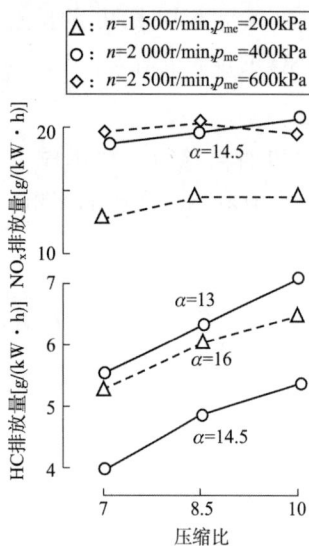

图 3-30　压缩比对 HC 及 NO_x
排放的影响

4. 气门定时的影响

气门定时对发动机 HC 和 NO_x 排放的影响如图 3-32 所示。 NO_x 受残留气体变化的影响,即受气门重叠的影响,随进气门早开、排气门迟闭,缸内残余废气增加使燃烧温度下降,

NO_x 排放减少。排气门早开导致正在燃烧的 HC 排出,从而使 HC 排放增多。

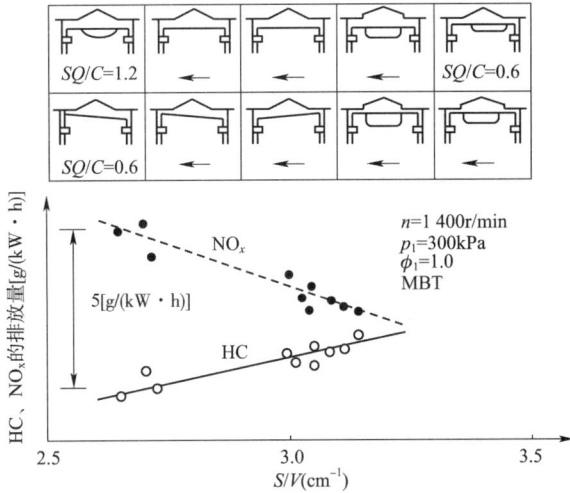

图 3-31 燃烧室形状对 HC 及 NO_x 排放的影响

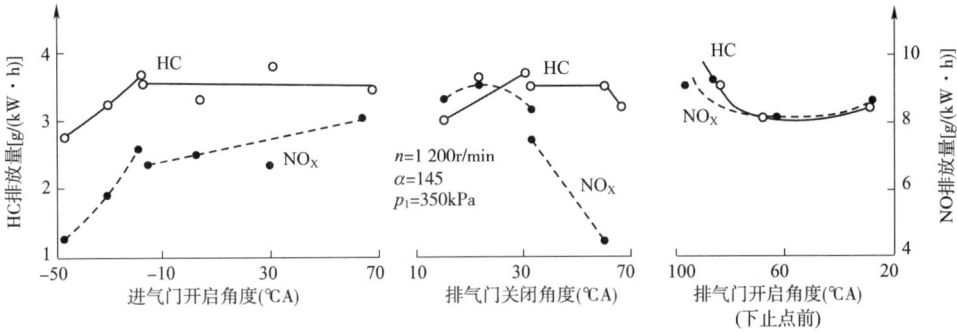

图 3-32 气门定时对发动机 HC 和 NO_x 排放的影响

5. 活塞顶环隙容积的影响

进入活塞和缸壁构成的小间隙(活塞顶环隙)的混合气,由于壁面淬熄效应和狭缝效应的影响,很难燃烧掉,从而影响 HC 的排放量。图 3-33 表示了其影响的试验结果,图中 d 表示活塞顶环隙的宽度,l 表示活塞顶环隙的深度,可见随着活塞顶环隙容积的增大,进入环隙的混合气增多,HC 的排放量增加。

6. 排气系统的影响

排气系统对 HC 的排放有影响。因为 HC 在排气系统中可以进一步被氧化,温度越高,HC 被氧化得越多;排气在排气系统高温段停留的时间越长,HC 被氧化得也就越多。

7. 火花塞位置的影响

火花塞在燃烧室的位置不同时,发动机的燃烧放热速率不同,故火花塞的位置对排放有重要影响。火花塞的布置应使火焰传播距离短,若火花塞距燃烧室的缝隙较远,则汽油机排放的 HC 增加,反之亦然。火花塞的位置对 HC 排放的影响还与燃烧室的结构形状有关,一般来说,对非紧凑型燃烧室的影响比对紧凑型燃烧室的影响大。如在圆盘形燃烧室上,由于火花塞位置的不同可使发动机 HC 排放的差别高达 81%;而在半球形燃烧室上,火花塞位置的改变仅能使发动机 HC 的排放产生 35% 的差别。火花塞位置与燃烧室形状共同决定了质量燃烧率,在燃烧前期燃烧质量增加,会使 NO 的排放增加,但对改善油耗有利。

五、燃料性质

1. 辛烷值

汽油辛烷值的大小影响汽油机的油耗,较低的辛烷值导致油耗增加,因此排放量也随之增大。根据国家质检总局和国家标准委 2016 年所发布的第六阶段车用汽油强制性国家标准,国六标准将烯烃含量由第五阶段的 25% 降低到 15%;硫含量指标限值由第四阶段的 50×10^{-6} 降为 10×10^{-6},降低了 80%;而锰含量指标限值由第四阶段的 8mg/L 降低为 2mg/L;由于降硫、禁锰引起的辛烷值减少,第六阶段车用汽油牌号由 90 号、93 号、97 号分别调整为 89 号、92 号、95 号;同时考虑汽车工业发展的趋势,在标准的附录中增加了 98 号车用汽油的指标要求。

2. 挥发性

汽油的挥发性太低,则混合气的生成不良,起动困难,暖机性能不好,影响燃烧和排放;挥发性太高,则蒸发排放增加,炭罐容易过载,并且油路中气泡增加,影响喷油器的稳定性,进而影响排放。

3. 烯烃和芳烃含量

烯烃是不饱和碳氢混合物,能提高辛烷值,但受热后会形成胶质沉积在进气系统和燃油供给系统中,形成堵塞,使排放恶化,功率下降,油耗增加。另外,烯烃蒸发后会促使近地大气中形成臭氧,危害健康。国产汽油的烯烃含量(体积分数)为 30% ~ 40%,其比例较高。芳烃能提高汽油的辛烷值,但同时增加发动机中的沉积物及有害气体排放。随着燃料中芳烃的增加,NO_x 排放量也增加,这是由于芳烃燃烧温度较高所致,如图 3-34 所示。国产汽油的芳烃含量(体积分数)较低,为 20% ~ 25%。

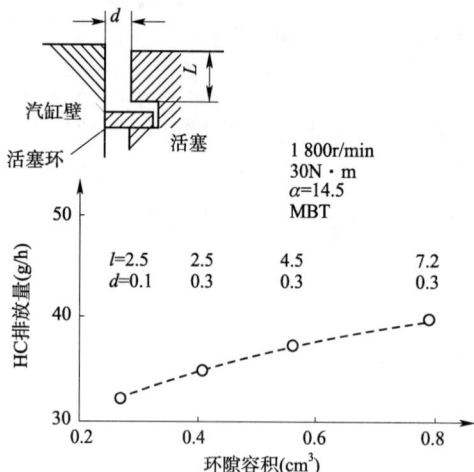

图 3-33　活塞顶环隙容积对 HC 排放的影响

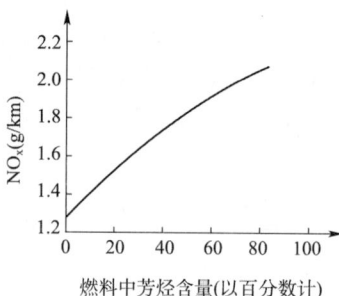

图 3-34　燃料中芳香烃含量的影响

4. 洁净添加剂

汽油无铅化是车用汽油机发展的普遍趋势。但无铅汽油在减少铅污染的同时降低了汽油的辛烷值,在不采取其他措施的情况下,会增加总的污染物排放。无铅汽油使用洁净添加剂,可以大大减少燃烧室积炭和燃料喷射系统的喷嘴堵塞现象,有利于减少污染物排放。有试验表明,使用洁净添加剂的轻型汽车,CO 排放可减少 10% ~ 15%,HC 减少 3% ~ 15%,

NO_x 减少 6% ~ 15%。

综合考虑上述诸因素,确定新的汽油配方,改进汽油制备工艺,添加替代燃料,改善油品特性,对降低车用汽油机废气排放是非常有效的。

5. 大气湿度的影响

大气湿度对 NO_x 排放的影响特别大,因此在排放试验规范中使用湿度修正系数。大气湿度对排放特性的影响可以从下面两个方面考虑:由于大气湿度的变化,使空燃比的变化超过了反馈控制区域;由于大气湿度的增加,燃烧室内气体的热容量增大,使最高燃烧温度降低。空燃比随大气湿度的变化关系为:

$$空燃比 = \frac{A(1-H_m)}{\rho F} \tag{3-23}$$

式中:A——发动机吸入的空气量;

$\quad\rho$——空气的密度;

$\quad F$——燃料消耗量;

$\quad H_m$——绝对湿度。

由此可见,随绝对湿度 H_m 增大,空燃比减小。大气湿度增大后,还使水分带走了燃烧放出的热量,最高燃烧温度降低,NO_x 的排放降低。不只是水,只要是与燃烧无关的成分引入燃烧室,NO_x 的排放都将下降,图 3-35 表明了随着热容量的增大,NO_x 排放降低。

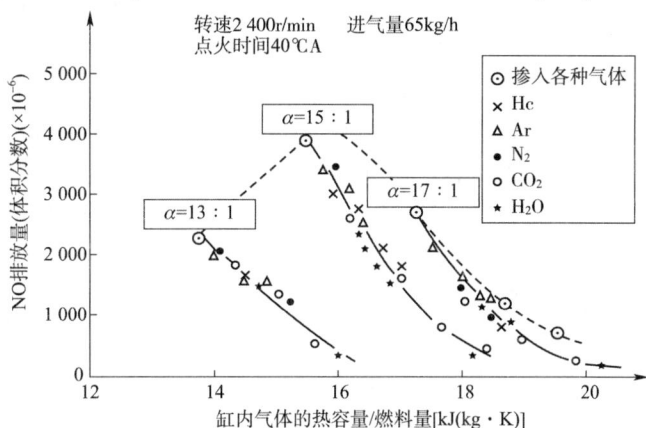

图 3-35 NO_x 排放随热容量的变化

第四章　车用柴油机排放污染物的
生成机理及影响因素

第一节　概　　述

柴油机排气的有害成分主要有一氧化碳（CO）、碳氢化合物（HC）、氮氧化物（NO_x）、硫化物、颗粒物等。由于柴油机使用的混合气的平均空燃比较理论空燃比大，混合气形成与燃烧方式与汽油机不同，由此造成了柴油机与汽油机排放特性的不同。柴油机的 CO 和 HC 排放相对汽油机要少得多，不到汽油机的十分之一。柴油机的 NO_x 排放，在大负荷时接近汽油机的水平，而中小负荷明显低于汽油机，因而总体水平略低于汽油机。但柴油机排放的颗粒物却是汽油机的几十倍甚至更多。因而柴油机排放控制的重点是颗粒物和 NO_x。柴油机的排放特性与燃烧室的形式等有很大关系，直喷式与间接喷射式柴油机的排放有较大的不同。涡流室式柴油机的 NO_x、CO、HC 和烟度普遍低于直喷式柴油机，特别是 NO_x 排放浓度一般比直喷式柴油机的低 $1/3 \sim 1/2$。在结构相同而燃烧室形式不同的直喷燃烧室及涡流燃烧室柴油机上的试验结果表明，直喷柴油机的 NO_x、CO、HC 和烟度都比涡流室的高，特别是高负荷时的 NO_x、CO、烟度及低负荷时的 CO 及 HC，差别非常明显。但是，涡流室式柴油机的燃油消耗率比直喷柴油机的高。

柴油机的燃烧过程非常复杂。液体燃料通常以很高的速度以一个或若干个射流经过喷嘴顶端的小孔以雾状的、细小油滴贯穿燃烧室。燃油受燃烧室内高温高压气体的作用而蒸发并与燃烧室的空气混合。当燃烧室内的混合气的压力和温度满足着火条件时，已经混合好的燃油与空气在经历了几度曲轴转角的滞燃期之后即开始着火，从而使汽缸内的压力升高，未燃的混合气由于受到压缩，使已处于可燃范围内的油气混合物的滞燃期缩短，随之发生快速燃烧。喷油一直持续到预期的油量全部喷入汽缸，由于先期喷入汽缸的燃料的燃烧，使后喷入的液体燃料的蒸发时间被缩短。喷入汽缸的全部燃料均不断地经过雾化、蒸发、油气混合及燃烧等过程，汽缸内剩余的空气、未燃烧油和已燃气体之间的混合将贯穿于燃烧及膨胀的全过程。

因此，柴油机着火是在燃料和空气极不均匀混合的条件下开始的，燃烧是在边混合边燃烧的情况下进行的。在柴油机的燃烧过程中，扩散型燃烧是它的主要形式。喷油规律、喷入燃料的雾化质量、汽缸内气体的流动以及燃烧室形状等均直接影响燃料在燃烧室的空间分布与混合，也将影响柴油机燃烧过程的进展以及有害排放物的生成。

本章第二节将用直喷式柴油机燃烧分区模型对柴油机有害排放物在燃烧过程中形成情况加以说明。第三节将介绍影响柴油机气态污染物生成的诸因素。第四节着重介绍柴油机微粒、炭烟的生成机理及影响因素。

第二节　直喷式柴油机分区燃烧模型及有害排放物的生成

一、喷注中燃油-空气的分布

柴油机在压缩过程中,当活塞接近上止点前,燃料在高压下以高速喷入高温、高压空气中。喷入汽缸内的油束,又称喷注,是由数以百万计的不同尺寸的细微油滴组成的,油滴直径约为 $5 \sim 150\mu m$。在静止的空气中,喷注的外形呈焰体状,其特征由锥角和射程(或称穿透距离)两个参数表示。喷注心部的油粒粗,速度高。越向外层,油粒越细,速度越低。

在喷注的最外层和前端几乎为蒸气状,如图4-1 所示。

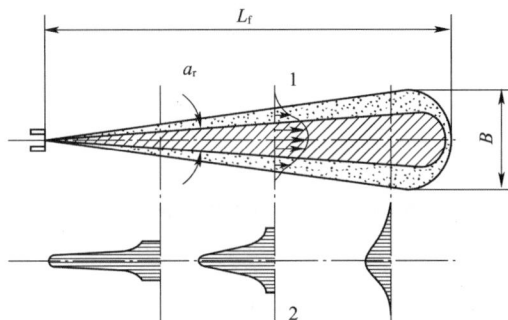

图4-1　油束焰体状简图
1-油束横断面上油粒速度;2-油束横断面燃油分布

在汽车用直喷式柴油机汽缸内,如果有较强的旋转气流运动,当燃料喷入汽缸后,就会形成如图4-2 所示的燃油喷注。图中示出了喷注断面内燃料(液态或蒸气状)在空气中的浓度分布。细小的油滴被空气带往喷注前缘,相对较大的油粒集中在喷注核心部分和后缘。油粒之间的平均距离随其在喷注中所处的位置而变化,在喷注后缘最大。因此喷注中各处燃油在空气中的分布是很不均匀的,从图中可以看出喷注中燃油在空气中的分布状态,随着离喷嘴孔的径向距离而变化。

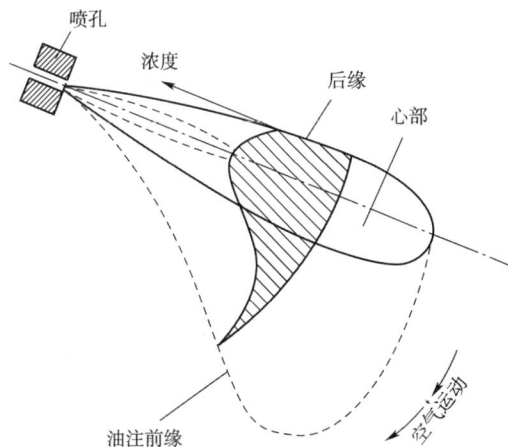

图4-2　喷入旋转气流的燃油喷注示意图

二、涡流空气中的喷注分层模型

图4-3为喷入涡流空气中的喷注的油雾分层模型。由上述喷注中燃油-空气的分布可知,喷注核心与前缘之间,燃油密度是不均匀的,其燃空比可从无穷大变化到零。于是可以根据不同区域的燃油-空气分布和燃烧机理,把喷注划分成如下几个区域。

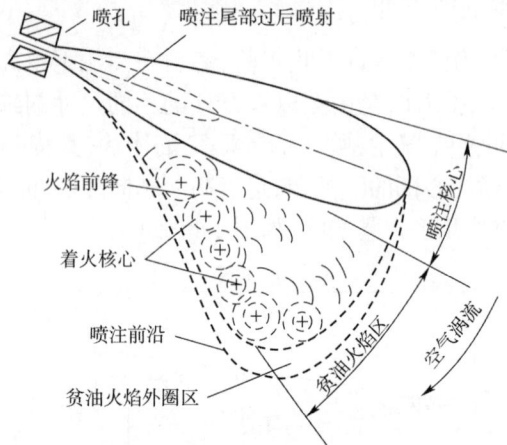

图4-3　涡流空气中的喷注分层模型

1. 贫油火焰区

在喷注前沿的小油粒从油粒蒸发所需时间的理论分析指出,在着火前油粒已完全蒸发,因此在前沿附近可以认为是由着火前的燃油蒸气和空气组成的混合气。这些混合气按浓度平均成分看比理论混合气要稀,但着火核心将在混合气浓度最适合自燃的几个位置上形成,因而这些火焰核心发生的区域称为贫油火焰区。

2. 贫油火焰外围区

在喷注前沿最外层,混合气太稀以致不能着火或维持燃烧,这一区域称为贫油火焰外围区。贫油火焰外围区的宽度是变化的,并取决于所有影响缸内燃气压力和温度的因素。例如,空燃比、涡轮增压、冷却剂温度等。一般来说,较高的温度与压力可使火焰延伸到较稀的混合气,而减少贫油火焰外围区的宽度。

3. 喷注核心

喷注核心是较大的油粒集中的区域,该区域的油粒在空气涡流中偏转角度不大,着火开始时处于液态。

4. 喷注尾部

最后喷入的燃料通常形成较大的油粒,这是因为喷射后期,燃油喷射压力减小而缸内燃气压力又增大的综合结果,通常这部分燃油的贯穿力很差。

5. 过后喷射

在中等负荷和高负荷工况下,不正常的喷射系统将发生过后喷射,在主喷射后针阀又开启一个很短时间。过后喷射的燃料喷射量是很少的,然而它在相对小的压差下,迟至膨胀行程才喷入,雾化程度和穿透力都非常差。

6. 喷在壁面上的燃油

某些燃油喷注喷撞到壁面上,形成液态油膜。在小型高速柴油机内,由于较短的喷注路程和有限的喷注数,常发生这种情况。

三、涡流空气中喷注燃烧和排放物生成模型

喷注燃烧过程以及缸内压力和温度的增长可用图4-4表示。

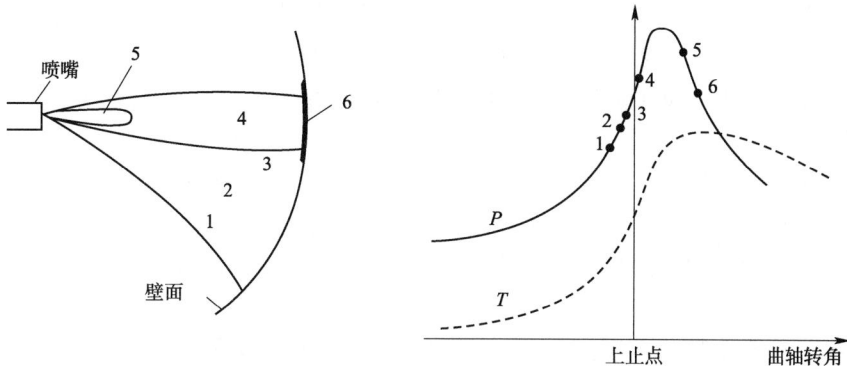

图4-4 喷注燃烧过程及缸内压力和温度变化

首先在贫油火焰区1处出现着火核心,火焰前锋就从着火核心开始蔓延,并点燃在它周围2处的易燃混合气。在这个区域内燃烧是完全的,并形成高浓度氮的氧化物,但在小负荷时,在燃烧过程的这一早期阶段,温度将不足以高到能产生高浓度的氧化氮。在贫油火焰外围区内,预期会发生某些燃料分解和不完全的氧化产物,这种分解产物是由较轻的碳氢分子所组成,不完全氧化产物则包括乙醛和其他过氧化物,可以认为这一区域是排气中未燃的碳氢化合物形成的一个主要地区。喷注不同区域的燃烧及排出物生成可简要地用图4-5来说明。

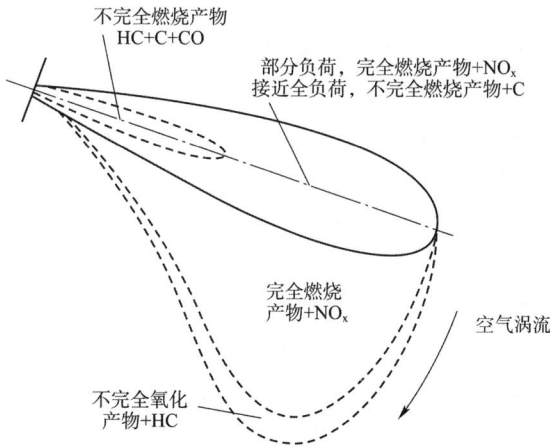

图4-5 涡流空气中喷注燃烧和排放物生成

在贫油火焰区和贫油火焰外围区的交界处出现初期反应,碳氢化合物开始转变为CO、H_2、H_2O以及各种自由基(H、O、OH)和形成不饱和的碳氢化合物。并在这一区域内受到氧原子的快速冲击形成氧饱和的碳氢化合物。如果燃烧完全,例如在贫油火焰区,则产生再化合反应并生成CO_2和H_2O。然而,如果火焰熄灭了,例如在贫油火焰外围区,则未燃的碳氢化合物、氧化的碳氢化合物、CO以及中间化合物就不能完全燃烧。

紧接着贫油火焰区内的着火和燃烧,火焰即向喷注核心部分4扩展。在贫油火焰区和喷注核心之间的地区3,燃油颗粒是较大的,它们从已燃火焰获得辐射热并以较高的速率蒸

发。这些油粒如果完全蒸发,火焰将烧掉可燃范围内的所有混合气。如果没有完全蒸发,将被扩散型火焰所包围,这些油粒的燃烧速率取决于燃油蒸发速率、燃油蒸气对火焰的扩散速率以及氧气对火焰的扩散速率等因素。

喷注核心部分4的燃烧主要取决于局部的燃空比。在部分负荷下这一区域含有足够的氧,燃烧可望完全,并导致生成高的NO_x。火焰区的温度是影响NO_x生成的较重要因素之一,温度的高低既取决于油粒开始燃烧之前混合气的温度,也取决于燃烧热。在接近全负荷时,燃料密集核心的许多地点产生不完全燃烧,除未燃的碳氢化合物之外,CO、过氧化物以及炭粒都可能形成。

喷注尾部5在高负荷情况下,很少有机会进入有足够氧浓度的区域,然而周围的燃气温度很高(接近最高循环温度),向这些油粒的传热速率也相当高。因此这些油粒能很快地蒸发和分解,分解产物包括未燃碳氢化合物以及炭粒,不完全氧化物则有一氧化碳和乙醛。

壁面6上液态油膜的蒸发速率取决于许多因素,其中包括燃气和壁面温度、燃气速度、压力和燃料特性等。壁面上静止燃料的燃烧取决于蒸发速率以及燃油与氧的混合。如果周围燃气具有低的氧浓度或混合不佳,则蒸发将造成不完全燃烧。此时,燃油蒸气将分解并形成未燃的碳氢化合物、不完全氧化物以及炭粒。在不能完全蒸发时,壁面上将会积炭。

帕特森(Patterson)认为,排气中各种不同排出物的浓度是在喷注(上述模型)、汽缸和排气系统中形成、消失或进一步生成的综合结果。即:

排气排出物 = 排放物生成 + 进一步生成(或消失) + 进一步生成(或消失)
　　　　　　　在喷注中　　　　　在汽缸内　　　　　　　在排气系统内

一般来说,"进一步生成"适用于氮的氧化物,"消失"适用于不完全氧化产物。"进一步生成"与"消失"的速率还与氧(或氧化)的浓度、局部混合气温度、混合和停留时间等条件有关。

为了模拟柴油机的燃烧及其相关过程,国内外提出了各种各样的燃烧模型。

一般来说,按照模型的复杂程度,可以分为三类。第一类是多维燃烧模型,它通常是对于喷雾、破碎、蒸发、混合、着火、燃烧等不同子过程对应子模型的综合,在欧拉坐标系中划分适当尺度的网格,并通过流体力学、传热学、传质学、热力学及化学反应动力学的基本定律来对缸内燃烧及其相关过程的方程式进行求解,从而得到燃烧反应物及产物随所划分的空间和时间的分布及变化规律。这种模型可以让研究人员详细且直观地了解缸内的物理化学过程,但是由于柴油机缸内燃烧过程本身的复杂性,即使是在多维模型中,仍有不少子模型需要加入经验常数或经验公式来进行计算;部分燃烧过程的机理也未研究透彻且对于初始条件和边界条件很敏感,即使对于同一个子过程,选用不同的模型结果也不相同。除此外,多维燃烧模型的计算量以及对存储容量的需求都很大,即使如今的计算机技术已经得到了飞跃式发展,多维燃烧模型的计算代价仍然巨大,计算效率偏低。

第二类是准维多区燃烧模型,它在时间或空间上的分区远远小于多维燃烧模型,少的仅有几个区,多的能达到几千个区。通过这些有限的分区来考虑缸内燃烧过程中热力性质及化学成分的变化,从而完成一系列物理化学过程的计算。分区的大大简化带来的是计算效率的快速提升,且准维多区燃烧模型仍然考虑了缸内的主要物理化学过程,所以精度基本能满足工程上的需要。

第三类是零维燃烧模型,与多维燃烧模型相反,它在空间上没有区域划分,在时间上也没有划分或划分为几个阶段,每个阶段有相应的燃烧公式或公式的叠加,不涉及具体的子过程,只能对宏观的整体效果做出模拟和精度较差的预测。这类模型的物理意义很明显,计算效率最高,使用方便,但因为不分区,所以无法计算与温度分布相关性很大的排放,一般用于其他部分的验证校核。

建立柴油机的燃烧模型就是为了对其动力性、经济性和排放性进行预测,并进行后续的性能优化研究。在常见的零维模型、准维模型和多维模型中,准维模型以其计算准确性较高、控制方程较简单、可预测氮氧化物 NO_x 等排放物生成量的诸多优点得到了广泛的应用。准维模型是在热力模型的基础上建立的,考虑喷雾以及火焰等物理过程的长度,把燃烧室按火焰位置分成两个以上的区域,分别考虑喷雾扩散、混合与卷吸、油滴蒸发、燃烧火焰传播及已燃区燃烧产物变化等过程,组成燃烧模型预测缸内不同区域的燃烧温度,并针对不同机型侧重不同的子过程,使放热率更接近实际,并能预测有害排放物浓度。准维模型考虑到了参数分布的不均匀性,同时发展出了双区和多区模型。

以主流的广安博之模型为例,燃油以轴向切片在喷入汽缸后,喷注将周围的空气不断卷吸进自身内部,与此同时,油滴不断蒸发形成可燃混合气。在经过一段滞燃期后由液滴、蒸发的燃料和夹带的空气组成的混合物进行燃烧。准维多区燃烧子模型的燃烧率计算结果取决于缸内各个区域中的局部温度、各组分浓度等因素。油滴破裂、空气卷吸、油滴蒸发、发火、燃烧等的详细发展情况如图 4-6 所示。其中横坐标为时间 t,纵坐标为动力黏度 v。

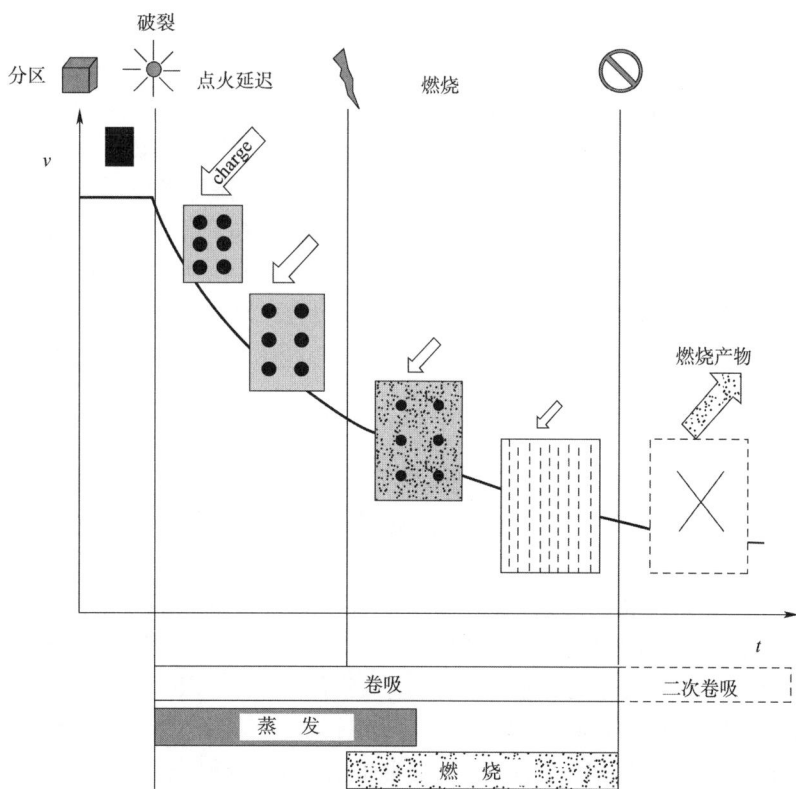

图 4-6 多区燃烧模型中的混合物形成与燃烧

第三节　影响柴油机气态排放物生成的主要因素

一、混合气质量

1. 混合气的燃空比

内燃机混合气的含量通常用空燃比、燃空比或燃空当量比、过量空气系数等表示，此处用燃空比表示。柴油机通常采用质调节，供油量总是随着负荷增加而增加，而进气量保持不变，因此混合气燃空比的变化即为负荷的变化。现就柴油机混合气的燃空比对 CO、NO_x、HC 的影响分述如下：

（1）对 CO 的影响。

CO 的生成主要由于燃油在汽缸中燃烧不充分所致，因局部缺氧而产生的燃烧中间产物。燃油在燃烧时，其中的碳首先生成 CO，在有足够的氧、温度及充足反应时间的条件下，CO 可被氧化成 CO_2。当燃气中的 O_2 量充足时，理论上燃料燃烧后不会存在 CO。但燃烧过程中局部空间或瞬时存在下列条件之一时，则 CO 不能继续反应生成 CO_2：

①反应时的氧气量不足；

②反应时的温度突然过低；

③反应物处在适合反应条件的时间过短。

一般地，过量空气系数和燃烧过程对 CO 氧化反应有很大的影响。在柴油机的大部分运转工况下，其过量空气系数都在 $1.5 \sim 3$ 之间，故其 CO 排放要比汽油机低得多，只有在大负荷接近冒烟界限时 CO 的排放量才急剧增加。无论是直接喷射式还是间接喷射式柴油机，在小负荷时，由于喷油量少，缸内气体温度低，氧化作用弱，因此 CO 排放浓度高。随着燃空比增加，气体温度升高，氧化作用增强，可使 CO 排放减少。当燃空比增大超过某一定值以后，由于氧浓度变低和喷油后期的供油量增加，反应时间短，使 CO 排放又增加。

在间接喷射式柴油机中，副燃烧室混合气的燃空比大，CO 生成量增加，但是，在主燃烧室中有足够的氧和较高的温度，使 CO 氧化成 CO_2 的反应速率增大，CO 排放减少。和直喷式柴油机一样，当燃空比继续增加时，CO 又会由于混合气变浓，燃烧不完全而增加。直喷式柴油机的 CO 排放与涡流室式及预燃室式柴油机的对比如图 4-6 所示，可见直喷式柴油机 CO 排放高于间接喷射式柴油机。

（2）对 NO_x 的影响。

NO_x 包含 NO、NO_2、N_2O、N_2O_3、N_2O_4、N_2O_5 以及 NO_3。在柴油机排放气体中大部分是 NO，NO_2 的浓度比 NO 低得多，约占排气中总 NO_x 的 $10\% \sim 30\%$。NO 和 NO_2 对环境的危害性非常大。

NO_x 的生成主要受到氧气含量、燃烧温度以及燃烧产物在高温中的停留时间的影响。温度越高，氧浓度越高，反应时间越长，NO 的生成量越多。对柴油机而言，燃空比较小时，即小负荷时，混合气中有较充足的氧，但燃烧室内温度较低，可以抑制 NO_2 向 NO 的再转化而使 NO_2 的浓度增加，因此柴油机长期怠速时会产生大量 NO_2。NO_2 也会在低速下在排气管中生成，因为此时排气在有氧条件下停留较长时间，故 NO_x 排放也较低；当燃空比进一步增加时，燃烧室内气体温度升高，但混合气的氧含量降低，这又抑制了 NO_x 的生成。由于直喷式柴油机着火滞燃期内形成的可燃混合气多，即预混期燃烧的混合气量大，因而与分隔式燃

烧室柴油机相比其 NO_x 排放量多。图4-7中表示了3种不同燃烧室的 NO_x 排放,可见混合气燃空比对直接和间接喷射式柴油机 NO_x 生成的影响是相似的,即燃空比较小时 NO_x 排放也较低,NO_x 排放浓度达到最大值后,再增大燃空比,NO_x 浓度将减少。

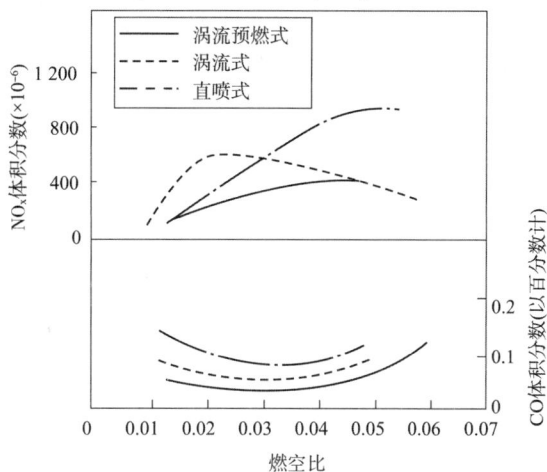

图4-7 混合气燃空比对 CO 和 NO_x 排放的影响

(3)对未燃 HC 的影响。

汽油机未燃 HC 的生成机理也适用于柴油机,但由于两者的燃烧方式和所用燃料的不同,所以柴油机的碳氢排放物有其自身的特点:柴油中的碳氢化合物比汽油中的碳氢化合物沸点要高、分子量大、柴油机的燃烧方式使油束中燃油的热解作用难以避免,故柴油机排气中未燃或部分氧化的 HC 成分比汽油机的复杂。柴油机的燃料以高压喷入燃烧室后,直接在缸内形成可燃混合气并很快燃烧,燃料在汽缸内停留的时间较短,生成 HC 的相对时间也短,故其 HC 排放量比汽油机少。

在充量系数不变或变化可以忽略不计的前提下,则柴油机每循环的进气量几乎是不变的。柴油机的负荷调节是靠改变喷油量来控制的,这就是通常所说的“质调节”。因此,负荷的变动,也就意味着喷油量和燃空比的变动,它必然引起喷注燃油分布状况、附着在壁面上的油量、汽缸压力和温度、喷油持续时间等发生变化。

一般来说,燃空比加大,亦即负荷增加,以总喷油量中所占的百分比计,将导致贫油火焰区的燃油量减少,而喷注核心和沉积于壁面上的燃油量增多。负荷增大时,如果喷油定时和喷油速率保持不变,则喷油持续期增长。通常,最后喷入的一部分燃油的反应时间较短,加上燃空比的加大使氧的浓度也降低了,这两个因素促使消失反应速度降低,但是,负荷加大,使燃烧气体的温度升高,又加强了消失反应,促进了未燃烃的再氧化。

在怠速和很轻负荷时,燃空比很小,可以假定燃油喷注达不到壁面,且喷注核心燃料浓度也小,在此情况下,HC 排放主要来自贫油火焰外围区。这时,由喷注其余部分燃烧而引起的该区局部温度上升是很小的,因而消失反应速率是很慢的。随着燃油分子向包围该区的空气中扩散,由于其浓度很低,使消失反应进一步减弱了。因此,在怠速和很轻负荷时,HC 的排放浓度是最高的。

随负荷增加,燃空比增大,使更多的燃油附着在壁面上,并在喷注核心造成较高的浓度。在这些区域,形成的 HC 虽然增加了,但燃烧温度升高,氧化反应随着温度的升高而加快,结果仍然使 HC 的排放量减少了。涡轮增压柴油机缸内温度比非增压机更高些,故随着燃空比的增加,HC 排放量更低些。

排放出的 HC 分子的结构随燃空比而变化。在怠速和轻负荷时,排出的 HC 主要由原始燃油分子组成,这是因为在此情况下气体温度低,燃油分子在循环中没有机会分解,而且由于喷注核心和壁面附近的燃空比一般是较浓的,就有可能使烃自由基和中间化合物之间发生再化合反应,结果使排出的 HC 中较重的组分增高。HC 排放量随燃空比增加而减少的关系如图 4-8 所示。

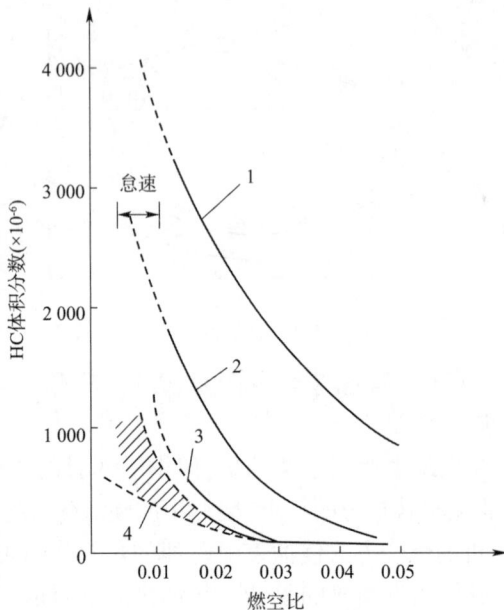

图 4-8　HC 排放浓度随燃空比的变化
1-直喷;2-直喷(增压);3-非直喷;4-非直喷(增压)

2. 缸内空气运动与油束的配合

提高缸内空气利用率,能改善柴油机的动力性、燃油经济性及排放性。提高空气利用率的措施可归纳为两种:一是在进气无涡流或只有微弱的涡流的条件下,提高燃油喷射压力和采用较高的初始喷射速度,使油粒细微化,并与空气较好地混合;二是采用螺旋进气道提高进气涡流强度,并适当提高喷油速度,使喷油时间、喷油速度与缸内空气涡流有较好的配合。

在没有进气涡流时,充气效率高,混合气质量主要受扩散过程及微涡流的影响。高喷油压力及喷射速度,一方面使油束穿透距离增加,油粒细微化,油、气之间易于扩散;另一方面油束动能提高,使缸内空气微涡流增强,加速燃油蒸发及混合气形成。高喷油速度与低速度比,能使着火、燃烧过程的各个阶段的火焰面积扩大,空气利用率增大,燃烧更迅速更完善。

提高空气涡流强度及初始喷油速度,能使油束与更多的空气形成混合气,而着火后喷入缸内的燃油,能与更多的新鲜空气混合,减少烟度,并能促进烃的氧化,提高燃油经济性,降低 CO 排放量。如果空气涡流过强,油束发生重叠,则未燃排放量会增加。另外,随着缸内空气涡流的加强,燃烧的加快,NO_x 排放也可能增加。

二、供油系统的参数及结构因素

影响柴油机排放的供油系统参数主要有喷油提前角、喷油速率、喷油压力等,而结构因素是指喷油器的结构及尺寸。其中某些参数的变动,可能只降低某种排放物的量,却使另一种增加,或者虽能降低有害排放物的量,但会使燃油经济性及动力性恶化,因此为了净化排气而变动某些参数时需全面考虑。

1. 喷油提前角

喷油提前角对柴油机 NO_x、HC 排放的影响较大。如果喷油提前角过大,则燃油在较低的温度和压力下喷入汽缸,结果使滞燃期延长,喷注中贫油火焰区的混合气变浓,从而增加了 NO_x 排放量。此外,混合气自燃着火后,燃烧迅速,导致缸内压力和温度急剧升高,

这样在油束的其他区域 NO_x 生成量也增加。美国康明斯公司曾对一台缸径为 140mm、行程为 152mm 的直喷式柴油机进行了 NO_x 生成与喷油提前角的关系的计算和试验,结果如图 4-9 所示。试验是在转速为 1300r/min、接近全负荷、过量空气系数为 1.69、进气温度为 60℃ 的情况下进行的。结果表明,NO_x 的排放浓度随喷油提前角的减小而减少。其原因主要有两个:一是使燃烧过程避开上止点进行,燃烧等容度下降;二是越接近上止点喷油,缸内空气温度越高,燃油一旦喷入缸内便很快蒸发混合并着火,即着火落后期可以缩短,燃烧初期的放热速率降低,导致燃烧温度降低。这两种原因都起到了抑制 NO_x 生成的作用。对比图 4-10 中喷油提前角 θ_i 为 $-15°$

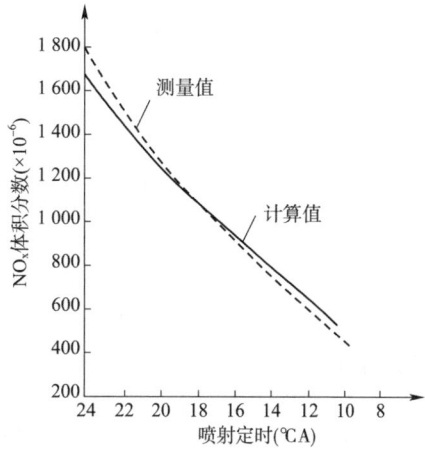

图 4-9　NO 生成与喷油提前角的关系

和 $-5°$ 时的缸内温度、压力及燃烧放热率可以看出,随 θ_i 的推迟,燃烧温度、压力和放热率峰值均下降。

但过分推迟喷油提前角,如图 4-10 中由上止点继续推迟时,NO_x 排放反而上升。这主要是由于着火落后期的过分延长,使燃烧初期的放热速率反而大幅度上升的原因。

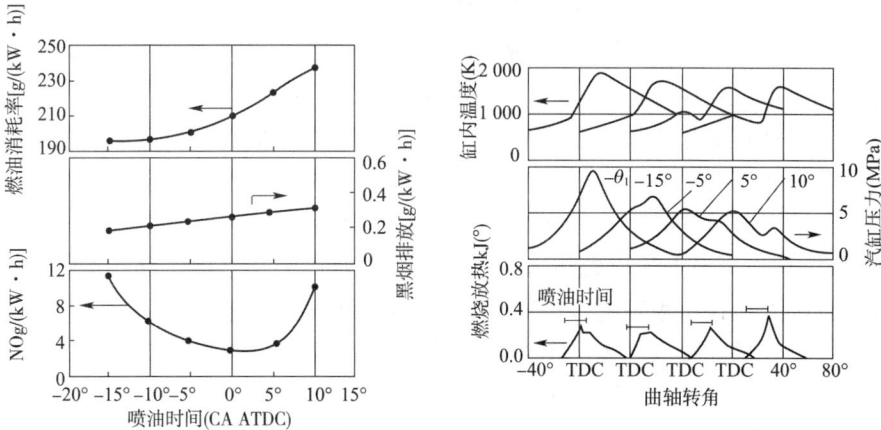

图 4-10　直喷式柴油机喷油时间对排放和油耗的影响

喷油提前角对柴油机 HC 排放的影响比较复杂,它与燃烧室形状、喷油器结构参数及柴油机运转工况有关。喷油提前,滞燃期增加,使较多的燃油蒸气和小油粒被旋转气流带走,形成一个较宽的贫油火焰外围区,同时燃油与壁面碰撞增加,这都会使 HC 排放量增加。喷油过迟,较多的油得不到足够的反应时间,HC 排放量也要增加。图 4-11 所示的是柴油机在空转时喷油提前角对 HC 排放的影响。该结果表明,在低转速时喷油提前角对 HC 排放的

影响不大,但当转速超过 1 800r/min 时喷油提前角对 HC 排放的影响非常明显,这可能是较高转速时贫油火焰外围区增大所致。

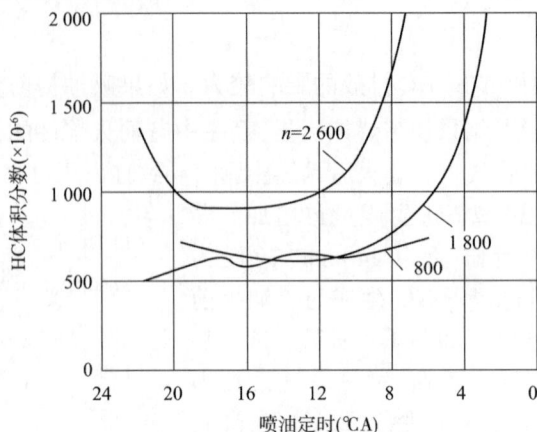

图 4-11　喷油提前角对 HC 排放的影响

试验表明,喷油提前角对 CO 浓度的影响与发动机负荷有很大关系。一般说来,有如下几种情况:

(1)在额定工况下推迟喷油提前角,必然使后燃增加,热效率下降,并导致 CO 浓度升高;

(2)在额定转速和大负荷工作时推迟喷油提前角,仍然会使燃烧在膨胀过程中进行,其结果仍然导致 CO 浓度升高;

(3)在额定转速小负荷工作时,因喷油量较小,由推迟喷油定时所造成的后燃现象已不复存在,甚至对全负荷来说的喷油过迟,在小负荷时却更加接近最佳喷油定时,故反而使 CO 排放浓度有所下降。

2.喷油速率

喷油速率的变化对 NO_x、HC 及 CO 的排放有一定的影响。喷油器在单位时间内(或 $1℃A$ 内)喷入燃烧室内的燃油量称为喷油速率。提高喷油速率,缩短喷油持续时间,并且在固定喷油终点时可推迟喷油,从而能降低 NO_x 的含量,又不致使动力性、燃油经济性恶化。但喷油速率过高及尾喷油量增加都会使 HC 排放量增加。并且提高喷油速率并不是指整个喷油过程的喷油速率都要提高。具体地说,初期喷油速率不要过高,以抑制着火落后期内混合气生成量,降低初期燃烧速率,以达到降低燃烧温度、抑制 NO_x 生成及降低噪声的目的。中期应急速喷油,即采用高喷油压力和高喷油速率以加速扩散燃烧速度,防止微粒排放和热效率的恶化。后期要迅速结束喷射,以避免低的喷油压力和喷油速率使雾化质量变差,导致燃烧不完全和炭烟及微粒排放增加。图 4-12 为直喷柴油机的试验结果,图中 1、2、3 分别表示喷油速率为 $5.7mm^3/℃A$、$7.2mm^3/℃A$、$8.3mm^3/℃A$ 时的 NO 排放,在小负荷(小功率)的条件下,喷油速率对 NO 排放的影响较小,随着发动机功率的增加喷油速率的影响增大。

3.喷油器的结构参数

在直喷式柴油机上的试验表明,当喷油速率、喷油压力等因素不变时,增加喷孔的直径,或者减少喷孔数目,都可以使 NO_x 排放量有所降低。图 4-13 为试验结果,当喷孔直径由 0.140mm 加大至 0.165mm 时,NO 可以降低 20% ~ 40%,而经济性只损失 3%。然而,增加喷孔的直径或者减少喷孔数目,会使 HC 和颗粒物排放增加。喷孔大小、数目及喷油方向对排放的影响,随燃烧室形式不同而不同,因而柴油机的喷油器喷孔大小、数目和喷油方向一般是根据试验结果确定的。

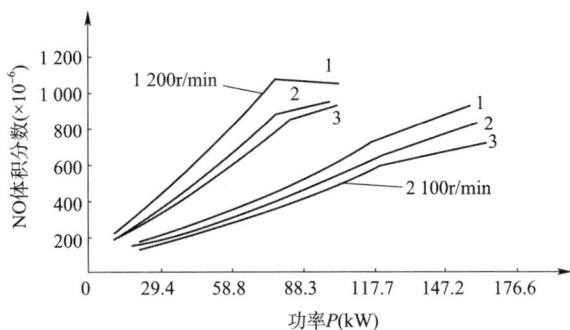

图 4-12　喷油速率对 NO_x 排放的影响

1-5.7mm³/℃CA;2-7.2mm³/℃CA;3-8.3mm³/℃CA

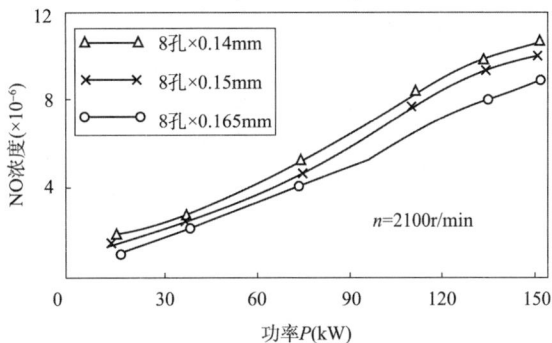

图 4-13　不同喷孔直径对 NO 的影响

由于制造工艺的需要,一般喷油器针阀密封座面以下有一小空间,称为压力室。所谓压力室容积实际上还包括各喷孔的容积。喷油结束时,压力室容积中充满燃油,随燃烧和膨胀过程的进行,这部分燃油被加热和气化,并以液态或气态低速进入燃烧室内。由于这时混合和燃烧速率都极为缓慢,使得这部分燃油很难充分燃烧和氧化,从而导致大量的 HC 产生。由图 4-14 可以看出,随压力室容积的减少,HC 排放明显下降;当压力室容积为零时,HC 排放浓度(体积分数)减低到约 150×10^{-6},对比压力室容积为 $1.35mm^3$ 时的 HC 排浓度(近 600×10^{-6}),可以认为原机的 HC 排放中,由压力室容积造成的 HC 排放占了总量的 3/4。

喷油器压力室容积

0mm³　　0.6mm³　　1.35mm³

图 4-14　喷油器压力室容积对 HC 排放的影响

三、柴油机运转参数

1.进气状态

进气状态通常用进气的温度、压力和湿度表示。进气温度的升高,将引起柴油机压缩温

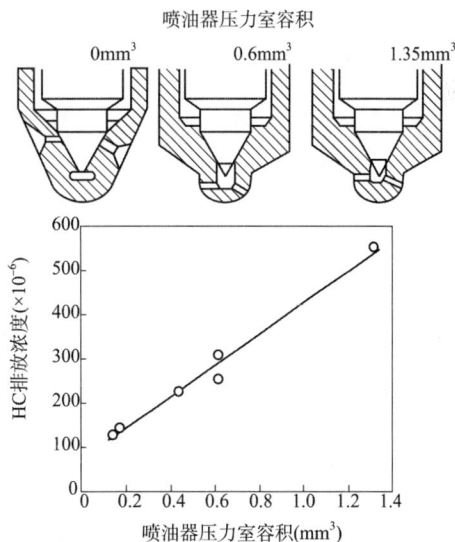

115

第四章　车用柴油机排放污染物的生成机理及影响因素

度及局部反应温度升高,这有利于 NO_x 的生成。直接或间接喷射柴油机的 NO_x 排放、平均有效压力如图 4-15 所示,图中虚线表示预燃室式柴油机的试验结果,实线表示直喷式柴油机的试验结果。由图可见,随进气温度的增加, NO_x 排放增大。由于冬夏季的气温可相差几十摄氏度,因此,当发动机的技术状态不变时,夏季的 NO_x 排放比冬季大。柴油机在中等负荷时,进气温度的升高,可缩短滞燃期,提高燃烧温度,促进 HC 的氧化,同时减少淬熄现象,于是 HC 排放量减少。发动机转速为 1000r/min 时,空燃比为 55 和 25 的两工况时的滞燃期、HC 排放的试验结果如图 4-16 所示,可见在空燃比为 55 的稀混合气条件下,进气温度对 HC 排放的影响非常明显。

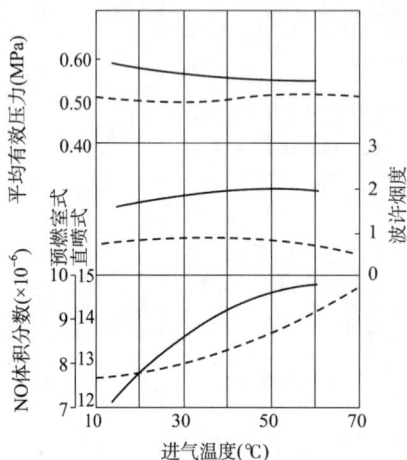

图 4-15　进气温度对 NO 排放的影响

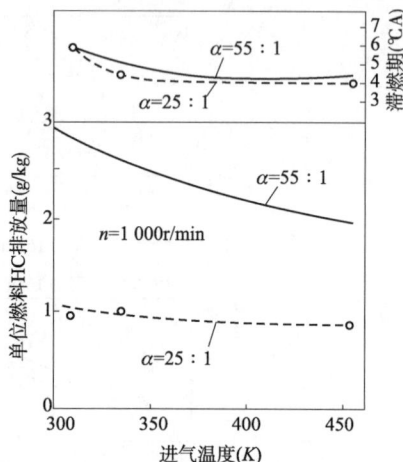

图 4-16　进气温度对 HC 排放的影响

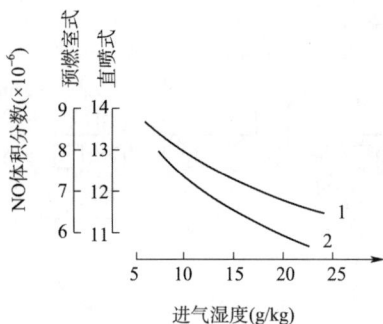

图 4-17　进气湿度对 NO 排放物的影响
1-预燃室式;2-直喷式

在进气温度及供油量不变的情况下,提高进气压力,相当于降低燃空比,由此降低了燃气温度,抑制了 NO_x 的生成。进气湿度的增加使进入汽缸的水增加,由于水在燃烧反应中吸热,因而燃烧温度降低,NO 生成量减少。图 4-17 所示的为进气湿度对 NO 排放物的影响。

2. 转速

柴油机转速的变化,会使与燃烧有关的气体流动、燃油雾化与混合气质量发生变化,而这些变化对 NO_x 及 HC 的排放都会产生影响。不过,转速变化对直喷式柴油机 NO 及 HC 排放的影响不很明显。图 4-18 所示的为 6135 型低增压柴油机转速对排放物的影响。试验是在平均有效压力为 0.75MPa、喷油提前角比正常的推迟 10° 下进行的,可见,转速变化时, NO_x 及 HC 变化不大。

转速变化对 CO 排放的影响较大。由图 4-18 可知,CO 排放量在某一转速时最低,而在低速及高速时都较高。柴油机在高速时,充气系数较低,在很短的时间内要组织良好的混合气及燃烧过程较为困难,燃烧不易完善,故 CO 排放量高。而在低速特别是怠速空转时,由于缸内温度低,喷油速率不高,燃料雾化差,燃烧不完善,故 CO 排放量也较高。

3. 进气涡流

适当增加燃烧室内空气涡流的强度,可改善燃油与空气的混合,促进混合气的形成,提高混合气的均匀性,减少不完全燃烧。同时燃烧室内局部区域混合气过浓或过稀的现象减少。另外,涡流能加速燃烧,使汽缸内最高燃烧压力和温度提高,这些有利于未燃烃的氧化,可以使 CO 浓度下降。但空气涡流过强,则相邻两喷注之间形成互相重叠和干扰,使混合气过浓或过稀的现象更加严重,反而使 HC 排放增加,如图 4-19 所示。

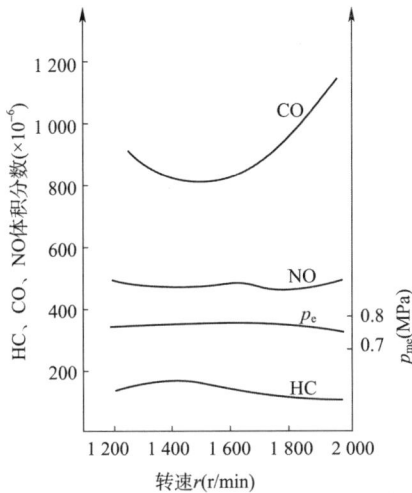

图 4-18 柴油机转速对排放物的影响   图 4-19 涡流强度对 HC 浓度和油耗率的影响

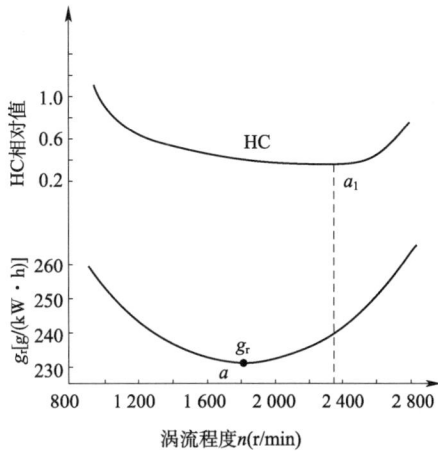

4. 负荷

对于 CO 排放量而言,柴油机有一个最佳负荷区。如图 4-20 所示,在小负荷时,由于喷油量少,混合气较稀,缸内气体温度低,CO 的继续氧化作用变弱,CO 排放量增加。在大负荷或全负荷时,局部缺氧加剧,使 CO 不能充分燃烧而形成 CO_2,从而 CO 排放量增加。

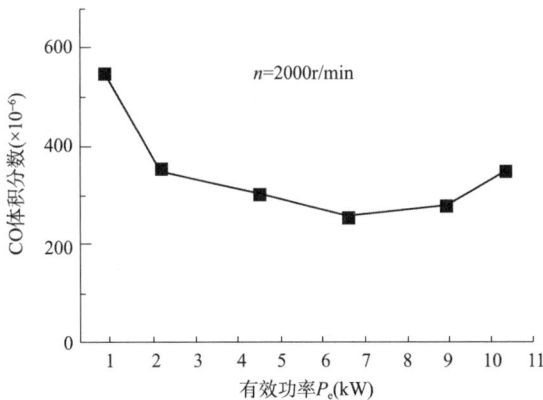

图 4-20 负荷对 CO 排放浓度的影响(S195 柴油机,0 号柴油)

负荷越大,NO_x 排放量越高。图 4-21 给出了柴油机 NO_x 排放浓度随负荷的变化规律。从低负荷到中负荷时,NO_x 的增加速度快;从中负荷到高负荷时,NO_x 的增速变缓。这反映了温度和空燃比对 NO_x 排放浓度的综合影响。在负荷对 NO_x 排放浓度的影响关系中,起关键作用的是火焰温度和缸内平均温度随负荷的增加,以及高温持续时间随负荷增加而延长。在低负荷时,循环供油量少,缸内空燃比大,燃烧供氧量充分,NO_x 生成三要素同时存在,所以促进了 NO_x 的生成;而在高负荷时,由于空燃比较小,氧浓度下降,尽管高温和高温持续时间存在,但 NO_x 生成受到制约。

在怠速和小负荷时，喷油量少，缸内温度较低以及混合气较稀，燃料氧化反应速率慢，HC 排放浓度很高。随着负荷的增加，燃烧温度升高，氧化反应加快，HC 排放减少。涡轮增压柴油机缸内温度较高，随着负荷的增加，HC 排放低些。

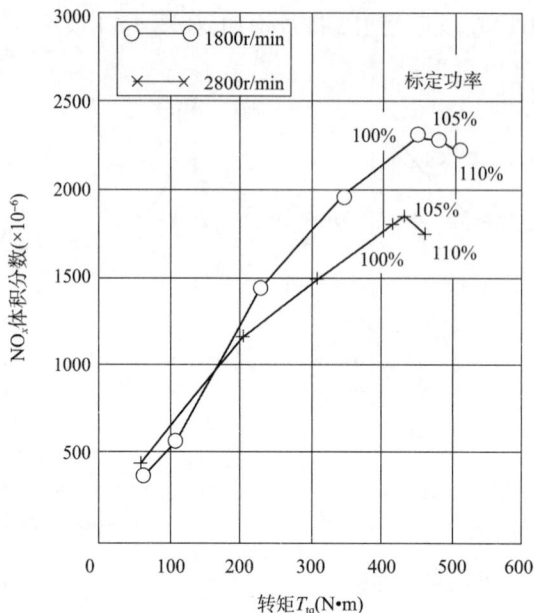

图 4-21　柴油机不同负荷下的 NO_x 排放

（直喷式自然吸气车用柴油机，$6 \times 102mm \times 118mm$，$\xi_c = 16.5$）

四、燃料性质

1. 柴油十六烷值

柴油的十六烷值对滞燃期有较大的影响。如果十六烷值低，则滞燃期较长，这使缸内在燃烧初期积聚的燃油较多，初期放热率峰值及燃烧时温度较高，因而 NO_x 排放量较多。增加十六烷值可以改善冷起动性能、降低油耗并减少排放。十六烷值高，燃料着火特性好，HC 等不完全燃烧产物减少。在重型发动机上，提高十六烷值可明显地降低 NO_x 的排放，低负荷时减幅达 9%。图 4-22 是 NO_x 排放量随柴油的十六烷值增加而降低的例子，应当指出，燃油的十六烷值较高时，具有较大的冒烟倾向。

2. 芳香烃与多环芳香烃

柴油中的芳香烃组分包括单环、双环及少量三环芳香烃，双环和三环芳香烃统称多环芳香烃。燃料中芳香烃成分是导致炭烟生成量增加的主要原因，因为芳香烃在较高温度下不易发生环破裂，相反更容易直接发生缩聚，生成多环芳香烃的炭烟前体，因此造成更多的炭烟生成。同时它也是致癌物质，因此必须控制燃料中的多环芳香烃。

芳烃含量对柴油机排放的影响，至今尚不能完全定论，主要的原因是不能完全分开芳烃含量的变化与密度、T90、十六烷值变化各自的影响。最近的研究已逐步解开芳烃含量与燃料其他物性的内在关系，研究结果表明，柴油芳香烃含量在 10% ~ 35% 范围内变化，芳香烃每增加 5%，柴油机的 NO_x 平均增加 3%（变化范围：增加 0 ~ 15%）。《世界燃油规范》认为降低柴油芳香烃可以显著降低 NO_x 排放，但其引用数据表明芳香烃总量由 30% 降至 10%

时,对 NO_x 改善约5%,影响并不显著。总体来看,随着柴油芳香烃含量增加,柴油机的 NO_x、HC 排放均呈上升趋势。

3. 密度

密度是柴油的一个重要理化指标,柴油密度对柴油机的喷油时刻、喷油规律会产生影响,同时还会影响喷入缸内油束的喷雾锥角和贯穿距离,从而对柴油机的缸内燃烧过程和污染物生成均有所影响。分析燃料密度对排放的影响是比较复杂的,因为它和发动机所使用的燃料供给系统的结构、性能密切有关,燃料密度的变化将影响燃油喷出速度、动态喷油定时角、油束长度和夹角等,这些都是影响燃烧的重要因素。有研究表明,当柴油密度在820~855kg/m³ 范围内每增加10kg/m³,柴油机的 NO_x 平均增加1%(变化范围:降低0.5%至增加2.5%)。《世界燃油规范》认为,降低柴油密度会降低重型柴油机的 NO_x,但其数据表明将柴油密度由855kg/m³ 降至828kg/m³ 时,排放改善幅度小于5%,影响幅度很小。总体来看,随着密度增加,NO_x 排放整体上升但增加幅度很小,HC 排放下降。

4. 蒸馏特性 T90/T95

T90/T95 指柴油中 90% 或 95% 的成分均已蒸发的温度,剩下的是一些重馏分,蒸馏特性温度 T90/T95 表征了柴油中重质成分的多少,重质成分难以燃烧完全,重馏分燃料含量过多会增加柴油机的微粒排放和尾气烟度。

整理国外研究数据得到的蒸馏特性温度 T90/T95 在 320~370℃ 范围内每降低10℃造成 NO_x 排放平均降低0.5%(变化范围:降低1%至增加1%)。《世界燃油规范》认为 T95 变化对重型柴油机排放降低影响并不显著,但降低 T95 具有降低 NOx 和增加 HC 排放的趋势。总体来看,随着 T90/T95 降低,NO_x 排放整体稍有降低但变化趋势随发动机不同而存在差异。

五、燃烧系统

间接式(分隔式)燃烧系统比直喷式燃烧系统的有害排放物低得多,如图4-23所示。

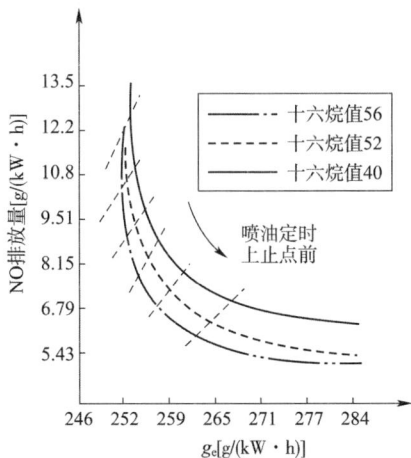

图 4-22 柴油的十六烷值对 NO 排放的影响

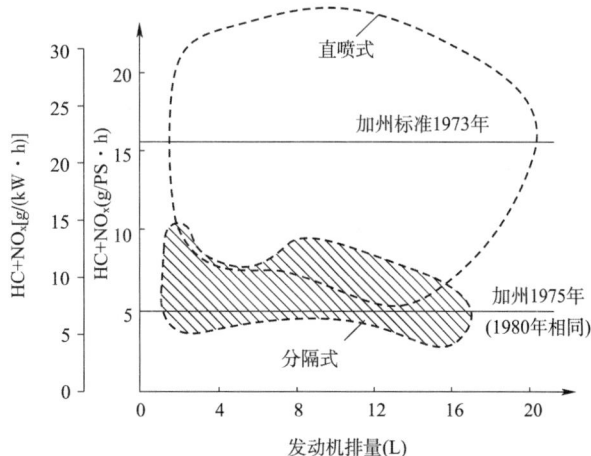

图 4-23 世界各种型号柴油机排放物统计

由于间接喷射式柴油机的混合气形成与燃烧是分两个阶段进行的,其有害排放物的形成也分为两个阶段:首先是在副室中燃烧时生成;随后是来自副室中的气体在主燃烧室内与空气混合后继续再燃烧时生成的排放物。两阶段的反应程度均取决于燃油与氧的浓度、温度、混合和在主、副燃烧室内的滞留时间,这些因素均随柴油机的结构与使用因素而有所变化。

在间接喷射式柴油机中,涡流室的容积约为燃烧室总容积的 50% ~ 70%,预燃室的容积约为燃烧室总容积的 25% ~ 40% 。这类柴油机的燃烧有效程度均与上述副燃烧室的容积比例有关。在喷油开始和燃烧初期,副室内的燃空比一般较大,燃油不可能亦来不及燃烧完全,这就形成了一部分 CO 等不完全燃烧产物和一部分未燃 HC,此时尽管副室燃烧后出现的高温、高压状态,有助于促进 NO 的生成,但是实际上却由于缺氧,使 NO 生成得并不多。当副室内燃料燃烧后生成的各种产物冲入主燃烧室后,由于主燃烧室内已充有较多的新鲜空气,混合气形成与燃烧的条件均很有利,促进了 CO、HC 等的进一步反应。而且在间接喷射式柴油机中,散热面积较大,在副室内气体冲入主燃烧室的过程中,温度就有所下降,再与主燃烧室的低温空气相混合后,气体的温度就更低,这就使 NO 的生成受到抑制,这就是间接喷射式柴油机 NO_x 排放量比较低的原因。

当间接喷射式柴油机在部分负荷下使用,加大负荷时,循环后期喷入的燃油增多,必然会使副室中的氧浓度相对减少,因此在副室中最后喷入的这部分燃油的燃烧程度减少,于是可以认为在副室中,HC 和 CO 的形成量将随负荷的增大而增加,但是由于在膨胀行程时汽缸内气体的温度也较高,使在主燃烧室内的氧化速率加快,最终可使排气中的 HC 和 CO 含量降低。然而,在小负荷的工作条件下,随着负荷的增加,燃烧室内气体温度增高,NO 的排放量是增加的。

当负荷加大到接近冒烟极限时,情况就发生变化。这时,虽然主燃烧室中可以达到很高的温度,但由于氧浓度已降低和滞留时间较短,氧化速率受到限制,不足以消除来自副室的大量 HC 和 CO。由于这些原因,在接近冒烟极限的负荷工作时,柴油机的 HC 和 CO 排放量可能有所增大,而 NO 的排放量却有所降低。当然,高温促进了燃料的裂解,使颗粒物排放也随之增加。

图 4-24 ~ 图 4-26 是汽油机、涡流室柴油机和增压中冷直接喷射式柴油机的 CO、HC 和 NO 的排放与平均有效压力 p_{me} 的关系。图中汽油机的取值转速范围是 2 000 ~ 6 000r/min,柴油机取值的转速范围是 2 000 ~ 4 500r/min。

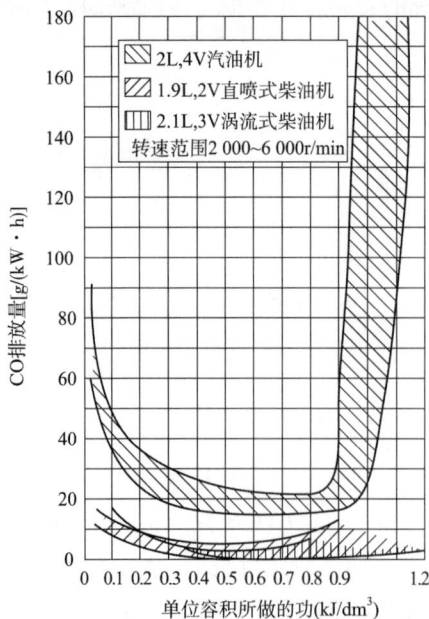

图 4-24　汽油机与柴油机的 CO 排放特性比较

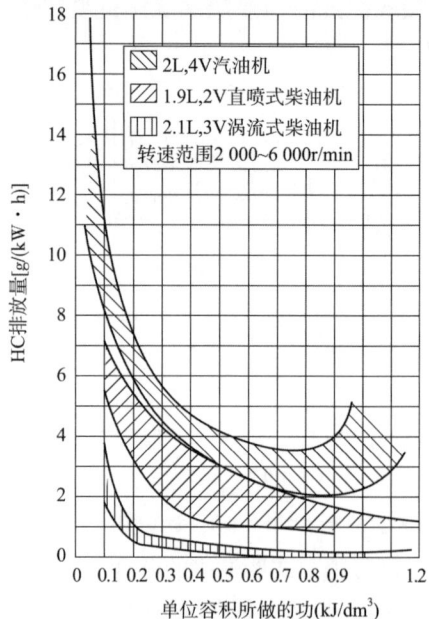

图 4-25　汽油机与柴油机的 HC 排放特性比较

从图中可以看出，汽油机的排气污染物排放量最大。除了 CO 以外，涡流室柴油机的排气污染物都比直喷式柴油机低。汽油机在高负荷时的极高的 CO 排放是因为为提高 10% 的转矩而采取的浓混合气运行造成的。

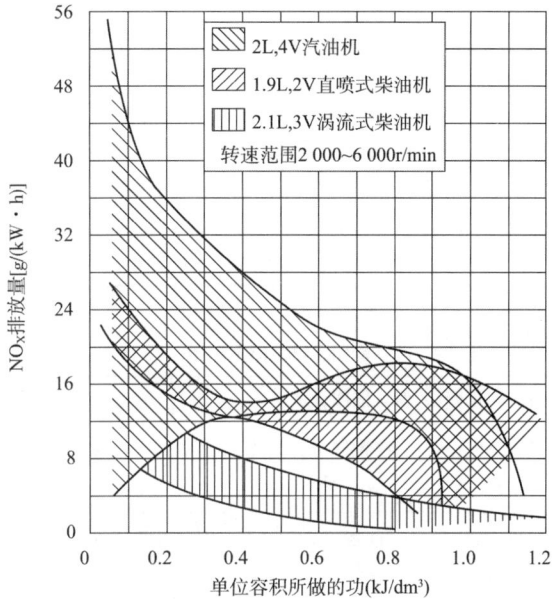

图 4-26　汽油机与柴油机的 NO_x 排放特性比较

第四节　柴油机的微粒、炭烟生成机理及其影响因素

柴油机排出的微粒物一般要比汽油机高 30 ~ 80 倍，其直径大约在 0.1 ~ 10μm 范围内，其中对人体和大气环境危害最大的是 2.5μm 左右的微粒，它悬浮于离地面 1 ~ 2m 高的空气中，容易被人体吸入，不但对人体产生危害，也是造成能见度变差的原因。近年来，国内外对柴油机微粒物排放的限制和研究十分重视，除对微粒物中的炭烟早已进行限制外，1980 年美国环保局还正式颁布了轻型柴油客车和轻型柴油卡车的微粒总量排放标准。1999 年我国国家标准《汽车排放污染物限值及测试方法》（GB14761—1999）也对柴油车总微粒物的排放量进行出了明确规定。

一、微粒的组成与特征

柴油机微粒（又称颗粒或颗粒物）可表示为 PM（Particulate Matter）或 PT，可定义为柴油机排气经过稀释后，在低于 52℃ 时，通过规定滤纸，过滤在滤纸上的，除水以外的包括炭烟、可溶性有机物、硫酸盐等物质。通常认为，由于柴油机采用扩散燃烧方式，产生颗粒物和炭烟是不可避免的。

柴油机排出的微粒与汽油机不同。汽油机排放的微粒主要是含铅微粒和低分子量的物质。柴油机排气微粒的组成要复杂得多，它是一种类似石墨形式的含炭物质并凝聚和吸附了相当数量的高分子量的聚合物。一般认为柴油机微粒是由三部分组成的，如表 4-1 所示，即（干）炭烟 DS、可溶性有机物（SOF）和硫酸盐。其中 SOF 又可根据来源不同分为未燃燃料和未燃润滑油成分，两者所占比重随具体的柴油机不同而异，但一般可认为大致相等。也有的资料按化学成分或性质分类,把 SOF 分为碱类、酸类、烷烃类、芳香烃类、不稳定类、氧化类和其余不可溶类,如表 4-2 所示。

柴油机颗粒物的组成　　　　　　　　　　　　　　　　表 4-1

成　　分	质量分数 (以百分数计)	成　　分	质量分数 (以百分数计)
干炭烟(DS,Drysoot)	40~50	硫酸盐	5~10
可溶性有机物 (SOF,Solublc,Fraction)	35~45		

可溶性有机成分 SOF 的组成　　　　　　　　　　　　　　表 4-2

类　　别	成　　　　分	所占比例(以百分数计)
酸	芳香族或脂肪族化合物,酸官能团,苯酚和羟基	3~15
碱	芳香族或脂肪族化合物,碱官能团,胺	<1~2
烷烃	支链和支链脂肪族化合物,多种同分异构物,未燃烧的燃油和(或)润滑油	34~65
芳香烃	未燃烧的燃油、部分燃烧和重新组合的燃烧产物、润滑油,单环化合物,多核芳香族化合物	3~4
氧化物	中性的有机链官能团,乙醛、甲酮或乙醇,芳烃苯酚和苯醌	7~15
不稳定类	脂肪族和芳香族化合物,羧基官能团,甲酮、乙醛、脂、乙醚等	1~6
不可溶类	脂肪族和芳香族化合物,羟基和羧基,高分子有机物,无机化合物,过滤器中的不利纤维	6~25

　　柴油机的排烟,通常可分为白烟、蓝烟和黑烟三种。烟色不同,形成的原因也不同。其中,白烟是直径在 $1\mu m$ 以上的微粒,一般在寒冷天气,冷机起动和怠速工况时发生。因汽缸中温度较低,发火不良,燃油不能完全燃烧而以液滴颗粒状态随排气排出而形成白烟。待暖车正常工作后,白烟就即刻消失。改善柴油机的起动性能后,白烟就可减少。

　　蓝烟是燃油或润滑油在几乎没有燃烧或部分燃烧而处于分解状态下,呈直径更细小(在 $0.4\mu m$ 以下)的液态微粒的排出物。通常在柴油机充分暖车之前,或在很小的负荷下运行时,在燃烧室温度低,燃烧不良的条件下发生的。排出蓝烟的同时,由于燃烧的中间产物醛类也随之排出,因此带有刺激性的臭味。

　　白烟和蓝烟都是燃油的液状微粒,本质上并无差别,只是微粒直径大小不同而已。不同的颜色是由于不同直径微粒对光线发射不同而引起的。

　　黑烟通常是在大负荷时产生。此时,燃烧室中温度较高。由于喷入的燃料较多,混合气形成不均匀,不可避免地出现局部地区空气不足的燃烧,燃油在高温缺氧的条件下,易于裂解、聚合形成炭烟。炭烟中并非纯粹是炭,而是一种聚合体。其主要成分是炭,含量达85%以上,还含有少量的 O_2、H_2、灰分和一系列多环芳香烃化合物等。一般认为,炭烟颗粒本身对人体健康的直接影响不大,而对人体危害大的是炭烟颗粒上凝聚和吸附的有机物和 SO_2等。试验证明,这些可溶性有机物(如多环芳香烃、苯并芘等)具有致变作用,90%是致癌物质。

　　微粒的生成机理如下:

柴油机排放的微粒主要由柴油中的碳生成,其生成的条件是高温和缺氧,并受燃油种类、燃油分子中的碳原子数及氢原子比的影响。一般认为,柴油机微粒是燃料在高温缺氧条件下经过裂解脱氢以后的产物,根本原因是柴油机燃烧过程中存在非均相燃烧而形成碳核,这些碳核具有很强的亲和力,能凝聚和生长,再经过吸附和集聚过程而成为最终的排出微粒。

关于微粒在柴油机中的生成机理,虽然各国已经做了大量工作,但由于柴油机异相燃烧的复杂性,至今还缺乏较理想的定型模型,因而仍然是有待于探索和解决的一项重要课题。

柴油机微粒的生成过程十分复杂,经过一系列物理化学变化后形成,一般经历如下几个阶段:

(1)裂解与成核。

在高温缺氧的状态下,柴油发生部分氧化和热裂解,生成各种不饱和烃类,如乙烯、乙炔及其较高阶的同系物 C_nH_{2n-2} 和多环芳香烃(Polycyclic Aromatic Hydrocarbon,PAH),通常认为 PAH 是生成炭粒的先导物,是产生微粒的基础。这些不饱和烃类不断脱氢形成原子级的炭粒子,逐渐聚合成直径 2nm 左右的炭粒的核心。

(2)表面生长和凝聚。

气相的烃和其他物质在碳核表面凝聚,同时还发生脱氢反应,但不会改变炭粒数量。而聚集过程指通过碰撞使炭粒长大,炭粒数量减少,生成直径 1μm 以下的链状或团絮状的多孔性聚合物。

(3)炭粒的氧化。

在炭粒的整个生成过程中,不论是先兆物、晶核还是聚集物,都可能发生氧化。用专门的测试方法可测得,柴油机汽缸内的炭粒峰值浓度远远大于排放浓度,说明燃烧过程所生成的炭粒大部分已在排气过程开始前被氧化掉。在火焰中出现的多种化学物质,如 O_2、O、OH、CO_2、HO_2 等,可能参与炭粒的多相燃烧反应。在氧是重要氧化剂的稀混合气火焰中,由于大聚集物的破碎,炭粒的数目会增加;在 OH 基是主要氧化剂的浓混合气火焰中,OH 基以很高的反应活性起作用,而不会使聚集物破碎。由于炭粒的氧化为其表面的多相反应,故聚集作用对氧化不利。氧化作用需要有一定的温度,至少在 700~800℃之间,故只能在燃烧过程和膨胀过程进行。在柴油机气缸内高压条件下,炭粒的氧化速度很快,在开始氧化的3ms 内,就可以氧化掉已生成炭粒总质量的 90% 以上。随后的氧化,则取决于炭粒与空气的混合速率,并随着膨胀过程逐渐缓慢下来。炭粒的多相氧化产物主要是 CO,而不是 CO_2,故排放的炭粒通常只占在燃烧室中出现数量的很小比例(<10%)。

(4)SOF 的吸附与凝结。

柴油机排气微粒生成过程的最后阶段,是组成 SOF 的重质有机化合物向炭粒聚集物的凝结与吸附,这个阶段主要发生在燃气从发动机排出并被空气稀释之时,通过吸附与凝结使炭粒表面覆盖 SOF。

吸附是未燃的 HC 或未完全燃烧的有机物分子通过化学键力或物理力(范德华)黏附在炭粒表面。这个过程取决于炭粒具有的可吸附物质的总表面以及驱动吸附过程的吸附质的分压力。当排气的稀释比增大、温度下降时,炭粒表面活性吸附点的增加起主要作用,SOF增加。但当温度下降过多时,吸附质分压力减小,SOF下降。

凝结发生在炭粒周围的气体有机物的蒸气压力超过其饱和蒸气压时。增大稀释比会减小气体有机物的浓度,从而降低其蒸气压。此外,降低温度也会使饱和蒸气压降低。最容易凝结的是排气中低挥发性的有机物,其来源为未燃燃油中的重馏分、已经热解但未燃烧的不完全燃烧有机物及窜入燃烧室的润滑油微粒。若柴油机排气中未解 HC 浓度高,则冷凝作用强烈。

目前,对于柴油机排出的白烟、蓝烟和炭烟的不同成因,有研究者认为是温度起了决定性作用。即 250℃ 以下形成白烟,在 250℃ 至着火温度之间形成蓝烟,炭烟仅在着火后才有可能出现。

既然白烟和蓝烟是未燃烧的燃油微粒,那么混合气的着火条件不良应是其形成的要因。试验证明,在以下几种情况下都会生成白烟或蓝烟。

(1)因混合气浓度在燃烧界限之外,不能达到着火状态;

(2)某些燃料还未达到着火温度;

(3)喷油后形成的混合气虽然达到了可能着火的条件,但相对于喷油期来说,时间太短,来不及燃烧就被排出;

(4)在已着火的区域内,快速产生部分燃烧产物后,火焰就熄灭了;

(5)局部有未达到燃烧界限的混合气存在。

对于以炭烟为主的微粒的生成机理,概括地说是由烃类燃料在高温缺氧条件下裂解生成的。由于柴油机混合气极不均匀,尽管总体是富氧燃烧,但局部的缺氧还是导致了炭烟的形成,其详细的机理,即从燃油分子到炭烟颗粒生成整个过程中的化学动力学反应及物理变化过程尚不十分清楚。一般认为,当燃油喷射到高温的空气中时,轻质烃很快蒸发气化,而重质烃会以液态暂时存在。液态的重质烃在高温缺氧条件下,直接脱氢炭化,成为焦炭状的液相析出型炭粒,粒度一般比较大。而蒸发气化了的轻质烃,经过如图 4-27 所示的不同的复杂途径,产生气相析出型炭粒,粒度相对较小。首先,气相的燃油分子在高温缺氧条件下发生部分氧化和热裂解,生成各种不饱和烃类,如乙烯、乙炔及其较高的同系物和多环芳香烃;它们不断脱氢形成原子级的炭粒子,逐渐聚合成直径 2nm 左右的炭核;气相的烃和其他物质在炭核表面的凝聚,以及炭核相互碰撞发生的凝聚,使炭核继续增大,成为直径 20 ~ 30nm 的炭烟基元;而炭烟基元经过相互凝聚形成直径 1μm 以下的球状或链状的多孔性聚合物。重馏分的未燃烃、硫酸盐以及水分等在炭粒上吸附凝聚,形成微粒排放。

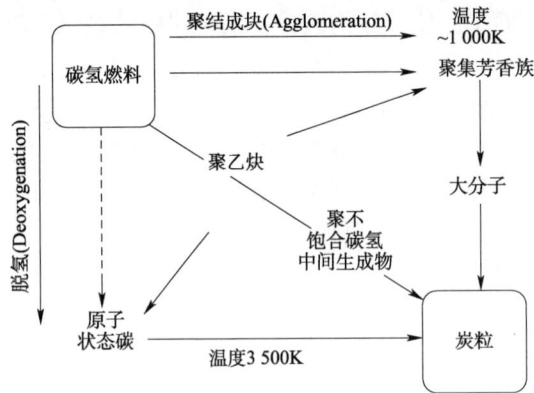

图 4-27 炭烟的生成途径

微粒与炭烟的关系是包含与被包含的关系,炭烟是微粒的主要组成部分,炭烟排放的升高和降低必然导致微粒排放的相应变化,但两者的升高和降低未必成比例。柴油机在高负荷工作时,炭烟在微粒中所占比例升高,而在部分负荷时则有所降低。由于重馏分的未燃烃、硫酸盐以及水分等在炭粒上吸附凝聚,很多情况下,炭烟即指微粒。

根据一些碳氢化合物(如乙烯、丙烷和甲苯等)在定常燃烧装置及预混合火焰条件下的试验结果,得出了过量空气系数 ϕ_a 和温度对炭烟生成的影响如图 4-28 所示。图中给出了炭烟产生的区域,其中点的密度定性地表示炭烟生成的概率。由图可知,从 $\phi_a = 0.6$ 开始,随 ϕ_a 减少,炭烟生成量增大;受温度的影响,炭烟生成量在 1 600 ~ 1 700K 范围内出现最大值,而温度过高或过低时炭烟都有所下降。

尽管在过量空气系数 $\phi_a > 0.6$ 区域内不会产生炭烟,但 NO_x 的生成量会随 ϕ_a 的上升而增多,大约在 $\phi_a = 1.1$ 时达到峰值,这是因为 NO_x 的生成条件是高温富氧。而炭烟的生成条件是高温缺氧,这样就在炭烟和 NO_x 排放之间相反的变化趋势,如图 4-29 所示,即降低炭烟的有效方法往往会引起 NO_x 排放的上升。

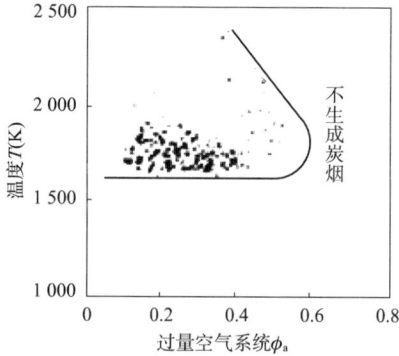

图 4-28　炭烟的生成与温度和过量空气系数的关系

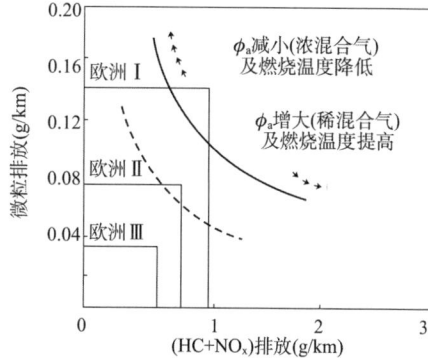

图 4-29　炭烟与 NO_x 排放之间的关系

图 4-30 所示为柴油机中炭烟形成的温度和过量空气系数条件,以及上止点附近时,柴油机中各种过量空气系数的混合气在燃烧前以及燃烧后的温度。由于发动机工作过程进行得很快,混合气各部分之间的换热过程可以忽略不计,混合气的温度是按绝热条件计算出来的。很明显,过量空气系数 $\phi_a < 0.5$ 的混合气,经过燃烧以后必定产生炭烟。在图 4-30 上还标出了各种温度和过量空气系数条件下,燃烧 0.5ms 以后的 NO_x 浓度。若要使燃烧后炭烟和 NO_x 都很少,混合气的过量空气系数应该在 0.6 ~ 0.9 之间。这是一种理论上的思路,在实际中如何将柴油机的过量空气系数(包括局部的过量空气系数)控制在这样一个狭窄的范围内,而又保证完全燃烧,是一个特别困难的技术课题。

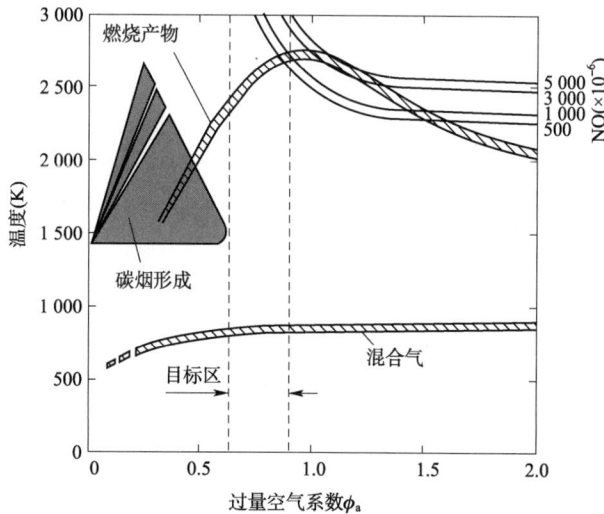

图 4-30　柴油机燃烧中炭烟与 NO_x 形成的温度和过量空气系数条件

下面进一步讨论预混合燃烧和扩散燃烧中炭烟生成的过量空气系数条件。

在着火前(滞燃期)喷入汽缸的燃油,先和空气混合,然后才燃烧。这部分燃油的燃烧是预混合燃烧。柴油机预混合燃烧的产物与着火时的混合气状态关系很大。对油束燃烧的研究表明,在着火时,有很多燃油已经气化。图 4-31 是一个典型的例子。图的左半部是对许多油束进行测量,并进行统计计算后所得的过量空气系数分布。着火往往发生在过量空气系数 ϕ_a 为 0.7 左右的区域。图的右半部是油滴的质量流量,大多数油滴的直径在 $5\mu m$ 以下,这种大小的油滴蒸发和燃烧几乎同时发生。

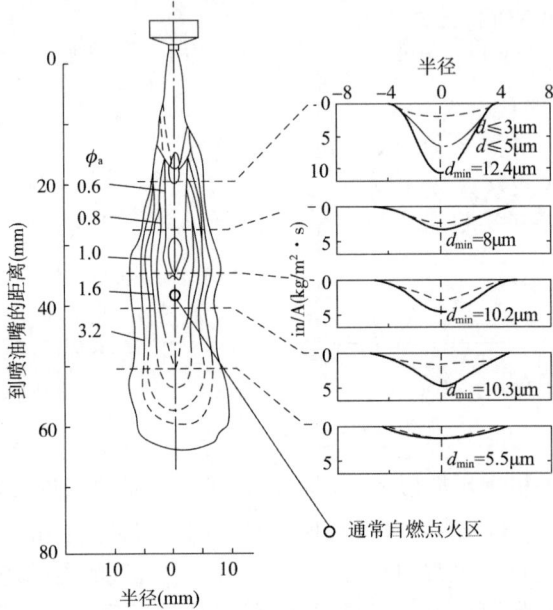

图 4-31　柴油机着火时油束中过量空气系数分布和各截面的燃油流量

油束中的混合气在预混合燃烧中的状态变化如图 4-32 上箭头所示。在预混合燃烧中,大部分混合气的过量空气系数 $\phi_a > 0.7$,NO_x 的生成量较大,尽管在预混合燃烧中燃油分布较均匀,但仍有其不均匀性,仍有少量炭烟生成。双线箭头表示的部分燃油的过量空气系数 ϕ_a 在 $0.6 \sim 0.9$ 之间,炭烟和 NO_x 的生成量均很少。

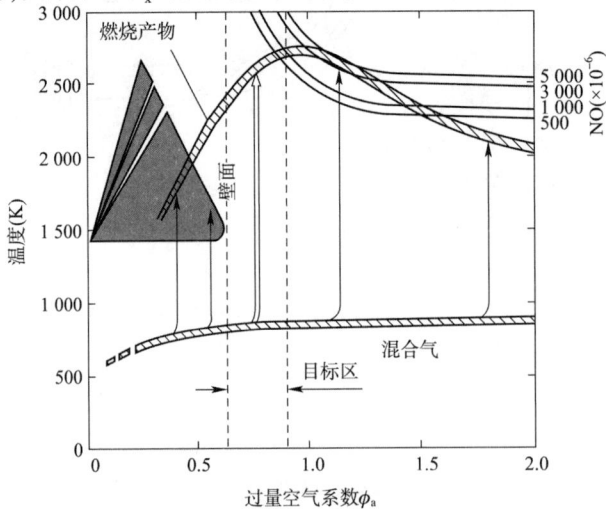

图 4-32　预混合燃烧过程的混合气状态变化

着火以后喷入汽缸的燃油,将扩散到空气或燃气中燃烧,这个阶段的燃烧属于扩散燃烧。燃油和空气及燃气的混合气在扩散燃烧中的状态变化如图 4-33 上箭头所示。图上的横坐标是燃油和缸内混合气混合后的瞬时过量空气系数,状态变化曲线上的数字表示燃油进入汽缸时所直接接触的缸内混合气的过量空气系数。从图上可以看出,喷入过量空气系数 ϕ_a 低于 4.0 的混合气区的燃油都会产生炭烟。在温度低于炭烟形成温度的过浓混合气中将形成不完全燃烧的液态 HC。

为减少扩散燃烧中的炭烟形成,应尽量避免燃油与高温缺氧的燃气混合。强烈的气流运动以及燃油的高压喷射都有助于燃油与空气的混合。

燃油喷射结束后,燃气和空气进一步混合,其状态变化如图 4-33 上的虚线箭头所示。

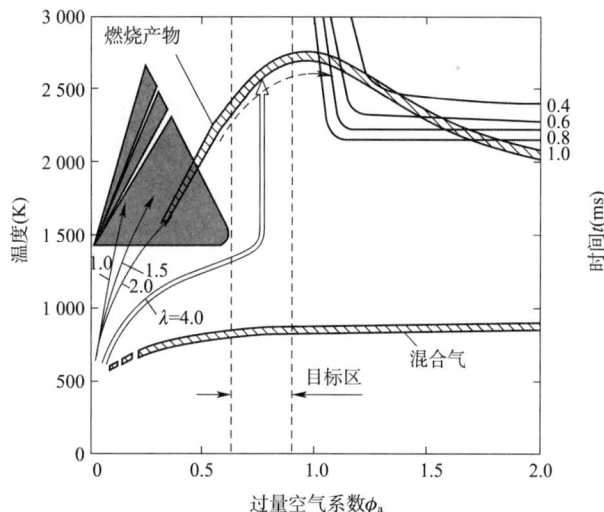

图 4-33　扩散燃烧过程的混合气状态变化

在燃烧过程中已经形成的炭烟和颗粒物,只要能遇到足够的氧化氛围和高温,会发生氧化反应,其体积缩小甚至完全氧化掉。即在整个燃烧过程中,炭烟和颗粒物要经历生成和氧化两个阶段。对燃烧过程的高速摄影以证实,在燃烧初期上止点附近(燃料着火后 5° ~ 10° 曲轴转角)都会出现大量炭烟,但其中的大部分会在随后的燃烧过程中燃烧、氧化掉。因所处局部区域的氧化条件不同,氧化速率不同或由于燃气膨胀而使缸内局部温度下降到反应温度(约 1 300K)以下而最终形成炭烟和颗粒物排放。图 4-33 的右上角表示直径为 0.04μm 的炭烟在各种温度和过量空气系数条件下,被完全氧化所需的时间。直径为 0.04μm 的炭烟在 0.4 ~ 1.0ms 之间被氧化的条件与图 4-30 上表示的大量产生 NO_x 的条件基本相同。加速炭烟氧化的措施,往往同时带来 NO_x 的增加。因此,为了同时降低 NO_x 的排放,控制炭烟排放应着重控制炭烟的生成阶段。

二、影响颗粒物生成的主要因素

1. 转速与负荷

图 4-34 表示全负荷工作时,两种不同燃烧室的柴油机的烟度随转速变化的关系。可以看出,在整个速度范围内,涡流室燃烧室柴油机的烟度要比直喷式燃烧室柴油机的烟度低一些。而且随着转速的提高,直喷式柴油机的混合气形成与燃烧变差,从而使排烟有所增加。

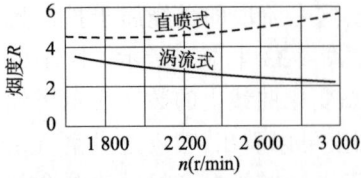

图 4-34　柴油机全负荷工作时,烟度随转速的变化关系

图 4-35 表示在不同转速下,两种不同燃烧室的柴油机的烟度随负荷的变化关系。可见,转速恒定时,柴油机排烟随负荷增加而增加。这是因为转速不变时,柴油机每个循环的进气量基本相同,负荷的调节是靠改变循环喷油量来实现的。循环喷油量随负荷增加而增加,则燃空比随负荷增加而增加(在柴油机中,燃空比和负荷的含义是一致的),即过量空气系数随负荷增加而减少,从而有利于炭烟的生成。从各种负荷下的排烟情况比较看,在低转速 1 200r/min 时,涡流室燃烧室柴油机的排烟情况稍差。例如,限制波许烟度值为 2 时,涡流室燃烧室柴油机的最大功率将降低到原有的 80%,而直喷式柴油机却要好一些。但在高转速 3000r/min 时,涡流室燃烧室柴油机的排烟情况比直喷式柴油机要好。若同样限制波许烟度值为 2,涡流室燃烧室柴油机的最大功率只要稍微降一点,相当于原来的 97% 即可满足要求。此时,直喷式柴油机的最大功率却要下降到原有的 62%。原因在于涡流室燃烧室的混合气形成,取决于压缩过程中在涡流室内形成的有组织的气流运动,而压缩涡流运动正是与柴油机转速成正比的。转速提高,涡流则加强,混合气形成就加快,两者相互适应。故涡流室燃烧室柴油机在高速大负荷下工作,排烟的情况要比直喷式柴油机好。

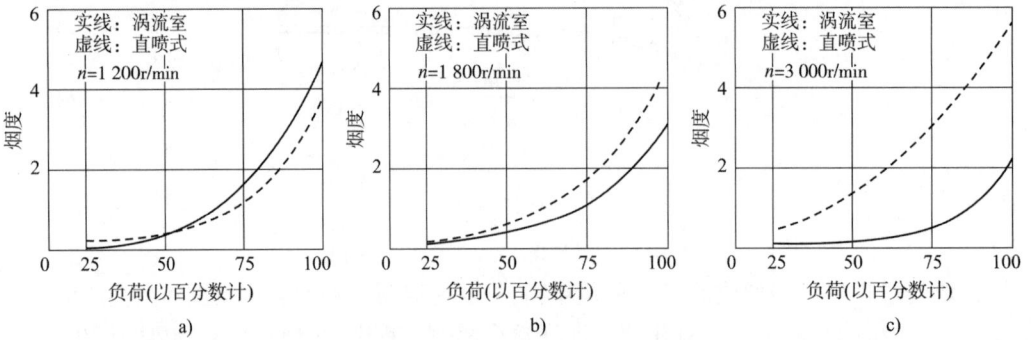

图 4-35　柴油机烟度随负荷的变化关系

图 4-36 和图 4-37 是稳定运转状态下转速与负荷对柴油机排烟的综合影响。

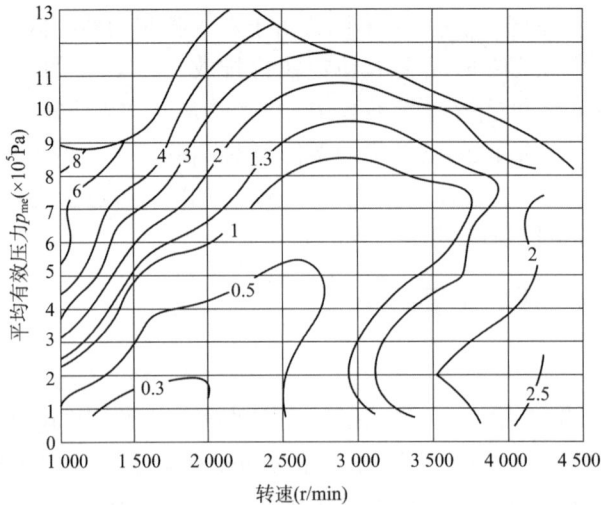

图 4-36　一台 1.9L2V 气门涡轮增压中冷直喷式柴油机的烟度排放特性[数据单位:g/(kW·h)]

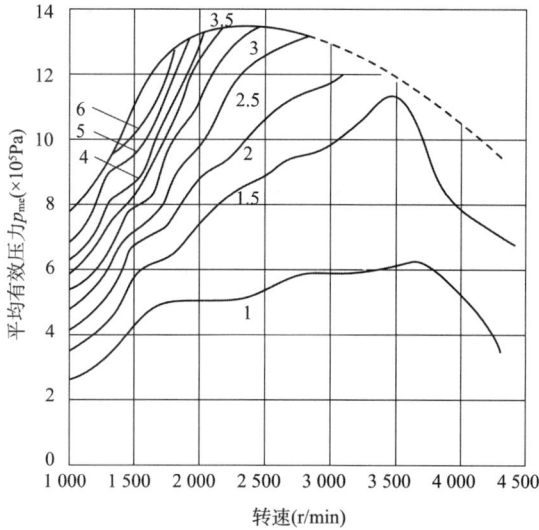

图 4-37 一台 3 气门涡轮增压涡流室柴油机的烟度特性(数据单位:波许烟度)

2.喷油提前角与喷油速率

在直喷式柴油机中,当其他参数保持不变时,提前喷油可以降低炭烟排放,其原因是提前喷油时,燃油在较低的温度和压力下喷入汽缸,使得着火延迟期延长,着火前喷入汽缸的燃油量较多,预混合燃烧程度增大,有利于抑制炭烟生成。而且由于燃烧初期放热率升高,燃烧最高温度提高,使燃烧过程结束较早,有利于已经生成的炭烟和颗粒物在缸内局部温度下降到反应温度(约 1 300K)之前的氧化反应。但是,提前喷油会使 NO_x 排放增加。

基于上述燃烧过程结束早能改善颗粒物排放的同一原因,提高初始喷油率也能有效地减少颗粒物排放。

与直喷式柴油机不同的是,随着喷油提前角的前移,涡流室式柴油机的炭烟排放增加,如图 4-38 所示。这是因为混合气在涡流室中过早燃烧,造成涡流室与主燃烧室之间的压力差,阻碍空气从主燃烧室流向涡流室,减少了涡流室的空气量和有效容积。

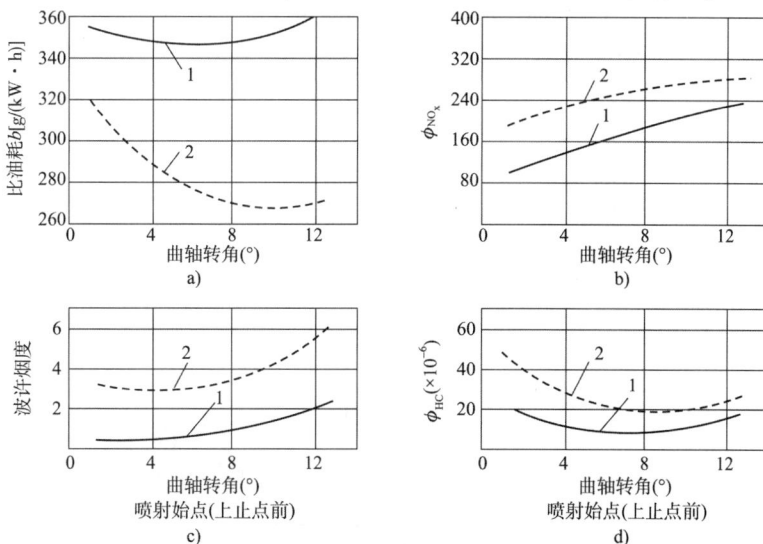

图 4-38 喷油提前角对涡流室式柴油机的排放和油耗的影响

1-较低的部分负荷;2-全负荷

3．喷油压力

喷油压力对柴油机颗粒物排放有很大影响。提高喷射压力，可使燃油喷雾颗粒进一步细化，增大燃油与空气的接触表面积和缩短蒸发时间，并且由于高速燃油喷注对周围空气的卷吸作用，使混合气的形成速度大大加快和浓度分布更均匀，着火落后期缩短，着火位置向喷注前端转移。高压喷射造成的这种高温高速以及混合能量很大的燃烧过程使颗粒物排放有明显改善。如图 4-39 所示，当喷油压力由 80MPa 提高到 160MPa 时，大负荷（$\phi_a = 1.3$）的波许烟度由 1.7BSU 降到 0.5BSU 以下，中等负荷时接近 0。如果不采取其他措施，一般高压喷射会使 NO_x 排放增加。

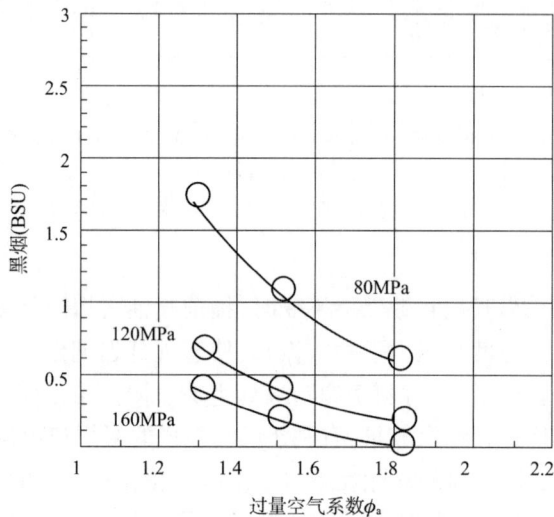

图 4-39　高压喷射降低炭烟的效果

4．喷油器结构与性能

喷油器的结构与性能对颗粒物排放的影响也很大。图 4-40 为小型直喷式柴油机喷油器的喷孔数对炭烟排放的影响。将喷油器的喷孔数由 4 孔增加到 6 孔，可以降低炭烟排放。过多的喷孔则由于贯穿力不足和喷注干扰而影响效果。

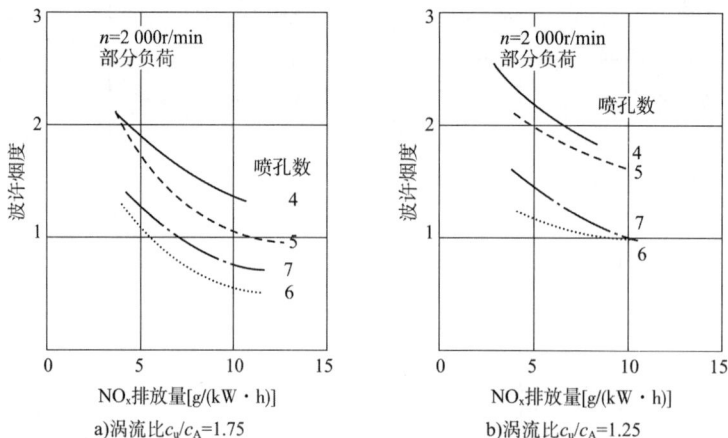

图 4-40　喷油器的喷孔数对炭烟排放的影响

减小喷孔直径会使燃油喷雾颗粒细化，降低颗粒物排放。但当喷油器孔长与孔径比增大到超过某一极限时，却使颗粒物排放增加。

喷油器针阀与阀座关闭不严造成的滴漏,或由于喷油泵出油阀减压作用不够,使针阀落座缓慢造成的滴漏,或是针阀落座之后,再次离座升起而发生二次喷射现象,均由于雾化、混合不良而对炭烟颗粒排放和柴油机运转有不良影响。

上述影响柴油机排放的供油系参数(喷油提前角、喷油规律、喷油压力等)和结构因素(喷油器的结构和尺寸)中,某些参数的变动,可能只降低某种排放物的量,却使另一种增加,或者虽能降低有害排放物的量,但会使燃油经济性及动力性恶化,因此为了净化排气而变动某些参数时需全面考虑。

5. 柴油品质

柴油的十六烷值对排气烟度有明显影响,图 4-41 所示的试验结果表明,燃油的十六烷值较高时,具有较大的冒烟倾向。原因是十六烷值高的燃油,稳定性较差,在燃烧过程中易于裂解,使炭的形成速率较高的缘故。然而,降低十六烷值以获得排烟的改善是不可取的,因为十六烷值低的燃油,滞燃期较长,这使缸内在燃烧初期积聚的燃油较多,导致柴油机工作粗暴,NO_x 排放增加。

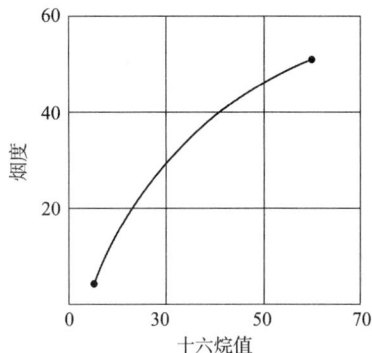

图 4-41　直喷式柴油机中燃料十六烷值对排放的影响

燃油中的碳氢成分,特别是芳香烃含量以及馏程,对颗粒物排放量有明显的影响。试验表明,燃油中的芳香烃含量和馏程温度愈高,则相同的试验条件下排出的颗粒物也愈多。因为炭烟的生成是燃油在高温缺氧区脱氢反应所致,而芳香烃、特别是高沸点的双环芳香烃容易产生脱氢反应,从而增加了炭烟生成量。此外,燃油中的游离炭与残炭含量,可能起了颗粒物"成核"的作用。

燃油中的硫含量能明显增加颗粒物排放。若将硫含量从 0.5% 降为 0.03%,将使轻型车的颗粒物排放降低7%,使重型车的颗粒物排放降低4%。针对柴油机过量空气系数大于 1 的特点而研制的氮氧化物催化转换器也会因硫而失效。因此,硫含量越低越好。

6. 其他因素的影响

由于高温缺氧是造成炭烟生成量增加的重要原因,所以,凡能提高充气效率以增大进气量的措施,都可以减少炭烟排放。适当提高燃烧室内的空气温度和壁温,可以改善燃料着火条件,减少微粒排放。

第五章 汽车排放污染物成分的预测

汽车排放污染物成分主要是其发动机燃烧室在燃烧过程中或燃烧过程后形成的。在排气系统中发生的化学反应可以使某些化合物成分浓度降低，也可以使另一些化合物浓度增加。但由于在排气过程中，有关排气成分演变的物理、化学现象还难于用计算公式来表示，因此，以下的介绍主要是燃烧产物的计算预测。

汽车发动机用的液体燃料，是各种不同分子结构及分子量的烃（包括烷烃、烯烃、环烷烃与芳香烃等）的混合物。这种烃燃料可以用 C_mH_n 通式来表示。烃燃料与空气组成的混合气的燃烧，主要是碳、氢、氧、氮4种元素的化学反应。一般，当燃烧时有过量空气存在，且燃烧温度不高于2000K，那么不完全燃烧产物和 NO 等成分就很少，燃烧产物的主要成分是 CO_2、H_2O、N_2 和 O_2；当燃烧时若空气不足，燃烧产物中就可能有 CO 和 H_2 成分。实际发动机工作时，燃烧室内局部燃烧区的气体温度有时可高达3 000K 以上，在这样高的温度下，完全燃烧的气体成分 CO_2、H_2O、N_2 和 O_2，就有可能离解出 CO、H_2、H、OH 及 O，并在高温下生成 NO 等成分。例如，在汽油机的运行条件下所遇到的温度和压力范围内，燃烧产物就经常包括 CO_2、H_2O、N_2、O_2、CO、H_2、H、OH、O、NO 等 10 种或 11 种（含极少量的 N 原子时）化合物与元素。这些生成的燃气成分，同时还随温度和压力而变化。

为了根据实际发动机汽缸内气体压力、温度的变化去预测排气的成分，就必须考虑燃烧系统中各个反应的化学平衡。

第一节　燃烧热力学的基本概念

一、反应热、生成热和燃烧热

化学反应过程中，系统在反应前后其化学组分发生变化，同时伴随着系统内能量分配的变化。后者表现为反应后生成物所含能量总和与反应物所含能量总和间的差异。此能量差值以热的形式向环境散发或从环境吸收，称为反应热。显然，生成物所含能量少于反应物所含能量时，此差值为负值，表明有多余能量释放，成为放热反应。相反，此差值为正值，即要向系统加入能量，为吸热反应。如 $C + O_2 \rightarrow CO_2$，此反应为放热反应，反应热为 $Q = -393.5$ kJ/mol。而 $C + H_2O \rightarrow CO + H_2$ 则为吸热反应，反应热为 $Q = 130.14$ kJ/mol。

化学反应过程所产生的反应热数值与反应时的条件有关。在定温定容过程中，反应热等于系统内能的变化，即 $Q = \Delta U$。在定温定压过程时，反应热等于系统焓的变化，即 $Q = \Delta H$。两种反应热之间存在一定关系。由热力学关系得：

$$H = U + pV$$

式中:p——压力;

$\quad V$——容积。

则:

$$\Delta H = \Delta U + \Delta(pV) = \Delta U + p_2 V_2 - p_1 V_1$$

对于气相反应,认为近似为理想气体,可用状态方程处理,即:

$$pV = nR_\mu T$$

即:

$$p_2 V_2 - p_1 V_1 = (n_2 - n_1) R_\mu T = \Delta n R_\mu T$$

则:

$$\Delta H = \Delta U + \Delta n R_\mu T \tag{5-1}$$

Δn 为反应前后气相物质摩尔数的增加。通常,Δn 较小,而 ΔU 值很大,可认为 ΔH 与 ΔU 近似。

化学反应的种类很多,且反应也是在任意温度下进行的。因此反应热也相应有不同数值。为了比较和计算方便,规定了一个相对标准。把在 298K,0.1013MPa 下反应热定为标准反应热,用符号 ΔH_{298}^0 表示。脚注表示标准状态温度为 298K,肩注表示压力为 0.1013 MPa。如:

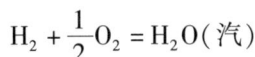

$$H_2 + \frac{1}{2}O_2 = H_2O(汽)$$

$$\Delta H_{298}^0 = -242(MJ/kmol \ H_2)$$

化学反应中由元素——稳定单质反应生成某化合物的反应热,特定为该化合物的生成热。用符号 ΔH_f 表示。如元素 A_1 和元素 A_2 各为 n_1、n_2 摩尔,反应生成化合物 A 为一个摩尔时,其反应热为:

$$\Delta H_f = H_A - (n_1 H_{A_1} + n_2 H_{A_2})$$

在标准状态下,定义稳定单质焓为零,所以,$\Delta H_f^0 = H_A$。化合物反应热即等于其生成热。

常用物质的生成热已由实验测得,计算时只需查表即可。不能通过实验测得的则由计算求出。表 5-1 上给出了常用物质的生成热及热力学参数。

常用物质的标准生成热、自由能和熵   表 5-1

物　　质	分子量 (kg/kmol)	$\Delta H_{f,298}^0$ (MJ/kmol)	$\Delta G_{f,298}^0$ (MJ/kmol)	S_{298}^0 [MJ(kmol·K)]
H	1.008	218.14	203.42	0.114 7
H_2	2.016	0.00	0.00	0.130 7
O	16.000	249.36	231.93	0.161 1
O_2	32.000	0.00	0.00	0.205 2
O_3	48.000	142.77	163.27	0.239 0
OH	17.008	39.49	34.78	0.183 7
$H_2O(g)$	18.016	-241.99	-228.75	0.188 8
$H_2O(l)$		-286.03	-237.35	0.069 9

物　质	分子量 （kg/kmol）	$\Delta H^0_{f,298}$ （MJ/kmol）	$\Delta G^0_{f,298}$ （MJ/kmol）	S^0_{298} ［MJ（kmol·K）］
$H_2O_2(g)$	34.016	− 136.20	− 105.54	0.233 0
$H_2O_2(1)$		− 187.74	− 117.23	0.093 8
N	14.008	472.96	455.82	0.153 3
N_2	28.016	0.00	0.00	0.191 6
NO	30.008	90.35	86.65	0.210 8
NO_2	46.008	33.12	51.28	0.240 1
NH_3	17.032	− 45.93	− 16.39	0.192 7
$S(g)$	32.066	274.86	234.36	0.167 9
SO_2	64.066	− 297.1	− 300.17	0.248 7
$C(g)$	12.011	715.47	670.03	0.158 1
$C(s)$		0.00	0.00	0.005 7
CO	28.011	− 110.60	− 137.26	0.197 7
CO_2	44.011	− 393.79	− 394.67	0.213 8
CH_4	16.043	− 74.92	− 50.85	0.186 3
C_2H_2	26.038	226.88	209.31	0.201 0
C_2H_4	28.054	52.5	68.40	0.219 4
C_2H_6	30.07	− 84.72	− 32.91	0.229 9
C_3H_8	44.097	− 103.92	− 23.49	0.270 0
Cl	35.457	121.09	105.10	0.165 2
Cl_2	70.914	0.00	0.00	0.223 1
HCl	36.465	− 91.98	− 94.98	0.186 9

任意反应的标准反应热 ΔH^0_{298} 可借助于生成热数据求出。如把 $\sum n_i(\Delta H^0_f)_i$ 作为反应物的生成热总和,而把 $\sum n_j(\Delta H^0_f)_j$ 作为生成物的生成热总和,则此反应标准反应热 ΔH^0_{298} 可求得如下:

$$\Delta H^0_{298} = \sum n_j(\Delta H^0_f)_j - \sum n_i(\Delta H^0_f)_i \quad (MJ/kmol\ 燃料) \qquad (5\text{-}2)$$

燃烧反应是燃料与氧发生反应生成水和二氧化碳等稳定产物的一种特定的化学反应,此反应的反应热称为燃烧热。在标准状态下即 298K 和 0.1013MPa 时单位质量的燃料完全燃烧所产生的反应热为此燃料的燃烧热,用符号 ΔH^0_{c298}（MJ/mol）表示。

二、内能、焓、比热

内燃机中的工质为混合气体,混合气体的比内能 μ、比焓 h 和比热 c 的计算公式如下:

$$u = \sum g_i u_i (kJ/kg) \ 或 \ u = \sum x_i u_i \ (kJ/kmol) \qquad (5\text{-}3)$$

$$h = \sum g_i h_i (kJ/kg) \ 或 \ h = \sum x_i h_i \ (kJ/kmol) \qquad (5\text{-}4)$$

$$c = \sum g_i c_i (\text{kJ/kg}) \quad \text{或} \quad c = \sum x_i c_i (\text{kJ/kmol}) \tag{5-5}$$

式中：u_i、h_i、c_i——第 i 种气体的比内能、比焓和比热；

g_i、x_i——第 i 种气体的质量成分$\left(g_i = \dfrac{m_i}{m}\right)$和摩尔成分$\left(x_i = \dfrac{n_i}{n}\right)$。

用质量成分 g_i 计算时，u_i、h_i 单位为 kJ/kg，c_i 单位为 kJ/(kg·K)，而用摩尔成分 x_i 计算时，u_i、h_i 单位为 kJ/kmol，c_i 单位为 kJ/(kmol·K)。

理想气体的比内能、比焓、比热及比热比存在如下关系：

$$u = h - RT \tag{5-6}$$

$$c_v = \left(\frac{\partial u}{\partial T}\right)_v \tag{5-7}$$

$$c_p = \left(\frac{\partial h}{\partial T}\right)_p \tag{5-8}$$

$$c_p - c_v = R \tag{5-9}$$

$$k = \frac{c_p}{c_v} \tag{5-10}$$

应用上述各式时同样要注意单位。

三、燃烧产物气体的吉布斯自由焓

自由焓又叫吉布斯函数，用符号 G 表示，在热力学中，它的定义为 $G = H - Ts$，或 $g = h - Ts$。

在规定的参考压力 $p_0 = 1.01325 \times 10^5 \text{N/m}^2$ 时的吉布斯函数称为标准吉布斯函数 g^0。g^0 只是温度的函数，即：

$$g^0 = g_0 + g(T) \tag{5-11}$$

式中：g_0——绝对零度时的比吉布斯函数。

由于 $T = 0$ 时，$s = 0$，故有：

$$g_0 = h_0$$

从而得：

$$g^0 = h_0 + g(T) \tag{5-12}$$

对于某一种气体，比吉布斯函数由下式确定：

$$\frac{g(T)}{RT} = a_1(1 - \ln T) - a_2 T - \frac{a_3}{2}T^2 - \frac{a_4}{3}T^3 - \frac{a_5}{4}T^4 - a_6$$

式中：$a_1 \sim a_6$——多项式系数，其系数值可以查相关手册。

由于焓 H、热力学温度 T 和熵 s 等都是状态参数，因此自由焓也是状态参数的函数。燃烧产物是混合气体，它的自由焓，同样也可以用混合气体的方法求得。已知混合气体各组分的摩尔成分，可按下式计算 n 摩尔混合气的吉布斯函数：

$$G = n \sum x_i g_i \tag{5-13}$$

式中参数含义同上。

四、瞬时过量空气系数 ϕ_p

内燃机理论循环分析中，为了简化计算，假定工质的质和量均不发生变化。纯空气的相

对分子质量 $\mu_a = 28.964$，燃烧过量空气系数 $\phi_a = 1$ 的混合气时，纯燃烧产物的相对分子质量 $\mu_e = 29.133$。实际燃烧过程中，工质成分及工质其他特性参数随着过程的进行而变化，即工质特性参数随曲轴转角 ϕ 而变化。用瞬时过量空气系数 ϕ_p 来表示工质的成分变化，ϕ_p 又称为广义过量空气系数。假定某瞬时气缸内工质总质量为 m，可以把它分成空气质量和燃料质量两部分，即使对残余废气也是这样处理（由汽缸内残余废气量折算成燃料质量），即：

$$m = m_L + m_B \qquad (5\text{-}14)$$

这样就可引入瞬时过量空气系数的概念，其定义为：

$$\phi_p = \frac{m_L}{m_B \cdot L_0} = \frac{m - m_B}{m_B \cdot L_0} = \frac{1}{L_0} \cdot \frac{m}{m_B} - \frac{1}{L_0} \qquad (5\text{-}15)$$

式中：m_L——汽缸内实际空气质量，若残余废气忽略不计，它就等于每循环吸入汽缸的空气质量；

m_B——汽缸内瞬时燃料质量；

L_0——理论空气量，对于常用柴油 $L_0 = 14.4\text{kg}$ 空气/kg 柴油，对于常用汽油 $L_0 = 14.8\text{kg}$ 空气/kg 汽油。

瞬时过量空气系数随曲轴转角的变化率为：

$$\frac{d\phi_p}{d\varphi} = \frac{1}{m_B \cdot L_0}\left(\frac{dm_L}{d\varphi} - \frac{m_L}{m_B} \cdot \frac{dm_B}{d\varphi}\right) \qquad (5\text{-}16)$$

由式（5-15）可知：纯空气（$m_B = 0$）的瞬时过量空气系数 $\phi_p = \infty$；纯燃烧产物（$m_L = 0$）的瞬时过量空气系数 $\phi_p = 0$。

第二节 燃烧反应的化学平衡及平衡条件

由于燃料燃烧时不断放热使燃烧产物温度增高，高温下会产生分解，增加了逆向反应。例如 $T > 2200\text{K}$ 时，CO_2 和 H_2O 的逆向反应显著：

$$CO_2 \Longleftrightarrow CO + \frac{1}{2}O_2$$

$$H_2O \Longleftrightarrow H_2 + \frac{1}{2}O_2$$

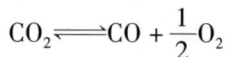

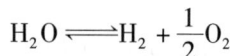

逆向反应会使反应温度降低，反应物和产物的摩尔数改变。为此需考虑正逆反应的化学平衡问题。

从热力学第二定律可知，在等温等压下从化学反应的产物与反应物的吉布斯函数差 ΔG 的正负值，可判断在此条件下该反应进行的方向。若 $\Delta G > 0$，反应就自发地进行。在一定量的化学反应体系中，随着反应的进行，若反应物的浓度逐渐减少，而产物的浓度逐渐增加，产物与反应物吉布斯函数差也逐渐趋于零，等于零时为化学平衡。化学平衡是动态平衡，虽然各组分的量不再随时间而改变，但仍然发生着正向和逆向的化学反应，只不过两者的速率正好相等而已。对理想气体，根据热力学第一定律：

$$H = U + PV$$

$$dH = dU + PdV + VdP$$

又：

$$dU = dQ - dW = TdS - PdV$$

则：

$$dH = TdS + VdP$$

根据吉布斯函数 G 的定义，$G = H - TS$，代入上式得：

$$dG = dH - TdS - SdT = VdP - SdT \tag{5-17}$$

设物系中高气体组分的摩尔数为 n_1、n_2、n_3、$\cdots$、n_i，温度为 T，压力为 P，则吉布斯函数为温度、压力及各组分摩尔数的函数：

$$G = G(T, P, n_1, n_2, \cdots, n_i)$$

其全微分形式为：

$$dG = \left(\frac{\partial G}{\partial T}\right)_{P, n_1, n_2, \cdots} dT + \left(\frac{\partial G}{\partial P}\right)_{T, n_1, n_2, \cdots} dP + \sum \left(\frac{\partial G}{\partial n_i}\right)_{T, P, n_j} dn_i \tag{5-18}$$

在物系中如各气体组分摩尔数不变，即 $dn_i = 0$ 时，将式(5-17)与式(5-18)相比，得：

$$\left(\frac{\partial G}{\partial T}\right)_{P, n_1, n_2, \cdots} = -S \tag{5-19}$$

$$\left(\frac{\partial G}{\partial P}\right)_{T, n_1, n_2, \cdots} = V \tag{5-20}$$

而式(5-18)中，吉布斯函数对摩尔的偏导数称为化学位，用 μ 表示，它是物系吉布斯函数对某一组分摩尔数的变化率，即：

$$\mu_i = \left(\frac{\partial G}{\partial n_i}\right)_{T, P, n_j} \tag{5-21}$$

将式(5-19)~式(5-21)代入式(5-18)中，得：

$$dG = -SdT + VdP + \sum \mu_i dn_i \tag{5-22}$$

当物系不发生化学变化时，即 $dn_i = 0$，则：

$$dG = -SdT + VdP$$

当物系在等温等压下发生化学变化时，由于 $dT = dP = 0$，而 $dn_i \neq 0$，故：

$$dG = \sum \mu_i dn_i$$

由热力学第二定律可知，若 $dG = \sum \mu_i dn_i = 0$，物系处于平衡状态；若 $dG = \sum \mu_i dn_i < 0$，物系将自发地发生化学变化；若 $dG = \sum \mu_i dn_i > 0$，物系不能自发地发生化学变化。

求出 dG 必须先要知道气体的化学位。设 1mol 理想气体在等温条件下，压力由 P^0 变化至 P 时，其化学位的变化为：

$$\Delta G = \mu - \mu^0 = \int_{G^0}^{G} dG = \int_{G^0}^{G} (VdP - SdT) = \int_{P^0}^{P} \frac{RT}{P} dP$$

$$= \int_{P^0}^{P} RT d\ln P = RT\ln \frac{P}{P^0}$$

得：

$$\mu = \mu^0 + RT\ln \frac{P}{P^0}$$

如取标准状态，$P^0 = 0.101\ 3\text{MPa}$，则：

$$\mu = \mu^0 + RT\ln P$$

如果物系可当成理想气体混合物时，则每一气体组分的化学位为：

$$\mu_i = \mu_i^0 + RT\ln P_i \tag{5-23}$$

1867 年 Guldberg 和 Waage 发现了质量作用定律，即反应速率与反应物的浓度成正比，并从正、逆反应速率相等达到动态平衡导出了平衡常数。在此，从热力角度讨论并导出平衡常数。

设某种气体化学中：

$$aA(P_A) + bB(P_B) \Longleftrightarrow lL(P_4) + mM(P_M)$$

反应物及产物均为理想气体，从而构成理想气体的混合物。在平衡时反应物及产物的平衡分压力分别为 P_A、P_B、P_L 和 P_M，则物系的总压力 $P = \sum P_i$。

设在一定的温度和压力条件下，有 $a(dn)$ 个摩尔的 A 与 $b(dn)$ 个摩尔的 B 相互作用，生成 $l(dn)$ 个摩尔的 L 及 $m(dn)$ 个摩尔的 M，则 A、B、L 和 M 四种组分的数量变化分别为：$dn_A = -a(dn)$，$dn_B = -b(dn)$，$dn_L = l(dn)$ 和 $dn_M = m(dn)$。平衡时 $dG = \sum \mu_i dn_i = 0$，则：

$$\begin{aligned} dG &= \mu_A dn_A + \mu_B dn_B + \mu_L dn_L + \mu_M dn_M \\ &= -\mu_A a(dn) - \mu_B b(dn) + \mu_L l(dn) + \mu_M m(dn) \\ &= (l\mu_L + m\mu_M - a\mu_A - b\mu_B)dn = 0 \end{aligned}$$

由于 $bn \neq 0$，必有：

$$l\mu_L + m\mu_M - a\mu_A - b\mu_B = 0 \tag{5-24}$$

或写成：

$$\sum \nu_i \mu_i = 0 \tag{5-25}$$

式中：ν_i——反应式中 i 物质的系数，产物 ν_i 为正，反应物 ν_i 为负。

式(5-25)即为化学平衡条件。

将理想气体混合物中各组分的化学位与其分压力之间的关系式(5-23)应用于 A、B、L 和 M 气体，并代入式(5-24)得：

$$\begin{aligned} l(\mu_L^0 + RT\ln P_L) + m(\mu_M^0 + RT\ln P_M) - \\ a(\mu_L^0 + RT\ln P_A) - b(\mu_B^0 + RT\ln P_B) = 0 \end{aligned}$$

展开并整理成：

$$l\mu_L^0 + m\mu_M^0 - a\mu_A^0 - b\mu_B^0 + RT(l\ln P_L + m\ln P_M - a\ln P_A - b\ln P_B) = 0$$

即：

$$\ln \frac{P_L^l P_M^m}{P_A^a P_B^b} = -\frac{1}{RT}(l\mu_L^0 + m\mu_M^0 - a\mu_A^0 - b\mu_B^b) = -\frac{1}{RT}\Delta G^0 \tag{5-26}$$

式中：ΔG^0——化学反应的标准吉布斯函数差。

由于各组分的 μ_i^0 只是温度的函数，所以对于一定的化学反应，ΔG^0 也只是温度的函数，而与物系的总压及各气体的分压大小无关。因此，在一定温度时，对于一定的化学反应，ΔG^0 为定值，故 $P_L^l P_M^m / P_A^a P_B^b$ 亦为定值，称为化学平衡常数，用 K_P 表示，即：

$$K_P = \frac{P_L^l P_M^m}{P_A^a P_B^b} \tag{5-27}$$

式(5-26)也可写成：

$$\Delta G^0 = -RT\ln K_P$$

即：

$$\ln K_P = -\frac{\Delta G^0}{RT} \tag{5-28}$$

由此可知,如果已知化学反应的 ΔG^0,就可求出 K_P。与由生成热计算反应热一样,可通过物质的生成吉布斯函数 ΔG_f^0 来计算 ΔG^0。ΔG^0 可查阅有关物理化学手册。

第三节　燃烧产物的计算

在简易的燃烧过程计算中,都假设燃烧是"一步完成的""完全的",亦即燃料在有足够的 O_2 的情况下全部反应生成燃烧产物 CO_2 和 H_2O。并不考虑离解反应,也未曾考虑燃烧化学变化的实际过程,这当然与实际情况不符。因为在高温情况下,燃烧产物 CO_2 和 H_2O 以及 O_2、N_2 等气体都会产生离解现象。因此必须考虑燃烧反应过程的中间反应及其化学平衡。从化学平衡角度计算得到的各种燃烧产物在其热力学状态下的摩尔分数,显然与一步完成的"完全燃烧"不同,因而燃烧产生的平均分子量、气体常数、内能、焓等参数也就不同。由于平衡燃烧产物主要与反应时的温度 T、压力 p 和当量燃空比 ϕ(实际燃空比与化学计量燃空比的比值,即为燃烧过量空气系数 ϕ_a 的倒数)有关。因此,着重讨论在不同的 T、P、ϕ 情况下,如何运用化学平衡的原理来求各种燃烧产物的摩尔分数 x_i。

设燃料的一般分子为 $C_nH_mO_lN_k$(其中 k、l 往往为 0),则该燃料完全燃烧需要的理论 O_2 的摩尔数为 $(n+m/4-l/2)$。如果当量燃空比为 ϕ,则实际的 O_2 的摩尔数为 $(n+m/4-l/2)/\phi$。在化学反应平衡时,一般认为燃烧产物中含有 12 种化学成分,即 H、O、N、H_2、OH、CO、NO、O_2、H_2O、CO_2、N_2、Ar 等,依次用 $x_1 \sim x_{12}$ 表示其摩尔分数。可知,产生 1mol 燃烧产物的燃料为 x_{13} mol。燃料和空气的化学反应式为:

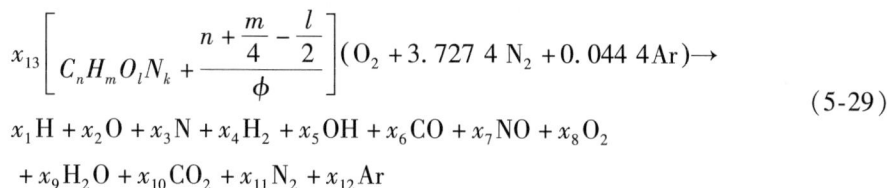

$$x_{13}\left[C_nH_mO_lN_k + \frac{n+\dfrac{m}{4}-\dfrac{l}{2}}{\phi} \right](O_2 + 3.727\,4\,N_2 + 0.044\,4Ar) \rightarrow \tag{5-29}$$

$$x_1H + x_2O + x_3N + x_4H_2 + x_5OH + x_6CO + x_7NO + x_8O_2$$
$$+ x_9H_2O + x_{10}CO_2 + x_{11}N_2 + x_{12}Ar$$

为了书写简便,令:

$$r = \frac{l}{2} + r_0$$

$$r_0 = \frac{n+m/4-l/2}{\phi}$$

$$r' = \frac{k}{2} + 3.727\,4r_0$$

$$r'' = 0.044\,4r_0$$

则式(5-29)左端可写成:

$$x_{13}[nC + mH + rO_2 + r'N_2 + r''Ar]$$

当式(5-29)左右两边的原子数平衡时可得:

$$\text{C 平衡} \quad x_6 + x_{10} = nx_{13} \tag{5-30}$$

$$\text{H 平衡} \quad x_1 + 2x_4 + x_5 + 2x_9 = mx_{13} \tag{5-31}$$

$$\text{O 平衡} \quad x_2 + x_5 + x_6 + x_7 + 2x_8 + x_9 + 2x_{10} = 2rx_{13} \tag{5-32}$$

$$\text{N 平衡} \quad x_3 + x_7 + 2x_{11} = 2r'x_{13} \tag{5-33}$$

$$\text{Ar 平衡} \quad x_{12} = r'' x_{13} \tag{5-34}$$

由摩尔分数的定义式可知,有下列约束条件:

$$\sum_{i=1}^{12} x_i = 1 \tag{5-35}$$

以上共有 6 个方程式。为了要解 $x_1 \sim x_{13}$ 共 13 个未知数,仍需补充 7 个方程式。这就需要通过燃烧产物的平衡条件来达到。一般可以选择下列 7 个离解或中间反应的平衡条件,建立 7 个平衡常数方程,即:

$$\frac{1}{2}H_2 \rightleftharpoons H \quad K_1 = \frac{x_1 P^{1/2}}{x_4^{1/2}} \tag{5-36}$$

$$\frac{1}{2}O_2 \rightleftharpoons O \quad K_2 = \frac{x_2 P^{1/2}}{x_8^{1/2}} \tag{5-37}$$

$$\frac{1}{2}N_2 \rightleftharpoons N \quad K_3 = \frac{x_3 P^{1/2}}{x_{11}^{1/2}} \tag{5-38}$$

$$\frac{1}{2}O_2 + \frac{1}{2}H_2 \rightleftharpoons OH \quad K_5 = \frac{x_5}{x_4^{1/2} \cdot x_8^{1/2}} \tag{5-39}$$

$$\frac{1}{2}O_2 + \frac{1}{2}N_2 \rightleftharpoons NO \quad K_7 = \frac{x_7}{x_8^{1/2} \cdot x_{11}^{1/2}} \tag{5-40}$$

$$H_2 + \frac{1}{2}O_2 \rightleftharpoons H_2O \quad K_9 = \frac{x_9}{x_4 \cdot x_8^{1/2} \cdot P^{1/2}} \tag{5-41}$$

$$CO + \frac{1}{2}O_2 \rightleftharpoons CO_2 \quad K_{10} = \frac{x_{10}}{x_6 \cdot x_8^{1/2} \cdot P^{1/2}} \tag{5-42}$$

式中:$K_1 \sim K_{10}$——平衡常数;

P——系统总压力。

由式(5-36)~式(5-42)可得:

$$x_1 = \frac{K_1 x_4^{1/2}}{P^{1/2}} \tag{5-43}$$

$$x_2 = \frac{K_2 x_8^{1/2}}{P^{1/2}} \tag{5-44}$$

$$x_3 = \frac{K_3 x_{11}^{1/2}}{P^{1/2}} \tag{5-45}$$

$$x_5 = K_5 x_4^{1/2} \cdot x_8^{1/2} \tag{5-46}$$

$$x_7 = K_7 x_8^{1/2} \cdot x_{11}^{1/2} \tag{5-47}$$

$$x_9 = K_9 x_4 \cdot x_8^{1/2} \cdot P^{1/2} \tag{5-48}$$

$$x_{10} = K_{10} x_6 \cdot x_8^{1/2} \cdot P^{1/2} \tag{5-49}$$

由于各简单反应的平衡常数是温度的单值函数,故通过方程的线性化就可以从式(5-30)~式(5-35)及式(5-43)~式(5-49)共 13 个方程中求得 13 个未知数 $x_1 \sim x_{13}$。奥利卡拉(Olikara)给出了计算各种燃烧产物的摩尔分数 x_i、内能 U_i、焓 h_i 以及这些参数对 P、T、ϕ 的偏导数的计算程序,对燃烧计算很有利。

第四节　氧化氮的计算

汽油机的有害排放物主要是一氧化碳 CO、氮氧化物 NO_x 及未燃的和未完全燃烧的碳氢化合物。在排出的 NO_x 中,NO_2 数量较少,主要是 NO,而 NO 的形成并非平衡过程,它不直接在燃烧区中形成,而主要在火焰后的已燃区气体中逐渐产生的,所以按照化学平衡方法计算得到的 NO 浓度与试验值不符,试验测量的 NO 浓度远远高于其在平衡状态下的浓度。这是由于 NO 一旦生成,在膨胀和排气过程中,它将以非平衡量保存下来,即使温度和压力下降,NO 的浓度依然保持不变,这种现象称之为"高温冻结"。

为了计算 NO 的生成速率,必须首先建立 NO 的化学反应生成模型。按 Zddovizh 机理,认为燃烧过程达到的高温使氧分子离解为氧原子。氧原子和氮原子反应产生氧化氮和氮原子,以后氮原子和氧分子反应形成氧化氮和原子氧。Lavoie 等人后来又发展了这一机理,增加了 N 和 OH 根之间的其他反应。其扩展机理的主要反应为:

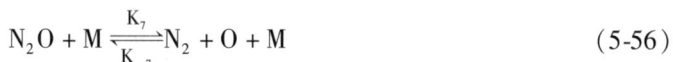

$$N + NO \underset{K_{-1}}{\overset{K_1}{\rightleftharpoons}} N_2 + O \tag{5-50}$$

$$N + O_2 \underset{K_{-2}}{\overset{K_2}{\rightleftharpoons}} NO + O \tag{5-51}$$

$$N + OH \underset{K_{-3}}{\overset{K_3}{\rightleftharpoons}} NO + H \tag{5-52}$$

$$H + N_2O \underset{K_{-4}}{\overset{K_4}{\rightleftharpoons}} N_2 + OH \tag{5-53}$$

$$O + N_2O \underset{K_{-5}}{\overset{K_5}{\rightleftharpoons}} N_2 + O_2 \tag{5-54}$$

$$O + N_2O \underset{K_{-6}}{\overset{K_6}{\rightleftharpoons}} NO + NO \tag{5-55}$$

$$N_2O + M \underset{K_{-7}}{\overset{K_7}{\rightleftharpoons}} N_2 + O + M \tag{5-56}$$

式中: K_1、$K_2 \cdots K_7$——各反应控制方程的正反应速度常数;

K_{-1}、K_{-2}、$\cdots$、K_{-7}——相应的控制方程的逆反应速度常数。根据质量作用定律,求出上述正反应的速度常数如下:

$$K_1 = 3.1 \times 10^{10} e^{(-160/T)} \tag{5-57}$$

$$K_2 = 6.4 \times 10^6 e^{(-3\,125/T)} \tag{5-58}$$

$$K_3 = 4.2 \times 10^{10} \tag{5-59}$$

$$K_4 = 3.0 \times 10^{10} e^{(-5\,350/T)} \tag{5-60}$$

$$K_5 = 3.2 \times 10^{12} e^{(-18\,900/T)} \tag{5-61}$$

$$K_6 = K_5 \tag{5-62}$$

$$K_7 = 10^{12} e^{(-30\,500/T)} \tag{5-63}$$

K 的单位为 $m^3/(kgmol \cdot s)$。

考察某一化学反应:

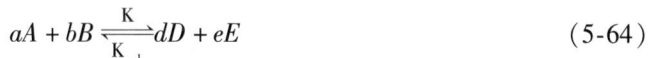

$$aA + bB \underset{K_{-1}}{\overset{K}{\rightleftharpoons}} dD + eE \tag{5-64}$$

则:

$$正反应速率 = K[A]^a[B]^b$$

$$逆反应速率 = K_{-1}[D]^d[E]^e$$

$$正向净反应速率 = K[A]^a[B]^b - K_{-1}[D]^d[E]^e$$

若反应处于平衡状态,则正向净反应速率等于 0。

即:

$$K[A]_e^a[B]_e^b = K_{-1}[D]_e^d[E]_e^e \tag{5-65}$$

式中:下标 e——平衡状态;

$[\ ]$——浓度符号。

试验表明,在 NO 生成反应中,H 原子、OH、O 原子和 O_2 分子、N_2 分子皆可在平衡状态下出现,受反应速度控制的成分只是 NO、N 和 N_2O。

设:

$$\frac{[NO]}{[NO]_e} = \alpha$$

$$\frac{[N]}{[N]_e} = \beta$$

$$\frac{[N_2O]}{[N_2O]_e} = \gamma$$

由方程式(5-50)得:

$$\frac{1}{V}\frac{d\{[NO]V\}}{dt} = -K_1[N] \cdot [NO] + K_{-1}[N_2] \cdot [O]$$

$$= \alpha\beta K_1[N]_e \cdot [NO]_e + K_{-1}[N_2]_e \cdot [O]_e \tag{5-66}$$

而:

$$K_1[N]_e \cdot [NO]_e = K_{-1}[N_2]_e \cdot [O]_e = R_1$$

所以:

$$\frac{1}{V}\frac{d\{[NO]V\}}{dt} = -\alpha\beta R_1 + R_1 \tag{5-67}$$

使用同样的方法对方程式(5-51)~式(5-53)计算[NO],然后加起来,则有:

$$\frac{1}{V}\frac{d\{[NO]V\}}{dt} = -\alpha(\beta R_1 + R_2 + R_3 + 2\alpha R_6) + R_1 + \beta(R_2 + R_3) + 2\gamma R_6 \tag{5-68}$$

但在上式中,有 β、γ 两个未知量,因此,还需对方程式(5-50)、式(5-52)、式(5-53)、式(5-56)写出[N]、[N_2O]的生成率方程,则有:

$$\frac{1}{V}\frac{d\{[N]V\}}{dt} = -\beta(\alpha R_1 + R_2 + R_3) + R_1 + \alpha(R_2 + R_3) \tag{5-69}$$

$$\frac{1}{V}\frac{d\{[N_2O]V\}}{dt} = -\gamma(R_4 + R_5 + R_6 + R_7) + R_4 + R_5 + \alpha^2 R_6 + R_7 \tag{5-70}$$

由于[N]、[N_2O]的生成时间要比[NO]的生成时间小好几次方,假设[N]、[N_2O]处于稳定状态,则上面两式的左边项等于零,则由式(5-69)得:

$$\beta = \frac{R_1 + \alpha(R_2 + R_3)}{\alpha R_1 + R_2 + R_3} \tag{5-71}$$

$$\gamma = \frac{R_4 + R_5 + \alpha^2 R_6 + R_7}{R_4 + R_5 + R_6 + R_7} \tag{5-72}$$

这样用 β、γ 值代入式(5-68)中,有[NO]的生成率:

$$\frac{1}{V}\frac{d\{[NO]V\}}{dt} = 2(1 - \alpha^2)\left[\frac{R_1}{1 + \alpha\left(\dfrac{R_1}{R_2 + R_3}\right)}\right] + \frac{R_6}{1 + \left(\dfrac{R_6}{R_4 + R_5 + R_7}\right)} \tag{5-73}$$

这样就可计算瞬时[NO]浓度及其变化。

若只考虑前面三个主要反应式(5-50)、式(5-51)、式(5-52),则计算公式变为：

$$\frac{1}{V}\frac{d\{[NO]V\}}{dt} = \frac{2R_1(1-\alpha^2)}{1+\alpha\left(\dfrac{R_1}{R_2+R_3}\right)} \tag{5-74}$$

若采用式(5-74)进行[NO]浓度计算的,先从化学平衡计算中得到平衡浓度[N]$_e$、[NO]$_e$、[O$_2$]、[OH]$_e$等,然后求出R_1、R_2、R_3。这样在式(5-74)中只包含了一个变量[NO],为一阶常微分方程,可用四阶Runge-kutte法数值求解。积分区间:从燃烧开始到冻结,当已燃区的温度低于某一温度(例如取$T=2\,000K$),则$\alpha=1$,即NO处于冻结状态。

图5-1为一台汽油机在最大功率工况时NO生成量的计算结果。由图可见,点火以后NO浓度迅速增加,在膨胀冲程中"冻结",NO浓度保持不变,计算值落在试验测量值的范围之内。

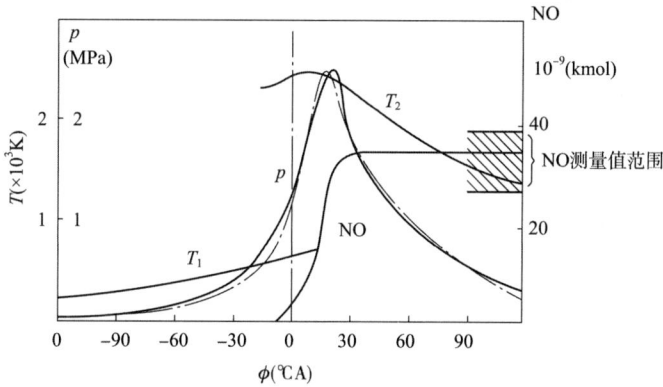

图5-1 某汽油机在最大功率工况时NO生成量的计算结果

第六章 汽车排放污染物净化技术

汽车是人类文明的重要标志之一,其增长率超过人口增长率,而且还在不断增加。在整整一个世纪中,全球汽车保有量已达到近14亿辆。因此,环境保护问题已经成为世界性的重要问题。削减汽车排放污染物的最根本途径,是依靠汽车排放控制技术的开发和应用,而推动这些先进的排放控制技术发展的动力,主要是实施严格的汽车排放标准。

汽车排放污染物控制技术可分为三类:以改进发动机燃烧过程为核心的机内净化技术,在排气系统中采用化学或物理的方法对已生成的有害排放物进行净化的排放后处理技术,以及来自曲轴箱和供油系统的有害排放物进行净化的非排气污染控制技术。后两类也统称为机外净化技术。

第一节 汽油机机内控制技术

一、电子控制燃油喷射系统

汽油机降低排气污染和提高热效率的关键问题之一是精确控制空燃比。为此,人们曾在化油器上进行了各种改进设计,使它变得越来越复杂,甚至最后出现了电子化油器。电子控制汽油喷射系统(Electronic Fuel Injection System,EFI),它能利用各种传感器检测发动机的各种状态,经微机的判断、计算,使发动机在不同工况下均能获得合适空燃比的混合气。因此,EFI以其出色的控制精度和灵活性得到了普及应用,并淘汰了化油器供油系统。而电子控制化油器由于并不比EFI在性能价格上有优势,也很快退出了市场。

EFI系统是在现代计算机技术和测试技术基础上发展起来的,是汽车发展史上的重大技术进步。美国、日本和欧洲的EFI汽油机普及情况如图6-1所示。1995年以后,国外汽油机几乎100%采用EFI系统,而其中绝大多数是多点电控喷射汽油车。目前,我国已停止生产化油器式汽油车。

1.电控汽油喷射系统的优点

电控汽油喷射系统与化油器相比,具有以下优点:

(1)满足发动机各种工况对空燃比和点火提前角的不同要求,从而使排放特性、燃油经济性和动力性达到最佳状态。

(2)各缸混合气分配均匀性好(多点电喷汽油机)。

(3)没有化油器中的狭窄喉管,减少了节流损失,可以不要化油器发动机常用的进气加热措施,因而进气密度增大,提高了充气效率。

(4)具有良好的瞬态响应特性,改善了汽车的加速性。

（5）采用闭环反馈控制方式，可满足三效催化剂对空燃比的严格要求。

（6）由于采用压力喷射，汽油雾化质量比化油器大为改善，有利于快速和完全燃烧。

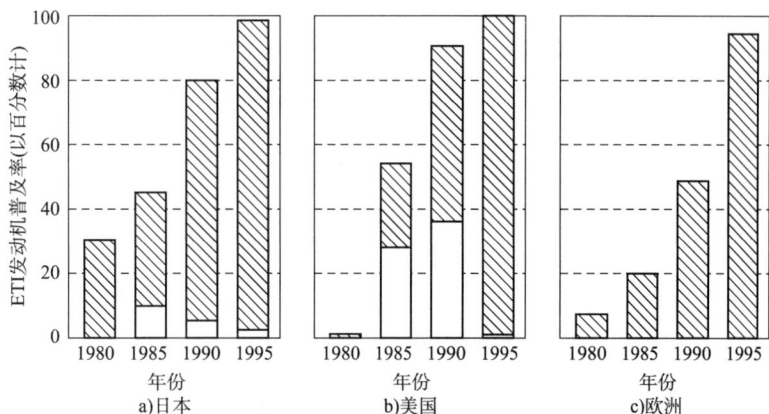

图 6-1　电控喷射汽油车的普及情况

2. EFI 系统的分类

1）按喷油器数量分

（1）多点喷射。每一个汽缸有一个喷油器，安置在进气门附近（Multi Point Fuel Injection，MPFI），如图 6-2 所示。

（2）单点喷射。几个汽缸共用一个喷油器（Single Point Injection，SPI）。

单点喷射因喷油器装在节气门体上，因而又称节气门体喷射（Throttle Body Injection，TBI），也称中央喷射，（Central Fuel Injection，CFI），如图 6-3 所示。

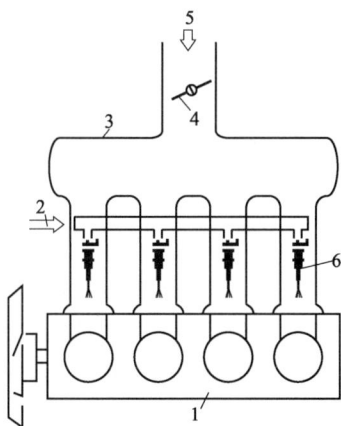

图 6-2　多点喷射系统示意图

1-发动机；2-喷油入口；3-进气歧管；4-节气门；5-空气入口；6-喷油器

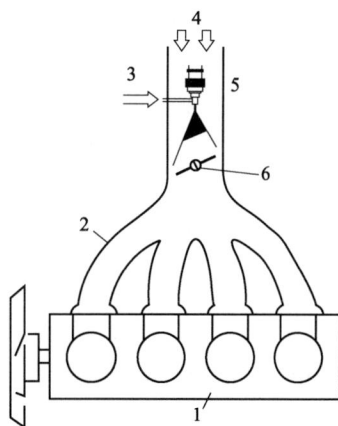

图 6-3　单点喷射系统示意图

1-发动机；2-进气歧管；3-燃油入口；4-空气入口；5-喷油器；6-节气门

2）按喷油地点分

（1）缸内喷射。在压缩行程开始前或刚开始时将汽油喷入汽缸内，这项技术用于稀薄燃烧的汽油机。

（2）喷在节气门上方。喷油器在节气门上方，用于单点喷射系统。

（3）喷在进气门前。喷油器装在进气管上，只用于多点喷射系统。

3）按进气量检测方法分

（1）速度密度法。通过测量进气歧管内的真空度和温度，计算每循环吸入的空气量。由于空气在进气管内压力波动，测量精度较差。

（2）质量流量法。用空气流量计直接测量单位时间吸入进气歧管的空气量，再根据转速算出每循环吸气量。这种测量方法比速度密度法准确，因而可更精确地控制混合气的空燃比。

4）按喷油时间间隔分

（1）连续喷射。常见于机械喷射装置，不能用于缸内喷射。

（2）间歇喷射。在一定的曲轴转角内喷射。

5）按控制方式分

（1）开环控制。开环控制如图6-4所示。

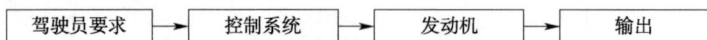

驾驶员要求 → 控制系统 → 发动机 → 输出

图6-4　开环控制系统框图

（2）闭环控制。闭环控制如图6-5所示。

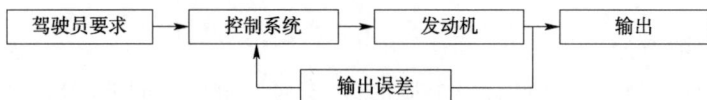

驾驶员要求 → 控制系统 → 发动机 → 输出
　　　　　　　　↑
　　　　　输出误差

图6-5　闭环控制系统框图

两者的差别是闭环控制系统需根据输出结果对控制系统进行调整。

6）按信息反馈的算法分

（1）比例积分微分（PID）控制算法。

（2）模糊（Fuzzy）控制算法。

7）按多点喷油系统的喷油方式分

（1）同时喷油。各汽缸喷油器同时喷油。

（2）分组喷油。将各个汽缸喷油器分成若干组，点火间隔为360°曲轴转角的两个喷油器为一组或其他分组形式，同一组喷油器同时喷油。

3. 电控汽油喷射系统

图6-6是闭环电子控制燃油喷射系统的示例——L-Jetronic电控燃油喷射系统。图中电子控制单元（ECU）6是整个系统的中心，它根据进气管、转速、温度等信号，进行运算、处理及分析判断后，向执行器发出指令控制喷油器的喷射时间和喷射量，以保证发动机工作所要求的空燃比。

在汽油机进气道中装有一个矩形的空气流量感应板12，它在气流冲击力和弹簧力的作用下处于平衡。与其平衡位置相对应的电信号被输入到ECU，加上所测得的压力和温度，就可以求得进气质量流量。其他一些电喷系统也有采用测量进气管负压的方法或采用热线风速仪的方法来测量进气流量。

油箱3里的燃油由输油泵1通过燃油滤清器2进入分油管4（也称油轨）。根据在进气道壁面上测得的进气流静压（负压）控制油压调节器5，将油轨中的燃油压力与进气道压力的压力差调整为0.3MPa左右，并保持在各个运转状态中不变。这样，燃油的喷射量只和电磁喷油器7的开启时间成正比。电磁喷油器7由电子控制单元6通过脉冲信号控制，在汽油机工作循环的响应相位将燃油喷入进气道或每个汽缸的进气门前。脉冲信号的长短(脉宽)决定了每工作循环的燃油喷射量,而脉冲触发信号由分电器 17 中的触点产生,也可由安装在飞轮罩壳或变速器上的发动机转角信号传感器提供。

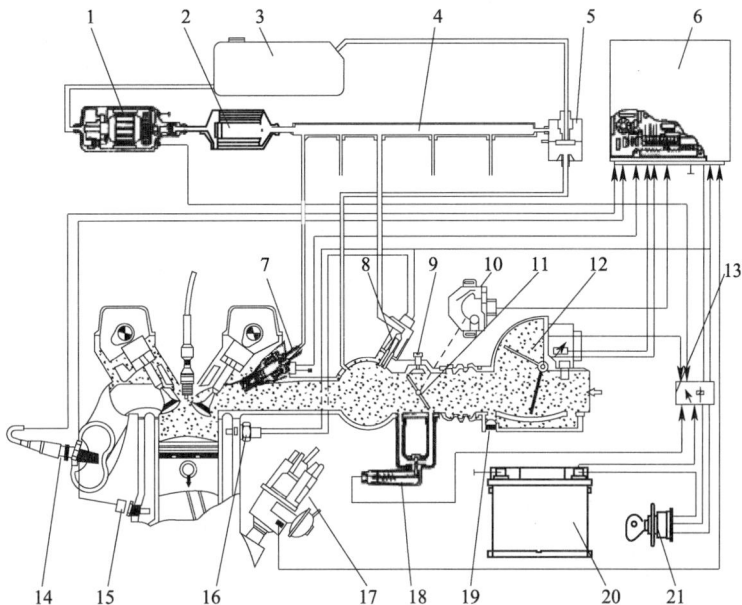

图 6-6 电子控制汽油喷射系统

1-输油泵;2-燃油滤清器;3-油箱;4-分油管;5-油压调节器;6-电子控制单元(ECU);7-电磁喷油器;8-冷起动电磁喷油器;9-怠速转速调节螺钉;10-节气门控制器;11-节气门;12-进气流量感应板;13-控制继电器组;14-氧传感器;15-冷却液温度传感器;16-温度时间继电器;17-分电器;18-冷起动空气补偿器;19-怠速混合器调节螺钉;20-蓄电池;21-起动开关

图中所示的 L-Jetronic 电子燃油喷射系统在冷起动时,通过冷起动喷油器 8、温度时间继电器 16 和冷起动空气补偿器 18 来提高汽油机起动和加热所需的喷油量和进气量。

虽然被称为电控燃油喷射系统,实际上 EFI 系统要实现三项最基本的控制,即喷油控制、点火控制和怠速控制,而喷油控制又包括喷油时间控制和喷油量控制。

4.喷油器的构造及分类

如前所述,喷油器可分为多点喷射和单点喷射。多点喷射系统在每一个汽缸进气管上各设置一个喷油器(图 6-6),喷油器的结构如图 6-7 所示。汽车在高负荷工况运行时,发动机舱的温度常常达 60 ~ 80℃,而 MPFI 的喷油器又布置在靠近汽缸的位置,有时温度可高达100℃以上。为防止汽油的气化,更主要的是为了保证喷油雾化质量,一般喷油压力为250 ~ 300kPa。因而 MPFI 喷油系统制造要求高,成本也相应较高。图 6-7 中给出的是轴针式喷油器,另外还有孔式喷油器,其中单孔喷油器用于 2 气门单进气道汽油机,而多孔(2 ~ 4 孔)喷油器用于 4 气门双进气道汽油机。喷油器不同,喷油的雾化程度会不同,而雾化效果越好,越有利于快速完全地进行燃烧以及降低 HC 排放。一般,轴针式、单孔和双孔喷油器的雾化粒径分别约为 $200\mu m$、$1\,000\mu m$ 和 $300\mu m$。

单点喷射喷油器结构如图 6-8 所示,而系统布置如图 6-3 所示。显然,SPI 系统在结构布置上与化油器式发动机相似,因而对喷油雾化质量要求不高,可采用较低喷油压力(70 ~ 100kPa),但也有的 CFI 系统采用了与 MPI 系统相同的喷射压力。SPI 系统结构简单造价低,但也保留了诸如各缸分配不均匀和进气阻力大等化油器的固有缺点。随着排放法规的进一步严格以及对燃油经济性要求的进一步提高,SPI 系统在国外已逐渐被淘汰(图6-1)。

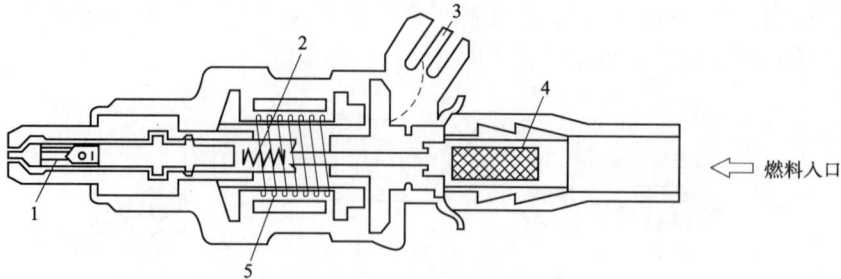

图 6-7　MPI 系统的喷油器
1-针阀;2-复位弹簧;3-电路接头;4-油滤器;5-节气门

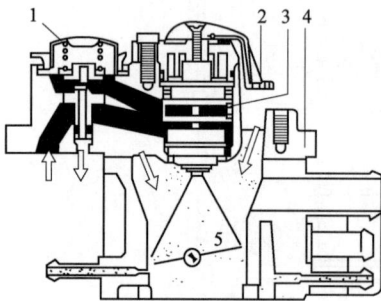

图 6-8　SPI 节流阀体和喷嘴
1-压力调节器;2-空气温度传感器;3-电磁喷油器;4-节气门体;5-节气门

5. 燃油喷射时间的控制

多点电控燃油喷射系统的喷油时间控制方式如图6-2所示,可分为同时喷射、分组喷射和独立(顺序)喷射3种。

1)同时喷射

即各喷油器在同一时间喷射。各喷油器的控制电路连接在一起,通过一条公共线路与 ECU 连接。每一个工作循环的供油量分成两次喷射,即发动机每转一周喷射一次。这种方式对控制系统要求低,不需要汽缸判别信号。但各缸的喷油时刻距进气行程开始的时间间隔差别很大,喷入的燃油在进气道内停留的时间不同,导致各缸混合气品质不一样,影响了各缸工作的均匀性。

2)分组喷射

相邻汽缸为一组,将多缸发动机的喷油器分成 2 或 3 组。图 6-9 所示的例中,1 缸和 2 缸为一组,3 缸和 4 缸为一组,在每一个工作循环中,各组分别喷射 1 次。例如,3 缸的喷油时间正好处于该缸进气行程上止点,而 4 缸的喷油位于接近排气行程开始时。与同时喷射相比,分组喷射可使喷射定时的可控性改善,各缸混合气浓度的均匀性提高。

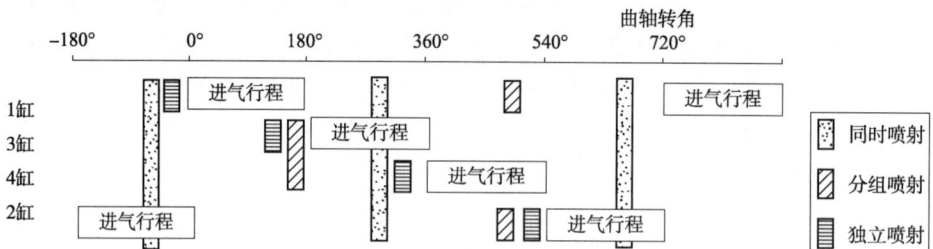

图 6-9　喷油时间控制方式对比

分组喷射和同时喷射一般将汽油喷在进气道壁面上,而且要避免在进气门开启期间内喷射,以保证汽油充分汽化及混合气后进入汽缸。

3)顺序喷射

各缸喷油器被 ECU 单独控制,分别在最佳喷油定时(如进气行程开始)条件下喷射,因而各缸混合气均匀性最好。顺序喷射时,汽油在进气门开启前被喷向进气门,因而过渡工况的响应特性最好。但由于每增加一个喷油器控制,在 ECU 内部就要相应增加控制线路和内存空间,因而系统复杂,成本高。

6. 空燃比控制

1)空燃比的控制策略

为了满足发动机各种工况的要求,混合气的空燃比不能都采用闭环控制,而是采用闭环和开环相结合的策略。主要分为 3 种控制方式:

(1)冷起动和冷却水温度低时

由于起动转速低、冷却液温度低、燃油挥发性差,需对燃油进行一定的补偿,通常采用开环控制方式。混合气的空燃比与冷却液温度有关,随着温度增加,空燃比逐渐变大,如图 6-10 所示。

(2)部分负荷和怠速运行时,可分为两种情况

①若为了获得最佳经济性,可采用开环控制方式,将空燃比控制在比化学计量比大的稀混合气状态下工作。通常可将空燃比 A/F 控制在 $16 \sim 16.5$ 之间。

②为了获得低的排放,并有较好的燃油经济性,必须采用电控汽油喷射加三元催化转换器,进行空燃比闭环控制,如图 6-11 所示。

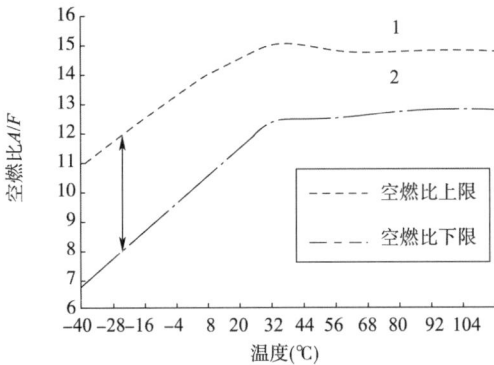

图 6-10 起动和刚开始运转时的混合气
1-暖机期间基本空燃比;2-起动和发动机开始运转时的空燃比

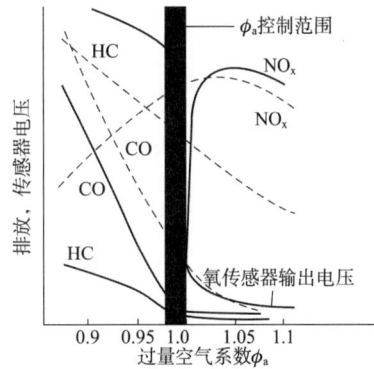

图 6-11 有害排放物与混合气空燃比的关系图

图中虚线部分为未加三元催化转换器时 CO、HC 和 NO_x 排放浓度与过量空气系数 ϕ_a 的关系。实线部分为采用三元催化转换器后 CO、HC 和 NO_x 与过量空气系数 ϕ_a 的关系。从图中可看出,采用三元催化转换器时只有当空燃比在化学计量比($\phi_a = 1$)附近很窄范围内 HC、CO 和 NO_x 排出浓度均较小。在化油器的发动机中,混合气很难达到此要求。只有装有电控汽油喷射发动机采用闭环控制方式,才能使混合气空燃比严格控制在化学计量比附近很窄的范围内,使有害排放物净化效果最高。

(3)节气门全开时

为了获得最大的发动机功率和防止发动机过热,采用开环控制,将混合气空燃比控制在 $12.5 \sim 13.5$ 范围内。此时发动机内混合气燃烧速度最快,燃烧压力最高,因而输出功率也就越大。

2)空燃比控制方法

要实现上述空燃比的控制策略可按下列步骤进行工作:

(1)最主要的是精确地确定发动机质量流量。可用空气质量流量计直接测量空气质量流量;或在速度密度法的 EFI 发动机中,通过进气歧管绝对压力传感器、进气温度和发动机

转速信号计算空气质量流量。

（2）根据所测空气质量流量时发动机转速，计算出每工作循环每缸的进气质量流量。

（3）测量发动机此工况下的各种传感器信号，例如：节气门位置、蓄电池电压、变速器挡位、发动机冷却液温度、起步、驻车/空挡、节气门全开（WOT）、海拔高度等参数。节气门位置可检测到加、减速状态、对喷油脉宽进行修正，蓄电池电压会对喷油器的无效喷射时间和油泵流量特性有影响，要进行修正。冷却液温度和空气温度对燃油的蒸发有关，影响混合气形成也需根据不同温度进行修正，修正参数的数量和修正曲线每个汽车公司均有所不同，通过标定试验获得。根据这些数据查表获得理想的燃油和空气的比例。从而计算出每缸理想的燃油质量。

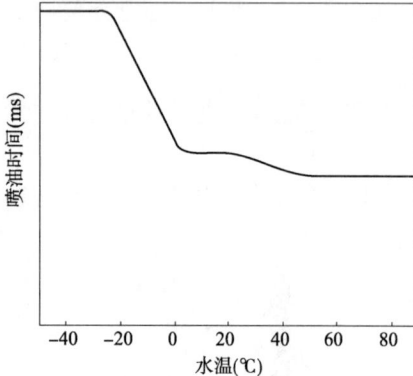

图 6-12　起动时冷却液温度与喷油时间的关系

在起动过程中，发动机转速低且变化大。空气质量流量难于直接测定，因而也有的发动机是根据冷却水温度通过直接查表方法得到燃油质量的，如图 6-12 所示。

（4）根据喷油器标定数据（流量系数）计算出喷油器喷油时间（喷油脉宽）。

（5）计算喷油定时。喷油定时的大致范围，如图 6-13 所示。

（6）ECU 中驱动器根据发火顺序、按上面已计算得到喷油脉宽和喷油定时使喷油器工作。

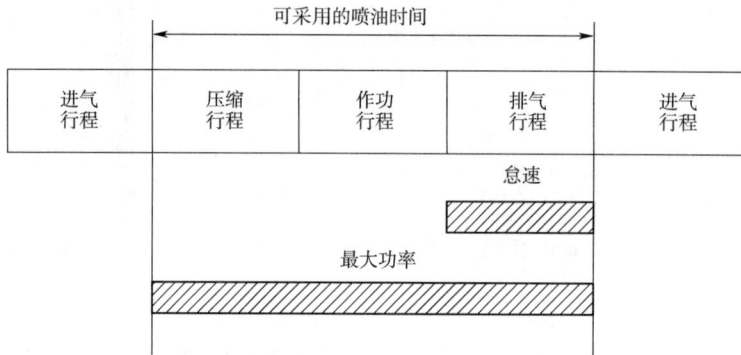

图 6-13　喷油定时的大致范围

7. 点火系统的控制

1）点火脉谱图

点火时间是决定发动机排放特性等各种性能的重要参数。在化油器式汽油机中，实际点火时间是在静态点火提前角的基础上，通过离心式点火提前调节装置（随转速变化）和真空式点火提前装置（随负荷而变）来控制的。这两种机械式调节装置，只能随转速和负荷的变化作简单的变化，难以保证发动机在各种工况下都处于最佳点火时间，并且控制系统的响应较慢。

电子式无触点点火系统，可以将综合考虑的动力性、经济性和排放特性而确定的各种工况的最佳提前角，作为转速和负荷的函数预先存在 ECU 里（即脉谱图 Map）。实际运转时，根据运转条件检索出相应的提前角，并根据冷却液温度等参数进行修正后执行。图 6-14 示出了电控点火和机械式点火的点火提前角脉谱图。显然，电控点火系统可以实现复杂的点火提前角控制，使点火时间的设计自由度扩大，这就可以实现点火提前角的最优化。同时，电控点火系统的响应也是非常快的。

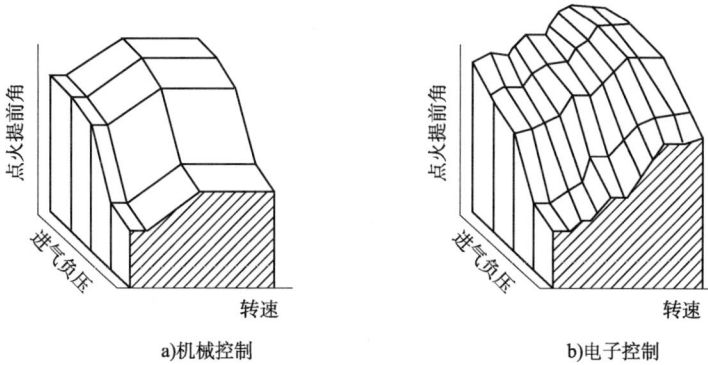

a)机械控制   b)电子控制

图 6-14 电子式与机械式的点火提前角控制对比

2）爆震控制

爆震是汽油机的一种不正常燃烧状态,严重爆震会使汽油机各项性能全面恶化。推迟点火提前角可以有效地抑制爆震,但同时会带来功率的损失和燃油消耗率的增加。控制爆震的原则是将点火提前角推迟到刚刚不发生爆震的位置,这就需要有一个类似空燃比闭环控制系统那样的反馈控制系统。

图 6-15 是爆震控制系统示意图。在发动机机体上装有爆震传感器(也有将传感器与火花塞垫片作成一体的),一旦爆震发生,由于燃烧气体强烈冲击汽缸壁面而发出高频震音,这种异常振动信号被爆震传感器接收,如图 6-16 所示。振动的频率取决于燃烧气体的音速和汽缸直径,振动的幅值取决于爆震程度的强弱。当 ECU 判定振幅已超过设定限值时,如图 6-17 所示,根据爆震的强弱推迟点火提前角,直至爆震消除。也可采用分缸控制的方法仅使发生爆震的那个缸推迟点火。

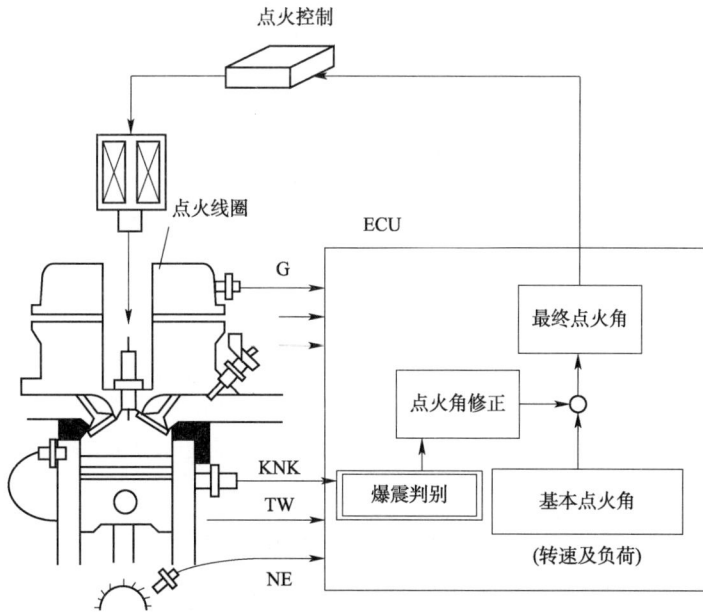

图 6-15 爆震控制系统

G-点火信号;KNK-爆震信号;TW-冷却液温度信号;NE-转速信号

是否采用爆震控制系统,可根据实际发动机的性能以及强化程度等因素综合考虑确定。

对于强化程度(压缩比、平均有效压力、转速等)不高,所用汽油的辛烷值足够高和已采取了有效的抗爆措施(也称提高了机械辛烷值)的发动机,可以不采用爆震控制系统。

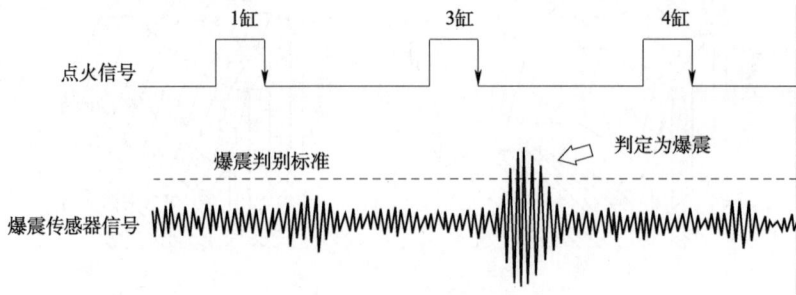

图 6-16 爆震传感器信号

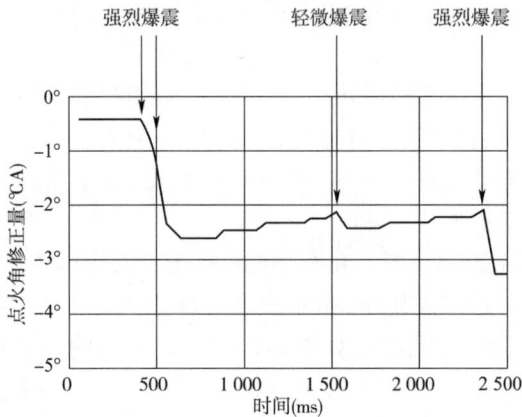

图 6-17 爆震控制过程

8.其他控制项目

EFI 发动机除要满足动力性、经济性和排放特性外,还应考虑驾驶性、可靠性和耐久性、环境适应性(高/低温区域、不同海拔地区)以及生产成本经济性等。主要驾驶性能评价项目如表 6-1 所示。

主要驾驶性能评价项目指标 表 6-1

序号	评 价 项 目	内容及现象
1	起动性(Starting)	发动机的冷起动性能
2	再起动性(Re-Starting)	暖机后停放 10 ~ 20min 后的再次起动性能
3	怠速稳定性(Idle Roughness)	怠速时发动机转速的不稳定性
4	响应滞后(Hesitation)	加速踩加速踏板时车辆的响应滞后
5	喘气(Stumble, Sag)	在加速途中产生的转矩降低而引起的减速感觉
6	游车抖动(Surge)	在加速或减速时产生的车体前后方向的小振幅抖动
7	打嗝(Bucking)	在加速或稳定运转中产生的车体前后方向的大幅度抖动现象
8	加速性(Acceleration)	加速感不足、感觉差
9	熄火(Engine Stall)	起动后行驶中发动机突然熄火
10	爆震(Knocking)	加速时产生的尖锐的汽缸敲击声

二、点火系统的控制

由于传统电子点火系其点火提前角仍采用真空和离心机械式点火提前机构进行控制,存在点火提前角控制不精确,考虑影响点火提前角的因素不全面等缺点。而微机控制的点火系能解决以上缺点。

1. 微机控制点火系的组成与控制策略

1)组成

微机控制点火系主要由下列元件组成:监测发动机运行状况的传感器,处理信号、发出执行指令的微处理机(ECU),响应微机发出指令的点火器、点火线圈等组成,微机控制点火系由于废除了真空、离心点火提前装置,点火提前角由微机控制,从而使发动机在各种工况下都能调整至最佳点火时刻,使发动机在动力性、经济性、加速性和排放等方面达到最优。通过爆震传感器,可以将点火提前角调整到发动机刚好不至于产生爆震的范围。

2)控制策略

(1)起动时点火提前角的控制,在起动期间或发动机转速在规定转速(通常为500r/min左右)以下时,由于进气歧管压力或进气流量信号不稳定,因此点火提前角设为固定值,通常将此值定为初始点火提前角。

(2)急速时点火提前角的控制,此时,微机根据发动机转速、冷却液温来控制点火提前角的大小。为了保证急速稳定性,防止由于空燃比闭环控制造成转速波动,可在减速时增加点火提前角。

(3)正常行驶时点火提前角的控制,当微机接收到节气门位置传感器的急速触点打开的信号时,即进入正常行驶时点火提前角的控制模式。其值是微机根据发动机转速和负荷信号(歧管绝对压力信号和空气流量计的进气流量信号)在存储器中查到这一工况下运行时基本点火提前角。部分负荷时,要根据冷却液温度、进气温度和节气门位置等信号进行修正;满负荷时,要特别小心控制点火提前角,以免产生爆震。

2. 点火系统对排放的影响

点火系统通过火花质量和点火正时(点火提前角)对排放产生影响。

(1)火花质量决定点燃混合气的能力。当点燃稀薄混合气时,火花的持续时间对有害排放物的影响是非常大的。火花越弱,出现失火的机会就越多,而失火将会生成大量的未燃HC。火花质量主要取决于点火能量,此外还要求火花塞工作可靠。

如今的发动机上普遍采用高能点火系统,其二次电压已高达30～40kV,火花塞间隙已达1～1.5mm,能保证可靠点火,增大火花强度,延长火花持续时间,从而改善了混合气燃烧过程,降低了HC的排放。

(2)点火正时会影响发动机输出功率、燃油消耗量、汽车驱动性能和燃烧生成的有害排放物。因此点火正时需对多种因素进行优化。

推迟点火提前角:点火提前角对发动机的动力性、经济性、排放特性和噪声有重要影响,推迟点火提前角一直是最简单易行也是最普遍应用的排放控制技术。

3. 推迟点火的途径

推迟点火和稀空燃比会增加发动机工作不平顺性。通常改变基础发动机设计以实现低排放,通过改进发动机燃烧未定性,保证使用发挥性较差燃油时具有良好的驾驶性,同时大幅度推迟点火和采用稀空燃比。有如下两种改进燃烧可靠性的方法。

1）增强进气充量运动

一种可变气门正时和升程电子控制（VTEC）系统已被用于改善稀燃及推迟点火条件下的冷态运行稳定性。气门升程小时稀燃更稳定，因为气门重叠角减小，同时进气速度增加，燃油雾化效果改善，燃烧速率更快。稀空燃比加上点火推迟使 HC 排放下降 45%。VTEC 还能提高使用挥发性较差燃油时的驾驶性。采用涡流控制阀以增加进气流动，也能提高推迟点火的燃烧稳定性。

2）双火花塞

多火花塞点火能产生更快的燃烧速率和更加稳定的燃烧，因为多处着火增加了火焰面积。

本田和克莱斯勒都将火花塞发动机投入生产，采用双火花塞点火，克莱斯勒发动机的燃烧稳定性显著改善：怠速的波动率从 12% 下降到 8%。

图 6-18 是点火提前角对平均有效压力 p_{me}、燃油消耗率 g_e、最高燃烧压力 p_{max} 和排气温度 t_e 影响的一例。点火提前角为上止点前 35°CA～40°CA 时，p_{me} 和 g_e 最佳，这是以动力性经济性为目标时最常用的点火提前角。如图 3-13 所示，随点火提前角的减小（即推迟点火），HC 和 NO_x 排放明显降低。HC 的降低是因为排气温度 t_e 上升，促进了排气过程中 HC 在气缸内和排气管内的氧化。NO_x 降低的原因则是随点火提前角的滞后，最高燃烧温度呈直线下降。

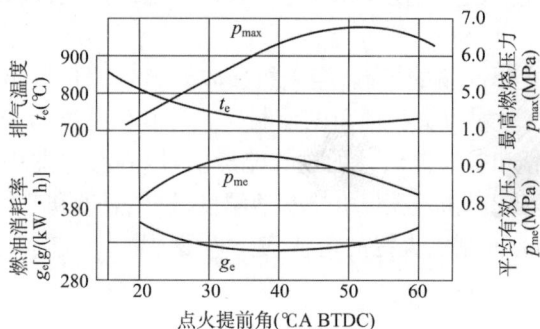

图 6-18　点火提前角对动力经济性的影响

但是，随点火提前角的推迟，会产生 p_{me} 下降和 g_e 上升。因而靠推迟点火提前角降低排放是有限度的，在不使动力性和燃油消耗率明显恶化的前提下，NO_x 仅可能降低 10%～30%。实际中应综合考虑排放特性、动力性及经济性来确定最佳点火提前角。

三、废气再循环

1. 废气再循环（Exhaust Gas Recirculation，EGR）的效果

废气再循环是控制 NO_x 排放的一种主要措施，其工作原理如图 6-19 所示。由于排气中氧含量很低，主要由惰性气体 N_2 和 CO_2 构成，一部分排气经 EGR 阀还流回进气系统，与新鲜混合气混合后，稀释了新鲜混合气中的氧浓度，导致燃烧速度降低；同时还使新鲜混合气的比热容提高。这两个原因都造成了燃烧温度的降低，从而可以有效地抑制 NO_x 的生成。如图 6-20 所示。

废气混入的多少用 EGR 率表示，其定义如下：

$$EGR \ 率 = \frac{废气还流量}{废气还流量 + 进气量} \times 100 \qquad (6-1)$$

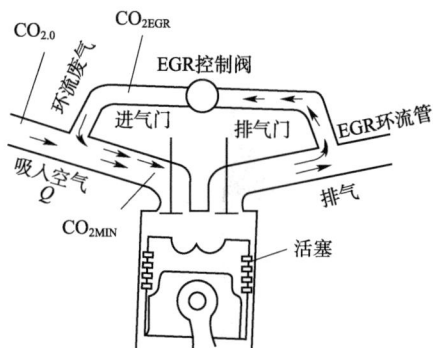

图 6-19　EGR 系统工作原理

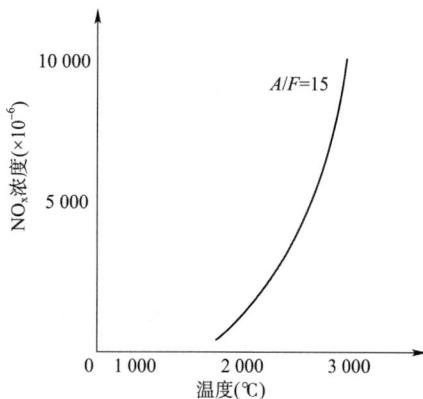

图 6-20　燃烧温度与 NO_x 生成物的关系

EGR 率与发动机动力性、经济性和排放性能有关,如图 6-21 所示。

由图 6-21 可知,随着 EGR 率增加,由于燃烧速度下降,使油耗恶化和转矩下降,动力性和经济性变坏。EGR 增加过大时,使燃烧速度太慢,燃烧变得不稳定,失火率增加,使 HC 也会增加;EGR 过小,NO_x 排放达不到法规要求,容易产生爆震和发动机过热等现象。因此 EGR 率必须根据发动机工况要求进行控制。

2. EGR 的控制策略

(1)从图 6-21 可看出:增加 EGR 率可以使 NO_x 排出物降低,但同时会使 HC 排出物和燃油消耗增加。因此在各工况下采用的 EGR 率必须是对动力性、经济性和排放性能的综合考虑。

从图 6-22 的试验结果说明:当 EGR 率小于 10% 时,燃油消耗量基本上不增加,当 EGR 率大于 20% 时,发动机燃烧不稳定,工作粗暴,HC 排放物将增加 10% 。因此通常应将 EGR 率控制在 10% ~20% 范围内较为合适。

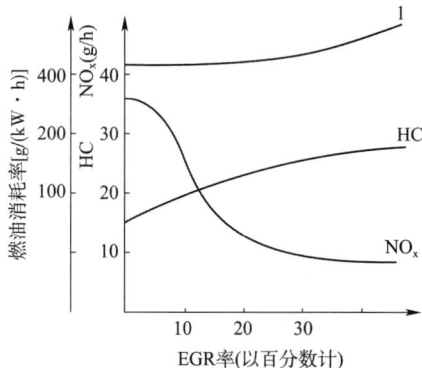

图 6-21　不同 EGR 对油耗和排放的影响

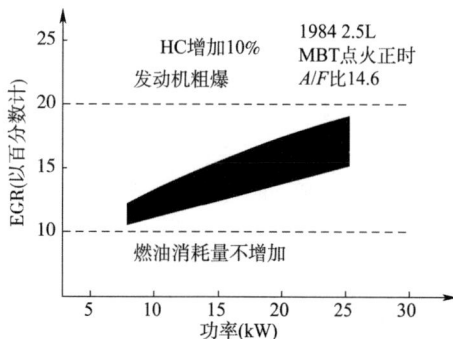

图 6-22　EGR 率与发动机性能关系

随负荷增加 EGR 率允许值也增加(阴影部分)。

(2)怠速和低负荷时,NO_x 排放浓度低,为了保证稳定燃烧,不进行 EGR。

(3)只在热机状态下进行 EGR。因为发动机温度低时,NO_x 排放浓度也较低,混合气供给不均匀,为保证正常燃烧,冷机时不进行 EGR。

（4）大负荷、高速时，为了保证发动机有较好的动力性，此时混合气较浓，NO_x排放生成物较小，不进行 EGR 或减少 EGR 率。

（5）废气再循环量对 NO_x 排放和油耗的影响还受到空燃比、点火提前角等因素的影响，如图 6-23 ~ 图 6-25 所示。

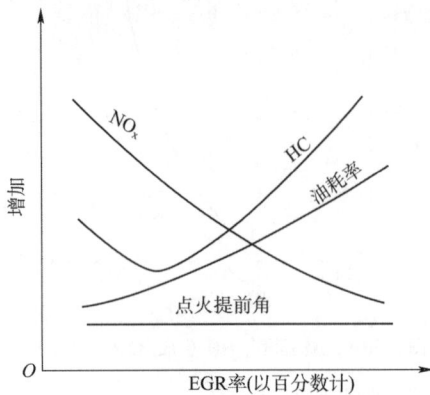

图6-23　点火提前角固定时，EGR 率对发动机性能影响

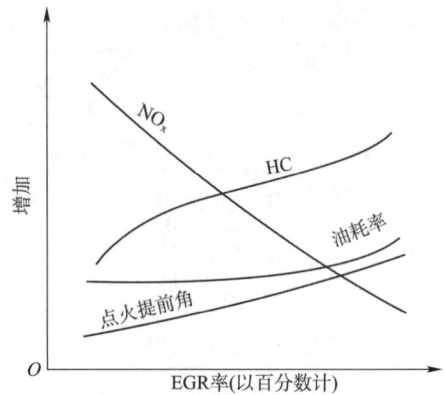

图6-24　点火提前角改变时，EGR 率对发动机性能影响

因此在对 EGR 率进行控制时，同时对点火等进行综合控制，就能得到较好的发动机性能。

基本点火提前角标定时，一定要考虑采用 EGR 和不用 EGR 的影响，采用 EGR 时，点火提前角随 EGR 增大而加大，而不采用 EGR 时，点火提前角减小，如图 6-26 所示。

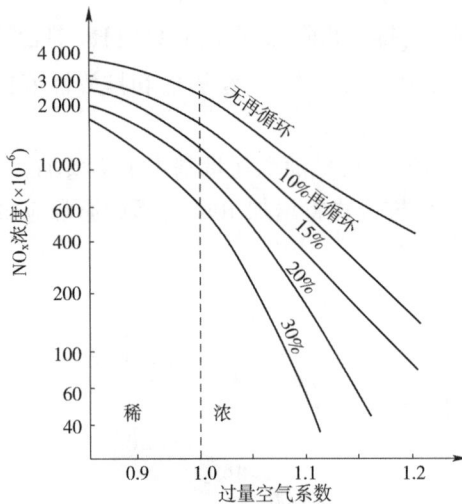

图 6-25　不同空燃比时 EGR 率对 NO_x 的影响

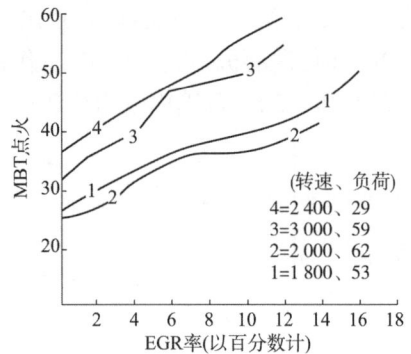

图 6-26　点火提前角与 EGR 率的关系

为了精确地控制 EGR 率，最好采用电子控制 EGR 阀系统。为了提高净化 NO_x 排放的效果，可采用中冷 EGR，将废气冷却后再还流回汽缸，使进气温度降低。为了消除 EGR 对动力性和经济性的负面影响，往往同时采用一些快速燃烧和稳定燃烧的措施，如加强缸内混合气湍流强度，加大点火能量等。

3. 内部废气再循环

通常把发动机排气经过 EGR 阀进入进气歧管，与新鲜混合气混合在一起的方式为外部 EGR。由于配气相位重叠角使进排气门同时开启，造成一部分废气留在缸内，稀释了新鲜混合气的方式称为内部EGR。

滞留在缸内的废气量决定于重叠角的大小,重叠角大,则内部废气再循环量也大。

高比功率的发动机,由于有较好的充气,通常重叠角较大,因而NO_x排放物相对较低。但是重叠角不能无限加大。过大的重叠角会使发动机燃烧不稳定、失火和使HC排放量增加,因此在确定配气相位重叠角时必须对动力性、经济性和排放性能进行综合考虑。

四、燃烧系统优化设计

1. 紧凑的燃烧室形状

不同的燃烧室形状会使汽油机性能有很大差别,图6-27给出了一些有代表性的燃烧室形状。L形燃烧室如图6-27e)所示,基本属于20世纪70年代前的设计,面容比最大,火焰传播距离最长,燃烧持续期被拉长,因而其排放特性和动力经济性都很差。蓬形燃烧室如图6-27d)所示,则从80年代到现在一直很流行,由于其4气门布置及火花塞位于中央,形状紧凑,因而燃烧热效率和排放特性都大大好于L形燃烧室。目前4气门发动机的半数以上都是采用蓬形燃烧室。浴盆形[图6-27a)]和楔形[图6-27b)]也曾得到广泛应用,如国内492型和489型汽油机,但随着多气门化的进行,这两种燃烧室在国外已逐渐减少。

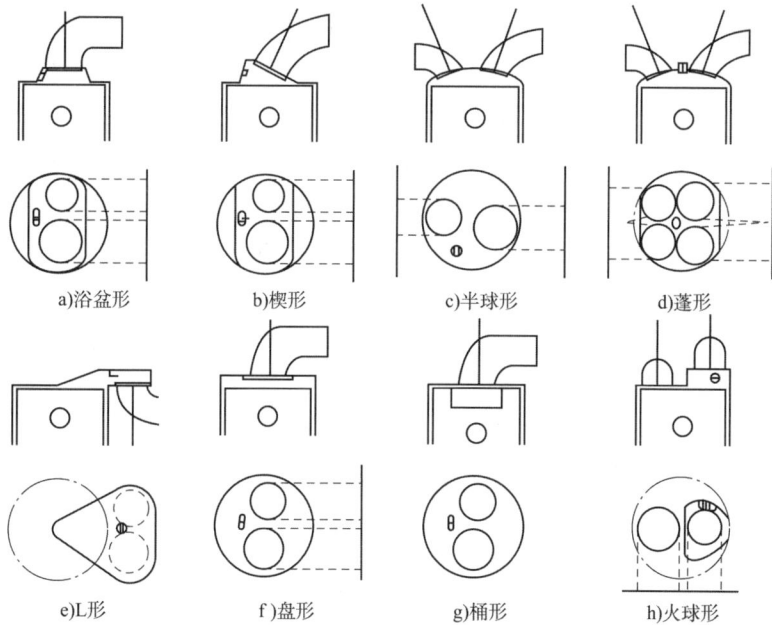

a)浴盆形　　b)楔形　　c)半球形　　d)蓬形

e)L形　　f)盘形　　g)桶形　　h)火球形

图6-27 典型的汽油机燃烧室形状

燃烧室设计的重要原则之一是面容比S/V要小,即尽可能紧凑;火花塞尽可能布置在燃烧室中央,以缩短火焰传播距离。优化设计的燃烧系统可使汽油机的动力经济性和排放特性方面得到以下改善:

(1)紧凑的燃烧室可使燃烧时间缩短,实现快速燃烧,提高热力循环的等容度,使热效率提高。快速燃烧与上述推迟点火提前角或EGR的排放控制措施联用并匹配得当,可在降低排放的同时保证动力性和经济性不至于恶化。

(2)快速充分的燃烧可降低CO和HC的排放。

(3)紧凑的燃烧室可有效防止爆震,或者说提高了机械辛烷值。因为燃烧时间越长,越容易发生爆震。这就使得汽油机有可能进一步提高压缩比以改善热效率。

(4)面容比 S/V 小,可减轻燃烧室壁面对混合气的淬熄效应,减少 HC 排放。

(5)面容比 S/V 小,可减少燃烧过程中的散热损失,有利于提高热效率。

总之,紧凑的燃烧室可直接使汽油机的热效率提高,HC 和 CO 排放降低;通过与推迟点火提前角或 EGR 联用,也可同时得到降低 NO_x 排放的效果。

2. 改善缸内气流运动

提高缸内混合气的涡流和湍流程度,有助于加强油气混合,保证快速燃烧和完全燃烧。这是因为,静止或层流混合气中的火焰传播速度一般不超过 1m/s,而湍流时的火焰传播速度可高达 100m/s。

汽油机中加强气流运动的方法主要有加强进气涡流和采用挤气面设计。进气涡流可通过进气道形状和进气门上设置导气屏来实现。由挤气面造成的燃烧室内气流运动是一种湍流扰动,[图 6-27a)、b)、h)的设计中都采用了较大的挤气面。

另外,适度的气流运动还可以改善燃烧时的循环波动,而循环波动也是 HC 排放以及动力经济性恶化的重要成因。

3. 合理提高压缩比

由于汽油机热效率低于柴油机的重要原因是压缩比低,因而提高压缩比一直是汽油机多年来孜孜以求的主要改进方向。传统的汽油机,往往根据最易发生爆震的工况(如最大转矩工况)选择压缩比;而现代电控汽油机,除合理组织燃烧过程以提高压缩比外,灵活的电控系统也为进一步提高压缩比提供了余地,发动机以更高的压缩比在大部分工况下正常工作,而在发生爆震时,通过爆震传感器和电控系统可适当推迟点火提前角以消除爆震。

4. 提高进气充量

由传统的每缸 2 气门布置改为 3、4 或 5 气门布置,或采用废气涡轮增压,可以明显提高进气充量,减少泵气损失。这样不仅使汽油机燃油消耗率减低和平均有效压力 p_{me} 提高,而且也降低了 CO 和污染物的比排放量。

5. 减少不参与燃烧的缝隙容积

如在第三章 HC 生成机理中介绍的那样,在活塞头部、火花塞和进排气门处存在着 S/V 很大的缝隙,由于壁面淬熄效应而产生大量 HC。因而在燃烧室和活塞组设计中应尽量减少这些缝隙容积。如图 6-28 给出的例子,由原设计改为高位活塞环设计后,HC 排放降低了 20%。

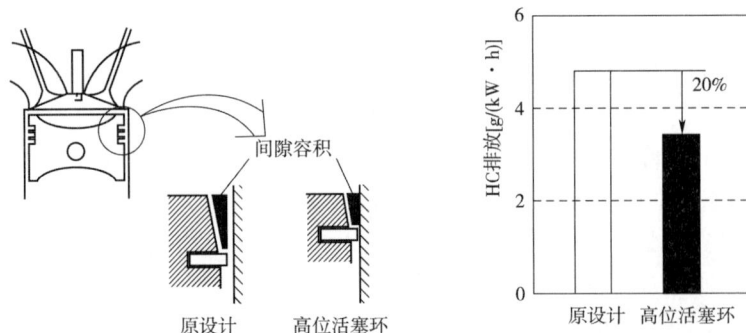

图 6-28　采用高位活塞环降低 HC 的效果

五、可变进气系统

为了提高充量系数,除采用多气门外,各种可变参数进气系统也开始应用。在此主要介绍可变进气系统和可变气门定时。

1. 可变进气系统

发动机进排气过程是一个周期性的脉动过程,进排气系统中存在着强烈的压力波动。利用压力波来提高进气门关闭前的进气压力,可得到增大进气充量的效果,被称为动态效应,也称惯性增压。

图 6-29 给出了进气管长 L 对充量系数 ϕ_c(实际进气质量与理论进气质量之比)的影响,进气管直径 $D = 45mm$。由图可知,较长的进气管($L = 700mm$)在较低转速时 ϕ_c 达到峰值,即长度一定的进气管只能在某一转速区域得到最佳 ϕ_c。传统的发动机进气系统不能兼顾高低速性能,即只能在某一狭窄的转速范围内得到较高的 ϕ_c,而在其他转速范围内 ϕ_c 则要降低。

随着汽车电子控制技术的发展,采用可变长度的进气管成为可能。图 6-30 给出了可变长度进气管的实例,它由长短不同的主进气管和副进气管组成。中低速运转时,转换阀关闭,进气由较长的副进气管进入发动机;而高速运转时,转换阀开启,进气由主副两个进气管同时进入发动机,这样使发动机在高、中、低速都能得到高的充量系数。转换阀是机械控制或电子控制。

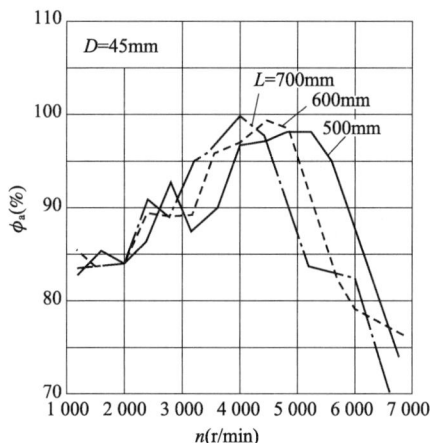

图 6-29 进气管长度对充量系数的影响

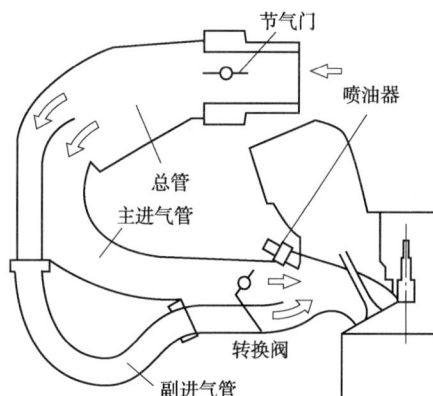

图 6-30 可变进气管长度实例

以上的例子可以看作是分级(2 段)可变进气系统,也可设计成多级或无级可变系统,以使进气系统在各种转速下都处于最佳管长,但结构和控制将变得复杂。

可变进气管长度可使所有转速时的转矩平均增加8%,最大可增加12% ~ 14%,由此可以极大地改善发动机的动力性、经济性以及排放特性。

2. 可变气门定时

气门定时对发动机的动力性、经济性及排放性能有较大的影响,固定的气门定时很难在较大转速和负荷范围内适应发动机的要求,因此,近年来可变气门定时得到较大的发展。改变进气门的定时对发动机性能的影响相对要比改变排气门的定时明显。

图 6-31 为可变气门定时几种可能的方案,可以通过改变气门相位角、气门升程、气门开

启持续角等参数实现可变气门定时。可变气门定时可以提高发动机怠速的稳定性,在不影响高速功率的前提下增加低转速时的扭矩,同时还可以降低发动机的排放。图 6-32 为气门重叠角对 NO_x 和 HC 排放浓度的影响。从图 6-33 可以看出高负荷时进气门提前打开,低负荷时进气门滞后打开都可以降低发动机的 HC 排放。

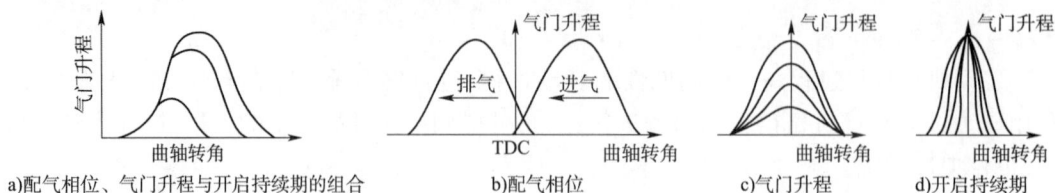

a)配气相位、气门升程与开启持续期的组合　　b)配气相位　　c)气门升程　　d)开启持续期

图 6-31　可变气门定时可能方案

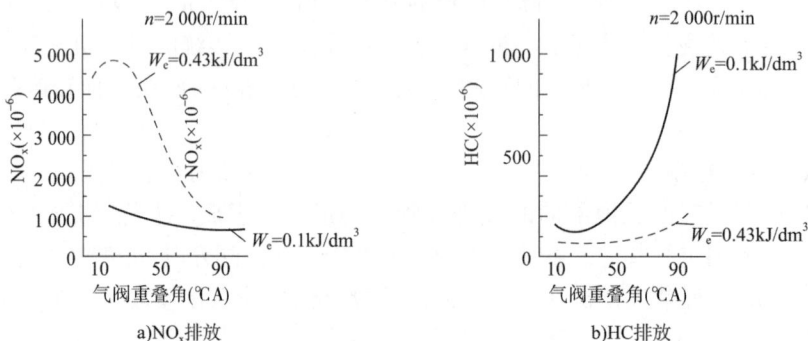

a)NO_x排放　　　　　　　　b)HC 排放

图 6-32　气门重叠角对排放的影响

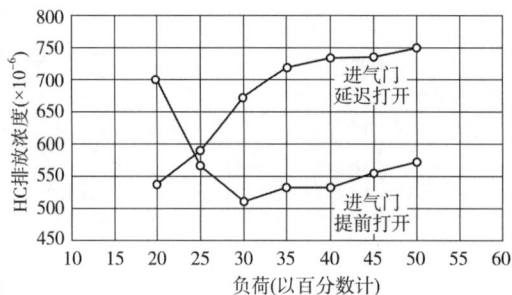

图 6-33　可变配气相位对排放的影响

六、层状充气发动机

为了保证可靠点火,在火花塞附近形成浓混合气,而在其他区域供给稀混合气,按这样的要求设计成的发动机称为层状充气发动机。要实现这要求,最简单的办法是采用与柴油机一样分隔燃烧室形状,副燃烧室内装有火花塞,相当于预燃室作用,给副燃烧室提供浓混合气。在主燃烧室不需要考虑点火,可供给稀混合气。由于发动机内燃烧的混合气是非常稀和非常浓,使 NO_x 排放浓度有很大降低,如图 6-34 所示。在火花塞附近供给过量空气系数为 $0.85 \sim 0.95$ 的浓混合气,往燃烧室供给过量空气系数是 $1.55 \sim 1.62$ 左右的稀混合气(工作极限)。由于采用了分隔型双燃烧室,燃烧室表面积过大,因而未燃 HC 排放物浓度将增加。层状充气也可采用缸内直接喷射方法,在火花塞附近,产生浓混合气。但这种方法具有成本高,效率低等缺点。有一些层状充气发动机采用混合气进入燃烧室时充气和旋流运动来实现分层。随着发动机工况变化,充气和旋流运动是变化的,很难控制。

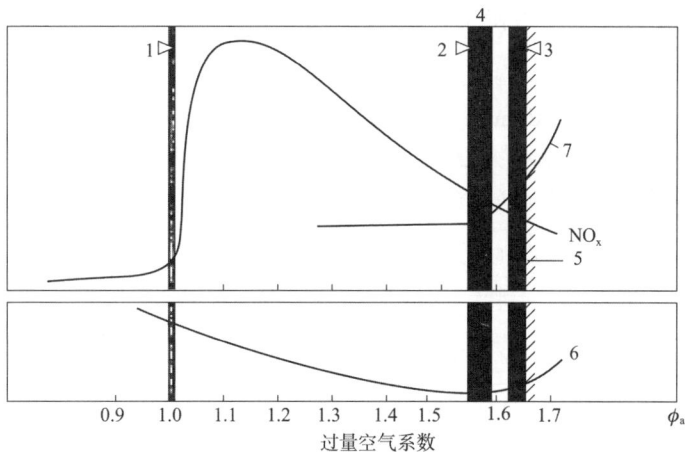

图 6-34 稀燃发动机混合气浓度工作极限

1-采用三元催化转换器 $\phi=1$ 时发动机控制;2-用稀燃传感器控制发动机;3-用燃烧室压力传感器控制发动机;4-发动机处于工作极限下运行;5-工作极限;6-燃油消耗;7-发动机运行不稳定

七、低排放燃烧系统

1. 稀薄燃烧技术

传统的电控燃油喷射与三元催化转换器可以净化发动机废气,大幅度降低了 HC、CO 和 NO_x 排放,但由于要求过量空气系数 $\lambda=1$,限制了油耗的降低,也使得 CO_2 排放居高不下。稀薄燃烧可以将 λ 提高到远超过 1.1 的水平,降低发动机油耗并改善 CO_2。

现代车用汽油机上实际应用的稀燃系统多为分层充气稀薄燃烧系统。按照混合气不同的分层形式,将稀燃系统分为轴向分层稀燃系统和滚流分层稀燃系统两大类。轴向混合气分层是沿着汽缸轴线分布。在这种燃烧系统中影响稀燃效果的主要因素是缸内涡流的强度和喷油定时。通常,涡流强度越强,缸内混合气上下混合的趋势越小,分层效果保持越好;涡流强度越弱,分层效果保持得就越差。喷油定时决定了缸内混合气浓度梯度的分布形式:在进气后期喷油,将形成上浓下稀的梯度分布;反之,则形成上稀下浓的梯度分布。按照燃油喷射的不同形式,可分为气道喷射(PFI)稀燃系统和直接喷射(GDI)稀燃系统。GDI 发动机的经济性和排放特性明显优于 PFI 发动机,但 GDI 发动机价格较高,技术难度较大,目前主要应用于高档轿车上。GDI 发动机仍然表现出全新的应用前景和巨大的发展潜力,代表着汽车动力技术新的发展方向。

稀薄燃烧发动机,其实只是在部分负荷工况范围实行稀薄燃烧,起动、怠速、加速和全负荷都不能实行稀薄燃烧。所以,必须根据工况对稀薄燃烧进行控制,以解决稀薄燃烧所带来的种种问题。其控制方法有燃烧压力反馈控制和空燃比反馈控制。①燃烧压力反馈控制。通过燃烧压力传感器检测缸内燃油燃烧压力,求出发动机每循环输出转矩的变动量,通过空燃比反馈控制,实现发动机输出的实际转矩变动量在允许范围内。控制空燃比使实际转矩变动量更接近允许的界限值,空燃比控制范围更大,可进一步降低 NO_x 排放。②空燃比反馈控制。利用空燃比传感器检测排气中氧浓度,求出该循环空燃比的大小,进行下一循环空燃比的反馈控制。空燃比传感器输出的信号为模拟信号,经 A/D 转换、调幅等前处理后,输入 ECU 进行排气中氧浓度测量,并利用储存在 ROM 中由发动机工况确定的目标空燃比的脉谱图,算出该工况下排气中的目标氧浓度,将目标值与实测值进行比较,求出偏差量,并对偏差量进行修正,确定最终的喷射持续时间。

2. 均质压燃技术

均质压燃(Homogeneous Charge Compression Ignition, HCCI)采用类似于汽油机的均质混合气,以类似于柴油机的压缩着火方式着火,融合汽油机与柴油机的优点。图 6-35 显示了传统汽油机与柴油机、缸内直喷分层稀燃汽油机 GDI 与 HCCI 燃烧模式的区别。

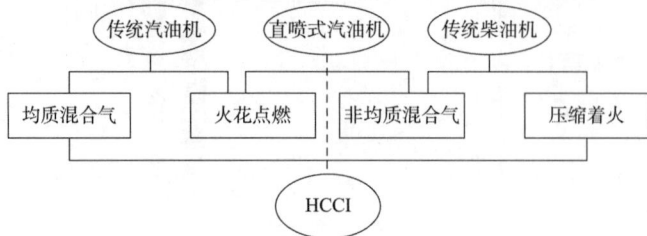

图 6-35　四种燃烧模式的区别

汽油机 HCCI 燃烧的基本特征:

(1)对于火花塞点火燃烧来说,火焰传播过程是由火花塞单点点火引发的,而 HCCI 燃烧则是多点大面积的同时压缩着火过程,是在很短的时间内完成放热。

(2)HCCI 采用稀薄均质混合气,并且 EGR 率很高,可以降低汽油机的最高燃烧温度,消除热 NO 生成的条件。

(3)由于采用稀薄混合气,可以采用 GDI 燃烧模式的不节流措施,取消节气门或者采取减小节流的措施,大大降低汽油机节流损失。

(4)由于采用均质混合气,理论上在发动机运行过程中不生成炭烟。

因此,HCCI 燃烧在降低油耗方面大有可为,在排放方面由于采用均质混合气则可以抑制炭烟的生成、稀薄混合气燃烧与大的 EGR 率以实现低温燃烧从而降低 NO_x 生成。由于 HCCI 燃烧的多点同时着火特点以及汽油自身的物化特性(着火点较高等),使得着火时刻控制困难,并且燃烧速率难以控制,高负荷时容易粗暴燃烧,低负荷及起动工况时又难以压缩着火;这就使得 HCCI 燃烧适合的运行工况范围狭窄。而且发动机在变工况运行的稳定性问题以及控制策略的完善及相关传感器的研发问题都亟待解决。因此,如何控制 HCCI 的着火与燃烧速率问题一直是研究的重点。目前,HCCI 燃烧的控制方式主要分为以下六种:

(1)采用进气加热方式。比如采用电加热的方式使得进气温度适应不同转速与负荷工况的要求,也有学者采用废气回热方式提高进气温度。

(2)引入 EGR。天津大学曾开展过废气再循环与进气加热两种方式对 HCCI 燃烧性能的对比研究。

(3)提高压缩比。通过提高压缩比提高压缩终点温度以实现低负荷工况混合气的压缩着火,但往往导致高负荷工况的爆震问题。较为理想的方式是采用可变压缩比技术。

(4)燃料重整。通过负阀重叠方式,在活塞压缩冲程上行过程中喷入少量燃油产生 CO、H_2 等成分帮助后续的着火燃烧过程。

(5)分层混合气控制着火相位。

(6)火花点火辅助。

八、排放诊断系统

排放诊断系统(On-board Diagnostic System,OBD)指安装在汽车和发动机上的计算机信息系统,属于污染控制装置,具备下列功能:诊断影响发动机排放性能的故障;在发生故障时通过报警系统显示;通过存储在电控单元存储器中的信息确定可能的故障区域并提供信息离线通信。

OBD 系统的排放监测控制方法的方法:OBD 装置监测多个系统和部件,包括发动机、催化转换器、颗粒捕集器、氧传感器、排放控制系统、燃油系统、EGR 等。OBD 是通过各种与排放有关的部件信息,连接到 ECU,ECU 具备检测和分析与排放相关故障的功能。当出现排放故障时,ECU 记录故障信息和相关代码,并通过故障灯发出警告,告知驾驶员。ECU 通过标准数据接口,保证对故障信息的访问和处理。例如:一旦发现有可能引起排放超标的情况,会马上发出警示。当系统出现故障时,故障灯(MIL)或检查发动机警告灯亮,同时 OBD 系统会将故障信息存入存储器,通过标准的诊断仪器和诊断接口可以以故障码的形式读取相关信息。根据故障码的提示,维修人员能迅速准确地确定故障的性质和部位[13]。

第二节 柴油机机内净化技术

柴油机机内净化与汽油机的排放控制相比,柴油机的排放控制难度更大,有效对策技术目前尚不多,特别是排气后处理技术还未达到实用阶段,主要依靠有限的机内净化技术来降低排放污染。但随着近年来燃烧过程研究的深入和电子控制技术的普遍应用,一批很有应用前景的新的排放对策技术相继出现。本节主要介绍柴油机排放的机内净化技术,既包括目前已实用化的技术,也包括正在研究开发中的有望在未来 10 年中得到应用的技术。

一、概述

1. 柴油机与汽油机排放控制技术的异同

如前所述,柴油机的燃烧过程与汽油机有很大不同。柴油机以扩散燃烧为主,过量空气系数 ϕ_a 可在 $1.2 \sim \infty$ 之间变化,采用较高的压缩比($\varepsilon = 16 \sim 24$),无进气节流损失。而汽油机采用预混合燃烧方式,为保证着火,要求 $\phi_a = 0.8 \sim 1.2$;为防止爆震,要求 $\varepsilon < 12$(一般在 10 以下);混合气形成主要在机外进行,往往存在着较大的进气节流损失。由此造成了柴油机与汽油机排放特性的不同。柴油机的 CO 和 HC 排放相对汽油机要少得多,不到汽油机的 1/10,即只有汽油机安装三效催化器净化后的水平。柴油机的 NO_x 排放,在大负荷时接近汽油机的水平,而中小负荷时明显低于汽油机(图 4-24 ~ 图 4-26),因而总体水平略低于汽油机。而柴油机排放的微粒却是汽油机的几十倍甚至更多。因此现阶段柴油机排放控制的重点是微粒和 NO_x。而微粒和 NO_x 的生成机理在很大程度上是截然相反的,使得控制微粒排放和控制 NO_x 排放的方法往往是相互矛盾的。

目前,汽油机降低排放的主要技术是三元催化转换器,在电控系统精确控制空燃比的条件下,可使 CO、HC 和 NO_x 排放同时降低 90% 以上,这就大大减轻了对机内净化技术的要求。而柴油机是在 $\phi_a > 1.2$ 的条件下工作;柴油机的排气中含有大量的微粒和硫氧

化物 SO_x，这会造成催化器的堵塞和中毒失效；因此柴油机无法使用三元催化转换器。这就导致了柴油机的排放控制主要靠发动机自身改造，即主要靠机内净化技术。由于这种原因和上述微粒和 NO_x 之间的 Trade-off 关系，决定了现阶段柴油机降低排放的艰难。关于这一点，可参见图 6-36 给出的日本汽车排放法规中 NO_x 排放极限值随年代的变化，它可以看作是实际生产汽车的 NO_x 排放水平的变化。由图 6-36 可以看出，汽油机轿车由1973 年开始实施对 NO_x 的限制，到 1978 年时，已降到法规实施前的 1/10 以下；而柴油机的 NO_x 由 1975 年开始实施法规限制，到 1995 年时，用了 20 年才降到法规实施前的约40%，仍大大高于汽油机。

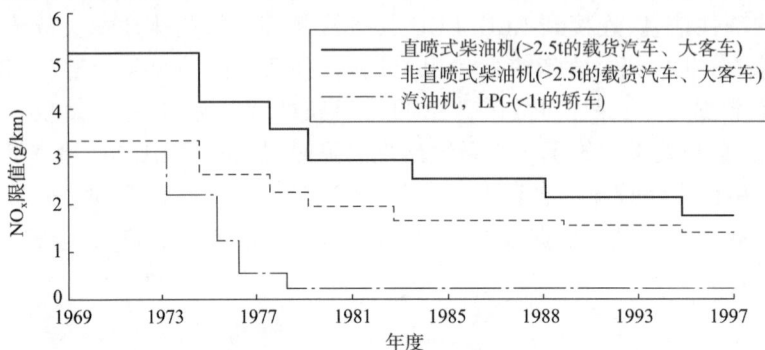

图 6-36　NO_x 排放极限的变化

但同时，柴油机由于热效率高，因而在燃油经济性方面具有明显的优势。图 6-37 给出了采用不同发动机的轿车的 NO_x 比排放量和燃油经济性的对比。如果以目前占主流的化学计量比均质燃烧的汽油机为比较基准（图中 STD），则柴油机的燃油经济性要比汽油机高25%～40%。但柴油机的这一优势已受到缸内直喷稀燃汽油机（GDI）的挑战，目前 GDI 的燃油经济性已达到了 IDI（非直喷式）柴油机的水平。同时，更好的燃油经济性也意味着更低的 CO_2 排放量。为了削减温室效应气体 CO_2 的排放量，以及节约使用有限的石油资源，21世纪的汽车朝着环保与节能并重的方向发展。因而对柴油机的要求是在保持高的热效率的同时，努力降低微粒和 NO_x 的排放污染。

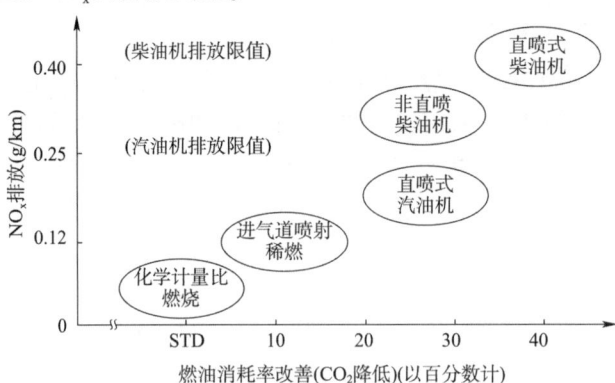

图 6-37　不同轿车的 NO_x 排放量和燃油经济性

2. 柴油机排放控制的对策技术

表 6-2 给出了降低柴油机 NO_x 和微粒排放的对策技术。其中已实用化的有：作为降低NO_x 有效措施的推迟喷油提前角和 EGR；作为降低炭烟和微粒排放措施的增压技术和高压喷射；以及进气系统和燃烧室改进。而一些新型燃烧方法正在研究探索中。

分　类	对 策 技 术	实 施 方 法	控 制 对 象
燃烧	推迟喷油提前角 EGR 加水燃烧 燃烧室设计 喷油规律改进 高压喷射 进排气系统 增压	EGR；中冷 EGR 进气喷水(水蒸气)；缸内喷水；乳化油 各种燃烧室；设计参数优化；新型燃烧方式 喷油规律曲线形状；预喷射；多段喷射 电控高压油泵；共轨系统；泵喷嘴 进排气动态效应；可变进气涡流；多气门 增压；增压中冷；可变几何参数增压(VGS)	NO_x NO_x NO_x NO_x,PT NO_x PT PT PT
燃料	降低含硫量 含氧燃料 合成燃料	含硫量 <0.05% 醇类燃料；二甲醚(DME)	PT
后处理	后处理装置	氧化催化器；微粒捕集器；NO_x催化器	PT,NO_x
其他	降低机油消耗率		PT

　　加水燃烧在以往 20 多年中曾得到广泛的研究。进气喷水或水蒸气技术以及乳化油技术简便易行,最大可得到降低 NO_x40% ~50% 的效果;缸内直接喷水或水油交替层状喷射可得到降低 NO_x50% ~70% 的效果,但结构和控制较为复杂。加水燃烧与其他排放控制措施相比,具有降低 NO_x效果明显,而微粒(包括炭烟)一般不恶化甚至略有改善的优点。其缺点是控制不好会产生 HC 排放增高和燃烧不稳定甚至失火等问题,但实用化最大的难题是水或水蒸气在发动机中造成的腐蚀,以及油箱和喷水系统带来的机构复杂等汽车生产厂家难以接收的问题。

　　3.柴油机排气污染控制的主要途径

　　(1)为使 NO_x和微粒同时降低并保证高的热效率,柴油机应采用如图 6-38 所示的燃烧过程控制思路,即由实线所示燃烧过程变为虚线所示燃烧过程。可以概括为两点:

　　①抑制预混合燃烧以降低 NO_x;

　　②促进扩散燃烧以降低微粒。

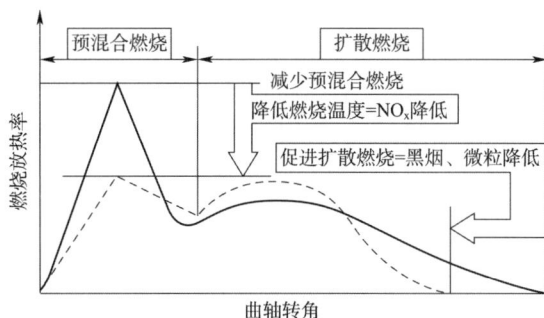

图 6-38　低排放柴油机燃烧过程控制思路

　　这一原则将贯穿于以下各项排放控制技术措施中,因为燃烧过程的控制是通过对"油、气、燃烧室"三方面的控制实现的。

　　(2)每一种技术措施在降低某种排放成分时,往往效果有限,过度使用则会带来另一种排放成分增加或发动机性能的恶化,因而实际中常常是几种措施同时并用。如推迟喷油提前角会使 NO_x 排放降低,但微粒排放却增大,这时应同时采用加快燃烧速度的其他措施以抑制微粒排放的恶化。

(3)具体采用何种措施应根据所要满足的排放法规来确定。例如,为了满足欧洲 I 阶段排放法规,可采用喷油压力为 80MPa 的高压喷射,改进发动机混合气形成和燃烧过程,以及采用推迟喷油提前角等措施;而为了满足欧洲 II 阶段排放法规,可进一步提高喷油压力到 90 ~ 100MPa,采用进气增压或增压中冷、EGR、低硫柴油以及降低机油消耗率等措施。

二、推迟喷油提前角

与汽油机相似,在柴油机上通过推迟喷油提前角可以有效地抑制 NO_x 的排放,且方法简便易行。图 4-10 给出了直喷式柴油机喷油时间对 NO_x、炭烟和燃油消耗率的影响。由图 4-10 可知,随喷油提前角的推迟,NO_x 显著降低,但同时燃油消耗率和炭烟排放恶化。

柴油机喷油时间延迟使 NO_x 排放量下降的原因与汽油机并不完全相同,主要原因由两个:一是使燃烧过程避开上止点进行,燃烧等容度下降,因而温度下降。二是越接近上止点喷油,缸内空气温度越高,燃油一旦喷入缸内便很快蒸发混合并着火,即着火落后期可以缩短,燃烧初期的放热速率降低,导致燃烧温度降低。这两种原因都起到了抑制 NO_x 生成的作用。对比图 4-10 中喷油提前角 $\theta_i = -15°$ 和 $-5°$ 时的缸内温度、压力及燃烧放热率可以看出,随 θ_i 的推迟,燃烧温度、压力和放热率峰值均下降。

但过分推迟喷油提前角,如图 4-10 中由上止点继续推迟时,NO_x 排放反而上升。这主要是由于着火落后期的过分延长,使燃烧初期的放热速率反而大幅度上升的原因。

总之,推迟喷油提前角对降低 NO_x 的效果是有限的,过分推迟,往往会牺牲燃油经济性和微粒排放特性,即出现典型的 Trade-off 关系。为此,推迟喷油提前角最好是与其他加速燃烧的措施并用。如高压喷射或加强缸内气体运动,以防其他性能的恶化。

值得一提的是,非直喷式柴油机(IDI)在推迟喷油提前角时,NO_x 与微粒之间有时并不出现 Trade-off 的关系。图 6-39 表示了对两种 IDI 柴油机排气微粒和 NO_x 的考察,A 为预燃室式柴油机燃烧室,B 为涡流室式柴油机燃烧室。当从标准喷油提前角开始推迟喷油时间时,NO_x 和微粒的排放同时降低。但这时燃油经济性的恶化和 HC 排放的增加仍是不可避免的。

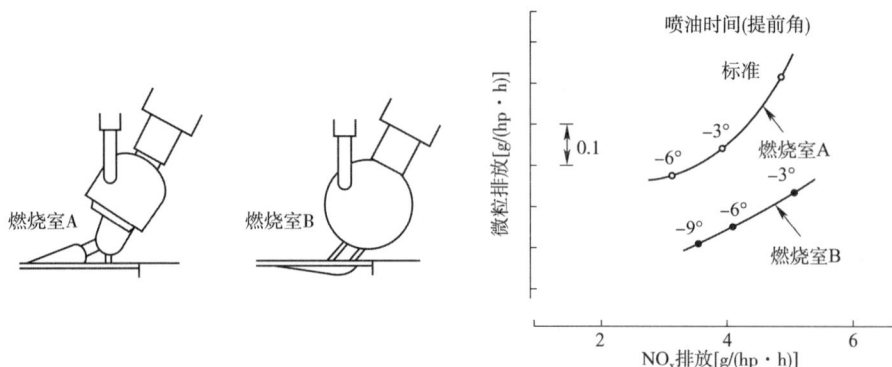

图 6-39 非直喷式柴油机喷油时间对 NO_x 和微粒排放的影响

三、EGR

1. EGR 对 NO_x 和发动机性能的影响

如前所述,EGR 是降低汽油机 NO_x 排放的实用化措施。而对于柴油车,EGR 除在一部分柴油机轿车和轻型车上已实用化外,在寿命和可靠性要求很高的大中型柴油车上目前采用的并不多。

由于柴油机排气中的氧含量相对汽油机要高得多,以及 CO_2 浓度要小得多,因而必须使用更大量的 EGR 才能有效地降低 NO_x。一般汽油机 EGR 率不超过20%,而直喷式和非直喷式柴油机的 EGR 可分别超过40%和25%。

如图 6-40 所示,采用 EGR 时可以使 NO_x 明显降低,其原因除由于大量惰性气体阻碍了燃烧的快速进行以及混合气的比热容增大使燃烧温度降低之外,EGR 对进气加热和稀释造成的实际过量空气系数 ϕ_a 下降也是重要原因。因而,随 EGR 率的增大,在 NO_x 降低的同时,炭烟和燃油耗率也会随之恶化(图 6-40 中虚线)。为此,可采用冷却 EGR 的方法,如图中实线所示,它使发动机性能恶化的趋势被明显抑制住了。

关于 EGR 对燃烧温度的影响,图 6-41 给出了一例采用二色法测量燃烧室内温度的研究结果,EGR 率为20%和25%时,燃烧最高温度比没有 EGR(EGR 率为0)时分别低50K 和100K 左右。

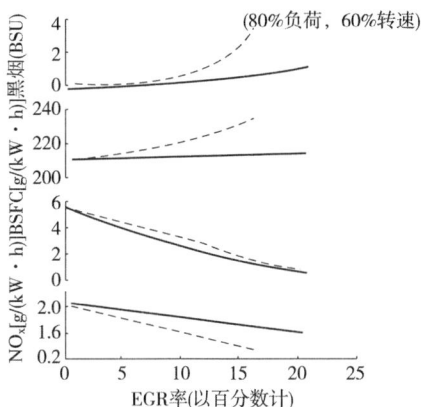

图 6-40　EGR 对柴油机性能的影响

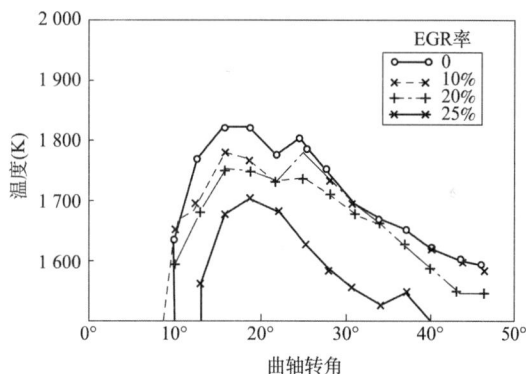

图 6-41 EGR 对燃烧温度的影响

2. EGR 率的控制

EGR 对发动机性能的负面影响,主要表现在大中负荷时,而小负荷时影响不大,甚至有燃油耗率和 HC 排放略有改善的报道。因此,实际应用时,应随工况的不同而改变 EGR 率(即回流量)。图 6-42 所示为一柴油机 EGR 率的脉谱图和相应的 NO_x 降低效果,在高速大负荷时,停止使用 EGR;随负荷及转速的降低,逐渐增大 EGR 率。各种工况时的最佳 EGR 率应根据试验结果确定。

对 EGR 率的控制国外多采用电子控制系统,图 6-43 为一实用化的电控 EGR 系统。电控系统根据发动机转速信号、油泵齿条位移信号(即供油量)和冷却液温度信号等,按预先设定的脉谱图改变 EGR 率。另外,柴油机的 EGR 还流量直径要比汽油机的大得多,这是因为柴油机进气管与排气管之间的压差较小,而需要的 EGR 还流量又远高于汽油机。为了提高排气再循环,在柴油机的进气管上加上了节气门,以便在低负荷时通过进气节流方法增大排气管与进气管之间的压力差。

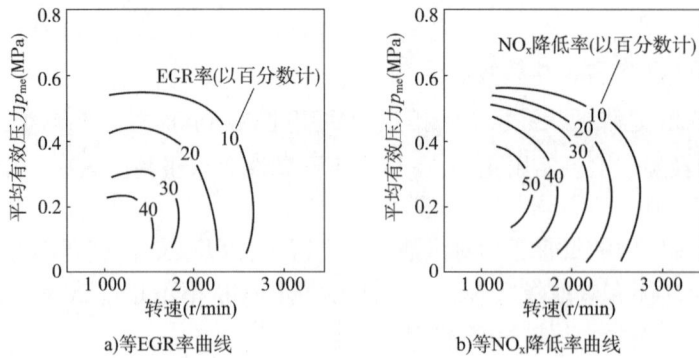

a)等EGR率曲线　　　　　　　b)等NO_x降低率曲线

图 6-42　EGR 脉谱图

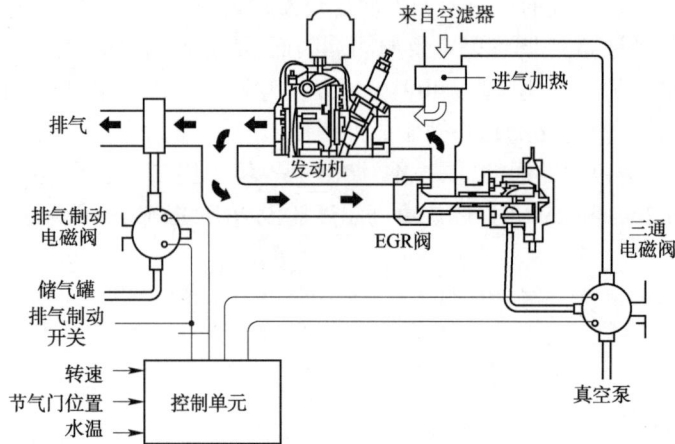

图 6-43　EGR 的控制系统

在增压柴油机中,经常会出现增压压力大于排气压力的现象。为了确保排气再循环,在排气再循环阀前应再加上一个单向阀,以便利用排气脉冲进行排气再循环。

3. EGR 引起的异常磨损

柴油机排气中的 SO_2 最终会生成硫酸,对 EGR 系统的管路和阀门以及汽缸壁面形成腐蚀,并使润滑油劣化;同时,排气中的微粒还流回汽缸,容易附在摩擦面上或混入润滑油里。这些都会导致汽缸套、活塞环以及配气机构的异常磨损,这是 EGR 实用化中尚未完全解决的问题。如图 6-44 所示,在 EGR 率为 20% 的条件下,第一道活塞环和汽缸套的磨损量是没有 EGR 时的 4~5 倍,试验中使用的是含硫量为 0.5% 的柴油。为此,必须降低柴油含硫量,1997 年以后日美欧等国已降至 0.05% 以下,同时润滑油应做相应改进,缸套等部件的材料也应考虑耐腐蚀和耐磨的问题。

四、废气涡轮增压及可变截面增压技术

1. 废气涡轮增压

增压是提高发动机进气充量的有效措施,最常用的增压方法是废气涡轮增压,如图 6-45 所示。发动机排出的具有一定能量的高温废气带动涡轮 2 高速旋转,由此驱动与涡轮同轴的压气机 3 旋转,新鲜空气由进气口 4 进入压气机,被压缩后送入汽缸。

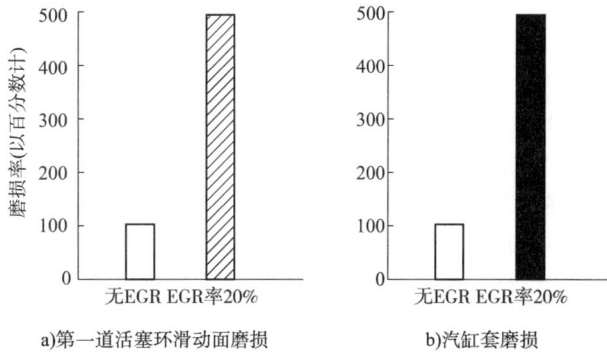

a)第一道活塞环滑动面磨损   b)汽缸套磨损

图 6-44　EGR 率 20%

　　增压可以大幅度提高进气的密度,可使柴油机的功率提高30% ~100%;同时由于过量空气系数足够大,燃烧完全,以及泵气过程作正功,因而燃油经济性也好于非增压柴油机。也正是由于增压柴油机的 ϕ_a 较大,因而炭烟和微粒的产生很容易被抑制住,CO 和 HC 排放也会进一步降低。如图 6-46 所示,在 NO_x 排放量不变的条件下,通过提高增压度使 ϕ_a 增大,结果使排气烟度和燃油耗率都得到了明显降低。

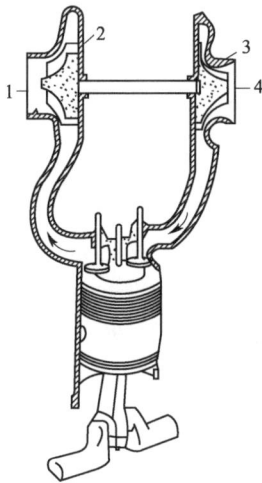

图 6-45　废气涡轮增压系统

1-排气口;2-涡轮;3-压气机;4-进气口

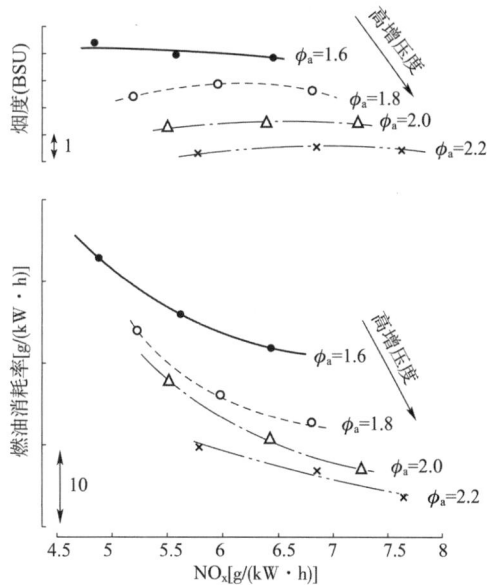

图 6-46　增压柴油机的排放特性和燃油消耗率

　　增压后的进气温度往往会升高至 150℃ ,导致压缩终了温度的升高,使燃烧温度提高,加之这时的富氧燃烧,可能造成 NO_x 排放量升高。对此,可采用增压中冷的方法使进气温度降低,以控制 NO_x 排放的恶化。

　　经验表明,增压是柴油机排放控制的重要技术措施,为稳定达到欧洲Ⅰ排放法规的要求,重型车用柴油机应安装废气涡轮增压器,而为了稳定达到欧洲Ⅱ排放法规的要求,一般应安装带中冷的增压系统。

　　目前,废气涡轮增压技术在国外的车用柴油机上得到了广泛的应用,但仍存在一些亟待解决的问题,如起动性、加速性和低速转矩特性较差,以及热负荷和机械负荷增加等。

2. 可变截面增压器

可变截面增压器(Variable Geometry Turbocharger, VGT)技术是在涡端安装一个可以调节流通截面的装置,可以根据发动机工况自动调节涡端流通面积,当发动机运行在低速工况时,减小涡轮流通面积使增压器保持相对高速,当发动机运行在高速工况时,增大流通面积,使增压器不致超速。采用 VGT 技术可以通过调节涡端流通面积使 VGT 与发动机达到最佳匹配,可以有效地改善发动机的性能。VGT 的实物图和工作原理图如图 6-47 所示。

图 6-47 VGT 实物图

某试验选取 1 300r/min、25% 负荷工况点进行研究。图 6-48 为 VGT 开度对油耗和进排气压力的影响。可以观察到随着 VGT 开度的增大,发动机油耗率逐渐得到改善,这是因为 VGT 的开度增大后,排气流通面积的增加使得发动机的进排气压力差值减小,发动机泵气损失降低。当 VGT 开度进一步增大到 82.5% 时,也能保证过量空气系数在 3.5 以上,缸内燃烧不会发生恶化,因而油耗随 VGT 开度的增加单调递减。也正因为如此,随着 VGT 开度的增大,烟度值虽然会有小幅升高,但仍能维持在较低水平,如图 6-49 所示。

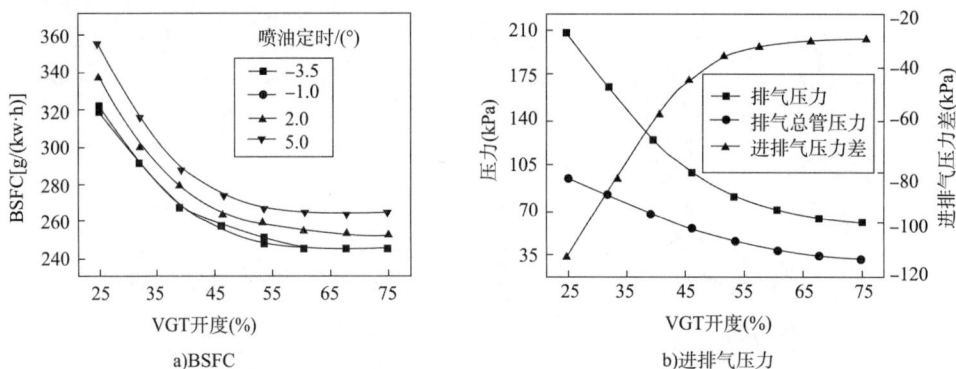

图 6-48 VGT 开度对油耗(a)和进排气压力(b)的影响

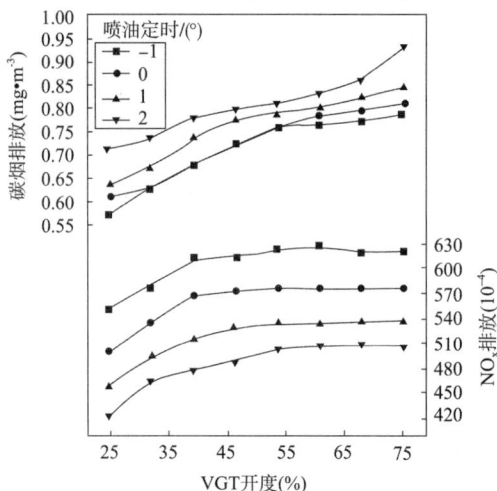

图 6-49 VGT 开度对炭烟和 NO_x 排放的影响

五、改善喷油系统和喷油特性

柴油机的喷油特性主要指喷油规律和喷雾特性,对混合气形成和燃烧过程以及各种排放污染物的生成有重要影响。

1. 合理的喷油规律

喷油器在单位时间内(或 1℃A 内)喷入燃烧室内的燃油量称为喷油速率。喷油规律是指喷油速率随时间(或喷油泵凸轮轴转角)的变化关系。供油规律则是指喷油泵供油速率随时间(或喷油泵凸轮轴转角)的变化关系,它基本由柱塞直径和凸轮几何尺寸决定,因此也称为几何供油规律。由于燃油高压系统的压力波动及弹性变形等原因,供油规律与喷油规律有一定差别,而对混合气形成和燃烧过程有直接影响的是喷油规律。

为了实现图 6-38 所示的理想的燃烧过程,合理的喷油规律应如图 6-50 所示,即:初期缓慢—中期急速—后期快断。这种理想喷油规律的形状近似于"靴形",可以通过控制初期喷油的速率和时间长短、中期喷油速率的变化率(斜率)和最高速率以及后期的断油速率来实现,同时还应考虑喷油持续期和喷油开始时间。具体地说,初期喷油速率不要过高,以抑制着火落后期内混合气生成量,降低初期燃烧速率,以达到降低燃烧温度、抑制 NO_x 生成及降低噪声的目的。中期应急速喷油,即采用高喷油压力和高喷油速率以加速扩散燃烧速度,防止微粒排放和热效率的恶化。后期要迅速结束喷射,以避免低的喷油压力和喷油速率使雾化质量变差,导致燃烧不完全和炭烟及微粒排放增加。图 6-50 中左上角给出的几种不同的喷油模式实际上是对这种理想喷油规律的实际化,在主喷射前的预喷射(1 段或 2 段)可以看作是长而低的初期喷射的极端情况。

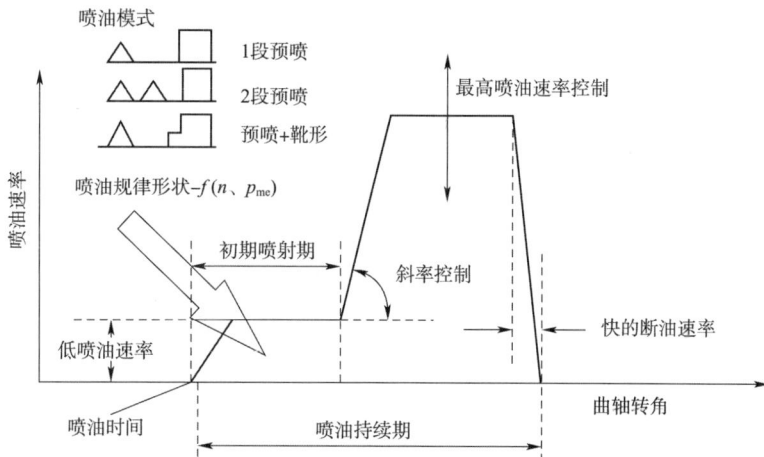

图 6-50 理想的喷油规律

图 6-51 为凹弧凸轮的供油规律。与常用的切线凸轮(图中虚线)相比,凹弧凸轮的供油规律具有初期供油速率低和中期供油速率高的特点。试验结果表明,凹弧凸轮在不同负荷的 NO_x 排放可降低 5% ~ 10%,中小负荷的微粒排放降低 8% ~ 13%,但大负荷时的微粒排放上升,各种负荷的燃油耗率也略有恶化。

为了实现先缓后急的喷油规律,一种双弹簧喷油器(即双开启压力喷油器)被开发应用,其结构如图 6-52 所示。在油压上升过程中,首先克服较软的第 1 级弹簧的压力,使针阀升起预行程 0.03 ~ 0.06mm,由于流通截面很小,燃油喷射只能以较小的速率进行;当油压继续上升到能克服第 2 级弹簧的压力时,针阀升程进一步增大至 0.2mm 左右,开始主喷射。

其喷射规律形状非常接近图 6-51 所示的"靴形喷射"。这种喷油器最初被用来降低燃烧噪声,由于降低燃烧噪声与降低 NO_x 排放的原则一样,都是要控制初期的燃烧放热量以抑制过高的压力升高率,因而现在也成了一种降低 NO_x 排放的方法。

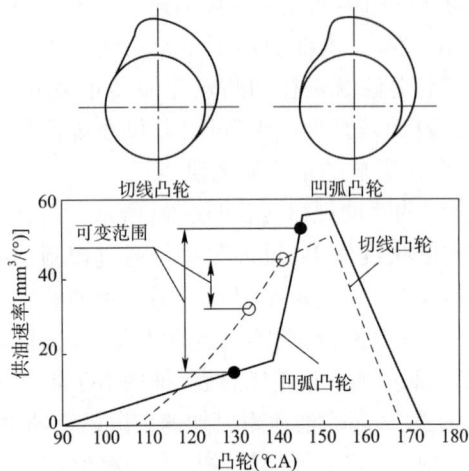

图 6-51 凹弧凸轮的供油规律

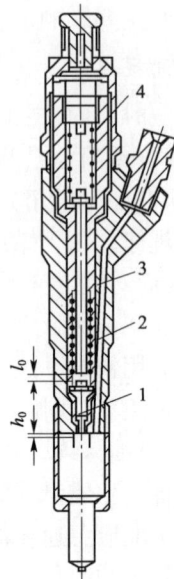

图 6-52 双弹簧喷油器

1-弹簧座;2-第一级弹簧;3-顶杆;4-第二级弹簧

2. 预喷射(Pilot Injection,PI)

预喷射的示意图见图 6-53。在主喷射前,有一少量的预先喷射(见图中针阀升程),因而在着火落后期内只能产生有限的可燃混合气量。这部分混合气形成较弱的初期燃烧放热,并使随后的主喷射燃油的着火落后期缩短,避免了一般直喷式柴油机初期急剧的压力和温度升高,可明显降低 NO_x 排放。

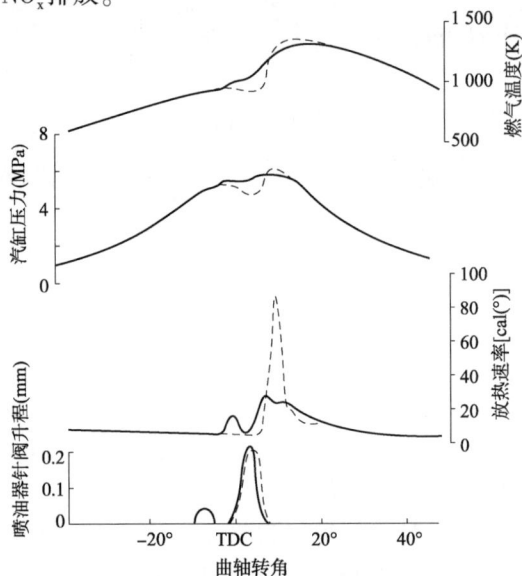

图 6-53 预喷射对燃烧过程的影响

预喷射的喷射量和两次喷射之间的时间间隔都对 NO_x 排放量有影响。图 6-54 为预喷射量对 NO_x 等性能指标的影响,当预喷射量 Q_{pi} 为总喷射量 Q_{max} 的 10% 左右时,NO_x 降低了 25%,而排气烟度和燃油耗率并未恶化。一般来说,预喷射量的总喷射量为 8% 左右,两次喷射的间隔为 1.5ms 左右时,可以取得较好的效果。

3. 多段喷射(Split Injection)

图 6-55a)给出了多段喷射的示意图。图 6-55b)给出了多段喷射(7:3)对发动机燃烧特性的影响。与普通喷射相比,后期喷射的燃油实际上对正在进行的燃烧起到一种扰动作用,促进燃烧后期的混合气形成及燃烧加速,因而燃烧压力提高,燃烧持续期缩短,使炭烟排放降低。

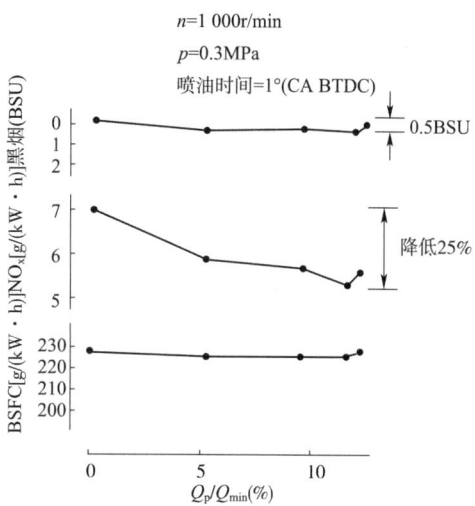

图 6-54 预喷射量对 NO_x 排放的影响

采用多段喷射可以改善冷起动特性。根据有关研究结果,采用多段喷射后,-30℃时的冷起动时间缩短了 20%,这就意味着白烟和冷 HC 等排放会明显减少。

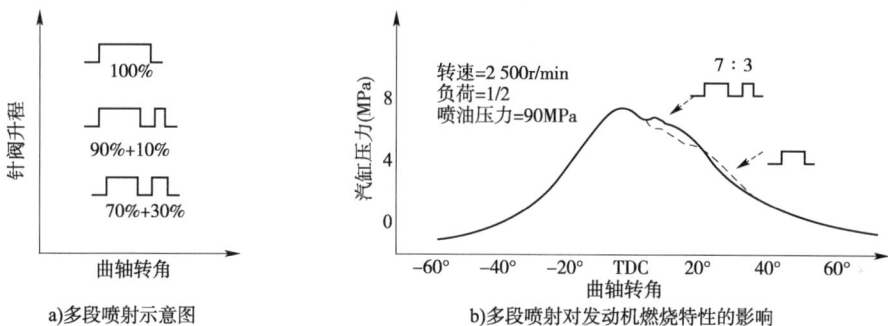

a)多段喷射示意图   b)多段喷射对发动机燃烧特性的影响

图 6-55 多段喷射示意图

4. 提高喷油压力

加速燃油与空气混合的主要方法之一是使燃油喷雾颗粒进一步细化,以增大燃油与空气的接触表面积和缩短强化时间。为此,近年来高压喷射技术在直喷式柴油机上得到了很快的应用。最高喷射压力由传统的 30 ~ 50MPa 提高到 60 ~ 80MPa,近年来已高达 150 ~ 180MPa。这样高的喷射压力加上喷孔直径的不断缩小,使喷雾的索特粒径(喷雾粒子的平均粒径)由过去的 30 ~ 40μm 减少到 10μm 左右。油气混合界面的显著增大,并且由于高速燃油射束对周围空气的卷吸作用,使混合气的形成速度大大加快和浓度分布更均匀,着火落后期缩短,着火位置由过去的喷油器出口附近向油束前端(燃烧室壁面)转移,形成与传统直喷式柴油机多有不同的燃烧过程。

高压喷射造成的这种高温高速以及混合能量很大的燃烧过程使微粒(炭烟)排放和热效率都有了明显改善。如图 4-39 所示,当喷油压力由 80MPa 提高到 160MPa 时,大负荷的烟度由 1.7BSU 降到 0.5BSU 以下,中等负荷时接近 0。如果不采取其他措施,一般高压喷射会使 NO_x 排放增加。但如果合理利用高压喷射时燃烧持续期短的特点,同时并用推迟喷油时间或 EGR 等方法,有可能使微粒和 NO_x 排放同时降低。

5.小直径、多喷孔加速雾化混合

在喷油速率不变情况下，可以通过减小喷孔直径，增加喷孔数目，使喷注在燃烧室内分布更均匀、更充满的方法，来加速油、气混合，获得较好排放效果。如图 6-56 所示，六孔喷嘴与四孔喷嘴相比，六孔的总混合容积加大，单个喷注较窄，芯部浓混合气易于扩散、燃烧。这些都与加大喷油压力的效果相似。

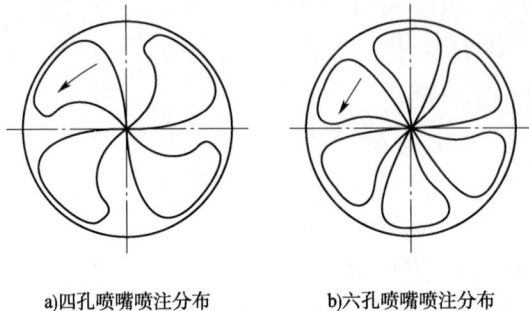

a)四孔喷嘴喷注分布   b)六孔喷嘴喷注分布

图 6-56 六孔与四孔喷嘴的喷注分布比较图

增加喷孔数后，可以降低对气流的要求。涡流比可以减小，从而改善了燃油经济性。若喷孔过多，造成贯穿不足和相邻喷注的干扰，反有不利效果。图 6-57 为小型直喷式柴油机喷孔数对炭烟排放影响的试验结果。

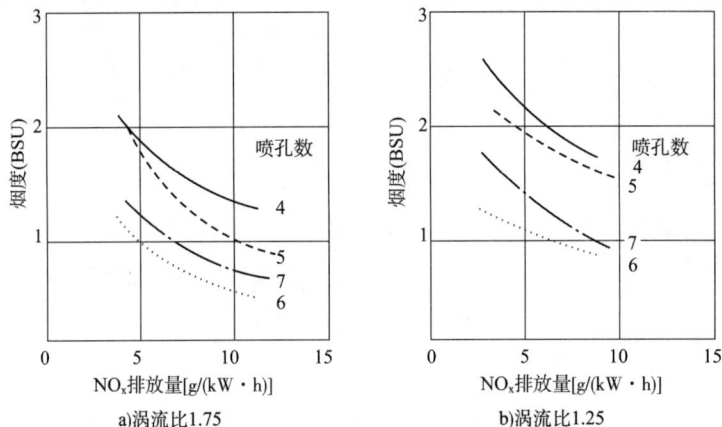

a)涡流比1.75   b)涡流比1.25

图 6-57 喷油嘴的喷孔数对炭烟排放的影响（转速 2 000r/min，部分负荷）

6.柴油机电控喷油系统

为了更精密地控制燃烧过程，柴油机电控燃油喷射系统近年来已开始实用化。尽管可以在传统的喷油系统基础上实施电控，但功能更优越和调节自由度更大的电控共轨喷油系统近年来发展很快。

电控共轨喷油系统与传统喷油系统相比具有下述特点：

（1）喷油压力柔性可调，对不同工况可采用最佳喷射压力，从而可以优化柴油机的综合性能，特别是解决了传统喷油系统（包括泵油嘴）的喷油压力随转速降低而降低，导致低速转矩和低速烟度不好的固有缺陷。

（2）系统紧凑、刚度大，可实现各种较高的喷射压力（120 ~ 170MPa）。

（3）可柔性控制喷油速率变化，实现各种灵活多样的喷油规律，例如预喷射、多段喷射、"靴形"喷射等，以及与排气后处理技术配合使用的在排气行程中喷射。

(4)采用电磁阀控制喷油,控制精度高,循环变动小。

六、高效低污染燃烧系统

混合气形成与燃烧都是在燃烧室中进行的。以燃烧室为主体的燃烧系统的开发,20世纪70年代以前主要以动力、经济性能为主。近代要全面照顾包括排放在内的综合性能要求,在传统燃烧室基础上,发展了一些高效、低污染的新型燃烧室,并与前面叙述的喷油和进气措施结合在一起,使柴油机性能达到了一个新的水平。下面介绍一些已推广使用的直喷式新型燃烧系统。

1.挤流口式燃烧系统

传统的半开式燃烧系统,大都应用敞口、中凸的 ω 形燃烧室,如图 6-58 所示。这种燃烧室 NO_x 排放较高,噪声也很大。英国泼金斯(Perkings)公司和奥地利 AVL 公司推出了底宽、口窄的挤流口式燃烧室获得良好效果。

挤流口式燃烧室由于缩口作用,在入口部位旋转加强,持续时间也增加,同时压缩挤流也十分强烈,这就加速了燃油与空气的混合。于是可以选择较迟的喷油提前角而不减少放热总时间,如图 6-58 实线所示。这样既不影响经济性,又因推迟喷油而使 NO_x、炭烟和噪声都有所降低。图 6-59 是 2.5L 直喷机两种燃烧室排放特性的比较,明确地显示了这一效果。泼金斯的试验结果指出,由于压力升高率的降低,噪声可降低 3 ~ 8dB。

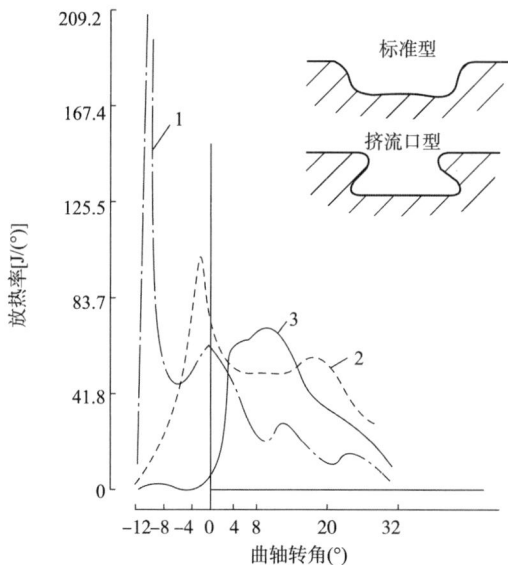

图 6-58　三种燃烧系统的放热效率曲线
1-标准型燃烧系统;2-间接喷射式系统;3-挤流口式燃烧系统

图 6-59　挤流口型与标准型燃烧室的排放特性

2.非回转体型燃烧系统

传统燃烧室都是以燃烧室中轴为轴线的回转体。20 世纪 70 年代,日本五十铃公司首次推出了非回转体的四角形燃烧室。以后各公司相继推出各种类型的非回转体燃烧室,如日本小松公司推出的上方、下圆的微涡流燃烧室,英国泼金斯公司提出的侧面有四个小圆弧凹坑的 Quardram 燃烧室等。上述燃烧室图形如图 6-60 所示。

这些非圆形或方、圆形状及凹坑的设计,其目的有如下两点:

(1)使气流在不规范的角落或连接处产生微涡流或紊流,大大加速油、气混合;

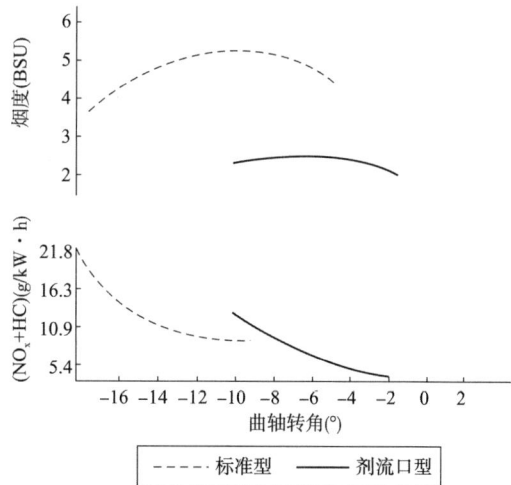

（2）由于微涡流及紊流的能量消耗随速度的平方而增加，使得高速时，中央主旋流有很大的衰减，高转速涡流比下降，起到兼顾高、低速性能的效果。

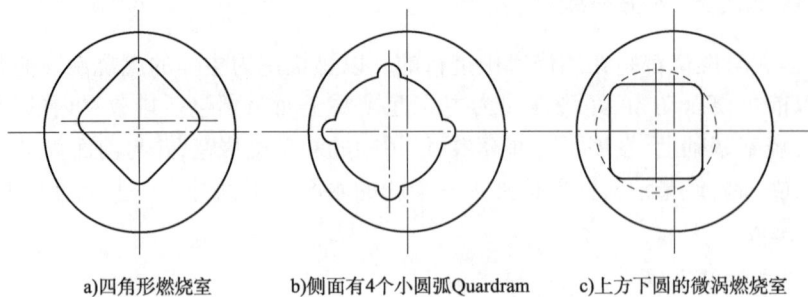

a)四角形燃烧室　　　b)侧面有4个小圆弧Quardram　　　c)上方下圆的微涡燃烧室

图 6-60　三种非回转体燃烧室

以上两方面原因都优化了发动机动力、经济性能和减少 NO_x 及炭烟的排放。各公司都有大量的试验结果和各种各样的解释。图 6-61 是 ω 形、四角形和微涡流三种燃烧室的性能对比结果，微涡流燃烧室有最佳的性能。

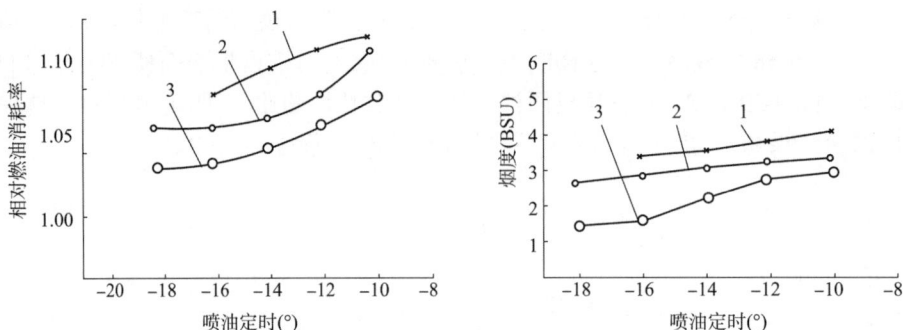

图 6-61　三种燃烧室的烟度及燃油耗率

1-ω 形燃烧室；2-四角形燃烧室；3-微涡流燃烧室

3. 无涡流高压喷射燃烧系统

这就是前面已提到过的、重型车用柴油机大都采用的小喷孔、多喷孔、不组织涡流的高压喷射系统。大机型循环油量大，燃烧室直径大，喷油泵承压能力强、转速低，有条件达到上述燃烧组织的要求。这种机型具有燃油耗率低、升功率高、排放特性好的优点，但噪声相对较大，最大缸内压力也高。

七、渗水冷却技术

渗水冷却技术是指利用向进气管喷水或者向气缸进行喷水、喷油（乳化油）、柴油与水分层喷射的方式，促进其在燃烧室高温环境中迅速将水变成水蒸气，从而挥发带走部分热量，实现降温的目的，从而减少 NO_x 的排放。其中柴油与水的分层喷射是最具有前景的方法，并具有较好的商业化前景。其有效避免了不可控的降温过程以致使燃烧无法进行的负面效果。一旦出现不可控的降温过程，会使着火延迟期变长，由此导致燃烧噪声升高、整机效率下降。

八、进排气节流技术

如图 6-62 所示，进气节流采用进气节流阀，通过调节控制阀的开度，控制发动机的进气量,从而影响发动机的燃烧,提高发动机的排气温度。排气节流原理同进气节流一样。进气节流阀安装在进气总管,可以适当控制发动机进气量,平衡燃烧质量和排气温度,并在倒拖时限制空气流量,以防止催化剂过冷,提高排气温度,但进气节流阀也增加了泵气损失,油耗增大,同时为了保证动力性,要求增压器的能力较强,满足相应的进气流量。排气蝶阀安装在增压器后的排气管上,相当于提高了发动机的排气背压,可以减缓排气流速,减缓热量的散失,维持一定的排气温度,但排气蝶阀增加了排气阻力,缸内残余废气过多,燃烧恶化,油耗增加,烟度增大。

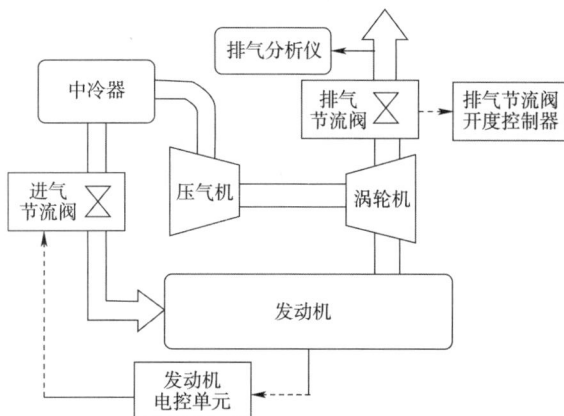

图 6-62　进、排气节流试验装置示意图

九、可变气门正时技术

采用可变气门正时(Variable Valve Timing,VVT)技术可以最大限度提高发动机的充气效率,使进气更充分,排气更彻底,以提高发动机的转矩和功率,从而减少发动机 PM 的排放。该技术近些年来被逐渐应用于现代轿车上。

1. 智能可变气门正时技术

在传统发动机上,由于凸轮轴与曲轴之间的位置关系是固定不变的,因此气门正时也是固定的。智能可变气门正时(VariableValveTiming-intelligent,VVT-i)技术是发动机气门开闭时刻可以适时改变的一项技术。它的基本结构是在凸轮轴前端安装一个可以在一定角度内来回转动的凸轮相位调节器,相位器的转子与凸轮轴固定,定子通过正时带或正时链与曲轴连接,在发动机润滑系统中设置液压油路与相位调节器相连,油路上设置有电磁式的机油控制阀 OCV,机油控制阀通过线束与发动机控制模块 ECU 连接。基本原理是发动机 ECU 通过曲轴相位传感器和凸轮相位传感器采集并计算当前气门开闭实际时刻,ECU 将发动当前工况需要的最佳的气门开闭时刻与实际值之差转换为控制 OCV 动作电信号,OCV 通过改变通往相位调节器的油的流量和流向,实现对相位调节器转动角度的控制,相位调节器执行相位调节后,适时的气门开闭时刻又被曲轴相位传感器和凸轮相位传感器采集到 ECU,ECU 再次计算相位的差值,发出下一步调节信号,从而实现闭环的动态控制。

2. 双可变气门正时系统

双可变气门正时(Dual Variable Valve Timing,DVVT)系统是 VVT 系统的延续和发展,它解决了 VVT 发动机不能同时调节进、排气相位的技术难题,是目前高性能发动机优先采用的双可变气门正时技术。DVVT 系统特点是发动机 ECU 可根据其转速、负荷、温度及车速信号发出指令,控制进、排气凸轮轴的位置,使其通过油压相对于正时链条转动一定角度,以获得最佳配气正时,从而在全速范围内提高动力、节能减排。DVVT 系统在进、排气凸轮轴上都安装了正时调整系统,分别调整进、排气门的正时,使发动机性能得到进一步提高。发动机采用 DVVT 技术后,在高效、节能、环保方面具有更大优势。采用 DVVT 技术可降低油耗 5%,同时动力提高 10%,废气排放达到国家Ⅳ级标准;还能使发动机燃烧室内的混合气体达到合适的空燃比,明显改善怠速稳定性,从而获得较好的舒适性。

十、低温燃烧技术

柴油机燃烧技术是改善柴油机动力经济性和排放性的本质和关键,而由于传统柴油机的扩散燃烧所固有的局限性,柴油机排放的 NO_x 和 PM 很难同时得到改善。为满足排放和能源的要求,广大专家学者提出了多种新的低温燃烧技术,如均质混合气压燃技术、预混合充量压燃技术、反应可控压燃技术等。

1. 均质混合气压燃技术

均质混合压燃(Homogeneous Charge Compression Ignition,HCCI)技术作为最早的低温燃烧技术之一。在其燃烧模式下,均匀的油气混合气被供应到发动机的燃烧室,在压缩行程结束时自动点火。放热反应在燃烧室内多点同时进行。因此不像传统柴油机由扩散燃烧来决定燃烧进程,也不像汽油机,它没有可见的火焰前锋以及局部的高温反应区,这将完全不存在富燃料区,从而降低了烟尘的生成。又由于稀薄油气混合物的预混阶段燃烧占主导地位,因此显著降低了缸内温度,从而降低了 NO_x 的生成。

HCCI 的关键技术在于混合气含量及缸内混合气温度的精确控制。由于其采用的是稀薄混合气内燃机功率较低,因为使用的混合气浓度较低,所以适合在中低负荷工况下运行,此时燃油消耗率较低;在高负荷工况下,HCCI 燃烧方式会极大增加供油量,使燃油消耗量急剧上升,同时会使燃烧温度降低,不利于 HC 及 CO 的完全燃烧。

2. 预混合充量压燃技术

采用 HCCI 时,缺乏传统燃烧策略中可用的快速响应燃烧相位控制的变量,如燃料喷射定时和火花点火定时。为了能够更好地控制燃烧相位,研究人员开发了预混充量压缩着火(Premixed Charge Compression Ignition,PCCI)技术。它是在 EGR 存在的情况下,基于早期直接喷射燃料,以实现预混均匀的燃料-空气混合物。这种燃料-空气预混混合气的点火可以通过先导喷射、缸内的压力和温度等历史数据来控制。与 HCCI 燃烧模式相比,PCCI 燃烧模式燃烧控制更佳,发动机性能更优越,但是 NO_x 和 PM 排放相对较高。

PCCI 燃烧模式在中等发动机负荷下具有良好的排放特性,但在较高的发动机负荷下,由于过高的压力上升率会导致严重的爆震,限制了其在生产级内燃机上的适用性。

3. 反应可控压燃技术

由于 HCCI 和 PCCI 燃烧模式的局限性,所以发展出另一种低温燃烧技术,即反应可控压燃(Reactivity Controlled Compression Ignition,RCCI)技术,如图 6-63 所示。该技术可以更有效地利用不同的替代燃料,如酒精、生物柴油等。RCCI 燃烧模式中,低反应性燃料和高反应性燃料,如 gasoline-diesel、E85 燃料(汽油 85% 乙醇 + 15% 柴油)和 alcohol-diesel 等的不同组合可以用来实现发动机燃烧室的反应性分层。有试验比较了传统柴油机、PCCI 和 RCCI 三种不同燃烧方式的燃烧性能和排放特性。发现 RCCI 燃烧模式在替代燃料的利用上有显著潜力,有改善发动机性能和排放的优势。

RCCI 技术相比于传统燃烧技术和其他低温燃烧技术虽然有很多优势,比如 RCCI 发动机在燃料使用灵活性方面,只要 2 种燃料具有显著不同的反应活性,就可以在缸内适当混合,在不同工况下获得最佳的性能;RCCI 发动机可以在包括汽油、天然气和柴油等宽范围燃料下运行;此外通过添加不同比例的十六烷值改进剂也可以只使用单一燃料;RCCI 发动机也可以使用替代或可再生燃料,例如含水乙醇、甲醇和生物柴油,但是在大规模生产和广泛应用于汽车之前,依然有许多技术挑战需要克服,如燃烧相位、速率的控制,HC、CO 排放高,工作区间较窄等,同时需要进行更多种的燃料试验,验证其对燃料的兼容性。

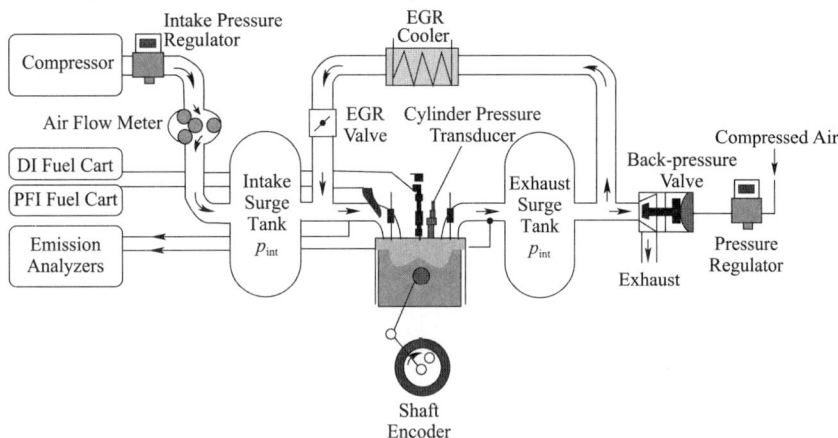

图 6-63　RCCI 实验装置原理图

十一、柴油机电子控制系统

柴油机电子控制(Diesel Electronic Control,EDC)系统用于控制和调节影响柴油机排放物的相关参数。通过 EDC 设定了柴油机燃油喷射系统的控制和调节过程,并实现对柴油机系统的管理。相对于机械式调节器而言,其可实现精确调节。控制过程可被认为是借助控制单元而使参数尽量精确地接近额定值,以此对被控对象产生影响。

对于所有的燃油喷射系统(如共轨系统、直列泵、分配泵等)而言,控制单元的基本结构可谓大同小异。EDC 可最有效地调节喷射的燃油量、喷射起始时间、增压压力以及 EGR 率等参数。此外,EDC 还具有故障诊断、车速调节等诸多功能。EDC 通常可分为 3 大系统:①用于输入和监测工作状态的感应器和传感器;②带微处理器的控制单元,用于分析运行参数;③通过控制元件将电子数值转换为机械参数。

通过 EDC 可为每台柴油机都分别设定独立的组合特征曲线,例如燃油喷射量、转速、喷油正时、行驶速度、增压压力和 EGR 率的组合特征曲线。例如,当行车踏板的位置发生改变而使柴油机的实际工作数值发生变化时,通过 EDC 可迅速计算出相近的额定数值并进行相应调整。

第三节　汽车排放污染物的机外净化技术

一、机外净化技术概述

综观人类治理汽车排放污染的历程,在 20 世纪 70 年代中期以前主要是采用以改善发动机燃烧过程为主的各种机内净化技术。这些技术尽管对降低排气污染起到了很大作用，但效果有限，且不同程度地对汽车的动力性和经济性带来负面效应。随着排放法规的日益严格，人们开始考虑包括催化转换器在内的各种机外净化技术。三元催化剂（Three-Way Catalyst，TWC）的研制成功使汽车排放控制技术产生了突破性的进展，它可使汽油车排放的CO、HC 和 NO_x 同时降低 90% 以上。目前，电子控制汽油喷射加三元催化转换器已成为国际上汽油车排放控制技术的主流。

在排放法规较缓松的初期，完全可以靠机内净化满足法规要求；但随着法规的严格，机外净化已变得不可缺少。即使采用机外净化技术，也必须建立在良好的机内净化基础上，否则，不仅最终排放污染得不到控制，还会影响各种机外净化装置的寿命。

由于汽车排放污染物分别来自于排气管、曲轴箱和燃油系统，作为机外净化措施可按以下分类：

（1）排气后处理技术。

净化排气中各种污染成分的技术包括热反应器、催化转换器、微粒捕集器以及吸附净化方法等。

（2）非排气污染物处理技术。

净化排气以外的污染成分的技术，主要指燃油蒸发控制装置和曲轴箱强制通风装置。

二、三元催化转换器

汽油车排气后处理技术主要是催化转换器，也有少量的热反应器。

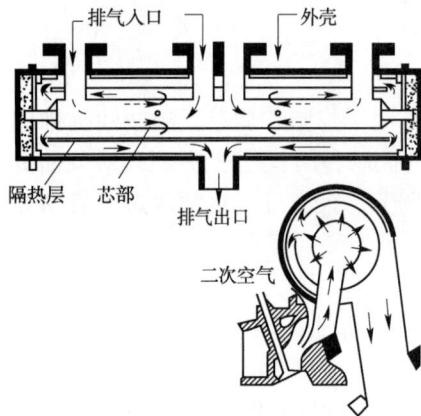

图 6-64　排气热反应器

汽油机工作过程中的不完全燃烧产物 CO 和 HC 在排气过程中可以继续氧化，但必须有足够的空气和温度以保证其高的氧化速率。如图 6-64 所示，在紧靠排气总管出口处装有热反应器，它有较大的容积和绝热保温部分，使反应器内部温度高达 600 ~ 1 000℃。同时在紧靠排气门处喷入空气（即二次空气），以保证 CO 和 HC 氧化反应的进行。这种系统若设计匹配合理，可达到 50% 以上的净化效率，但对 NO_x 无净化效果。为保持较高的排气温度，一般要加浓空燃比以及推迟点火提前角，因而会导致燃油消耗率升高。

在 20 世纪 70 ~ 80 年代，热反应器在国外汽油车上采用的较多，随着净化效率更高的催化器、特别是三元催化器的普及，现在新生产的汽车上已很少采用。由于摩托车的排气后处理装置要求结构简单和成本低廉，并且摩托车的最主要排放污染物是 CO 和 HC，因而热反应器在摩托车上仍有较好的应用价值和较广泛的实际应用。但汽车上应用最广泛的是催化转换器，本节就催化转换器进行详细论述。

1. 催化转换器的结构及原理

催化剂可以提高化学反应速度以及降低反应的起始温度，而本身在反应中并不消耗。当高温的汽车尾气通过净化装置时，三元催化器中的净化剂将增强 CO、HC 和 NO_x 三种气体的活性，促使其进行一定的氧化还原化学反应，其中 CO 在高温下氧化成无色、无毒的二氧化碳气体;HC 化合物在高温下氧化成水和二氧化碳;NO$_x$ 还原成氮气和氧气。三种有害气体变成无害气体,使汽车尾气得以净化。催化转换器是目前各类排气后处理技术中应用最广泛的技术。

1)催化转换器的结构

催化转换器简称催化器,如图 6-65 所示,它由壳体、减振层、载体及催化剂涂层 4 部分组成。

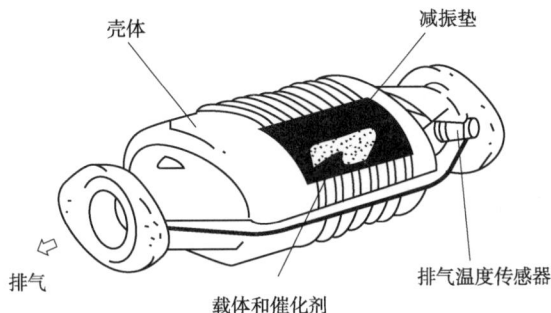

图 6-65　催化转换器的基本结构

而所谓催化剂是指涂层部分或载体和涂层的合称。催化剂是整个催化转换器的核心部分,它决定了催化转换器的主要性能指标。因此,在许多文献上并不严格区分催化剂和催化转换器的定义。

(1)壳体。

催化器壳体由不锈钢板材制成,以防因氧化皮脱落造成催化剂的堵塞。为保证催化器的反应温度以及减小对外热辐射,许多催化器的壳体制作成双层结构。为减少催化器对车底板的高温辐射或防止进入加油站时催化器炽热表面引起火灾,以及避免路面积水飞溅对催化器的激冷损坏和路面飞石造成的撞击损坏,壳体外面还装有半周或全周的隔热罩。壳体的形状设计,要求尽可能减少流经催化转换器气流的涡流和气流分离现象,防止气流阻力的增大;要特别注意进气端形状设计,保证进气流的均匀性,使废气尽可能均匀分布在载体的端面上,使附着在载体上的活性涂层尽可能承担相同的废气注入量,让所有的活性涂层都能对废气产生加速反应的作用,以提高催化转换器的转化效率和使用寿命。

(2)减振层。

减振层一般有膨胀垫片和钢丝网垫两种,起减振、缓解热应力、固定载体、保温和密封作用。膨胀垫片由膨胀云母(45% ~60%)、硅酸铝纤维(30% ~45%)以及黏接剂(6% ~13%)组成。膨胀垫片在第一次受热时体积明显膨胀,而在冷却时仅部分收缩,这样就使金属壳体与陶瓷载体之间的缝隙完全胀死并密封。

(3)载体

早期的催化剂曾采用氧化铝(Al$_2$O$_3$)的球状载体,这种载体存在磨损快、阻力大的缺点,目前在汽车催化器中已不采用。美国康宁(Coming)公司于 20 世纪 70 年代初发明了陶瓷蜂窝载体,并很快占据了车用催化器载体的主导地位。之后,日本 NGK 公司也掌握了这种技术并开始大量生产。据统计,目前世界上车用催化器载体的 90% 是陶瓷载体,其余为金属载体,而陶瓷载体年产量的 95% 以上由康宁公司和 NCK 公司生产。

蜂窝陶瓷载体和金属载体的主要性能参数如表 6-3 所示。陶瓷载体采用堇青石材料挤压成型烧结而成,金属载体则采用不锈钢波纹板卷制而成。加大孔密度可以提高催化反应表面积,孔密度一般为 200~600cpi(孔/平方英寸)。目前最常用的陶瓷载体是 400cpi,而 900 甚至 1 200cpi 及壁厚 0.05mm 的陶瓷载体最近已开发成功。金属载体具有几何表面积大、流通阻力小、加热快和机械强度高的的优点,但由于成本高,目前主要用于控制冷起动排放的紧凑耦合催化器和摩托车用催化器。

载体的种类及性能指标   表 6-3

特 性	项 目	金属载体	陶瓷载体
形状特性	孔道形状	(400cpi)	(400cpi)
材料特性	几何表面积(cm²)	38.8	26.8
	开口率(以百分数计)	90.3	75.0
	材料	不锈钢	堇青石
	导热系数[J/(s·cm·K)]	16.7×10^{-2}	12.5×10^{-3}
	热膨胀系数(1/K)	11.0×10^{-6}	0.6×10^{-6}
	比热[J/(g·K)]	0.50	0.84

(4)涂层

如图 6-66 所示,在载体孔道的壁面上涂有一层非常疏松的活性层(Washcoat),即催化剂涂层。它以 $\gamma - Al_2O_3$ 为主,其粗糙多孔的表面可使壁面的实际催化反应表面积扩大 7 000 倍左右。在涂层表面散布着作为活性材料的贵金属,一般为铂(Pt)、铑(Rh)和钯(Pd)以及作为助催化剂成分的铈(Ce)、钡(Ba)和镧(La)等稀土材料。助催化剂主要用于提高催化剂活性和高温稳定性。催化剂的活性及耐久性除与涂层的成分有关外,也与涂层的制备工艺密切相关。

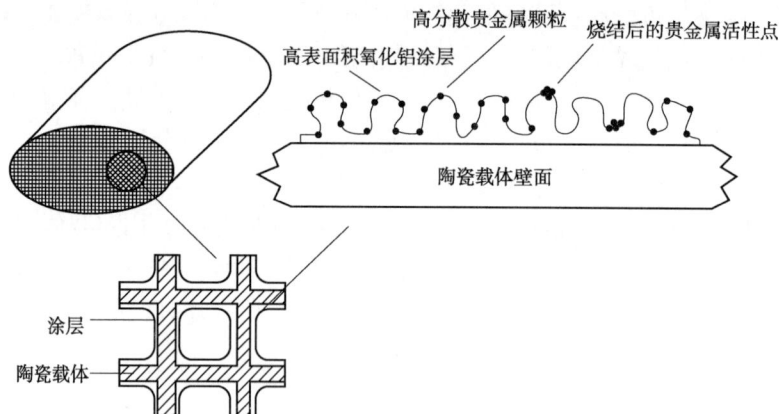

图 6-66 载体及涂层的细微构造

(5)减振垫

为了使载体在壳体内位置牢固,防止它因振动而损坏,为了补偿陶瓷与金属之间热膨胀性的间隙,保证载体周围的气密性,在载体与壳体之间加有一块由软质耐热材料构成的减振垫。减振垫具有特殊的热膨胀性能,可以避免载体在壳体内部发生窜动而导致载体破碎。另外,为了减小载体内部的温度梯度,以减小载体承受的热应力和壳体的热变形,减振垫还应具有隔热性。常见的减振垫有金属网和陶瓷密封垫层两种形式,陶瓷密封垫层在隔热性、抗冲击性、密封性和高低温下对载体的固定力等方面比金属网要优越,是主要的应用减振垫;而金属网减振垫由于具有较好的弹性,能够适应载体几何结构和尺寸的差异,在一定的范围内也得到了应用。

陶瓷密封减振垫一般由陶瓷纤维(硅酸铝)、蛭石和有机黏合剂组成。陶瓷纤维具有良好的抗高温能力,使减振垫能承受催化转换器中较为恶劣的高温环境,并在此条件下充分发挥减振垫的作用。蛭石在受热时会发生膨胀,从而使催化转换器的壳体和载体连接更为紧密,还能隔热以防止过高的温度传给壳体,保证催化转换器使用的安全性。

2)催化剂的分类及工作原理

按工作原理不同,催化剂可分为氧化型催化剂、还原型催化剂、三元催化剂和稀燃催化剂。目前,单纯还原型的催化剂已很少,稀燃催化剂将在后面介绍,而最常用的氧化型催化剂和三元催化剂的工作原理介绍如下。

(1)氧化型催化器(Oxidation Catalyst,OC)

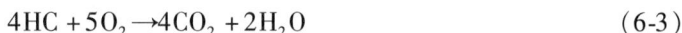

$$2CO + O_2 \rightarrow 2CO_2 \tag{6-2}$$

$$4HC + 5O_2 \rightarrow 4CO_2 + 2H_2O \tag{6-3}$$

(2)三元催化器(Three Way Catalyst,TWC)

$$2CO + 2NO \rightarrow 2CO_2 + N_2 \tag{6-4}$$

$$4HC + 10NO \rightarrow 4CO + 2H_2O + 5N_2 \tag{6-5}$$

在氧化型催化剂中,CO 和 HC 与氧气进行氧化反应,生成无害的 CO_2 和 H_2O,但对 NO_x 基本无效。而在三效催化剂中,CO 和 HC 与 NO_x 互为氧化剂和还原剂,生成无害的 CO_2、H_2O 及 N_2。剩余的 CO 和 HC 则进行式(6-2)和式(6-3)的反应。

3)催化剂用的贵金属材料

不同贵金属成分对排气污染物的催化净化效果是不同的。图 6-67 给出了单用 Pt、Rh 或 Pd 制作的催化剂对不同排气污染物的转化效率。对于 CO 和 HC,三种贵金属成分在化学计量比($\phi_a = 1$)附近都表现出高的转化率,在 $\phi_a > 1$ 的稀空燃比区域,Rh 对 HC 的转化率低于 Pt 和 Pd。对于 NO_x 的还原,Rh 则表现出明显的优势。Pd 尽管在新鲜状态时活性很好,但由于其晶格结构易容纳杂质,因而易被化学毒化,特别是易被 Pb 毒化,同时易产生高温劣化。

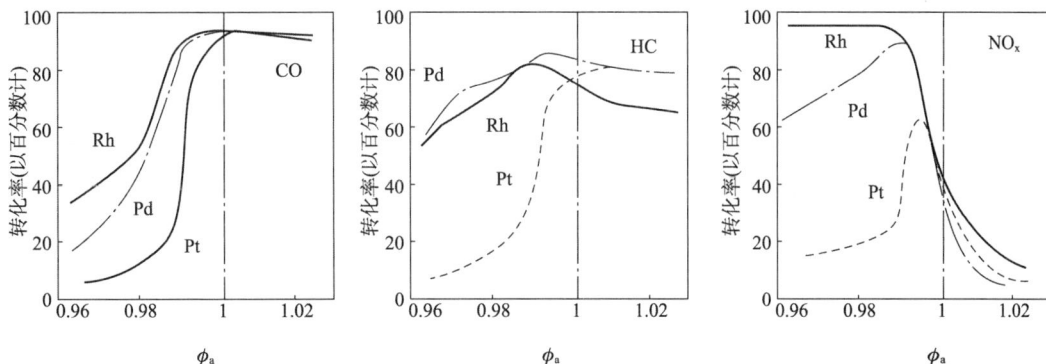

图 6-67 不同贵金属的催化特性(新催化剂)

实际催化剂中,Pt 和 Pd 主要用于催化 CO 和 HC 的氧化反应,Rh 用于催化 NO_x 的还原反应。但为了满足对催化剂综合性能指标的要求,三种贵金属成分往往是搭配使用的。对于氧化催化剂,可以单用 Pt 或 Pd,但大多数还是用 Pt/Pd 组合配方,其配比为 Pt:Pd = 2.5:1。对于三元催化剂,Pt/Rh 系、Pt/Pd/Rh 系以及 Pd/Rh 系都有应用,但以前者为最多。

Pt、Pd 和 Rh 在矿石中的比率为 100∶40∶8,以共生矿的形式存在,仅南非和俄罗斯(约 10%)生产。加之 Pt/Rh 系的三效催化剂得到了最广泛的应用,导致 Pt 和 Rh 的价格逐年上涨,而 Pd 价格比较便宜。近年来国际市场价格大致为 Pd∶Rt∶Rh = 1∶3∶5。图 6-68 给出了 Pt、Pd 和 Rh 的产量和汽车市场需求(阴影线部分),可以看出供求关系的严重失衡。为了综合平衡地利用贵金属资源以及降低催化剂成本,用 Pd 替代 Pt 和 Rh 甚至全 Pd 催化剂一直是国内外的一个热点研究方向。Pd 催化剂易中毒和不耐高温的缺点可以通过改进催化剂组分和制造工艺来弥补,但 NO$_x$ 转化率低的问题目前改善难度较大。

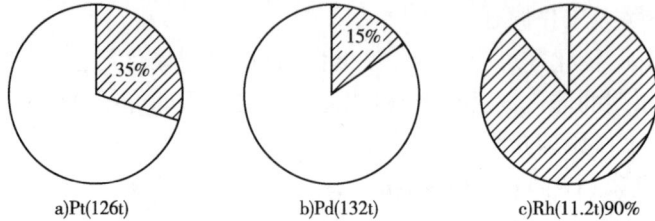

图 6-68　Pt、Pd 和 Rh 的产量和汽车市场需求

2. 催化转换器的性能指标和评价试验方法

1)催化器的性能指标

(1)转化效率。

催化器的转化效率定义为:

$$\eta_i = \frac{C(i)_1 - C(i)_2}{C(i)_1} \times 100\% \tag{6-6}$$

式中:η_i——排气污染物 i 在催化器中的转化效率;

　　$C(i)_1$——排气污染物 i 在催化器入口处的浓度;

　　$C(i)_2$——排气污染物 i 在催化器出口处的浓度。

(2)起燃温度特性。

催化剂转化效率的高低与温度有密切关系,催化剂只有在达到一定温度以上才能开始工作(即起燃)。转化效率随温度的变化曲线称为起燃温度特性,如图 6-69 所示。而达到 50% 转化效率时的温度称为起燃温度 T_{50}。显然 T_{50} 越低则冷起动时催化剂起作用的时间越早,即催化剂的起燃温度特性越好。因此,降低 T_{50} 一直是研究者孜孜以求的目标。

在实际汽车和发动机上也有另一种评价催化剂起燃特性的方法,即从冷起动开始达到 50% 转化率所需时间作为评价指标。这两种方法各有优点,前者能得到明确的起燃温度指标,因此应用最广泛,后者以时间代表起燃性能,对于实车来说更直观。

(3)空燃比特性。

催化剂转化效率的高低还与空燃比 A/F(或过量空气系数 ϕ_a)有关,转化效率随空燃比的变化称为催化器的空燃比特性,如图 6-70 所示。由图可知,三效催化器在化学计量比($\phi_a = 1$)附近的狭窄区间内对 CO、HC 和 NO$_x$ 的转化效率同时达到最高,这个区间被称为"窗口"(Window)。在实际使用中为使催化剂能保持在这个高效窗口内工作,需要图 6-71 所示的闭环电子控制燃油供给系统和氧传感器。窗口越宽,则表示催化剂的实用性能越好,同时也对电控系统控制精度的要求越低。

开环电子控制燃油供给系统无法保证空燃比的精确控制。如图 6-72 所示,其净化效率平均为 60% 左右,而使用同样催化剂的闭环电控系统的平均净化率可达 95%。

（4）空速特性。

空速是空间速度的简称 SV（Space Velocity），被定义为每小时流过催化剂的排气体积流量（换算到标准状态）与催化剂容积之比，它表示了反应气体在催化剂中停留的时间。如图 6-73 所示，性能差的催化器尽管在低空速（如怠速）时表现出很高的转化效率，但在高空速（实际行驶）时的转化效率是很低的，因而仅用怠速工况评价催化剂的活性是不合理的。

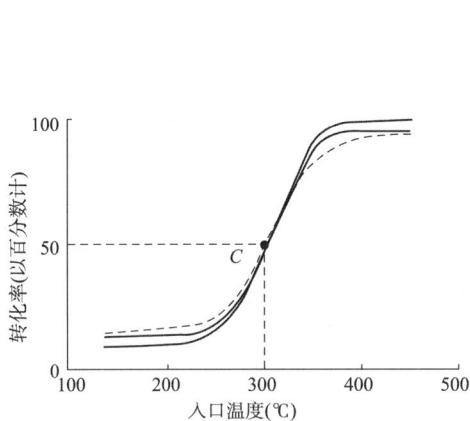

图 6-69　起燃温度特性

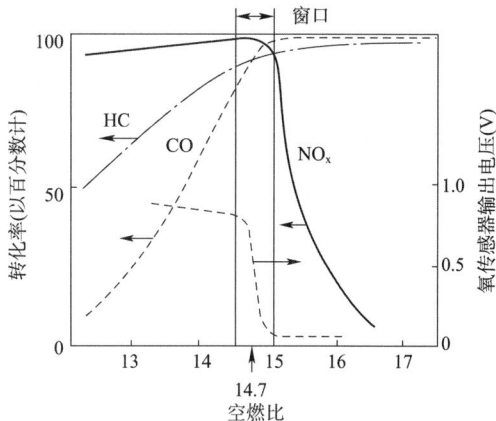

图 6-70　空燃比特性

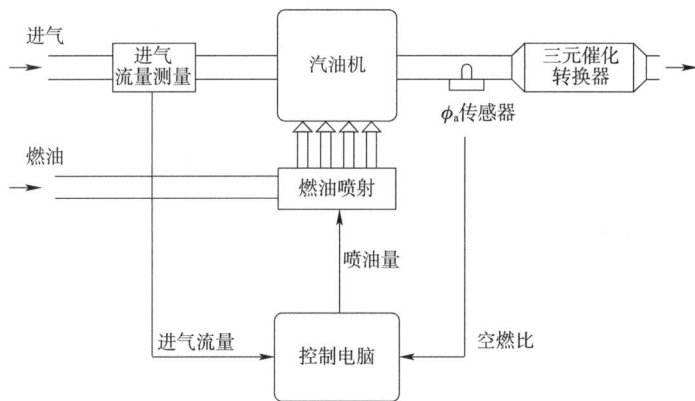

图 6-71　闭环电控系统与三元催化器

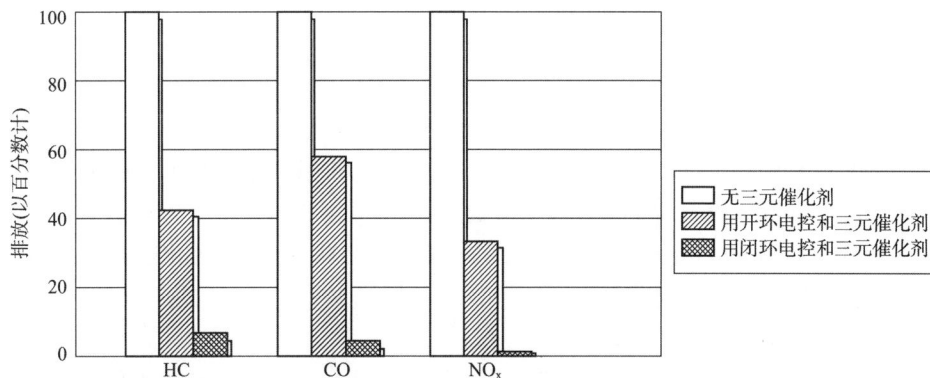

图 6-72　开环电控与闭环电控的净化效果对比

（5）催化器的流动特性。

汽车用催化转换器的流动阻力增大了发动机的排气背压，背压过大使排气过程的推出功增加,消耗同样的燃料所输出的有用功减少,使残余废气量增大,发动机的充气效率降低,同样气缸容积所能利用的燃料化学能减少。残余废气量的增加,又引起燃烧热效率下降,这些都使发动机的经济性和动力性降低。国外好的三效催化转换器对燃油消耗率和输出功率的负面影响均在2%以下,我国有关催化器的技术要求中暂定为不超过3%~5%。所以,探讨影响汽车用催化转换器流动阻力的因素,研究减小流动阻力的途径是非常有必要的。

图6-74为部分国产三效催化转换器与国外产品的对比试验结果。横坐标是流经催化器的排气质量流量;纵坐标为催化器前后的压力损失。从图中可以看出,国产催化器的流动阻力普遍较国外产品偏大,且这一差距随排气流量的增加很快增大。在质量流量为140kg/h时,这一差距甚至达到4倍左右。根据国外资料统计,催化转换器的压力损失大约占整个排气系统的30%~40%。

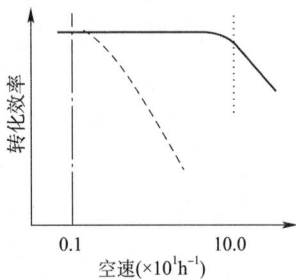

图6-73 催化剂的空速特性

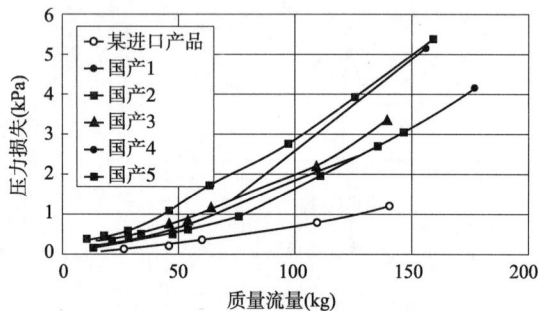

图6-74 国内外催化器流动阻力对比

引起催化器压力损失的主要原因是:气流与催化器壳体壁面的流动摩擦;入口处和出口处的局部旋流引起的气流剪切和变向;载体小孔中的流动摩擦。从这些原因出发进行分析,影响催化器流动阻力的因素应该有以下几个方面(催化器各部件的名称可参照图6-75)。

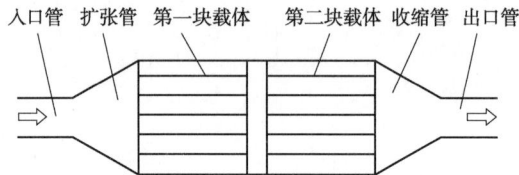

图6-75 影响催化器流动阻力的主要因素

①催化器入口扩张管和出口收缩管的形状,影响流速分布和局部旋涡的形成。

②载体的孔密度和壁厚,影响总的流通面积和通道中的气流形态。

③涂层的厚度,增加了壁厚,与涂层的成分和挂浆工艺有关。

④载体的截面积和长度,在相同的载体体积时,较大的截面积有利于减小阻力。

⑤催化器入口管和出口管的长度及直径,受整个排气系的制约,改变余地不大。

另外,催化器中流速分布的不均匀还会引起转化率下降、催化剂劣化加速以及沿径向的热应力分布不均匀度加大。

(6)催化剂的耐久性及失活机理。

催化剂经长期使用后,其性能将发生劣化,亦称失活。国外一般要求新车用催化剂在使用8万km后整车排放仍能满足法规限值,而近年来对催化剂的耐久性要求已提高到13万km甚至16万km。影响催化剂寿命的因素如表6-4所示的4类,即高温失活、化学中毒、结焦与堵塞以及机械损伤。

车用催化剂的失活机理			表 6-4
(一)高温失活	(二)化学中毒	(三)结焦与堵塞	(四)机械损伤
(1)活传组分高温烧结; (2)涂层中的 γ-Al_2O_3 高温下转化为 ϕ_a-Al_2O_3; (3)载体发生高温烧结	(1)第 V、VI 族元素的分子,如 N、P、S 等; (2)重金属化合物,如 Pb、Hg、Zn、Cu 等; (3)不饱和高极性分子,如 CO	含炭的沉积物(结焦等)	(1)热冲击; (2)磨损; (3)物理性破碎

高温失活是一种复杂的物理化学过程。如图 6-76 所示,在高温条件下,散布均匀的细小的贵金属颗粒以及助催化剂成分聚合成大颗粒,导致活性下降;在 800℃ 以上,涂层中 γ-Al_2O_3 转化为 ϕ_a-Al_2O_3,结果使催化剂的活性表面大大减少。实际中引起催化器高温失活的原因有:

①发动机失火使未燃混合气在催化剂中发生剧烈氧化放热反应;

②汽车连续高速大负荷运行;

③为减少冷起动排放而紧靠发动机设置的初级催化剂受到更严酷的高温。

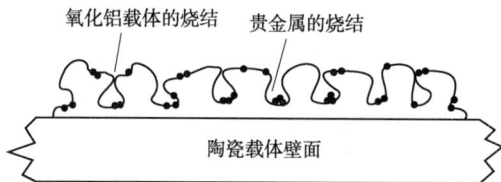

图 6-76 催化剂的高温失活现象

如表 6-4 所示,车用催化剂中毒的来源主要是燃料和润滑油中的 Pb、S 和 P。毒物主要吸附在催化剂活性表面上,并形成一种化学吸附络合物。其中,Pb 中毒往往是不可逆的,催化剂在含 Pb 气氛中工作几十小时就会完全丧失活性;而 S、P、CO 的中毒则在一定条件下(如高温氧化条件)可恢复催化剂的活性。

表 6-4 中第三类和第四类的失活,随着现代催化剂以及发动机制造工艺水平的不断提高,在国外已不是主要难题,而高温失活与中毒失活则是车用催化剂最主要的失活方式。因此,国外对催化剂抗高温失活的性能评价试验是十分苛刻的。

2)催化剂的性能评价试验方法

(1)研究开发过程中的评价试验方法。

国外在车用催化剂长期的研制开发过程中形成了一整套系统的评价试验方法,如图 6-77 所示,包括实验室小样、发动机台架和装车试验 3 个阶段的评价试验。

①实验室小样评价。

把容积为几毫升的小块催化剂样品装入特定试验装置中,通入用标准样气合成的汽车尾气模拟气体,分别测定转化率随氧化还原率 R、反应温度 T 以及空速 SV 变化的曲线。此外,将催化剂小样进行一定时间和一定模式的高温老化后,进行理化分析以及考察其失活原因。通过大量试验,筛选出最有希望的方案。

②发动机台架评价。

根据小样评价阶段筛选出的方案,制出全尺寸催化剂样品,进行包括活性评价和耐久性评价的发动机台架评价试验。活性评价主要包括空燃比特性和起燃温度特性,而空速特性则视具体情况取舍。耐久性评价一般采用快速老化方法,通过模拟实车运行中的恶劣条件来加速催化剂的失活。老化试验后往往要再次进行活性评价,以获得具有实用意义的结果。

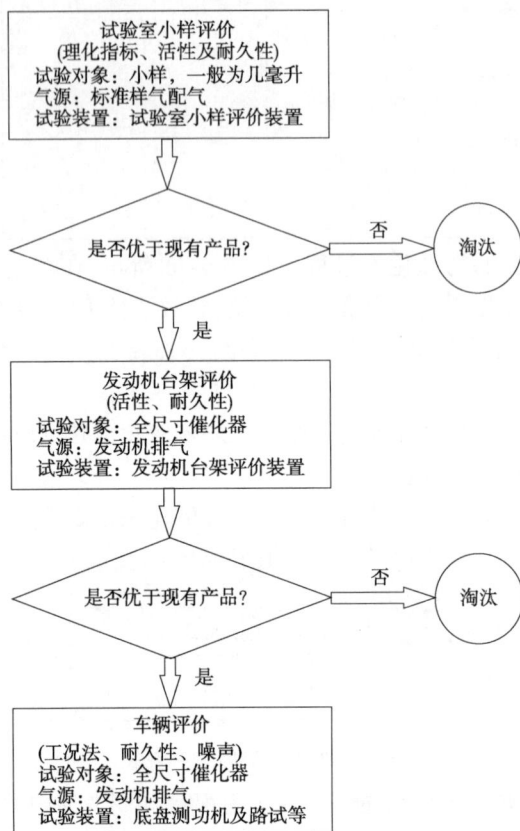

图 6-77　催化剂性能评价三阶段流程图

由于考虑到没有寿命的催化器是毫无实用价值的,或者说对新催化器进行性能评价是没有什么意义的,因此首先要对新催化器进行相当于 5 000～6 000km 行驶里程的老化后再测定其活性,以此作为新催化器的性能水平;然后进行相当于数万公里的老化后再次测定其活性指标,以考察催化器的耐久性。通过合理设计老化试验模式,可以做到用数十到一百小时的台架老化试验模拟和替代数千甚至数万千米的催化器装车试验,使催化器的评价筛选周期大为缩短,节省大量财力物力,同时也可作为一种相对预测催化器使用寿命的方法。正是由于老化试验的这种重要作用,国外对各种老化试验模式的设计方法和技术细节往往作为专有技术秘而不宣。

③车辆评价。

由发动机台架评价实验筛选出的催化剂被装车接受最后考核,这包括用工况法测定其转化率和整车排放是否达标,以及由车队的实际路试来考核催化剂的耐久性,并取得具有统计意义的结论。但路试的试验周期与费用相当高,而且试验结果的离散度较大。

上述 3 个评价阶段中,发动机台架评价阶段最为重要,与小样评价相比,它的试验条件更接近催化剂的实际使用条件;与车辆评价相比,其试验费用低、周期短。但由于其评价方法特别是老化试验方法要随所模拟的催化剂使用条件和所要满足的排放法规的不同而异,因而这些试验方法的设计和验证都有很大难度。

尽管小样评价阶段和发动机台架评价阶段都采用起燃温度特性和空燃比特性来评价催

化剂的活性,但前者并不能代替后者,因为试验条件有很大差别。例如,小样评价用的样气中一般只含一种 HC 成分(如 C_3H_8)或两种成分(如 C_3H_6 和 C_3H_8),实际发动机排气中含有上百种 HC 成分。而由图 6-78 可以看出,不同 HC 成分的起燃温度相差很大。因此,小样试验结果与台架试验结果定性上是可比的,但定量上并不完全一致。

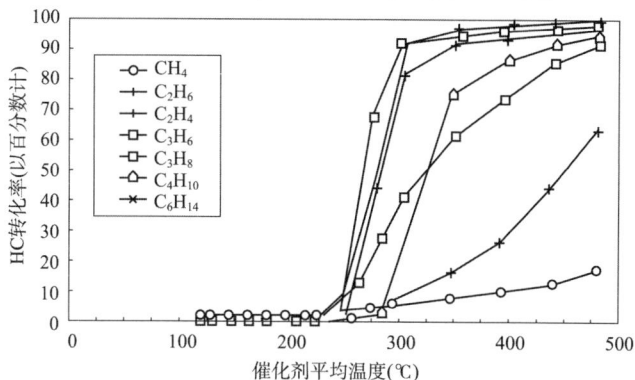

图 6-78　不同 HC 的起燃温度特性

(2)在用车催化器的性能评价。

对于在用车催化转换器的认证和技术监督,国外一般由环保管理部门负责。图 6-79 是美国联邦环保署及加州大气资源局的催化器检测认证程序。首先对催化器进行相当于 4 万 km 的老化试验后,再装车进行工况法试验。这时仍要保证催化器对 CO、HC 和 NO_x 的转化效率分别不小于 70%、70% 和 50%。

(3)催化剂活性和寿命评价试验方法。

国外在催化剂的评价试验中,广泛采用快速老化试验相对地考察催化器的耐久性。老化试验方法是基于催化器的失活机理和汽车行驶工况特点制定的。由于高温失活是设计老化模式时需要考虑的主要问题,因此老化温度逐年提高,已由 20 世纪 70 年代的催化器入口温度 $T_i = 700℃$ 提高到近年的 $T_i = 850 \sim 950℃$,这也是设计老化模式时充分考虑了国外汽车的高速公路行驶工况比重逐年增加的结果。通过老化模式的合理设计以及老化温度的显著提高,老化时间大大缩短。目前国外已由 70 年代的 100h 模拟 6 000km 发展到目前的 30h 模拟 80 000km。

目前普遍被接受的催化剂失活机理主要是高温氧化,与此相应的快速老化试验方法是断油循环(Fuel Cut cycle)。这种两段模式的老化循环如图 6-80 所示,发动机在化学计量比持续运转 60s,然后断油使催化器入口处的空燃比达到 18.0 左右,如此反复循环。它是模拟汽车高速行驶时的突然减速断油造成的催化床瞬时高温和氧化性氛围对催化剂所产生的快速劣化。采用这种快速老化方法,在催化剂入口温度为 760℃ 以及空速 $SV = 60\ 000$ 的条件下运转 100h,相当于 80 000km 的道路行驶。

车用催化剂台架评价试验装置如图 6-81 所示,图中上部管路为催化剂活性评价试验系统,而下部管路为老化试验系统。发动机为 4 缸 2.5L 汽油机,带有电控单点汽油喷射系统。

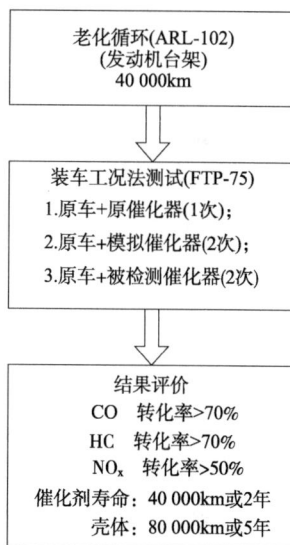

老化循环(ARL-102)
(发动机台架)
40 000km

装车工况法测试(FTP-75)
1.原车+原催化剂(1次);
2.原车+模拟催化剂(2次);
3.原车+被检测催化剂(2次)

结果评价
CO　转化率>70%
HC　转化率>70%
NO_x　转化率>50%
催化剂寿命:40 000km或2年
壳体:80 000km或5年

图 6-79　在用车催化器的考核程序

空燃比控制部分由微机和电控开发装置组成,并可控制老化断油循环自动运行。催化器入口处的空燃比 A/F 及温度 T_i 可通过氧传感器和热电偶测得。根据测得的催化器前后的 CO、HC 和 NO_x 的浓度,可分别求出其转化效率。采用排气换热器调节催化器入口温度 T_i,可以在发动机工况和空燃比以及空速基本不变的条件下使 T_i 在 150 ~ 540℃ 范围内连续可调,控制精度为 ±3℃。

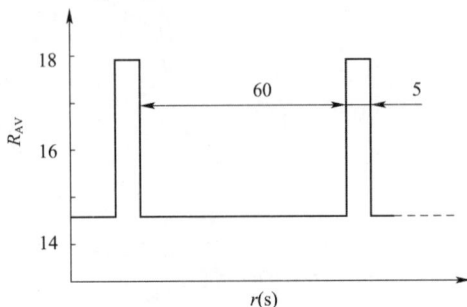

图 6-80　断油老化循环的空燃比控制规范

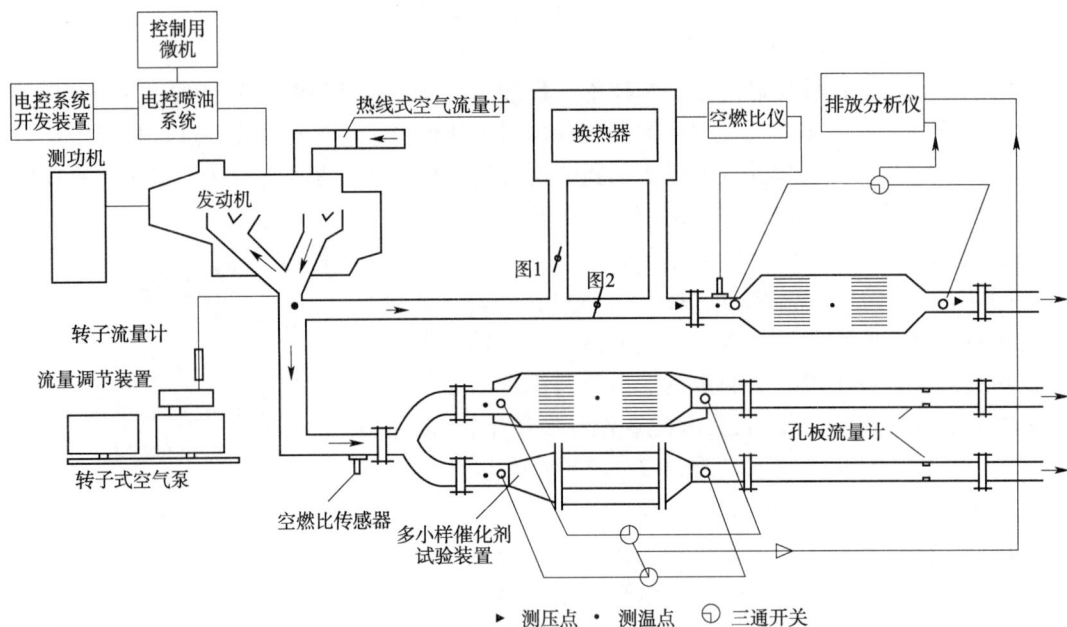

▶ 测压点　· 测温点　⊖ 三通开关

图 6-81　车用催化剂活性和寿命评价试验装置示意图

老化试验时可根据需要每次老化 1 个或同时老化 2 个催化器,也可同时老化 1 个催化器和 1 个装有 6 ~ 8 只催化剂小样的多小样试验装置。以同时老化 2 个催化器时的情况为例,发动机产生的废气分成两路流经被试验用催化器,其流量均匀性由催化器下游的流量计和调节阀监测和调节,并根据发动机实际进气流量计算出每个催化器入口处的空速 SV。由转子空气泵和浮子流量计等组成的二次空气系统提供的二次空气用于调节催化器入口温度和床温。

同时对催化器前的整个排气系统采取保温措施,使入口温度 T_i 可达到 700 ~ 900℃。

催化剂活性及寿命评价试验的流程如图 6-82 所示。首先测定催化剂的空燃比特性和起燃温度特性作为其初始的活性;再进行快速老化试验以模拟所要求的道路行驶里程;然后再以同样条件测定其空燃比特性和起燃温度特性,并与老化前的活性进行对比,以考察其劣化程度和寿命。图6-83是催化剂老化前后的活性对比。由图6-83a)所示的老化前后起燃温度特性试验结果可知,CO、HC和NO_x的起燃温度特性曲线的特征点T_{50}老化前为320~330℃,属正常范围,而老化后变为410~440℃。由图6-83b)所示的老化前后空燃比特性试验结果可知,老化前的CO、HC和NO_x的最高转化率均在95%以上,而老化后的NO_x最高转化率降至85%;NO_x和CO的交点由93%降至83%。同时,老化前的窗口范围是14.53~14.65,而老化后几乎不复存在。由此说明催化剂产生了明显的劣化。

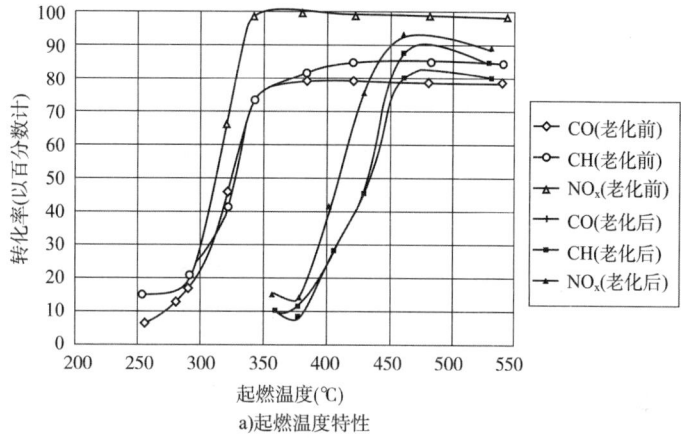

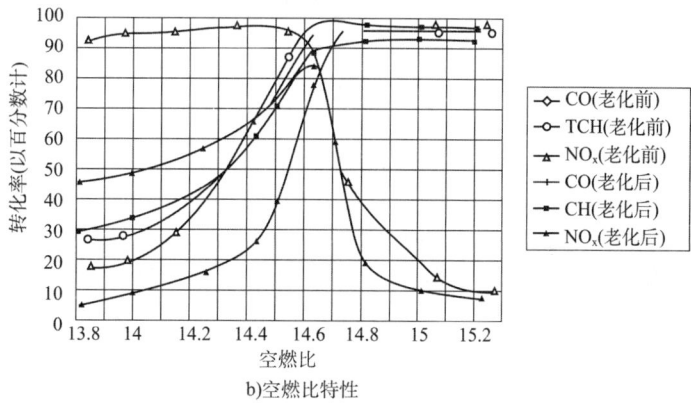

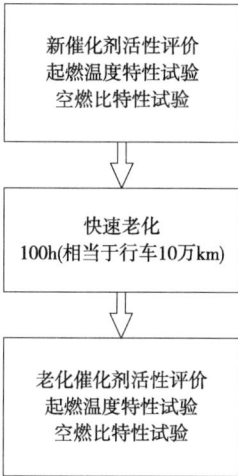

图6-82 催化活性及寿命评价试验的流程

图6-83 催化剂老化前后活性对比

3. 催化转换器的匹配问题

在实际使用中,催化转换器是与发动机以及汽车组合成一个完整的排放控制系统来起作用的,这就存在一个各部之间的匹配优化问题。催化器性能再好,如果系统不能给它提供一个合适的工作条件(如空燃比、温度及空速等),催化器就不能高效率地净化排气污染物。反之,催化器在设计时,也应根据具体车型原始排放水平的不同、需要满足的排放法规的不同、对动力性和经济性等指标的不同要求等条件来确定设计方案。作为一个典型的例子,国外在20世纪80年代初开始采用三元催化器后,都将为了燃油经济性已调稀的发动机空燃比调回到$\phi_a = 1$,以使三元催化器能保持高的净化率。

在排放法规已非常严格的今天,不装催化器的汽车已无法满足法规要求,但如果匹配不好,即使装上最好的催化器,也难以通过排放检测。因此,要达到低排放的目标,需要高性能的催化器加上高水平的催化器匹配技术。可以说,催化器的匹配问题是催化器得以应用的前提和关键。根据国外大量实例来看,欧洲Ⅰ到欧洲Ⅲ法规的主要对策技术仍是电控喷油加三效催化剂,只是其匹配水平和控制精度要求更高。

催化器的匹配主要包括:

(1)催化器与发动机特性的匹配;

(2)催化器与电子控制燃油喷射系统的匹配;

(3)催化器与进排气系统的匹配;

(4)催化器与燃料及润滑油的匹配;

(5)催化器与整车设计的匹配。

所谓催化器与燃料及润滑油的匹配是指,对于油品中有害成分含量(Pb、S、P 等)尚未实行控制的地区,应选用抗中毒劣化性好的催化剂。另外,催化器与排放法规之间也应有合理的对应关系。如仅满足以 HC 和 CO 为控制目标的排放法规,则可选用氧化型催化器;为满足带有城郊高速行驶工况的排放测试程序,应选用空速特性好的催化器。实际上,汽车和催化器厂家并不单纯追求催化器性能越高越好,而是更注重催化器性能恰好满足当时的排放法规。因为催化器性能越好,往往是贵金属含量越高,其成本也越高。

总之,催化器的匹配是一项交叉于汽车、材料和化学等不同领域的涉及范围很广的技术。由于篇幅有限,仅就以下几点为例,对催化器的匹配问题作一简单介绍。

1)催化器与电控喷油系统的匹配

电控喷射汽油机在闭环状态下工作时,如图 6-84 所示,空燃比总是在某一目标空燃比(由闭环电控喷射系统和氧传感器保证)附近波动,这种波动对三效催化剂的性能会有很大的影响。

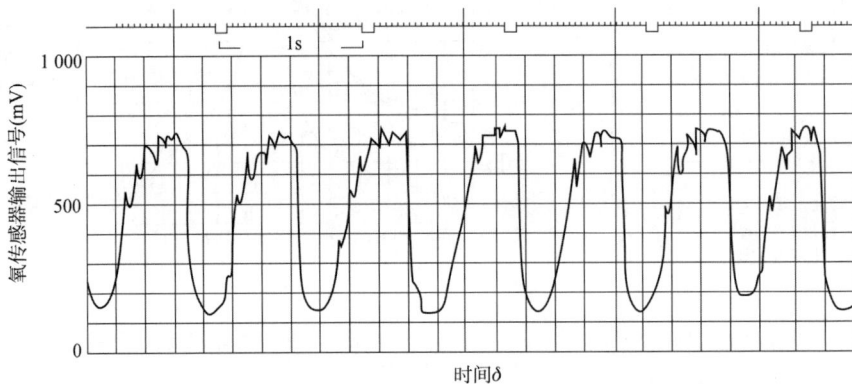

图 6-84　闭环电控系统的空燃比波动

一般化油器发动机(闭环电控补气方式除外)中不存在这种波动,因而在与三元催化剂匹配时可以不考虑空燃比波动的影响。一般将空燃比波动情况下的催化剂性能称为催化剂的动态特性,而无波动时的则称为静态特性。

从闭环电控喷射发动机的角度来讲,其闭环空燃比波动的幅值、频率及波形是由闭环控制方法及控制参数等决定的,在确定其闭环控制参数时,也是以尽量提高三元催化剂的转化效率作为前提的。因此,在进行三元催化剂与闭环电控喷射发动机匹配时,需要先对三元催化剂在空燃比波动条件下的活性进行评价。

图 6-85 示出了同一催化剂在不同波动条件时的空燃比特性,其中,图 6-85a) 为波幅 = 0.3、频率 = 1.5Hz(电控多点喷射系统);图 6-85b) 为波幅 = 0.5、频率 = 1.0Hz(电控单点喷射系统);图 6-85c) 为波幅 = 1.0、频率 = 1.0Hz(电控化油器)。显然,不同波动条件时的最

高转化率及窗口宽度都有明显不同。这样,对于既定催化剂,可以通过改变闭环电控系统的空燃比波动特性来改善其最高转化效率或选择窗口,而对于空燃比波动特性已定的电控系统也可以根据其频率和幅值来选择合适的催化剂。

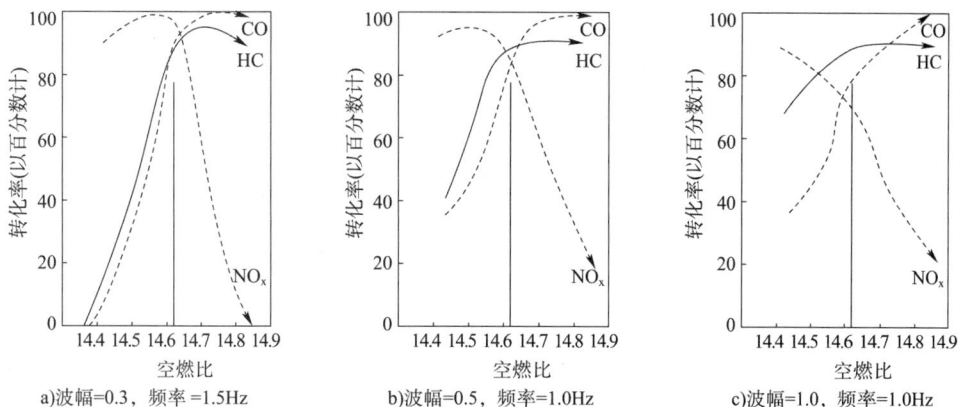

a)波幅=0.3,频率=1.5Hz　　　　b)波幅=0.5,频率=1.0Hz　　　　c)波幅=1.0,频率=1.0Hz

图6-85　空燃比波动特性对催化剂转化率的影响

2)催化器的冷起动特性

目前,国内许多研究开发的实例表明,即使采用了三元催化剂加闭环电控系统也未必能通过工况法排放测试。究其原因,催化剂在工况法排放检测中不能迅速达到起燃状态是一个重要影响因素。实际上这一现象在国外早已引起了极大的重视。图6-86给出的按美国LA4工况法测试的例子表明,冷起动期间的HC几乎占整个测试过程中HC排放总量的50%(图中下图纵坐标单位为:mile/h,1mile=1.609km)。

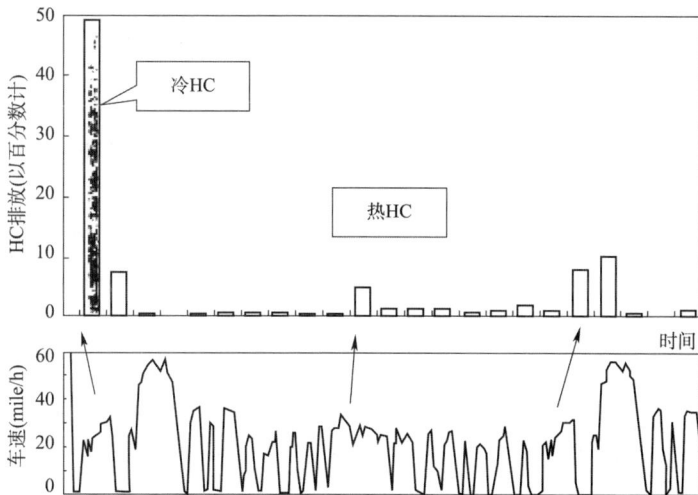

图6-86　工况法测试中HC排放的特点

催化剂能否尽快起燃的问题,不仅与前述的催化剂起燃温度特性有关,而且与催化器的热惯性、排气系统设计、发动机燃烧特性等因素有关。因此,如何使催化器在冷起动阶段快速起燃已成为满足排放法规的关键问题。

众所周知,加速催化转换器的加热过程是显著降低冷起动HC排放的最有效途径,因为催化剂起燃通常需要一定的时间(该时间是变化的,取决于排放目标),降低起燃前催化剂的入口的HC排放和加速催化剂起燃两者同等重要,必须同时满足。排气道二次空气喷射结合发动机偏浓运行,由于其性能可靠,可以满足开发目标要求,以及比较容易实施而受到广泛关注。

3）催化器与排气系统的匹配

排气系统对发动机性能的影响主要是通过压力波对排气干扰而产生的，其影响程度随排气管长度而变化。而催化器的安装位置会显著影响排气系统的这种波动效应，进而也对发动机的动力性和经济性造成显著影响。因此，在采用催化器时必须对发动机排气系统进行重新设计，以达到催化器与排气系统的良好匹配。匹配中主要应考虑的影响因素是排气总管和排气歧管的尺寸以及进排气相位。

图6-87是采用模拟计算方法得出的某一发动机外特性转矩随排气总管长度的变化。催化器是安装在排气总管之后，总管长度变化反映了催化器的安装位置变化。从计算结果可以看出，随排气总管长度的变化，不同转速时的最大转矩有明显变化，特别是在3 000r/min时，最大转矩在140~160N·m范围内变化，即有13%的影响。另外，安装位置还会影响发动机的燃油经济性和排气噪声。

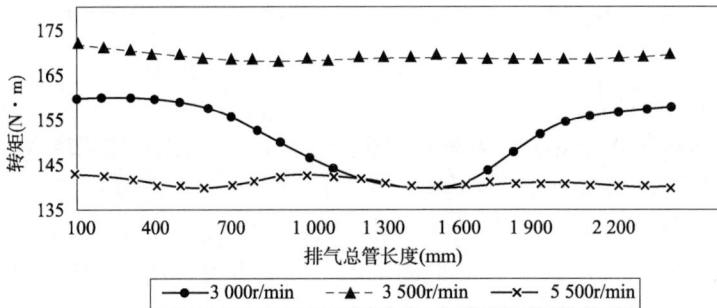

图6-87　催化器安装位置对发动机转矩的影响

4.汽油机稀燃催化剂

稀燃汽油机在大部分工况下处于空燃比过稀状态下工作，一般三元催化剂无法适用。尽管有多种可能用于稀燃汽油机的催化剂方案，但现在已实用化并成功地应用于缸内直喷式汽油机的主要是NO_x吸附还原型三元催化剂。

如图6-88所示，吸附还原型三元催化剂的活性成分是贵金属和碱土金属（或稀土金属）。当发动机在稀燃状态工作时，排气处于氧化气氛，在贵金属（Pt）的催化作用下，NO与O_2反应生成NO_2，并以硝酸盐（NO_3^-）的形式被吸附在碱土金属表面。同时，CO和HC被氧化反应成CO_2和H_2O后排出催化器。而当发动机在浓混合气状态下运转时，形成还原气氛，作为还原剂的CO、HC和H_2与从碱土金属表面析出的NO_2反应，生成CO_2、H_2O和N_2，同时使碱土金属得到再生。

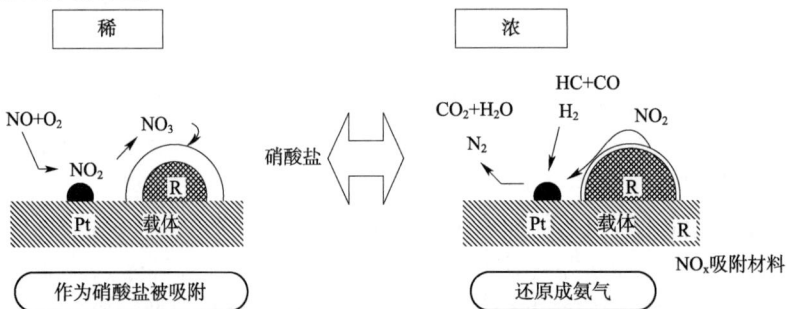

图6-88　吸附还原催化剂的工作原理

为保证催化剂能在稀—浓交替的气氛中工作,而又不影响发动机的动力经济性,发动机控制方式的一例如图 6-89 所示。即每隔 50 ~ 60s,由 ECU 自动控制节气门减小开度,使空燃比由 23 变到 10,同时点火提前角也由上止点前 35°变为上止点前 5°。这一期间持续 5 ~ 10s,也称为催化剂的再生过程,也可将再生过程设定在怠速时,因这时空速小,可以得到高的 NO_x 还原效果。再生过程尽管会对发动机性能产生负面影响,但由于时间很短,并通过合理调节,燃油经济性的恶化可控制在 1% 以下。

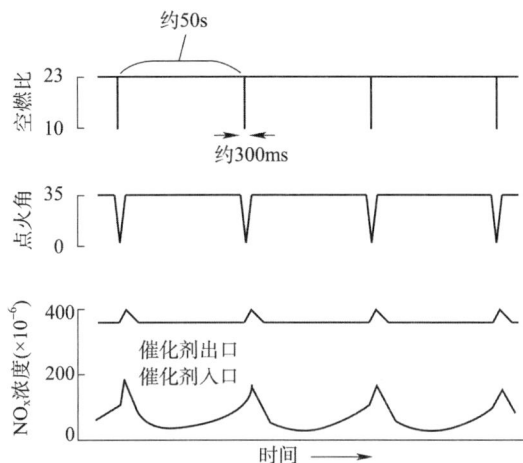

图 6-89 吸附还原催化剂的空燃比控制方法

三、汽油机颗粒捕集器

汽油机颗粒捕集器(Gasoline Particulate Filter,GPF)由流通式三效催化转换器演变而来,是一种安装在汽油发动机排放系统中的陶瓷过滤体,外形一般为圆柱体。主要以壁流式蜂窝陶瓷体为载体,载体体内有很多平行的轴向蜂窝孔道,相邻的两个孔道内只有一个进口开放,另一个只有出口开放。排气从进气孔道流入,通过 GPF 载体多孔壁面至相邻孔道排出。颗粒物通过拦截、碰撞、扩散、重力沉降等方式被捕集在载体的壁面内及壁面上,从而降低颗粒物质量 PM 和颗粒物数量 PN 的排放,其工作原理如图 6-90 所示。根据是否带涂层,GPF 也细分为带涂覆的 GPF 和不带涂覆的 GPF 两大类。带涂覆的 GPF 也称之为四元催化转换器,即 GPF 与三元催化转换器合二为一,在四元催化转换器处理颗粒物的同时也具备三元催化转换器的作用;不涂覆的 GPF 只具备处理颗粒物的能力。

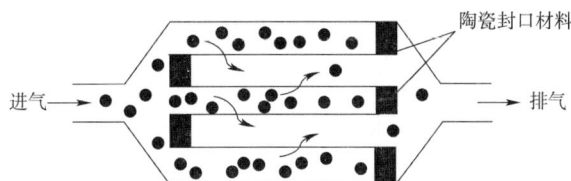

图 6-90 壁流式蜂窝陶瓷载体过滤原理图

当车辆行驶一定里程后,GPF 捕集到的颗粒物逐渐增加,从而会引起发动机排气背压升高,导致发动机动力不足或加速不良以及油耗增加。故需要定期让 GPF 中的颗粒物发生化学反应,进行氧化燃烧,恢复 GPF 的过滤性能,称为 GPF 再生。GPF 的再生分为被动再生和主动再生两种,被动再生是指日常驾驶工况下通过驾驶人松开加速踏板时,发动机断油,大量空气进入 GPF 从而实现再生。主动再生是指在被动再生无法满足再生需求的情况下,车辆去执行特殊工况,让控制单元发出控制指令,后推点火角,使得排气温度升高,待 GPF 温度升高后,再减稀混合气浓度,从而实现 DPG 再生。需要注意的是,GPF 再生无法去除灰分 (Ca、O、P_2O_5、ZnO、SO_3、Fe_2O_3),随着时间的累积,当灰分在 GPF 中积满后,需要到维修厂清灰或更换 GPF。

四、HC 捕集器

HC 捕集器由 HC 捕集材料(如沸石)和催化剂涂层组成。在催化剂还没加热到起燃温度前,捕集材料捕获尾气中的 HC。当催化剂起燃后,捕集材料释放 HC,然后催化剂涂层把 HC 转化掉。

1. HC 捕集器的作用机理

1) HC 捕集系统

图 6-91 是日产 2000 款 Sentra CA 轿车使用的 HC 捕集系统。该排气后处理系统由一个紧凑耦合三元催化剂(TWC)和两个 HC 捕集器组成,第一个捕集器位于油底壳下,第二个位于排气下游,冷起动开始后,顺序出现以下过程。

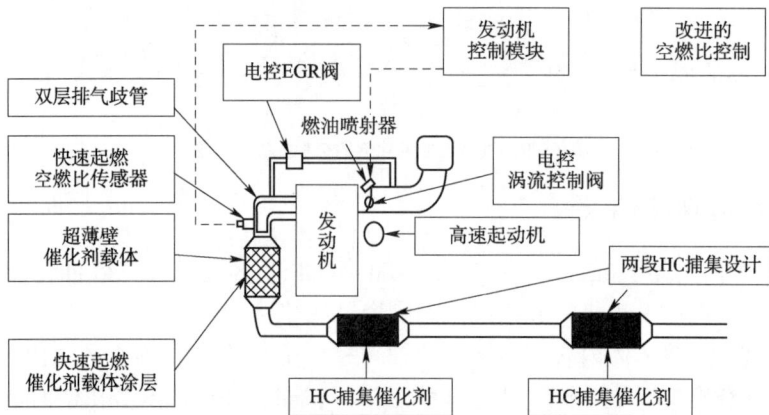

图 6-91　HC 捕集系统示意图

第一个 HC 捕集催化剂开始捕集 HC,一直到紧凑耦合催化剂达到起燃温度;经过一段时间后,第一个 HC 捕集催化剂开始释放 HC,并将部分释放的 HC 转化掉;第一个 HC 捕集催化剂释放而又未被转化的 HC,被第二个 HC 捕集催化剂捕集;经过一段时间后,第二个 HC 捕集催化剂释放 HC,并部分转化释放的 HC。

2) 捕集材料

用于捕集 HC 的材料是一种涂覆在载体的沸石。图 6-92 显示了 HC 捕集催化剂涂层的结构图。底部涂层包含 HC 捕集材料如沸石(图 6-93),顶部涂层包含用于转化从捕集材料释放的 HC 的三元催化剂。

在冷起动过程中,沸石将 HC 分子捕集在具有多孔晶体结构的小孔中。沸石结构中的小孔尺寸在 0.5 ~ 0.8nm 之间,而 HC 分子大小在 0.4 ~ 0.7nm 之间。当沸石温度达到 150 ~ 250℃时,捕集的 HC 从捕集材料中释放。沸石具有铝硅酸盐的晶体结构,SiO_4 和 AlO_4 与氧形成四面体,呈三维网状,其结构形状和小孔的大小受网状连接方式的影响。

2. 控制捕集效率的因素

图 6-94 显示发动机起动后 40s 的 HC 排放。图中细线表示 HC 捕集催化剂入口处 HC

浓度,粗线表示出口处的 HC 浓度。图中阴影区域 A 表示捕集的 HC 量,阴影区域 B 表示从 HC 捕集催化剂释放的没有转化的 HC 量。区域 A 越大,HC 捕集的 HC 越多,代表更好的捕集性能。区域 B 越小,捕集材料释放的 HC 转化越多,代表更好的转化性能。

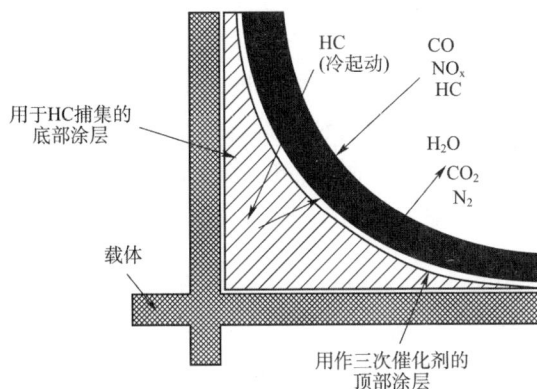

图 6-92 催化剂涂层结构

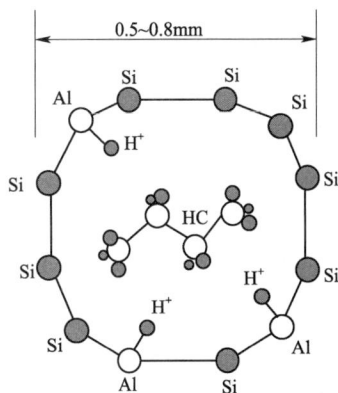

图 6-93 沸石分子结构

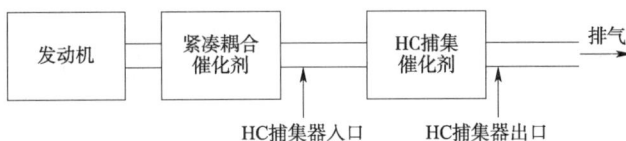

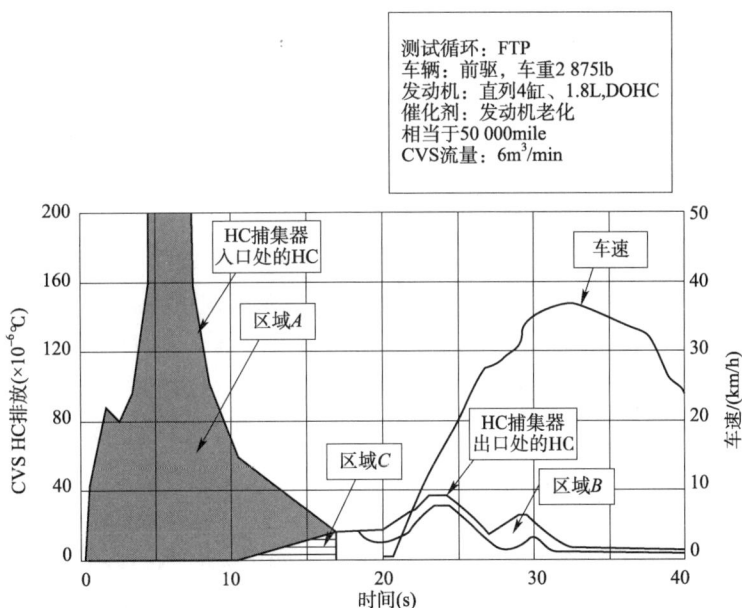

图 6-94 HC 捕集系统中 HC 排放形式

注:1lb≈0.45kg

即使 HC 捕集催化剂老化后,依然具有良好的捕集性能,但是想要保持 HC 不及催化剂具有良好的转化性能则很难。催化剂老化,特别是在高温下老化,通常会使催化剂起燃温度向高温偏移。如果起燃温度过高,那么 HC 捕集器将在催化剂起燃前释放 HC。因此,设计 HC 捕集系统最重要,也是最困难的部分,就是如何最大幅度地提高被捕集 HC 的转化性能,使图 6-94 中区域 B 的面积最小。一般用捕集效率 TE 和转化效率 CE 来度量 HC 捕集催化剂的性能。这两种效率的定义如下:

$$\text{TE} = \frac{A}{A+C} \times 100 \tag{6-7}$$

$$\text{CE} = \left(1 - \frac{B}{A}\right) \times 100 \tag{6-8}$$

1)选择和开发捕集材料

一种提高 HC 捕集系统转化率的方法是选择和开发一种缓慢释放捕集的 HC 的捕集材料。图 6-95 显示不同材料吸附性能的比较。虽然每种材料都具有合适的吸附甲苯的孔径，但是它们的吸附效率在 50% ~ 70% 之间变化。这种吸附性能的差异是由于沸石孔径、孔径分布和骨架结构存在差异造成的。在所测试的捕集材料中，材料 J 由于具有合适的孔径分布，显示出最好的吸附性能（80% 或更多）。

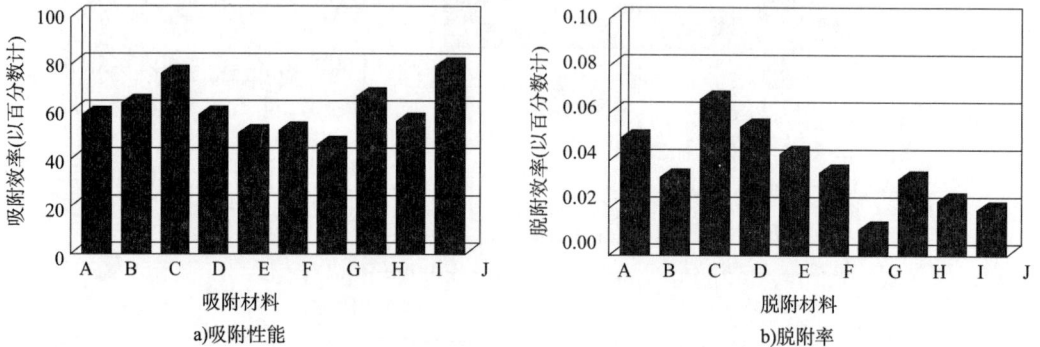

图 6-95　不同吸附材料采用模拟气的吸附性能和脱附率

a)吸附性能　　　b)脱附率

受排气的影响，HC 捕集器的温度上升至一定的程度后，冷起动阶段被捕集的 HC 开始释放。

最希望 HC 捕集器具有两个脱附属性：一是被捕集的 HC 开始脱附的温度要搞；二是捕集器被加热时 HC 脱附的速率要慢。图 6-95 显示所测试不同捕集材料脱附率的比较。不同捕集材料 HC 开始脱附的温度差别不大，但脱附率有明显差别。尽管材料 J 的捕集性能最优，而脱附率仅稍偏高。

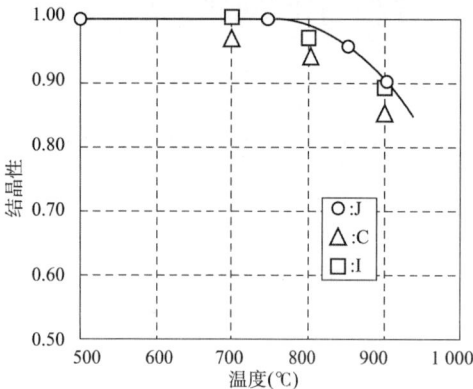

上述这些结果说明，冷起动阶段 HC 的吸附和脱附受沸石的孔径和骨架结构的影响，因此，优化孔径及其分布可以提高沸石的 HC 捕集性能。

图 6-96 显示，几种候选吸附器的试验结果。这些吸附器用于测试结构的稳定性，在 900℃ 的高温条件下用水蒸气老化。结果表明，材料 J 的结构稳定性最好，最有可能满足催化剂的高温寿命要求，也是最有可能成功用于 HC 不及催化剂的材料。

图 6-96　在含 10% 水蒸气的空气（质量分数）中
HC 吸附器的热稳定性

2)选择和开发催化剂涂层

除了选择和开发捕集材料之外，另外一种提高 HC 捕集催化系统效率的方法是改进 HC 捕集催化剂涂层的性能，可能通过降低涂层的起燃温度来简单地实现。降低三效催化剂起燃温度的方法有两种：一种是提高贵金属的负载量；另一种是采用改进的催化剂涂层材料。

图 6-97 显示了提高涂层贵金属负载的效果。当催化剂负载从 40g/ft³ 增加到 120g/ft³ 时,起燃温度降低了 50℃,这时转化效率提高 20%。

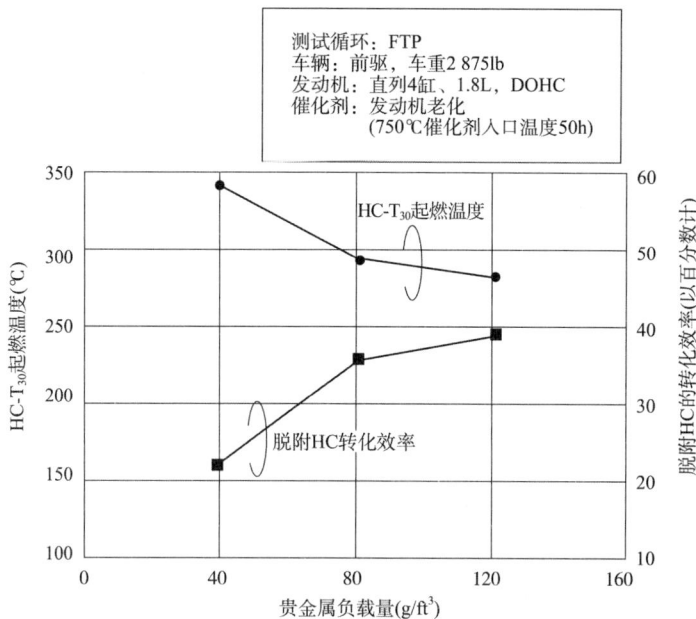

测试循环:FTP
车辆:前驱,车重2 875lb
发动机:直列4缸、1.8L,DOHC
催化剂:发动机老化
　　　　(750℃催化剂入口温度50h)

图 6-97　降低起燃温度的效果

3)选择催化剂载体形状

表面涂覆 HC 捕集催化剂涂层的载体影响脱附 HC 的转化效率。研究发现,增加载体几何表面积(GSA)可以改善三元催化剂的起燃和转化性能。图 6-98 显示了 HC 的脱附率和脱附 HC 的转化效率随 GSA 变化的规律。增加 GSA 能稍微改进催化剂的起燃性能,但是 HC 脱附率增加会降低 HC 转化效率。人们认为 GSA 变化的效果是由于气体在涂层的扩散状态变化引起的。这些结果表明,通过改变 HC 捕集催化剂载体的性能,HC 转化效率可以提高 45% ~ 50%。

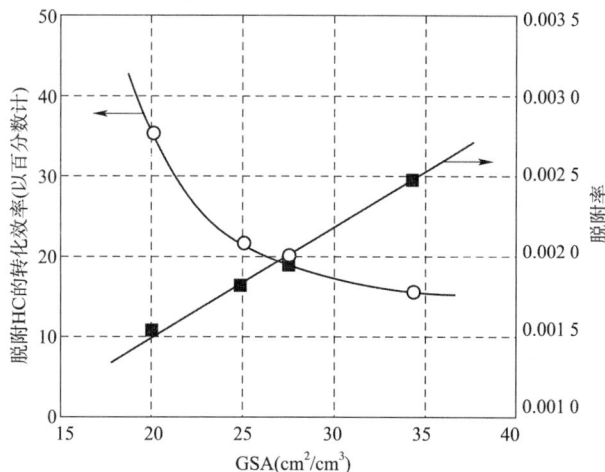

图 6-98　HC 捕集系统 GSA 的转化和脱附特性

3.提高系统效率的措施

许多延迟 HC 释放时间和实现催化剂快速起燃的措施都在研究当中,措施之一是主动控制排气路径。这些措施的例子在本机中讨论。

1）主动控制系统

（1）旁通系统。

图 6-99 和图 6-100 显示了旁通 HC 捕集排气系统的 2 个例子。2 个系统的工作原理相同,但所需的三效催化剂数目不同。这类旁通补给系统由一个传统的三元催化剂、一个包含 HC 捕集器的旁通回路和一个排气下游的三效催化剂组成。借助阀门可以将旁通回路与排气流隔离开来。

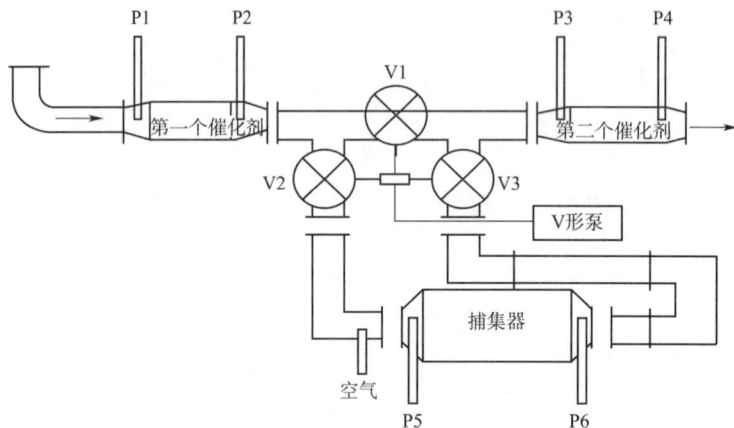

图 6-99　一种旁通 HC 捕集系统

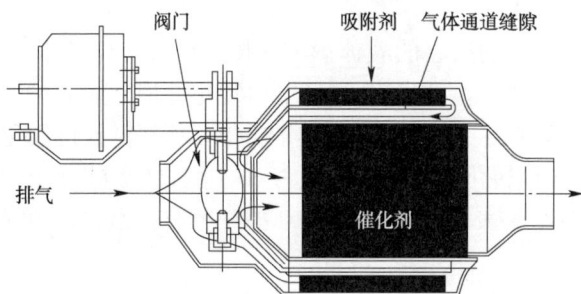

图 6-100　另一种旁通 HC 捕集系统

图 6-99 所示的旁通排放控制系统的工作过程如下：

①发动机起动后 0~70s,阀门 V2 和 V3 打开,而阀门 V1 关闭。这条排气通道允许排气和热位于前部的第一个催化剂达到起燃温度,并允许未转化的 HC 流过 HC 捕集器。

②在 70s 时,阀门 V1 打开,而阀门 V2 和 V3 关闭。这时,第一个催化剂处于工作状态,而此时的目标是加热第二个催化剂达到起燃温度。

③当两个催化剂都达到正常工作温度时,阀门 V2 和 V3 打开,而阀门 V1 部分关闭。这时部分排气流过 HC 捕集器来加热该捕集器,并释放捕集到的 HC。通过控制流经旁通回路的排气流量,可以控制 HC 释放的速率。

（2）载体孔。

图 6-101 显示了另一种主动控制的 HC 捕集系统。该系统由上游的第一个三元催化剂、一个中心开孔的 HC 捕集器和下游的第二个三元催化剂组成。捕集器中心的孔使得部分排气可以直接到达第二个催化剂,快速加热第二个催化剂达到起燃温度。这种设计需要平衡 HC 捕集效率和第二个催化剂的起燃速度。小孔可以提高 HC 的捕集效率,但是降低

了第二个催化剂的起燃速度;打孔可以降低 HC 的捕集效率,但是提高了第二个催化剂的起燃速度。甚至有人提出采用对准孔喷射空气的方法来"堵塞"孔,以此改变流经 HC 捕集器的排气流量,从而提高 HC 捕集效率。由于该装置的平衡设计过于复杂,还没有在产品上得到应用。

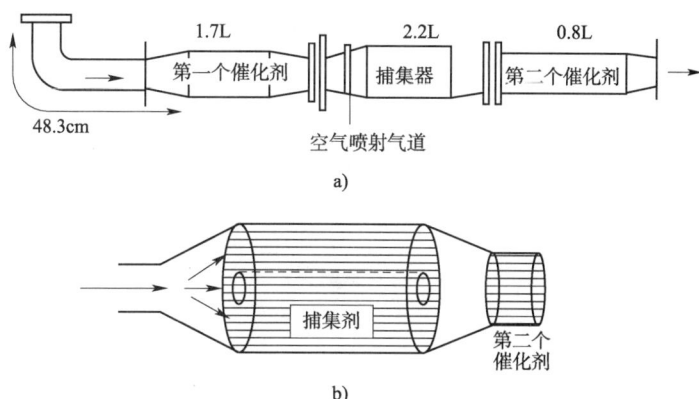

图 6-101　HC 捕集系统

2)改善被动控制系统

一种不用增加主动控制部件,而提高系统 HC 捕集效率的方法是采用两段捕集系统。该系统由 2 个 HC 捕集催化剂组成,按顺序布置在相同的排气流中,图 6-102 显示采用两段 HC 捕集器的改善结果。单个 HC 捕集催化剂吸附 HC 的转化效率可以提高 60%。因此,FTP 测试循环采集在第一个气袋里的 HC 总量将降低 50%。

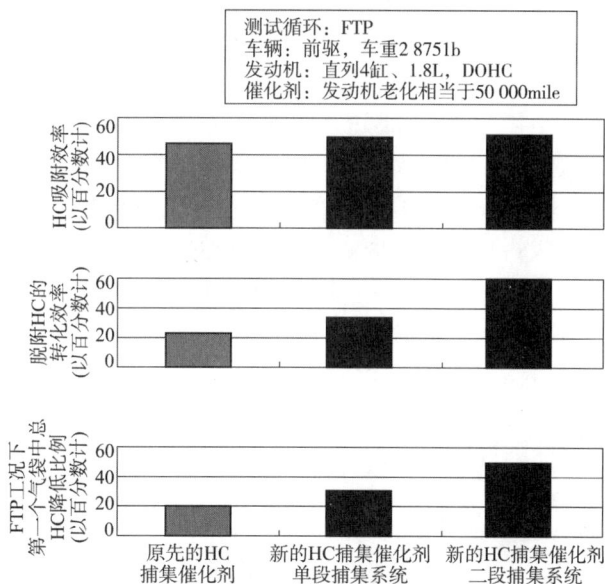

图 6-102　一种改进的 HC 捕集系统的效果

在两段补给系统中,受第一个捕集器热容量的影响,两个 HC 捕集催化剂之间存在温度差异。首先,HC 在第一个 HC 捕集催化剂中被捕集,然后再释放,尽管第一个 HC 捕集催化剂开始释放 HC 时的温度足够高,但是第二个 HC 捕集催化剂仍然保持低温吸附 HC。该装置极大地改进了系统的性能。

五、非排气污染物控制技术

所谓非排气污染物是指由排气管以外的其他途径排放到大气中的有害污染物。主要是指曲轴箱窜气和燃油蒸发所产生的 HC 排放。

如图 6-103 所示,在汽车所排放到大气中的 HC 总量中,来自曲轴箱窜气的占 25%,来自燃油系统蒸发的占 20%,其余 55% 来自排气管。

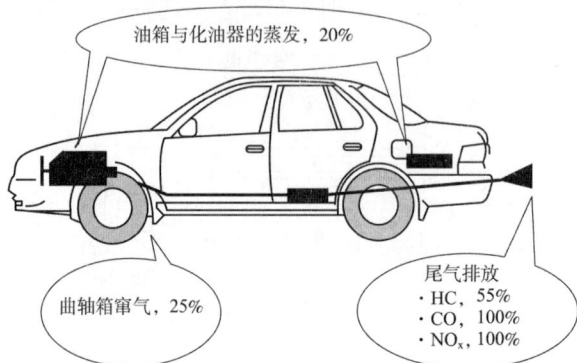

图 6-103　有害成分排放源及其所占比率

1. 曲轴箱强制通风装置

曲轴箱窜气是指在压缩过程和燃烧过程中由活塞与汽缸之间的间隙窜入曲轴箱的油气混合气和已燃气体,并与曲轴箱内的润滑油蒸气混合后,由通风口排入大气的污染气体。

美国首先制定了曲轴箱窜气排放标准,并从 1961 年开始,采用闭式曲轴箱强制通风装置(Positive Crankcase Ventilation System,PCV),在 1963 年时已在全部汽车上采用。日本也在 1970 年颁布了采用 PCV 装置的法规。

如图 6-104 所示,新鲜空气由空滤器进入曲轴箱,与窜气混合后,经 PCV 阀进入进气管,与空气或油气混合气一起被吸入汽缸燃烧掉,PCV 阀可随发动机运转状况自动调节吸入汽缸的窜气量。在怠速和小负荷时,由于进气管真空度较高,阀体被吸向上方(进气管侧),阀口气流流通截面减少,吸入汽缸的窜气量减少,以避免混合气过稀,造成燃烧不稳定或失火。而在加速和大负荷时,窜气量增多,而进气管真空度变低,在弹簧作用下阀体下移,阀口流通截面增大,使大量的窜气进入气缸被燃烧掉。当发动机高速大负荷运转时,一旦窜气量过多而不能完全被吸净时,部分窜气会从闭式通气口倒流入空滤器,经化油器被吸入进气管。

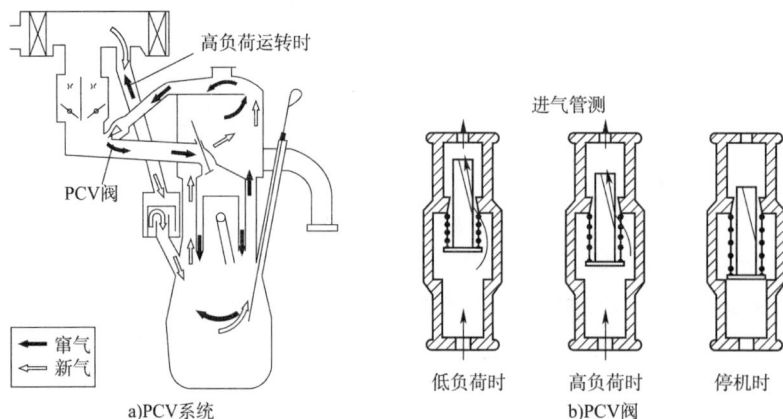

图 6-104　闭式曲轴箱强制通风系统

2.燃油蒸发控制系统

所谓燃油蒸发是指由化油器浮子室、油箱和燃油系统管接头处蒸发并排向大气的燃油蒸气。

目前最常用的是活性炭罐式油蒸气吸附装置,其工作原理如图6-105所示。由浮子室和油箱蒸发出来的油蒸气,经储气罐流入炭罐被活性炭所吸附。当发动机工作时,在进气管真空度作用下控制阀开启,被活性炭吸附的油蒸气与从炭罐下部进入的空气一起被吸入进气管,最后进入汽缸被燃烧掉,而同时活性炭得到再生。

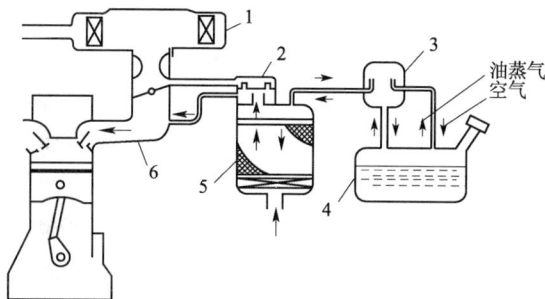

图6-105 燃油蒸发控制系统
1-空气滤清器;2-控制器;3-储气罐;4-油箱;5-炭罐;6-进气管

六、柴油机排气后处理技术

柴油机的主要排气污染成分是微粒(PT)和NO_x,尽管有多种方案被提出并被研制开发,但目前被认为有实用可能的有以下几种:

(1)氧化催化转换器——用于降低SOF(可溶性有机成分)、HC和CO;

(2)微粒捕集器——用于降低微粒排放;

(3)微粒氧化催化器——用于降低微粒排放;

(4)NO_x还原催化转换器——用于降低NO_x排放;

(5)主动NO_x吸附技术——用于降低NO_x排放;

(6)被动NO_x吸附技术——用于降低NO_x排放;

(7)四元催化转换器——用于降低CO、HC、PT和NO_x排放;

(8)等离子体低温技术——用于降低微粒和NO_x排放;

(9)柴油机选择性催化还原捕集技术——用于降低微粒和NO_x排放;

(10)电加热技术;

(11)微型燃烧器。

1.氧化催化转换器

由于柴油机排气含氧量较高,可用柴油机氧化催化转换器(Diesel Oxidization Catalytic,DOC)进行处理,消耗微粒中的可溶性有机成分SOF来降低微粒排放,同时也降低HC和CO的排放。氧化催化转换器采用沉积在面容比很大的载体表面上的催化剂作为触媒元件,降低化学反应的活化能,让发动机排出的废气通过,使消耗HC和CO的氧化反应能在较低的温度下很快地进行,使排气中的部分或大部分HC和CO与排气中残留的O_2化合,生成无害的CO_2和H_2O。柴油机用氧化催化剂,原则上可以与汽油机的相同,活性成分可用Pt。采用氧化催化剂的目的主要是降低微粒排放。尽管由于柴油机排气温度较低,使得微粒中的炭

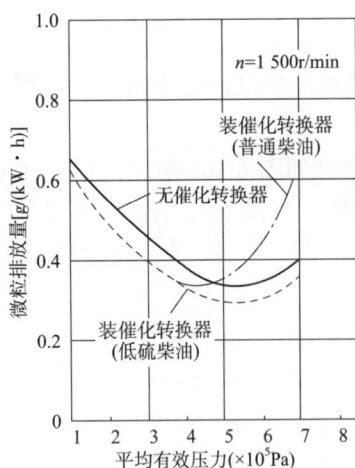

图 6-106　氧化催化剂降低微粒排放的效果

烟难以氧化，但微粒中的 SOF 可以得到催化氧化，最终获得降低微粒排放的效果。同时，也可使本来已不成问题的柴油机 HC 和 CO 进一步降低。

由于柴油中含有较高的硫，燃烧后生成 SO_2，经催化器氧化后会变为 SO_3，然后与排气中的水分化合生成硫酸盐。如图 6-106 所示，催化氧化效果越好，硫酸盐生成越多，不但抵消掉了 SOF 的减少，反而使微粒排放上升，甚至达到不安装催化器时的 8～9 倍。同时，硫也是催化剂中毒劣化的原因之一。因此，减少柴油中的硫含量就成了使用氧化催化剂的先决条件。美国从 1993 年 10 月，日本从 1997 年 10 月已分别开始将车用柴油的含硫量限制在 0.05%（质量）以下。另外，Pd 尽管活性不如 Pt，但 SOF 排放明显降低，产生的硫酸盐也要少得多，同时价格也便宜，因此也有选择 Pd 作为柴油机氧化催化剂的活性成分的。

目前，氧化催化转换器的应用已经非常普遍。

2. 微粒捕集器

微粒捕集器也称柴油机排气微粒过滤器（Diesel Particulate Filter，DPF）。这是目前国际上最接近商品化的柴油机微粒后处理技术。1985 年，为满足美国对柴油轿车严格的排放法规，由德国奔驰公司最先应用在出口美国加利福尼亚州的轿车上。但后来随着世界性的石油危机逐渐消除，油价下降，柴油轿车在美国市场几乎消失，微粒捕集器的应用也陷于中断。当然这也与微粒捕集器尚不能满足低价、高耐久性和高可靠性的市场要求有关。进入 20 世纪 90 年代，为改善城市大气污染，美欧相继将微粒捕集器用在城市公交车上进行中试，日本也于 1995 年开始在东京和横滨的市内公交车上进行中试。但作为地下矿井和隧道等工程车用微粒捕集器则更早一些，例如日本从 1988 年开始就已将这类微粒捕集器商品化。

1）微粒捕集器的构造

作为微粒捕集器的过滤材料可以是陶瓷蜂窝载体、陶瓷纤维编织物、金属蜂窝载体和金属纤维编织物等，甚至还有用空滤器那样的纸滤芯的。当然，进入纸滤芯前的排气温度不能高于 100～130℃。由于纸滤芯成本低，使用后可直接更换。

目前应用最多的是美国康宁（Coming）公司和日本 NCK 公司生产的壁流式蜂窝陶瓷微粒捕集器，其结构如图 6-107a）所示，其主要结构参数以及与催化剂载体的对比见表 6-5。与一般催化剂载体不同的是，这种微粒捕集器的壁面是多孔陶瓷，相邻的两个通道中，一个通道的出口侧被堵住，而另一通道的进口侧被堵住。这就迫使排气由入口敞开的通道进入，穿过多孔陶瓷壁面进入相邻的出口敞开通道，而微粒就被过滤在通道壁面上。这种微粒捕集器对炭烟的过滤效率可达 90% 以上，可溶性有机成分 SOF（主要是高沸点 HC）也能部分被捕集。但这种捕集作用受温度的影响很大，排气温度较低时沉积在壁面的 HC 成分将在排温升高时重新挥发出来，并排向大气。

2）微粒捕集器的再生

微粒捕集器的再生与催化器不同的是，一般微粒捕集器只是一种物理性的降低排气微粒方法。随过滤下来的微粒的积累，造成排气背压增加，招致发动机动力性和经济性恶化。

因此,必须及时除去微粒捕集器中的微粒,以便能继续工作。除去微粒捕集器中积存的微粒称为再生,这是微粒捕集器实用化中的关键技术。

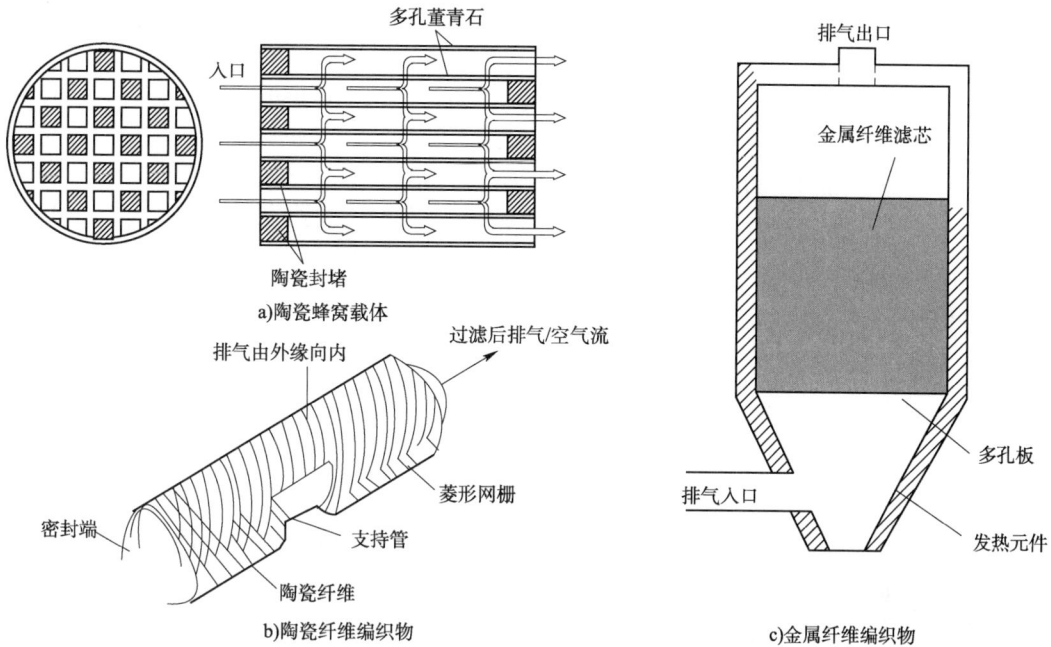

a)陶瓷蜂窝载体

b)陶瓷纤维编织物

c)金属纤维编织物

图 6-107 微粒捕集器的过滤材料

微粒捕集器和催化器的陶瓷载体结构参数对比 表 6-5

结 构 参 数	微粒捕集器	催化剂载体
孔数(cpi)	100	400
孔边长(um)	2	1.1
壁厚(mm)	0.4	0.17

目前被认为有希望的微粒捕集器再生方法可分为两类,即断续加热再生和连续催化再生,其工作原理分别如下所述。

(1)断续加热再生。

即 DPF,每工作一段时间后,即采用电加热或燃烧器加热消除微粒的方法。

微粒氧化的要素是高温、富氧和氧化时间。例如,在氧浓度 5% 以上,排气温度 650℃ 以上,微粒的氧化也要经历 2min。而实际柴油机排气温度一般小于 500℃,一些城市公交车排温甚至在 300℃ 以下,排气流速也很高,因而在正常条件下难以烧掉微粒。提高排温往往又伴随着燃油经济性的恶化。

在实际使用加热再生方式时,需要一套复杂的控制系统。图 6-108 给出了一例微粒捕集器及其控制系统。排气系统中装有两个微粒捕集器,当一侧的捕集器由于微粒的存积使排气背压升高到一定限值时,再生系统启动,通过电磁阀切换,使排气流向另一侧的捕集器;同时对积存了微粒的捕集器进行电加热以烧掉微粒使其再生。这样,两侧的微粒捕集器就交替工作或再生。当然,只用一只微粒捕集器,根据背压信号断续加热再生的例子也很多。

德国 FEV 公司发明了一种回形电阻丝加热方法,如图 6-109 所示。电热丝伸入微粒捕集器的入口孔道内,直接与微粒接触。电热丝直接点燃微粒后,前部微粒燃烧的火焰随排气气流向微粒捕集器尾部传播,使整个通道内的微粒被逐步加热燃烧。这种方式较图 6-108 的方式通电时间短(大约 50s),可节省电力消耗。这种方法的另一个优点是整个微粒捕集器的再生可以分区进行。Voest-Alpine Automotive 公司曾准备将这一方法商品化,但后来该公司被兼并,这一计划未能付诸实施。

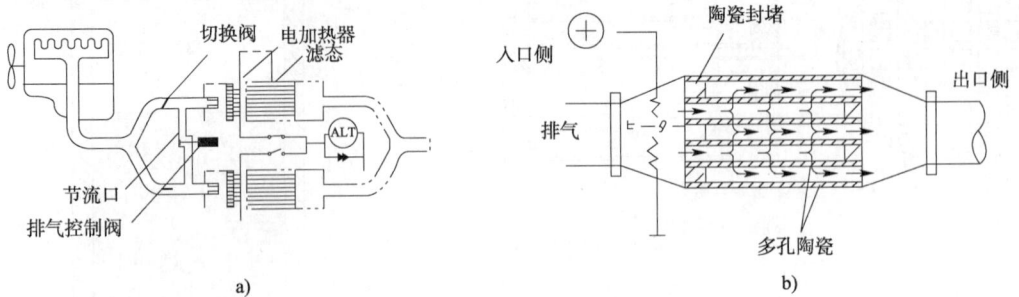

图 6-108 微粒捕集器及其控制系统

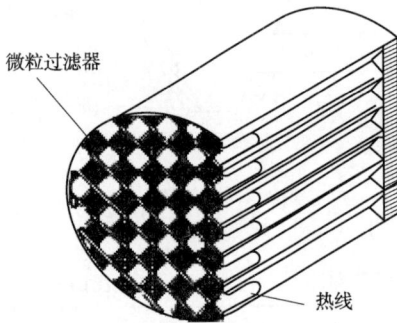

图 6-109 FEV 公司的微粒捕集器加热方式

也有用燃烧器的断续再生方法,即在微粒捕集器入口处设置燃烧器,喷入柴油(或气体燃料)和二次空气,燃烧后引燃微粒进行再生。同时还具有根据燃烧温度自动调节燃料和二次空气供给量的功能,使燃烧器温度即使在发动机工况变化时也保持一定(例如 700℃)。

上述断续加热再生方法都属于强制加热方法,因而要消耗能量(电能或各种燃料),使汽车燃油经济性变差。同时要有一套复杂的控制系统,使得结构复杂成本较高。另外,如何控制再生温度也是一个难题,温度过低微粒不起燃,但温度过高会增加微粒捕集器的热应力,以致产生破裂,甚至造成微粒捕集器烧熔。

(2)连续再生。

连续再生,即微粒捕集器边工作边再生的方法。

作为早期被考虑的连续再生方法,是在微粒捕集器的陶瓷载体表面(主要是入口处)涂覆含有贵金属元素的催化剂涂层,使微粒的起燃温度降至 450℃ 左右。国外从 20 世纪 80 年代开始,在矿井等地下作业用车辆上开始采用。为保证足够高的排气温度,往往与进气节流装置并用。这种方法最早由希腊的研究者提出,并于 20 世纪 90 年代初期开始应用于雅典等城市的公交大客车上。

近年来,作为一种有代表性的方案,在柴油中加入铈(Ce)的添加剂,使得燃烧产生的微粒中含有 Ce 的化合物,由此将微粒的自燃温度降到 300℃ 以下,可以在柴油机绝大部分工况下自动进行再生。但这种方法尚存在一些问题,如添加剂用量较大,因而成本较高,金属铈(Ce)(其他金属添加剂也同样)的氧化物会残留在微粒捕集器内造成慢性堵塞等。另外,为保证低负荷时排气温度不至于过低,还要同时用进气或排气节流、喷油提前角推迟等方法。尽管除 Ce 以外的其他金属(铜、铁和锰等)也有这种催化作用,但一些研究表明,锰会产生新的有害排放物,铜的化合物易残留在陶瓷滤芯上,因而应用不多。总之,这种方法目前尚处于实用化前的中试阶段。

JM 公司提出了一种不用添加剂的连续再生方法,由柴油机排出的废气首先经过一个氧化催化器,在 CO 和 HC 被净化的同时,NO 被氧化成 NO_2。而 NO_2 本身是一种化学活性很强的氧化剂,在随后的微粒捕集器中,NO_2 与微粒进行氧化反应,使微粒的起燃温度降低到 200℃ 左右。但当排温高于 400℃ 时,化学平衡条件趋于 NO,而难以产生 NO_2,也就不能使 DPF 中的微粒起燃,再生效率急剧下降。

由上可知,连续再生法与断续再生法相比,具有装置简单,不需耗费外加能量等优点。因而,带有连续再生的微粒捕集器目前被普遍看好,未来若干年有望成为柴油机微粒净化的实用技术。

3. 微粒氧化催化器

微粒氧化催化器(Particle Oxidation Catalyst,POC)是一类逐步发展的柴油机微粒后处理系统,属于氧化催化转换器的范畴,其核心目的是在不堵塞的前提下净化部分颗粒,从而降低 PM 的排放。POC 通常为带催化剂涂层的通透式 DPF。全称为 CPDPF。通透式 DPF 称为 PDPF,也称为部分 DPF。在欧洲,POC 是为满足欧Ⅳ阶段设计的,它对颗粒物的去除效率可以达到 60%,虽然没有 DPF 的去除效率高,但与 DPF 相比,具有成本低、无需复杂的标定过程、开发周期短、可靠性好等优点。

POC 被动再生的机理如下:经过 DOC 以后,尾气中的 NO 被氧化成 NO_2,加上柴油机缸内的燃烧本身产生的一定量的 NO_2 进入 POC,NO_2 分子键断裂形成的活性 O 与炭烟颗粒物反应形成 CO_2。化学反应如下:

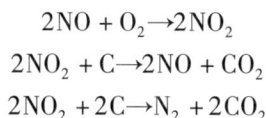

$$2NO + O_2 \rightarrow 2NO_2$$
$$2NO_2 + C \rightarrow 2NO + CO_2$$
$$2NO_2 + 2C \rightarrow N_2 + 2CO_2$$

POC 由金属纤维或金属孔板等材料制成,经过处理后涂覆催化剂层,其特点是非壁流式、不会堵塞、免维护、成本较低;缺点是对 PM 的过滤效率低。

4. NO_x 还原催化转换器

尽管三元催化剂早已在汽油车上得到了普遍应用,但在柴油车上却无法应用,而针对柴油车开发的还原催化剂是一项难度很大的研究工作,尚未达到实用阶段,主要存在以下原因。

(1)在柴油机排气这样的氧化氛围很高的条件下进行 NO_x 还原反应,对催化剂性能要求极高;

(2)柴油机排温明显低于汽油机排温;

(3)柴油机排气中含有大量 SO_x 和微粒,容易导致催化剂中毒。

表 6-6 列出了柴油机与汽油机主要排气成分的对比。作为妨碍 NO_x 还原反应进行的氧含量,柴油机是汽油机的 30 倍左右;而作为还原反应不可缺少的还原剂,柴油机是汽油机的 1/10。因此,为保证较高的还原效率,往往要从外部添加 HC 等还原剂。

柴油机与汽油机主要排气成分对比   表 6-6

催化剂	排气成分(以百分数计)				
	NO_x	O_2	HC	CO	H
汽油车用三元催化剂	0.05 ~ 0.15	0.2 ~ 0.5	0.03 ~ 0.08	0.3 ~ 1.0	0.1 ~ 0.3

催化剂	排气成分(以百分数计)				
	NO_x	O_2	HC	CO	H
柴油车用NO_x还原催化剂	0.04~0.08	6~15	0.01~0.05	0.01~0.08	0.01~0.05

NO_x还原体系的概念

$$H_2O \underset{CO_2}{\overset{氧化}{\rightleftharpoons}} O_2 + (HC、CO、H_2) + NO_x \underset{CO_2}{\overset{还原}{\rightleftharpoons}} N_2 + H_2O$$

目前研究开发中的柴油机后处理方法有以下 5 种:

(1)选择非催化还原(Selective Non Catalytic Reduction,SNCR);

(2)选择催化还原(Selective Catalytic Reduction,SCR);

(3)非选择催化还原(Non Selective Catalytic Reduction,NSCR);

(4)吸附还原催化剂(Absorb Reduction);

(5)紧密耦合选择催化还原(Close-coupled Selective Catalytic Reduction,ccSCR)。

其中,SCR、SNCR 和 NSCR 法,已在治理发电厂锅炉的 NO_x 排放中得到了成功的应用,对固定工况运转的大型柴油机也有不少应用实例。吸附还原催化剂已成功地用于稀燃汽油机。在柴油机上使用时,应考虑如何造成吸附还原催化剂再生时所需的还原氛围。例如在电控共轨喷油柴油机上,有可能通过燃烧后期向缸内二次喷油的方法产生足够的还原氛围。作为未来有希望的车用柴油机 NO_x 后处理方法,SCR 法的研究开发在大量进行,而 SNCR 法也有不少实例。ccSCR 法在国六以后将会得到广泛应用。

1)选择催化还原法(SCR)

SCR 还原时的催化剂一般可用 V_2O_5-TiO_2、Ag-Al_2O_3 以及 Cu-Zeolite(沸石)等不同系列。还原剂可用各种氨类物质和各种 HC。氨类物质包括氨气(NH_3)、氨水(NH_4OH)和尿素[$(NH_2)_2CO$]。HC 则可通过调整柴油机燃烧控制参数使排气中 HC 增加,或向排气中喷入柴油或醇类燃料(甲醇和乙醇)等方法获得。

图 6-110 给出了在 Pt-Zeolite 系催化剂上加入不同种类的 HC 时 NO_x 的转化率。图 6-111 给出了在 Ag-Al_2O_3 系催化剂上不同 HC 的 NO_x 转化效率。在两种系列的催化剂上均可看出,NO_x 转化效率随加入 HC 的种类不同而显著不同,C_3H_6 的还原特性最为突出。同时可以看出,贵金属 Pt 系催化剂在 200℃ 左右转化率最高,即 Pt 可以改善催化剂的低温活性;而非贵金属的 Ag(Cu) 系催化剂则在 400~500℃ 时转化率最高。实际上,近年由日本理研公司开发的 Ag-Al_2O_3 系催化剂在采用乙醇作还原剂时,在 370~530℃ 的范围内实现了 80% 以上的 NO_x 净化率,同时对 CO 和 HC 也有较好的净化率(图 6-112)。

日本北海道大学的岩本等人发表的 Cu-ZSM-5 催化剂,在氧化气氛时也能有效地促进 HC 和 NO_x 反应,引起了各方的极大兴趣。将这种催化剂装在实际柴油机上并在排气中添加 HC 时,取得了 40%~50% 的 NO_x 净化率。如图 6-113 所示,这种催化剂的最高转化率出现在 400℃ 左右,随温度进一步增高,作为还原剂的 HC 因氧化被大量消耗,使得 NO_x 转化率开始下降。同时,还存在高空速时的转化率下降以及抗水蒸气中毒性能不理想等问题,目前尚未达到实用化程度。

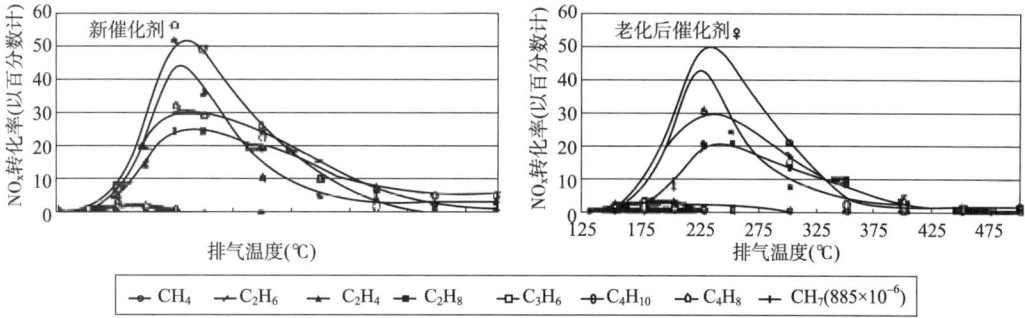

图 6-110 不同 HC 在 Pt-Zeolite 系催化剂上的还原性

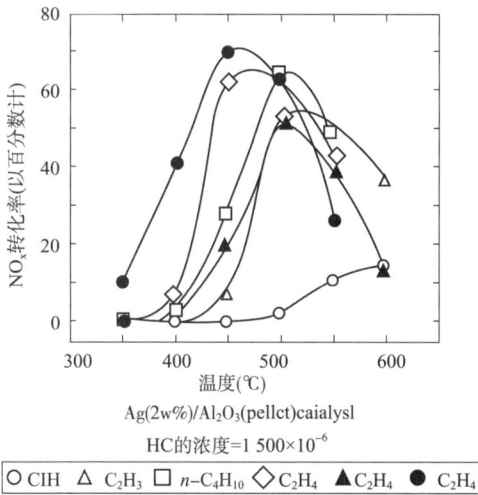

图 6-111 不同 HC 在 Ag-Al$_2$O$_3$ 系催化剂上的还原特性

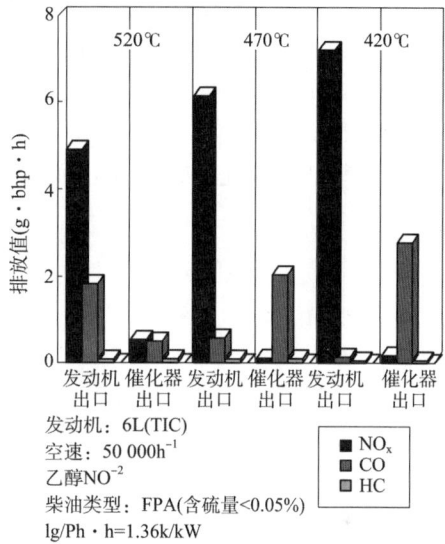

图 6-112 Ag-Al$_2$O$_3$ 系催化剂的净化特性

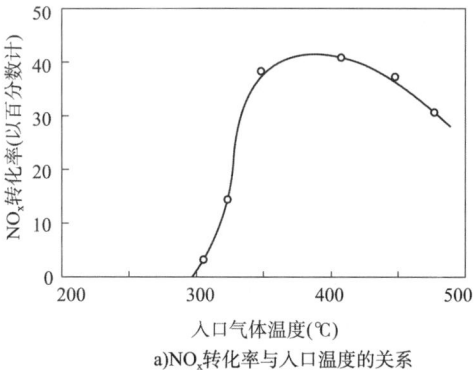

a)NO$_x$ 转化率与入口温度的关系   b)空速特性

图 6-113 Cu-ZSM-5 催化剂的 NO$_x$ 净化特性

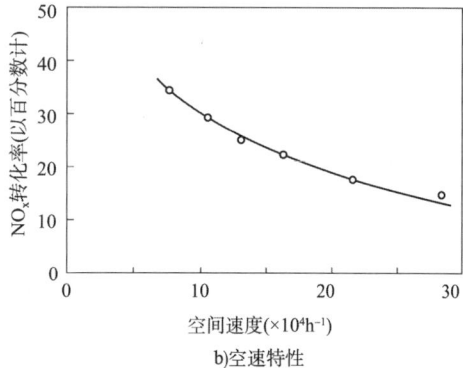

2)选择非催化还原(SNCR)

SNCR 法一般采用 NH$_3$ 作还原剂,与 NO$_x$ 反应后,生成 N$_2$ 和 H$_2$O,这种方法的优点是可以省去价格昂贵的催化剂。在有催化剂条件下,NH$_3$ 与 NO$_x$ 反应的工作温度为 200~400℃,按下述反应式进行。

$$4NO + 4NH_3 + O_2 \rightarrow 4N_2 + 6H_2O \qquad (6-9)$$

$$NO + NO_2 + 2NH_3 \rightarrow 2N_2 + 3H_2O \qquad (6-10)$$

值得注意的是,O_2 在这一反应过程中是作为一种不可缺少的成分存在,或者说,比起在化学计量比工作的汽油机来说,这种催化反应更适合于富氧工作的柴油机。

但在无催化剂条件下,从如图 6-114 所示的化学动力学计算结果可以看出,净化效果只出现在 1 100 ~ 1 400K 范围内。其原因是,还原反应实际上是在 NH_2 和 NO 之间进行的,而只有在 1 100 ~ 1 400K 范围内才能由 NH_3 产生大量 NH_2。温度低时,NH_2 发生量不够;而温度高时,反而通过 $NH_2 \rightarrow NH \rightarrow NO$ 的途径,由 NH_3 生成了 NO,这就是图中温度大于 1 400K 时的 NO 反而增多的原因。

采用化学动力学模拟计算方法考察了尿素水溶液的最佳喷射时间。由图 6-115 可知,汽缸内燃气温度(虚线)随活塞下行而下降,约在上止点后 60℃A 时降至 1 400K,如在这时喷入尿素水溶液,NO_x 浓度急剧下降。而过早喷射(上止点 TDC 附近)或过晚喷射(上止点后 90℃A)效果都不理想。图 6-116 给出了在实际柴油机上的试验结果,尽管随转速不同(反应持续时间不同)最佳喷射时间略有不同,但在上止点后 60℃A 附近取得了最好的 NO_x 净化效果,最高转化率(转速 = 500r/min 时)达到 60% 以上。如果在排气系统中加入催化剂,不但可以进一步还原剩余 NO_x,而且还可以避免缸内反应中剩余的 NH_3 排出。

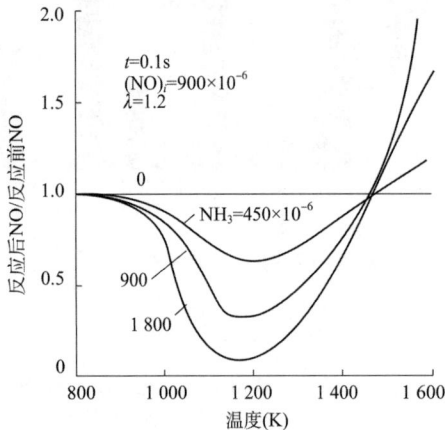

图 6-114 用 NH_3 还原 NO 时反应温度的影响

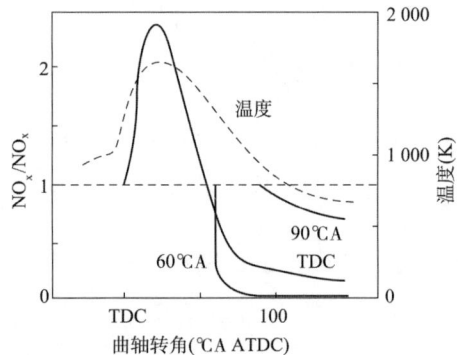

图 6-115 尿素水溶液喷射时间对 NO 还原效果的影响(理论计算结果)

当然,这种方法多了一套喷射系统,而且控制系统复杂,尚存在许多实用化方面的问题。

3) 紧凑耦合选择催化还原(ccSCR)

ccSCR 催化器的后处理系统是在原有国 Ⅵ 后处理系统 DOC + CDPF + SCR 前加装 ccSCR 催化器,其结构示意图如图 6-117 所示。尿素喷射采用双喷嘴系统,其中一个尿素喷嘴通常安装在涡轮增压器出口等排气温度较高的位置,以充分利用尾气中的热量,减少尿素停喷时间,提升后处理系统低温时的 NO_x 转化效率,称作上游尿素喷嘴;另一个尿素喷嘴为 CDPF 后的下游 SCR 催化器提供尿素,称作下游尿素喷嘴。由于 NH_3 经过 DOC 后会被氧化为 N_2O,N_2O 为一种常见的温室气体,其温室效应是二氧化碳的 296 倍,并且难以被下游的 SCR 催化器转化,因此通常在 ccSCR 催化器后安装 ASC 防止产生的 NH_3 泄漏进入 DOC 中。ASC 具有较高的 NH_3 转化效率,假设泄漏的 NH_3 全部被 ASC 转化并且对流过 ASC 的 NO_x 没有影响。

5. 主动 NO_x 吸附技术

主动 NO_x 吸附技术又称 NSR(NO_x Storage Reduction)技术或 LNT(Lean NO_x Trap)技术,

是目前解决柴油机 NO_x 排放问题较为有前景的技术之一。与 SCR 技术相比,LNT 技术不需要额外添加还原剂,结构简单,且适用于轻型柴油机和汽油机。

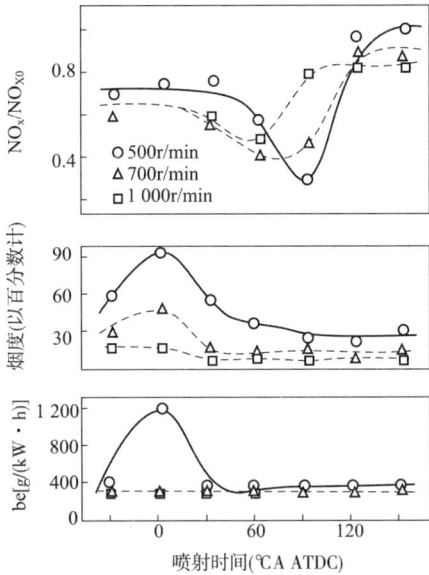

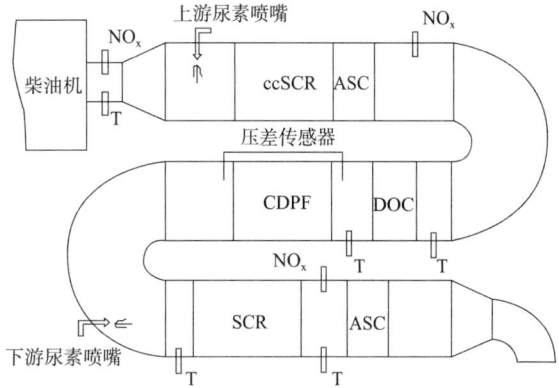

图6-116　尿素水溶液喷射时间对 NO_x 还原效果的影响　　　　图 6-117　ccSCR 系统结构示意图

LNTS 催化器结构与汽油机的三元催化器类似,只是在催化剂中加入了 NO_x 存储物质,常用 NO_x 的存储材料是碱土金属氧化物(BaO)或碱金属(Na、K、Cs 等)氧化物。LNTS 的存储阶段:NO_x 的存储主要有两种途径,一种是通过 $Ba(NO_3)_2$ 存储,另一种是通过 $Ba(NO_2)_2$ 存储。研究发现:温度较低时 NO_x 以 $Ba(NO_2)_2$ 形式存储;300℃ 以上时,以 $Ba(NO_3)_2$ 形式存储。该阶段发生的主要化学反应为:

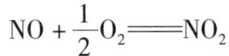

$$NO + \frac{1}{2}O_2 = NO_2$$

$$BaO + 2NO_2 + \frac{1}{2}O_2 = Ba(NO_3)_2$$

LNTS 的再生阶段:$Ba(NO_3)_2$ 分解释放出 NO_x,NO_x 被尾气中的 CO、H_2 和 HC 等还原剂还原成无害的 N_2。该阶段发生的主要化学反应为:

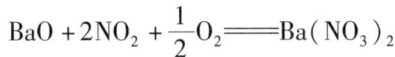

$$Ba(NO_3)_2 \longrightarrow BaO + 2NO + \frac{3}{2}O_2$$

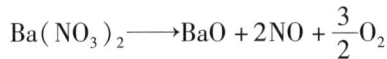

$$Ba(NO_3)_2 \longrightarrow BaO + 2NO_2 + \frac{1}{2}O_2$$

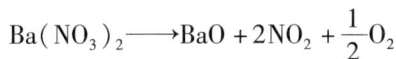

$$NO + CO \longrightarrow \frac{1}{2}N_2 + CO_2$$

$$NO + HC \longrightarrow \frac{1}{2}N_2 + \frac{1}{2}CO_2 + H_2O$$

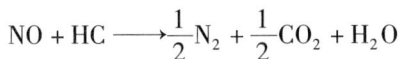

$$NO + H_2 \longrightarrow \frac{1}{2}N_2 + H_2O$$

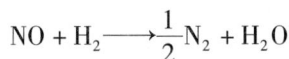

总得来说,LNT 技术通过在稀燃和复燃阶段交替工作,在稀燃周期存储 NO_x,在浓燃周期生成还原性气体与 NO_x 反应。由于 LNT 技术要求周期性的在浓稀混合气下切换,因此对于发动机的控制系统要求比较高并且会降低发动机的燃油经济性。

6. 被动 NO_x 吸附技术

被动 NO_x 吸附 PNA 技术（Passive NO_x Adsorber）通过在低温下完成对 NO_x 的吸附，并在排气温度上升到足够高时将吸附的 NO_x 释放。与 LNT 需要对 NO 进行先氧化再吸附，同时需要通过周期性的浓稀混合尾气定期吹扫以释放存储的 NO_x 相比，被动 NO_x 吸附技术在较高温度区间（180~350℃）下释放 NO_x。在这个温度区间，后续的 SCR 催化剂具有较高的效率。PNA 技术消除了浓吹扫的需求，显著提高了燃油经济性和发动机耐久，并简化了电子控制系统。

目前由二氧化铈/氧化铝负载的 Pd/Pt 催化剂以及由分子筛载体的 Pd 基催化剂是两种典型的 PNA 催化剂配方。由于 PNA 催化材料对 PNA 性能起着决定性的作用，因此目前的研究主要集中在优化 PNA 材料方面。

7. 四元催化转换器

尽管可以将柴油机氧化催化剂、微粒捕集器和 NO_x 还原催化剂合三为一，作成一个整套的排气后处理装置，但其体积之庞大和成本之昂贵会令用户难以接受。像三元催化剂中 CO、HC 和 NO_x 互为氧化剂和还原剂那样，如果能使微粒和 NO_x 互为氧化剂和还原剂，则有可能在同一催化床上同时除去 CO、HC、PT 和 NO_x。如图 6-118 所示，实现一种柴油车用"四元催化剂"，这将是一种最理想的柴油机排气净化方法。近年来，对这种四元催化剂的基础性研究已经开始。

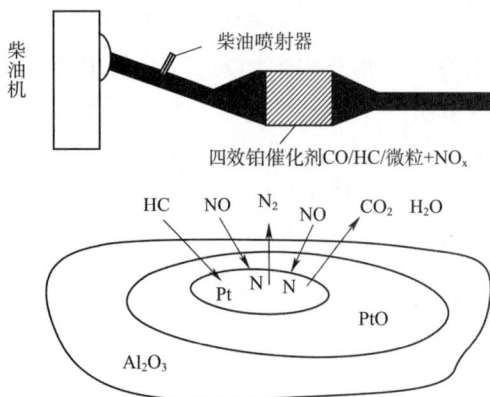

图 6-118 柴油机四效催化剂概念图

8. 低温等离子体技术

低温等离子体（Non-Thermal Plasma，NTP）最简单的生成技术是：将两个电极放入气体中，并在两个电极之间施加电压。当电压达到一定强度时，气体分子被分解并电离，产生电子、离子、激发分子、自由基等，即在聚集态内的总正负电荷数相等，这些粒子统称为低温等离子体。目前主流的研究方向是利用介质阻挡放电（Dielectric Barrier Discharge，DBD）和电晕放电产生等离子体，工业上主要采用电晕放电方法，根据放电介质的不同，可以分为液相放电和气相放电两种。其中，类液相放电法以生成的带水气泡作为放电介质又能极大地降低臭氧等不利副产物的产生。

一般的净化流程采用 NTP 与 SCR 或 DPF 配合优化。采用 NTP-SCR 复合净化装置可以在发动机低温工况下先利用 NTP 中的羟基自由基氧化 NO_x 中的 NO，使其转变为 NO_2，再进入 SCR 将反应后残余的氮氧化物还原为 N_2：$NO + NO_2 + 2NH_3 \longrightarrow 2N_2 + 3H_2O$。NTP 发生器和 DPF 串联与排气管中，等离子发生器对废气和带水气泡的混合物放电，产生大量 OH、O、N 离子以及少量 O_3，这些强氧化粒子会直接摧毁 PM 中的碳键，从而将颗粒有机物降解为 H_2O 和 CO_2 等无害的物质。然而，此方面的大多数研究仍处于试验阶段，仍有很多实际的问题有待解决，优化发生器的结构尺寸、放电电压的控制、降低能耗以及提升效率，将 NTP 与当今后处理技术合理地兼容，是今后利用等离子体净化废气的主流研究方向。

9. 柴油机选择性催化还原捕集技术

柴油机选择性催化还原捕集技术（Selective Catalytic Reduction Filter，SCRF）将 SCR 催

化剂涂覆在 DPF 的多孔介质过滤壁面内,排气进入入口通道后经过滤壁面进入出口通道。在这个过程中,PM 被壁面捕集、NO_x 在壁面内 SCR 催化剂的作用下与 NH_3 反应被转化为 N_2,其原理示意图如图 6-119 所示。

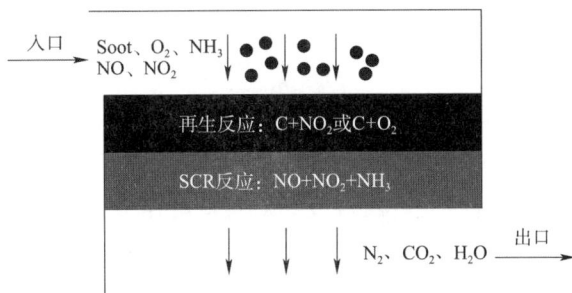

图 6-119　SDPF 技术的原理示意图

SCRF 作为 NO_x 转化和 PM 捕集的关键后处理技术,NO_x 还原与炭烟氧化是 SCRF 最主要的性能指标,研究人员从仿真和试验的角度对 SCRF 性能进行了大量研究。不同于传统的 DPF + SCR 系统,SCRF 中会同时发生 NO_x 还原与炭烟氧化反应,将竞争性的利用排气中的 NO_2,二者之间的相互作用是研究的重点。紧耦合的 SCRF 也带来了尿素混合空间小、混合性能差等问题,需要加强 SCRF 系统的尿素混合性能。同时,为了满足 OBD(车载排放诊断系统)法规和全生命周期排放要求,SCRF 长期工作下的耐久性能也需要重点关注。

10. 电加热技术

车辆混合动力和电气化的趋势使电加热催化剂(Electrically Heated Catalysts,EHC)技术应用越来越广泛。电加热的位置很灵活,可以安装在 DOC 前来加热废气,也可以安装在催化剂位点上直接加热催化剂,也可以用来加热冷却液等。通常加热器设计成蜂窝圆盘形式,同时电加热的圆盘上可以涂覆催化剂,使其具有 DOC 或 SCR 的功能。虽然该方法布置简单,控制灵活。但目前最先进的 EHC 控制的加热功率仍然是恒定的,当恒定功率较小时,催化剂不会在短时间内点燃;当加热功率较高时会导致排气温度过高和燃料损失。

11. 微型燃烧器

微型燃烧器(Mini Burner,MB)主要利用废气中的氧气,直接在后处理系统中喷射燃油,可以形成更多的可燃混合物,因此采用该方法的热效率较高,并且提温比较迅速。有研究者采用增加燃烧器来改善催化剂的热条件,发现在 20s 内便可以实现催化剂的起燃。但该方法的燃油消耗量大大提升,并且该装置可控性偏低,失控风险大,有点火失败的风险。

第四节　清洁燃料

近几十年来,国内外在努力降低作为汽车主流动力的汽油机和柴油机的排放污染的同时,也在不懈地探索和研究开发更理想的动力系统和排放污染更低的代用燃料。这些研究的目的,不仅是为了降低汽车排气污染,也是为了节省能源和开发新的汽车能源,以缓解汽车对石油燃料的单纯依赖。

对于甲醇、乙醇、天然气和液化石油气,在汽车上已有很多实际应用。与不安装排气后处理装置的汽油车和柴油车相比,它们的排放污染较低,被称为清洁燃料。本节将主要介绍内燃机使用液化石油气(LPG)、醇类、压缩天然气(CNG)、氢燃料等代用燃料以及电动汽车在治理汽车排气污染方面的一些研究成果和发展动向。

一、液化石油气

1. 液化石油气的燃料特性

液化石油气(LPG)是原油炼制汽油、柴油过程中的副产品,其主要成分是丁烷和丙烷,这些碳氢化合物的一个主要特性是在常温及相对较低的压力(约 1.6MPa)下即可转化为液体。液化石油气都以液态储存和运输,有较高的能量密度;但通常以气态使用,因此比较容易应用于汽油机上。表 6-7 列出了高级汽油和液化石油气的一些主要性能指标。与汽油相比,液化石油气的单位热值较低,只有高级汽油的三分之二左右,其辛烷值比汽油高,其他方面也有较大的差异。这些差异决定了液化石油气发动机的优缺点。

汽油和液化石油气的性能 表 6-7

性能		高级汽油	液化石油气(丙烷20% ~ 100%)
容积热值(MJ/L)		33	23.5 ~ 25.6
需要的空气量 (理论值)(kg 空气/kg 燃油)		14.7	15.6
混合气的热值(kJ/MJ)		2 990	2 756 ~ 2 792
蒸发热(与热值有关)(kJ/MJ)		9.2	7.6 ~ 7.7
蒸发温度范围(℃)		30 ~ 190	−42
在38℃时的蒸气压力(×10⁵Pa)		0.7	813
辛烷值	ROM	99	101 ~ 111
	MON	89	97

1)优点

(1)发动机和排气系统使用寿命长;

(2)燃烧积炭少;

(3)换机油周期长;

(4)排气污染较少;

(5)运转较平稳。

2)缺点

(1)容积油耗高 15%;

(2)需要使用较大的特殊燃油箱;

(3)气门磨损严重,加速性能差;

(4)使用仍受限制(不允许在地下车库使用)。

2. 液化石油气的规格

车用液化石油气必须保证其使用安全性、抗爆性和良好的起动性能和排放性能。饱和蒸气压是液化石油气最主要的安全指标。最高值保证在正常使用允许的最高温度条件下,气瓶内液化石油气的压力在气瓶允许的范围内;最低值保证在允许的最低使用温度条件下,液化石油气的压力能满足汽车使用要求。水分是液化石油气中的有害成分,它会促使硫化物腐蚀气瓶、管路、阀门、汽化器等金属部件。低温时,含水化合物还会堵塞管道、阀门等处。

因此,各国对车用液化石油气均提出了标准要求。表6-8为我国对车用液化石油气的具体技术要求。

中国车用液化石油气技术要求(GB 19159—2003) 表6-8

项目		质量指标			试验方法
		1 号	2 号	3 号	
蒸气压(37.8℃,表压)(kPa)		≤1 430	890 ~ 1 430	660 ~ 1 340	GB/T 6602
组分的质量百分数	丙烷	>85	>65 ~ 85	40 ~ 65	SH/T 0614
	丁烷及以上组分	≤2.5	—	—	
	戊烷及以上组分	—	≤2.0	≤2.0	
	总烯烃	≤10	≤10	≤10	
残留物	丁二烯(1,3-丁二烯)	≤0.5	≤0.5	≤0.5	SY/T 7509
	蒸发残留物(mL/100mL)	≤0.05	≤0.05	≤0.05	
	油渍观察	通过	通过	通过	
密度(20℃)(kg/m³)		实测	实测	实测	SH/T 0221
铜片腐蚀(级)		≤1	≤1	≤1	SH/T 0232
总硫含量(mg/m³)		<270	<270	<270	SH/T 0222
硫化氢		无	无	无	SH/T 0125
游离水		无	无	无	目测

3.液化石油气车辆的改装

图6-120是一种用汽油机改装的液化石油气发动机供给系统示意图,它既可用于汽油,也可用于液化石油气。在进行这些改装时必须考虑到一些重要方面,特别是安全管路,其中包括在点火失效时立即由电子装置切断LPG的供应,以及在出现漏气时能保证液化石油气箱绝对安全。表6-9列出了一种轿车改装后的主要技术数据,表6-10列出了该发动机的试验结果。与改装前的汽油机相比,使用LPG后功率损失约为7% ~ 8%,按容积计燃料消耗量增加了33%,但按燃料热能计燃料消耗量却降低了3%。排气污染物均有明显降低,HC、CO 和 NO$_x$分别减少了38%、86%和25%。

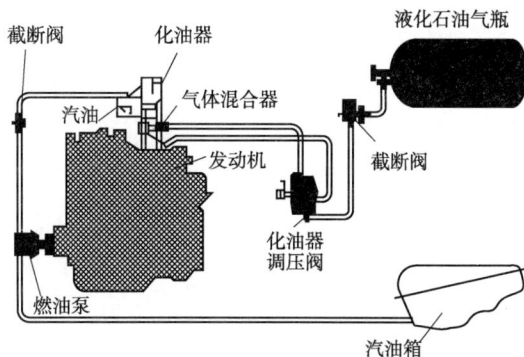

图6-120 液化石油气发动机供给系统示意图

发动机	水冷四缸汽油机	
	排量(L)	1.475
	缸径×冲程(mm)	79.5×73.4
	使用汽油时的功率(kW)	51(5 600r/min)
	压缩比	8.2:1
	最大转矩(N·m)	110(2 500r/min)
	使用液化石油气时的功率(kW)	约48
车辆	欧洲中级轿车 (装有5速经济型机械变速器)	
	汽油箱容量(L)	40
	LPG 箱容量(L)	约50

可选用汽油和 LPG 的发动机与标准汽油机的试验结果比较　　　　　表 6-10

测试条件	燃油消耗比较(%)		排气污染比较(%)		
	容积	能量	HC	CO	NO$_x$
欧洲经济共同体	+38	+1	-38	-86	-25
90km/h(恒速)	+25	-9			
120km/h(恒速)	+38	+1			
1/3 混合	+33	-3			

　　由于汽油机改装成液化石油气发动机技术难度不大,且液化石油气发动机排气污染较汽油机少,所以在许多国家得到了推广应用,表 6-11 列举了 1990 年几个国家和地区 LPG 车辆的数据。

1990 年几个国家和地区的 LPG 车辆估计数(万辆)　　　　　　　表 6-11

国家和地区	使用 LPG 的轿车和旅行车	
	最小值	最大值
联邦德国	20	50
意大利	300	400
荷兰	120	150
西欧其余国家	400	500
北美	1 060	1 330
墨西哥	200	250
中、南美其余国家	19	38
日本	340	510
亚洲其余国家	30	50
非洲	18	36
大洋洲	40	60
总数	2 547	3 374

二、醇类燃料

所谓醇类燃料是指甲醇、乙醇和正丁醇。甲醇由化石燃料通过合成气反应产生。包括氢、一氧化碳和少量二氧化碳在内的气体燃料被用来生产甲醇。最近诸多学者进行了大量研究，通过使 CO_2 和氢气重整反应来生产甲醇，然而这种代价是很大的。在柴油中掺杂适量的甲醇，带来的大量汽化热，使进气温度降低，在一定程度上能提高柴油机的效率。但是，含甲醇燃料中含氧量增加会显著增加氮氧化物的量，特别是当燃烧室处于适合氮氧结合的温度时。乙醇是一种由生物原料制成的燃料，作为常见的可再生燃料，它可以通过各种方式生产，如蒸馏、发酵天然原料等。由于乙醇的辛烷值较高，因此可以添加到汽油中以增加其辛烷值。因此，人们对乙醇作为柴油燃料添加剂的应用进行了研究，到目前为止，已经开发了不同的方法来向柴油中添加乙醇，例如：乙醇悬浮液（进行乳化稀释）和直接向柴油中喷射乙醇。与纯柴油相比，乙醇可以增加燃烧室的热量。丁醇是一种四碳醇，其主要优点是具有较高的十六烷值，腐蚀性低于其他醇类，与乙醇和甲醇相比具有更大的热容量。丁醇的性质在一定程度上接近基础化石燃料，其着火温度低于乙醇和甲醇。此外，丁醇可以通过生物质特别是富含纤维素的树木发酵得到。

1. 醇类燃料的性能

醇类可用作内燃机的燃料，但其物理和化学特性与汽油和柴油不同，其主要特性见表 6-12。现分述如下：

（1）热值低。如甲醇的低热值为 19.7MJ/kg，乙醇为 26.8MJ/kg，正丁醇为 35.1MJ/kg，汽油的低热值为 45.5MJ/kg，柴油的低热值为 42.7MJ/kg。醇类燃料的热值比汽油和柴油低得多。使用醇类燃料的发动机当要求有相同的运转时间时，必须相应加大燃料箱的体积。

醇类燃料的性能　　　　　　　　　　　　　　　　　　　　　　表 6-12

项目	甲醇	乙醇	正丁醇	汽油	柴油
化学分子式	CH_3OH	C_2H_5OH	$CH_3(CH_2)_3OH$	$C_5 - C_{12}$	$C_{10} - C_{22}$
低热值（MJ/kg）	19.7	26.8	35.1	45.5	42.7
辛烷值	110	100	96	99	30
十六烷值	3～5	5～8	25	5～25	55
燃烧所需空气量（kg/kg）	6.4	9.0	14.3	14.7	14.5
汽化潜热（kJ/kg）	1 110	858	626	290	250
蒸发点或蒸发范围（℃）	65	78	35～35.5	30～185	65

（2）由于醇类分子结构中含有氧元素，所以 1kg 醇类燃料完全燃烧所需要的空气比汽油或柴油少得多。如汽油为 14.7kg，柴油为 14.5kg，而甲醇只需要 6.4kg，乙醇只需要 9kg 空气，正丁醇需要 14.3kg。如果在理论空燃比条件下，混合气完全燃烧所放出的热量汽油为 3 750kJ/m³，柴油为 3 860kJ/m³，甲醇为 3 440kJ/m³，乙醇为 3 475kJ/m³。因此可以推论使用醇类燃料的发动机升功率不会比汽油机或柴油机低。

（3）汽化潜热高。甲醇的汽化潜热为 1 110kJ/kg，乙醇为 858kJ/kg，正丁醇为 626kJ/kg，而汽油只有 290kJ/kg，柴油只有 250kJ/kg。因此醇类燃料在汽化时所需的热能比汽油多。汽油机使用醇类燃料时，由于其最高燃烧温度降低，NO_x 可以明显减少。

（4）甲醇的着火性很差，十六烷值只有 3，抗爆性却较好，辛烷值比汽油高。醇类的高辛烷值允许发动机有高的压缩比，因而对汽油机的燃烧过程有利。

（5）内燃机使用醇类燃料时排气中含有较多的甲醛和乙醛。甲醛有刺激性，对人体有害，而且甲醇本身也是有毒的。

（6）甲醇有腐蚀性，对供油系统的橡胶件和塑料伴有腐蚀作用。甲醇的润滑性能较差，容易造成发动机早期磨损。

2. 甲醇燃料

在汽油中混溶 10% ～15% 的甲醇(M10 ～ M15)作为混合燃料在汽油机上使用基本上不成问题，目前国内外大多应用和推广的也是这种混合燃料。纯甲醇发动机的研究工作也已取得突破性进展，正在向商品化发展。

汽油机使用甲醇与汽油混合的燃料(如 M15)时，发动机和燃油系统都需要改造，混合燃油中甲醇成分会侵蚀燃油系统的橡胶件和塑料件，必须改用抗侵蚀的材料。甲醇和汽油混合燃油往往有较大的挥发性，为避免热起动和由于汽阻引起加速性下降等问题，必须采取加大燃油循环流量等措施对燃油循环系统进行改造。由于混合燃油有较高的蒸发潜热，阻风门和暖机装置必须使之适应。表6-13 列出了德国对使用 M15 燃油的 15 种不同车型的试验数据。与使用纯汽油相比，CO、HC、NO_x 均有所降低，容积燃油消耗率增加，而按能量计算的燃油消耗率却有所降低。

15 种使用 M15 燃料的车辆的试验结果   表6-13

"1/3"混合工况燃油消耗率(以百分数计)		容积	5.6
		能量	−2.6
空气污染(以百分数计)		HC	−6.7
		CO	−15.5
		NO_x	−5.3

当使用纯甲醇代替汽油时，由于醇类燃料的特性，发动机需要做一系列的改动，如混合气的形成装置必须与甲醇燃料较低的热值及较小的空气量相配合；适当提高发动机的压缩比，利用甲醇的高辛烷值特性以获得更大的热效率和输出功率；采用进气加热、增加点火能量、火焰点火装置、辅助喷射以及在甲醇中添加低沸点的添加剂等措施改善发动机的冷起动和暖机性能。

醇类燃料按其化学性能比较适合汽油机，为了提高热效率和减少柴油机的排烟和有害气体排放物，人们已开始对柴油机上采用甲醇燃料进行研究。

在柴油中掺加部分甲醇作为柴油机燃料是可能的，不过需要相当数量的助溶剂，对于含甲醇较多的柴油，还需要添加点火性能改进剂，因此费用较高。甲醇的腐蚀性和低润滑效应增加了使用的困难，这样使用柴油和甲醇的混合燃料的经济效益是值得考虑的。

对纯甲醇在柴油机上的应用，由于甲醇着火性能差，必须对柴油机燃烧系统做较大的改动才能应用。如采用双燃料的运行方式，即用柴油起动，在热车完成后再转用甲醇。由于即使在热车条件下甲醇的点火性能还是不够理想，必须采用一些措施，如较高的压缩比、预热进气、电热塞连续工作等。目前研究最多的是在柴油机上装辅助火花塞点火系统结合分层进气系统以及燃料预热装置,如图6-121所示。

3. 乙醇燃料

乙醇汽油燃料是乙醇与汽油按照比例混合在一起,可以很好地替代汽油作为燃料。乙醇中的氧原子较为丰富,可以促进汽油的充分燃烧,排放也更清洁。同时乙醇对小型汽油机的气门以及火花塞都起到净化的作用。乙醇汽油充分燃烧后可达到的温度较高,放出的热量较大,燃烧所排放的气体相对于汽油来说,可以有效地减少NO_2和CO的排放。

针对废气排放问题上,使用乙醇汽油进行相应的控制。乙醇中含碳量较小,能够实现完全燃烧,当乙醇汽油燃烧完全后,就可以大幅度的减少CO以及HC化合物的排放。乙醇汽油的热值相对较低,其不需要过高的燃烧温度,还能实现氮氧

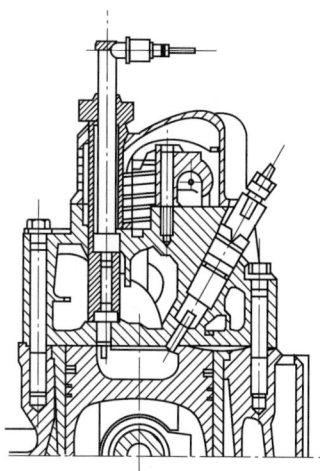

图6-121 醇类燃料发动机

化合物排放量的减少。同时乙醇汽油还存在乙醛排放问题,而未燃乙醇排放与汽油基本相当,并且乙醇含量的增加对未燃乙醇的排放影响较小。将乙醇汽油作为汽油机的燃料时,仍会存在排放问题,为此我们就需要在技术上加以改进,使得排放问题能被控制。

乙醇燃料的十六烷值很低,且汽化潜热很大,其自燃温度比柴油高得多,着火性能极差,所以很难直接应用到柴油机中。以往将乙醇类燃料应用到柴油机的方式同甲醇类似,经常采用辅助的方法,比如火花助燃法、助燃添加剂法,目前最常用的方式如下:①掺混燃烧方式:又称预混燃烧,即乙醇柴油预先混合好后通过原供油系统供到汽缸。预混燃烧不需对现有的柴油机做过多的改造,是一种最简便易行的柴油机利用乙醇燃料的方式。②双喷嘴燃烧方式:即在汽缸盖上加装供醇喷嘴,本法的缺点是改动气缸盖较为复杂,成本高,并且醇并未吸收进气管热量,无法提高充气系数。③乳化法:乳化法需要大量昂贵的乳化剂,虽然原机结构不用改变,但却要增加乳化设备和互溶设备。④进气道喷射(熏蒸法):目前研究最多的是直接在进气管上加装喷嘴,将乙醇类按时喷入进气管,从而使雾化的醇在进气管内吸热蒸发,并与空气混合,发动机最大功率和扭矩都有提高。⑤柴油/醇组合燃烧方式:在柴油机进气歧管上加装独立的醇供给系统,采用精确的进气道电控喷射,在缸内形成均质混合气,由柴油引燃。

4. 正丁醇燃料

正丁醇作为第二代生物燃料,具有良好的抗爆性和高能量密度,其低热值高于乙醇,并且吸水性和腐蚀性较低,可利用现有管道运输。正丁醇与汽油的混溶性更强,既可以100%替代,也可以混合使用。故正丁醇在HCCI发动机上的应用具有广阔前景。醇类汽油混合物可以减少CO排放。这是由于醇类燃料增强了燃烧,使CO更多地转化为CO_2,从而降低了CO、HC的排放随着丁醇比例的增加同样减少,这也得益于醇类中氧的存在促进了燃烧过程。研究表明,丁醇或者其他醇类的加入,同样降低了NO_x排放,这是因为较高的汽化潜热产生了降温效果,降低了缸内温度,从而抑制了NO_x的生成。

在柴油发动机中使用丁醇具有多种方式,例如纯丁醇、进气道喷射与直喷相结合的双喷射、丁醇与柴油混合直喷等。丁醇进气道喷射结合柴油直喷,并配以EGR策略,可以有效地控制炭烟排放水平,但是较高比例丁醇会增加HC和CO的排放,并导致热效率的降低。研究发现,丁醇含量的增加降低了十六烷值,从而延长了点火延迟,这增加了预混燃烧阶段,峰

值放热率和峰值缸压均略有增加。随着丁醇比例的提高,由于其较快的燃烧速度,有效热效率增加,但是因为丁醇的低热值小于柴油,混合燃料的比油耗增加。与柴油相比,由于丁醇中氧的存在,混合燃料的炭烟排放降低;混合燃料会增加未燃 HC 和 CO 的排放,这是因为丁醇黏度小于柴油,可能造成撞壁纯丁醇可以作为 HCCI 发动机的燃料,它的氧含量有助于抑制炭烟的形成,较高的汽化潜热降低了缸内温度,从而降低 NO_x 的形成。在中低负荷下,不使用 EGR 即可实现超低的 NO_x 和炭烟排放。使用适度的 EGR 稀释可以进一步降低 NO_x 排放。相较于柴油,丁醇的负载范围可以扩大 25%,但是相较于汽油,其运行范围略小。

三、醚类和聚醚类燃料

1. 二甲醚

二甲醚可以从煤、天然气或生物质中制取,也可以由甲醇生产而来,因此其生产来源较为广泛。作为柴油的替代品,二甲醚被认为是柴油发动机最洁净的替代燃料之一,可以降低氮氧化物的排放,实现无烟燃烧。表 6-14 列举了二甲醚的主要物化性能。

二甲醚的燃烧性能   表 6-14

项目	二甲醚	汽油	柴油
化学分子式	CH_3-O-CH_3	C_5-C_{12}	$C_{10}-C_{22}$
低热值(MJ/kg)	27.6	45.5	42.7
辛烷值	55~60	99	30
十六烷值	55~66	5~25	55
燃烧所需空气量(kg/kg)	9	14.7	14.5
汽化潜热(kJ/kg)	410	290	250
自燃温度(℃)	235	350	260
蒸发点或蒸发范围(℃)	-41	30~185	65

从表 6-14 可知,二甲醚成为压燃式发动机最具吸引力的燃料的主要特征归纳为:

(1)二甲醚燃料无 C-C 键,只有 C-O 和 C-H 键,且燃料中含有较大比例的氧,因此,燃烧后生成的不完全燃烧产物和微粒少,发动机能采用较高的排气再循环率。

(2)二甲醚的十六烷值高于柴油,自燃温度低,滞燃期比柴油短,NO_x 排放与燃烧噪声比柴油低。

(3)二甲醚的低热值仅为柴油的 64.6%,为了达到与柴油机相当的动力水平,必须增大每循环供油量。二甲醚理论混合气热值为 2 760kJ/kg,而柴油的理论混合气热值为 2 724kJ/kg。由此可知,二甲醚发动机的升功率不比柴油机低。

(4)二甲醚的汽化潜热为 410kJ/kg,柴油为 250kJ/kg。按等质量计算,它的汽化潜热为柴油的 1.64 倍,如按等放热量计算,二甲醚的汽化潜热为柴油的 2.53 倍。它可大幅度减低柴油机最高燃烧温度,改善 NO_x 的排放。

(5)不同于二甲醇,二甲醚对金属无腐蚀性,所以对燃油系统的材料没有特殊的要求。然而,有一些合成橡胶与二甲醚是不能共存的,在与二甲醚长期接触后会被腐蚀,因此,要仔细挑选密封材料以确保其密封的可靠性。

(6)二甲醚来源丰富,可以节约石油,在一定程度上二甲醚具有可再生性。

2. 聚氧甲基二甲醚

目前受到广泛关注的聚醚类燃料为聚氧甲基二甲醚,其分子式为 $CH_3O(CH_2O)_nCH_3$,其中 n 的取值一般为 $1 \sim 7$。当 $n=1$ 时,$PODE_1$ 即为二甲氧基甲烷 DMM,其十六烷值较低,沸点较低,闪点较低且安全性较差,发动机需要进行改造才能使用该种燃料。而 $PODE(n=2 \sim 7)$ 则克服了 DMM 的缺点,黏度和沸点更接近柴油,且使用时无需对发动机进行改造。由于分子中不含 C-C 键以及高含氧量($>40\%$),$PODEn$ 可以显著降低发动机炭烟排放。POED 作为柴油发动机中优异的含氧添加剂已大规模生产。

在燃烧反应动力学研究方面,对于最小的 $PODEn$ 的研究最为充分。尽管聚醚类燃料受到越来越多的关注,目前关于聚醚类燃料燃烧反应动力学的认识还存在很多不足。其一是构建聚醚类模型时,基元反应的速率常数大多是通过类比于其他相似结构的燃料得到,导致模型预测的不确定度较大;其二是用于模型验证的基础燃烧实验数据还很匮乏,需要在多种实验平台及宽广的实验条件下测量不同链长和分子结构的聚醚类燃料的宏观/微观燃烧特性参数来对现有模型进行验证和优化。

四、酯类燃料

酯类生物燃料是生物柴油的主要组成成分,主要包括 C_{16}-C_{22} 脂肪酸甲酯或乙酯。酯类燃料的分子结构特征,如官能团效应、同分异构体效应、链长效应等对燃烧特性有很大的影响。酯基的存在使得酯类燃烧的反应动力学与碳氢燃料有着显著的区别,如消去反应。

1. 长链脂肪酸醚基酯燃料

有研究报道,以乙二醇乙醚来代替普通一元醇,合成一种新型的"生物柴油"——长链脂肪酸醚基酯,这类生物柴油分子中既含有醚基团又含有酯基团,含氧量得到进一步提高,进而使得排放性能得到进一步改善。由于乙二醇乙醚中的醚基团引进,而醚基团具有十六烷值高、发火性能好等优点,所以这些新型的生物柴油较传统生物柴油具有更高的有十六烷值和更好的发火性能。并且有研究证明,燃用纯豆油乙二醇乙醚酯、棉籽油乙二醇乙醚酯和菜籽油乙二醇乙醚酯相比于纯石化柴油来说,发动机的热效率得到提高,虽然 NO_x 的排放有所上升,但炭烟、CO 和 HC 的排放水平大幅度降低。

2. 醚酯类燃料

虽然长链脂肪酸醚基酯燃料可以有效降低炭烟、CO 和 HC 的排放,但会引起 NO_x 排放的增加,为了解决柴油机炭烟颗粒和 NO_x 排放难以同步降低的矛盾。一些研究者依据燃料燃烧理论,遵循柴油机压燃着火燃料的使用性能,结合含氧燃料自身官能团的特性,提出了醚酯含氧燃料。这类物质既含有酯基团,又含有醚基团,因此该燃料集酯基团氧含量高和醚基团发火性能好优点于一体,使燃料具有十六烷值高、发火性能优越、抗磨性能和排放性能十分突出等特点,而且它们可以与柴油任意比例互溶,因此适合作为燃料的替代品或添加剂组分使用。目前研究的醚酯类含氧燃料主要有乙酸-2-甲氧基乙酯、乙酸-2-乙氧基乙酯、乙酸-2-甲氧基丙酯、碳酸甲基-2-甲氧乙基酯、碳酸甲基-2-乙氧乙基酯等。

3. 碳酸酯类燃料

碳酸酯类主要包括碳酸二甲酯(Dimethylcarbonate,DMC)、碳酸二乙酯、碳酸甘油酯等。相对于其他含氧燃料,碳酸酯类更具有易于与石化燃料混合且不会发生相分离,以及分解产物不会造成环境污染的优点。目前碳酸酯类中碳酸二甲基酯研究较多,碳酸二甲基酯是迄今为止研究出的含氧量最高的一种含氧燃料(分子中氧含量高达53%),作为化石燃料添加剂,DMC可提高其辛烷值和含氧量,进而提高其抗爆性,降低机车尾气中碳氢化合物、一氧化碳和甲醛的排放总量。但其热值很低,理论空燃比也比较低,另外十六烷值比较低,这些是DMC的缺点,有待进一步改进。表6-15列出了碳酸二甲基酯(DMC)的燃料部分性能,可以看DMC具有优良的溶解性能,其熔沸点范围窄、表面张力大、黏度低、介质界电常数小,同时具有较高的蒸发温度和较快的蒸发速度,还具有闪点高、蒸气压低和空气中爆炸下限高等特点,因此DMC是集清洁性和安全性于一身的绿色溶剂。

碳酸二甲酯的燃烧性能 表6-15

项目	DMC	柴油
化学分子式	$CH_3CO_3CH_3$	$C_{10}-C_{22}$
低热值(MJ/kg)	15.78	42.7
含氧量(以百分数计)	53.5	0
十六烷值	35	55
燃烧所需空气量(kg/kg)	3.51	14.5
汽化潜热(kJ/kg)	270	250
自燃温度(℃)	465	260
蒸发点或蒸发范围(℃)	17	65
密度(g/cm³)	1.07	0.84
黏度(mm²/s)	0.63	2.77

4. 乙酰丙酸酯类燃料

乙酰丙酸甲酯、乙酰丙酸乙酯和乙酰丙酸丁酯等乙酰丙酸酯类燃料具有优异的燃烧性、安全性和清洁排放性,被认为是21世纪极有发展潜力的重要生物质液体燃料。乙酰丙酸酯可由木质纤维素转化获得,木质纤维素生物质是目前地球上最丰富、最廉价的生物质资源。将木质纤维素生物质转化为乙酰丙酸酯燃料,进而可作为替代燃料,其对缓解能源和资源压力、减轻生态环境污染、发展社会经济等具有现实意义。乙酰丙酸酯含氧量高,且不含硫,是一种清洁的燃料。同时,乙酰丙酸酯具有较好的润滑性,可使其与柴油等比较容易混合,而良好的润滑性也延长了柴油发动机的寿命。

乙酰丙酸乙酯和生物柴油的配合有一定的协同、相互促进作用,以柴油为主体,同时合理比例添加乙酰丙酸乙酯和生物柴油能够使燃料配方具有与柴油十分接近的理化特性等,较好地满足替代柴油的理化特性。合适比例的乙酰丙酸乙酯-柴油混合燃料可在水平单缸四冲程压燃式柴油发动机中正常工作;燃用这混合燃料与柴油的外特性的动力性变化趋势相同,转矩和功率较燃用纯柴油略小;混合燃料的燃油消耗率较柴油略大,能量消耗率却低于纯柴油;混燃燃料的 NO_x、CO_2 等排放在柴油机输出功率较大时较柴油排放浓度要高;CO和烟度排放在输出功率较大时,随乙酰丙酸乙酯含量的增加较为明显地降低。混合燃料柴油机利用过程中的油耗率受混合燃料的密度影响较大;NO_x、CO 和 CO_2 等排放受混合燃料含氧量影响较大;HC 排放和尾气烟度受混合燃料的运动黏度影响较大。整体上来看,5% ~15%的乙酰丙酸乙酯复配混合在柴油机中燃烧的动力性基本不变,经济性略有提高,

HC、CO 和烟度等污染物排放比燃烧柴油有明显降低,能够实现节能减排。但由于生物质基乙酰丙酸酯是一种新的液体燃料,国内还没有更详细的乙酰丙酸酯燃烧及排放性能进行研究,乙酰丙酸酯在柴油机上燃烧及排放性能的研究几乎为空白,国家也未制定有关乙酰丙酸酯燃料使用标准,这些都给该燃料的推广及使用造成了一定困难。因此有必要开展进一步研究,以促进乙酰丙酸酯燃料的应用。比如开展乙酰丙酸酯、石化不同配比混合燃料的理化特性研究;借助燃料动力性能和尾气排放实验测定平台,对优选的混合燃料性能和排放进行测定和验证;进行不同混合比的替代燃料与化石柴油在柴油发动机上的动力性、经济性及排放性研究;综合考虑乙酰丙酸酯与石化柴油混合燃料燃烧排放特性,动力性和经济性优化配比改性混合燃料,并将其与石化柴油的性能指标进行对比分析,找到满足国家标准的调和燃料配方等。

五、压缩天然气

天然气是多种气体的混合物,其中主要成分是甲烷。根据产地的不同,甲烷在天然气中的含量约为 81% ~98%。作为汽车燃料,为了携带方便,需经压缩成为压缩天然气(CNG)或低温液化成为液化天然气(LNG)。压缩天然气的压力达 16.5 ~20MPa,低温液化时温度在 -162℃以下。天然气因其储量大,可以减少排气污染,因而受到普遍重视,据估计目前世界上已有 60 万台压缩天然气发动机在运行,其中大部分用在轻型车辆的汽油机上,柴油机上使用天然气的研究工作也已取得一定的研究成果。

1. 天然气的燃料特性

天然气的主要成分是甲烷(CH_4),甲烷不易着火,抗爆性好,其辛烷值高达 130,所以纯天然气发动机的压缩比可以设计得很高,有利于提高内燃机的热效率。

甲烷的氢碳比为 4,是汽油和柴油的 2 倍。由于碳原子少,所以产生相同的热能时,甲烷燃烧所产生的 CO_2 比汽油少得多,炭烟和微粒物也减少。

天然气是气体燃料,容易形成混合气,所以冷起动阶段有害排放物减少,如大众 T4 汽车在 FTP-75 试验工况的第一阶段,使用天然气比使用汽油 CO 减少了 60% 以上,HC 排放量略有增加,但排放的 HC 主要成分是甲烷。考虑到光化学烟雾形成中起主要作用的是非甲烷碳氢(NMHC),所以按非甲烷碳氢计,HC 排放量减少了 70%。

甲烷的密度只有空气的 1/2 左右,万一出现泄漏事故,气体不会下沉在地面上,加上天然气着火性能差,所以使用起来比较安全。但在通风不良的地方使用时仍需注意。

天然气的缺点是能量密度低,即使用 20MPa 的压缩天然气的汽车加足一次燃料也只能行驶汽油车的 1/4 距离,而且加气系统的基础设施建设、燃料的储存以及发动机上供给系统的改装等都需要增加成本。液化天然气的能量密度大于压缩天然气,但液化过程和加气站的成本更高。

2. 压缩天然气用于汽油机

目前汽油机使用压缩天然气是以双燃料为主要方式,它是在汽油机的基础上保留汽油机的燃料供给系并附加了一套压缩天然气瓶、调压阀及计算机流量控制装置等,如图 6-122 所示。在汽车行驶过程中,驾驶员可根据需要随时进行切换。这种方式的优点是汽油机改造成本相对较低。为了更有效地利用天然气和减少汽车排放污染,人们正在设计开发天然气专用发动机。由于这种发动机只使用天然气,所以可以采用高压缩比,使用专门的燃料供给系统控制空燃比,结合对燃烧系统和排气系统的优化匹配设计,可以实现高效率和低排放的目标。

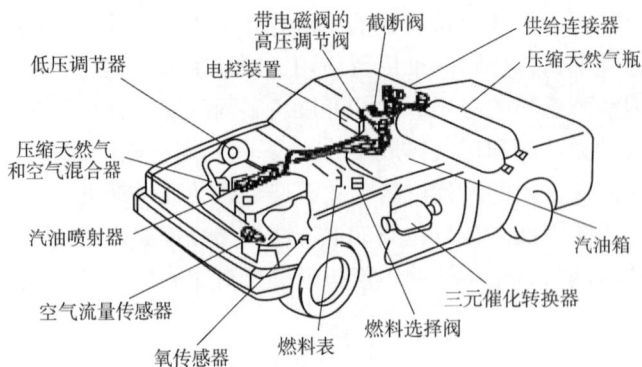

图 6-122　压缩天然气汽车

3. 压缩天然气用于柴油机

天然气的辛烷值高达 120~130,但十六烷值很低,几乎为零,所以它不能压燃,只能点燃。柴油机使用压缩天然气有两种方式,一种是利用现有的柴油机将天然气由进气管吸入汽缸,天然气的吸入量随负荷而改变。进入汽缸的天然气和空气混合气由直接喷入汽缸的柴油点火。这种方式比较容易实现,它能用天然气代替柴油最多达 80%,排气中的微粒物和炭烟也可相应减少。另一种方式是将天然气和空气在机外预混合后引入汽缸,再用火花塞进行点火。德国 Damler-Benz 采用这种方式将 0M407 柴油机改为天然气燃料并辅之以火花塞点火时,柴油机输出功率由 162kW 降为 120kW;NO_x + HC 排放量由 10.7g/(kW·h) 降低至3.7g/(kW·h);CO 排放量由 8.1g/(kW·h) 降至 2.8g/(kW·h);微粒排放和烟度也有明显降低。

六、零碳燃料

1. 氢燃料

氢是一种清洁燃料,其燃烧产物是水,没有炭烟,不产生 CO_2,也不产生除 NO_x 以外的污染物。但是氢的生产过程需要消耗能源,如果所消耗的能源是太阳能、水力势能或风能等,则可以降低 CO_2 的排放。

氢气燃烧分子数减少,在热力学上是有利的。氢燃烧时虽然热量稍小,但温度高,气体内压力也不受分子数减少的影响,不影响热效率。

氢燃料的能量总转化效率高于一般汽油机 30%~50%,主要是由于氢可在很稀的空燃比下工作,汽缸热损失少,在较宽的工作范围内有较高的热效率。另外,消除了空气的节流损失,不需要安装排放控制装置,可在高压缩比下工作。

由于氢和空气混合气的起火下限低,燃烧速度快,点火能量低,因此氢比汽油更易着火。

氢作为发动机燃料目前仍存在一些问题:由于氢燃烧速度快,易产生早燃、进气管回火。氢的能量密度低,就目前技术来说,无论是采用低温液化、高压压缩,还是金属吸附等方法,燃料及附加设备的重量和体积都很大。另外氢的制造成本也很高。目前以太阳能为能源制造氢的成本是汽油的 100 倍。随着技术的进步,特别是太阳能的高效廉价利用、燃料电池技术的进步以及储氢技术的突破,一般认为在 21 世纪中期开始将会有大量使用氢作为能源的动力机械。

2.氨燃料

氨是一种无色气体,有强烈的刺激性气味。大气条件下的自燃温度为930K,辛烷值为130,汽化潜热很高。氨的能量密度比液氢高出70%,比70 MPa的压缩氢气高出2倍多。氨作为无碳燃料,同时也是氢能的优质载体,具有良好的工业生产和运输基础。将氨直接燃烧供能可以有效减少裂解制氢过程中的能量损耗,相较于氢能具备一定的效率优势,发展前景十分广阔。氨的挑战在于其并不易燃,燃烧速度极慢。图6-123展示了氨在点燃式和压燃式发动机中应用的形式。

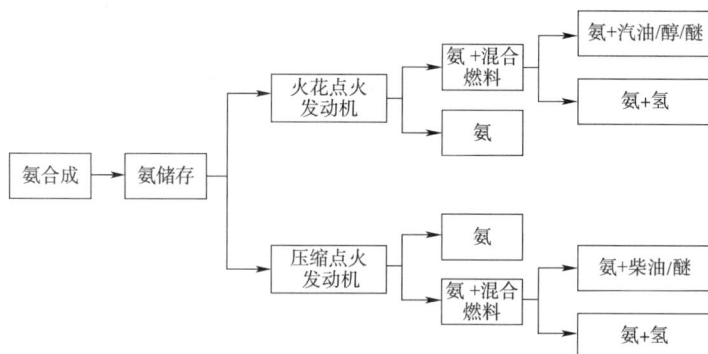

图6-123 发动机中应用氨的形式

在理想条件下,氨气完全燃烧的产物仅有氮气和水,这也是其被视为具有发展潜力的新型零碳燃料的一大依据。然而,在实际燃烧过程中,氨火焰中会形成并释放相当多的NO_x,而NO_x自身极可能引发的光化学烟雾、雾霾、酸雨等现象对人体及环境造成巨大危害,这也是氨燃料推广所面对的巨大挑战。与氢气及碳氢燃料燃烧过程中形成的NO_x相比,燃料型NO_x才是氨气燃烧所生成氮氧化物的主要来源,而由于氨火焰温度较低及CH基团匮乏,热力型NO_x和快速性NO_x几乎可以忽略不计。然而,为了强化氨火焰的稳定与传播,将氨气与其他燃料掺混燃烧,一方面将减少燃料中氮元素所占比例,另一方面又势必会提高火焰温度并引入大量OH和CH基团,再加上NH_3自身与NO_x之间可能发生的SNCR反应等因素,意味着氨燃料的NO_x排放将呈现出更为复杂的变化规律。

现有燃烧器中氨燃烧或氨掺混燃烧的实验成果也证明了氨燃料兼顾低NO_x排放和燃烧效率的潜力。但氨燃料燃烧的反应机理仍未完全明晰,已有机理几乎都无法同时准确预测不同工况下的多项燃烧特性,导致对氨燃料的高效清洁燃烧仍处于实验尝试阶段。因此,对氨燃烧的化学反应动力学机理和高效氨燃烧器设计还有待更深入研究。

3.金属、硫燃料

铝、铁、镁等金属是自然界资源富含物质、理化特性的超强尺度效应使其在燃烧领域得到广泛的关注。加拿大麦吉尔大学Bergthorson课题组认为,从系统循环热效率全周期评估,铝作为能力载体具有与氢气和氨气可匹及的应用优势,而在燃烧产物资源化利用方面更具优势,是实现碳中和目标的潜在应用燃料。金属燃料在燃烧应用中始终面临由于致密氧化壳层包覆导致的着火温度高、燃烧效率低、凝相多相流损失等实际应用难题,这也成为了限制动力装备性能提升的瓶颈。以铝燃烧反应过程为例,涉及内聚、渗透、凝聚、团聚等复杂物理化学过程,团聚效应引起的铝颗粒燃烧缺陷在微米级尺度尤为显著。此外,微米铝颗粒建模的挑战还来自于铝燃烧过程的铝液溅射、氧化帽堆积和微爆等造成的非稳态、非对称燃烧。其他金属燃料如镁、铁、硼等也得到了国际学者的广泛关注,其燃烧反应机理的共性难题是对金属氧化壳层形成过程的微观反应描述。

欧盟 2020 年地平线计划发布了《太阳能粒子接收驱动储硫可再生发电技术》项目,该项目被认为有望成为太阳能高效发电多联产应用的变革性技术。以往对硫燃烧反应机理研究多耦合在煤燃烧基础上,该研究途径显然无法孤立硫及硫化物的化学过程。相比于氢燃料和碳氢燃料,硫的燃烧反应动力学机理还远不够成熟。

七、电能

电动汽车是一项相对年轻的技术,与燃油机汽车相比,结构简单,运动部件减少,大大降低了日常维修保养量,驾驶操作更加方便。另外它可以减少汽车对石油资源的依赖,降低噪声污染。如果充电电能来源于自然能源(太阳能、水力势能、风能等),可以降低污染物的排放。

目前电动汽车仍存在着储电设备(电池)能量密度低、价格高、充电时间长、行驶距离短等缺点,这些因素制约着电动汽车的发展和推广。表6-16列出了各种电动汽车用电池的存储能力比较。

各种电动汽车用电池的存储能力比较 表 6-16

电池种类性能	能量密度 （W·h/kg）	功率密度 （W/kg）	效率 （以百分数计）	充电次数
铅	30 ~ 50	70 ~ 130	80	300 ~ 1 500
镍/镉	45 ~ 65	80 ~ 100	70	2 000
镍/金属氢化物	60 ~ 70	150 ~ 200	70	1 000
镍/铁	10 ~ 60	80 ~ 150	60	500 ~ 2 000
镍/锌	55 ~ 85	170 ~ 260	70	500
锌/溴	70 ~ 80	50 ~ 100	75	300 ~ 1 000
钠/硫	100 ~ 140	130 ~ 180	85	800 ~ 1 500
钠/氯化溴	90 ~ 130	60 ~ 130	80	800
钠/亚硫酸铁	60 ~ 120	140 ~ 200	80	—
锂/碳	80 ~ 100	不详	80	—
锌/空气	210	很高	40	

八、燃料电池

电动汽车在人类密集的都市有其特殊的优点。但是电能储存的能量密度太低,成本太高,是人类发现电能以来一直没有得到圆满解决的问题。

燃料电池与普通蓄电池不同,燃料电池的能源来自能量密度较高的燃料,在使用过程中不断地向电池输入燃料,以维持电池在对外做功的同时保持足够的能量,这样就可能提高动力装置的能量和功率密度。

燃料电池的作用原理如图6-124所示。燃料电池由燃料极(阳极)和氧气极(阴极)组成。这两个电极在燃料电池内通过导电的电解液相连接,对燃料电池外的载荷产生电压。氢作为燃料在输入,被离解成带正电荷的氢离子和电子。电子形成电流对载荷做功,然后还原到氧原子。带负电荷的氧离子和带正电荷的氢离子在电解液中反应生成水。

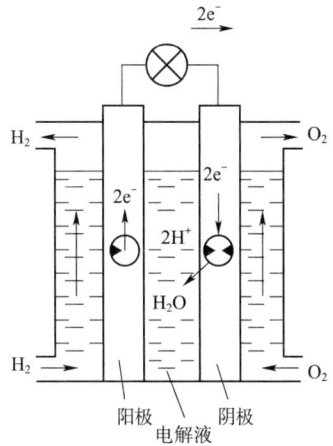

图 6-124　燃料电池的作用原理

1. 燃料电池分类

由于氢的能量密度很低,而且制造成本很高。因此,需要发展使用其他能量密度较高燃料的燃料电池。但其他燃料都要首先气化重整出氢,才能供燃料电池使用。现有的燃料电池分为 5 类:

(1)碱电解液燃料电池;

(2)导电薄膜燃料电池;

(3)磷酸电解液燃料电池;

(4)碱金属碳酸盐溶液燃料电池;

(5)固体氧化物燃料电池。

2. 各类燃料电池使用的燃料和效率

各类燃料电池使用的燃料和效率见表 6-17。其中,理论效率和实际效率分别是指电池中燃料化学能转换成电能的理论效率和现有技术水平。系统效率则是减去系统中附件消耗以后的能量。燃料电池将化学能直接转换成电能,效率很高。理论上,在室温下转换效率可以达到 83%,而且与负荷变化关系不大。在实际应用中,各种燃料电池的能量转换效率在 40% ~ 65% 之间,特别是在部分负荷时,燃料电池的能量转换效率远远高于内燃机。

各类燃料电池的使用燃料和效率　　　　　　　　　　　　　表 6-17

电池种类	碱电解液	导电薄膜	磷酸电解液	碱金属碳酸盐溶液	固体氧化物
温度(℃)	60 ~ 90	60 ~ 80	160 ~ 220	600 ~ 660	800 ~ 1 000
功率(kW)	50	20	4 600	10	1
燃料	纯氧	氢	甲醇 天然气 氢	甲醇 天然气 煤气 氢	甲醇 天然气 煤气 氢
氧化剂	纯氧	氧 空气	氧 空气	氧 空气	氧 空气
理论效率 (以百分数计)	83	83	80	78	73
实际效率 (以百分数计)	60	60	55	55 ~ 65	60 ~ 65
系统效率 (以百分数计)	—	—	40	48 ~ 60	55 ~ 60

3. 车用燃料电池应满足的条件

(1)质量轻、体积小;

(2)价格便宜;

(3)起动时间短(特别是冷起动);

(4)能承受短时间的超载;

(5)具有 5 000h 的寿命(250 000km)。

第七章 声音(噪声)的基本知识

第一节 概　述

一、声音的传播条件

声音来源于物质(固态、液态、气态)的振动,通过介质(媒质)产生波动——声波,传播到人耳引起耳膜作相应振动,通过听觉神经使人产生声音感觉,如图7-1所示。因此,声音传播要具备三个条件:①作为声源的物体(介质或媒质)振动。②传播介质。固体、液体、气体都可以传播声波,空气就是主要的传播介质。在20℃和标准大气压下声音在空气中的速度为344m/s,一般情况下,在固体和液体中的传播速度要比在空气中快得多。③人的感觉器官。人耳是声音传播的最终接收和判别装置,人耳除受客观物理量的影响之外,还要受人体生理和心理等复杂因素的影响。

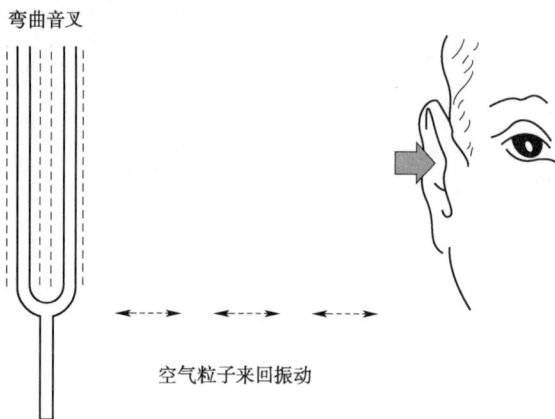

弯曲音叉

空气粒子来回振动

图7-1　声音的传播

声音以波动的方式传播时,传播介质质点仅在各自的平衡位置附近振动并不随波的传播而前进。声波的传播只是物体振动能量的传播,亦即传播出去的只是物质的运动而不是物质本身。这说明声波是物质的一种运动形式。振动和声波是紧密相连的运动形式,振动是声波产生的根源,而声波是振动传播的过程。

二、声波分类

按照分类方法的不同,声波可分成几种类型:

(1)按介质质点的振动方向分为纵波、横波或者两者的合成。所谓纵波是指介质质点的振动方向与波的传播方向相同(平行),例如鼓面振动所引起的声波。横波指质点的振动方向与波的传播方向相互垂直,如拨动琴弦产生的声波为横波。声波在气体、液体中传播一般为纵波。在有限尺寸的固体中传播时,将受到固体界面的制约,可为纵波、横波或二者合成的复杂波。

(2)按介质质点振动的连续性分为连续波和脉冲波。波在介质中传播,介质的各质点均做连续不断振动的波为连续波,质点按同一频率振动的波即为简谐波(最简单的连续波)。介质各质点均做单个的或间歇的脉冲运动的波为脉冲波,脉冲波其波形在某一瞬间出现峰值。脉冲波或非简谐的连续波,均可按傅立叶级数展开成许多不同频率的简谐波的合成。

(3)按波的传播面可分为平面波、球面波和柱面波,如图 7-2 所示。声波在介质中向各个方向上传播,在某一瞬时,相位相同各点的轨迹称为波阵面(或波前),波的传播方向称为波线。在各方同性的均匀介质中,波线和波阵面垂直。如果波动只在一个方向上传播,波阵面和传播方向垂直,则这种波称为平面声波;振动声源为空间一点,声波向所有方向传播,波阵面为同心球面,则称这种波为球面波,球面波是无方向性的,实际上对大多数声源来说都是有方向性的;当振动的声源是一条无限长的圆柱,圆柱作横向振动,声波将向与圆柱轴线相垂直的四周传播,其波阵面为同轴柱面,故称为柱面波。

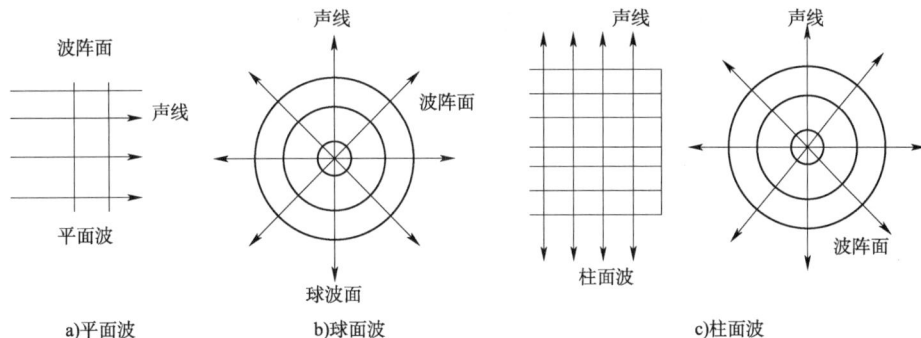

图 7-2 各种波的波阵面与声线

a)平面波   b)球面波   c)柱面波

三、基本概念介绍

(1)声频:声音每秒钟振动的次数谓之声频,用 f 表示,单位是赫兹(Hz)。对于人体的感觉器官而言,只有 $f = 20 \sim 20\,000\text{Hz}$ 范围内的声音,人耳才有声音的感觉,对于 $f > 20\,000\text{Hz}$ 超声或者 $f < 20\text{Hz}$ 的次声,人耳都听不见。在医学、检测或武器研制方面超声波和次声波都有应用。

(2)声速:声波在媒质中传播的速度叫声速。传播媒质不同,声速也不同。表 7-1 中列出几种媒质中声速值。声速 c 还随媒质温度 t_c 不同而改变,空气中的声速可用下式计算:

$$c = c_0 + 0.6t\,(\text{m/s}) \tag{7-1}$$

式中:c_0——0℃时空气的声速,$c_0 = 331.5\text{m/s}$;

t——空气的温度,℃。

几种媒质中的声速   表 7-1

媒质	温度(℃)	声速(m/s)	媒质	温度(℃)	声速(m/s)	媒质	温度(℃)	声速(m/s)
空气	0	331.5	水蒸气	100	471.5	钢	—	5 050
水	17	1 430	铸铁		3 850	铝	—	5 250

注:表中固体媒质中的速度,系指长固体棒中的纵波声速。

声波的波长 λ、频率 f 与声速 c 之间有如下关系:

$$\lambda = c/f \qquad (7-2)$$

声波和其他的波一样,也能产生反射、折射、绕射、干涉和共振等现象。

(3)折射和反射:声波在声场中传播并非都为自由声。实际上,声波在传播的途径上,会遇到各种障碍,如声波从一种媒质传播到另一种媒质时,在分界面上,声波的传播方向要发生改变,产生反射和折射现象。如图 7-3 所示,声波由媒质 I(其特性阻抗为 $\rho_1 c_1$),传播到媒质 II(其特性阻抗为 $\rho_2 c_2$)时,一部分声波返回到媒质 I,一部分声波穿过媒质分界面在媒质 II 中继续传播,前者为反射现象,后者为折射现象,所以将声波分为入射波、反射波和折射波。声波的反射与折射和光学的反射与折射规律相同。

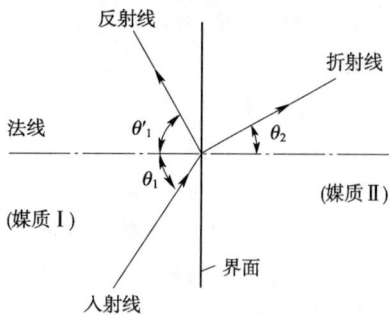

图 7-3 声波的反射与折射

(4)绕射和衍射:声波在传播途径上遇到障碍物时,其中有一部分能绕过障碍物的边缘前进,这种现象称为声绕射或衍射。声绕射的情况与障碍物的尺寸和波长有关,如图 7-4 所示,当声波遇到截面尺寸远小于波长的障碍物时,可绕过它继续传播,若声波波长比障碍物小得多时,声波将被反射或散射,而在障碍物后面形成声影区,显然,对高频声波比对低频声波易于屏蔽。

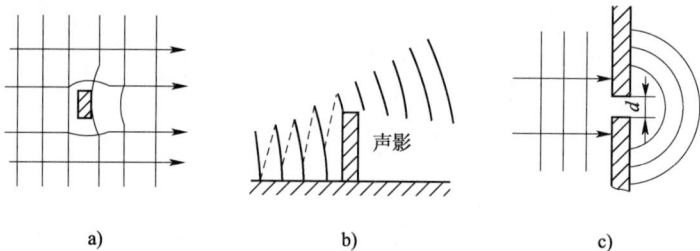

图 7-4 声波的绕射

(5)干涉、驻波:当空间有两个独立的声波同时传播时,一方面它们仍保持各自原有的特性(频率、波速和传播方向等)继续传播,不受另一声波的影响;另一方面,在声波作用区域的质点,同时参加了两个波的振动,它们在该点的振动是两个波的合振动,这就是声波的叠加原理。通常把几列频率相同、相位差恒定、同向传播的声波叠加现象,称为声波的干涉,产生干涉的波叫相干波。相干声波叠加后,合成波仍是一个相同频率的振动,但其声波幅值按对应相位进行叠加。

另外,如果两个频率不同、振动方向和相位角具有随机性(时而相同,时而不同)的声源所发出的声波,在空间某点相遇时,两个声波叠加后在空间某些点的振动时而加强,时而减弱,其平均结果与没有相互作用时的情况相同,这种声波称为不相干波。我们研究的噪声一般都是不相干波。不相干波在声场中合成,合成声波已不再是单纯的简谐运动了。

当两个振幅和频率相同的相干波在同一直线上沿相反方向传播时,叠加后产生的波称为驻波(图 7-5)。驻波是干涉波的一种特例,其特点是具有固定于空间的波节和波腹,波节是驻波中幅值为零的点,波腹是其幅值最大的点,相邻波节(或波腹)间的距离等于半波长。

(6)噪声:噪声是一种声波,具有一切声波运动的特点和性质。噪声就是使人烦躁的、讨厌的、不需要的声音,并希望利用一定的噪声控制措施消除掉的声音总称。如果在示波器上观察噪声的波形,一般都是不规则的和无调的,不像纯音和音乐那样,简谐而有调。图7-6示出噪声、纯音和乐音的波形。噪声振动都是大量频率不同的简谐振动组成,其特点是振动形式的非周期性,表现为紊乱,断续或统计上随机的振荡。

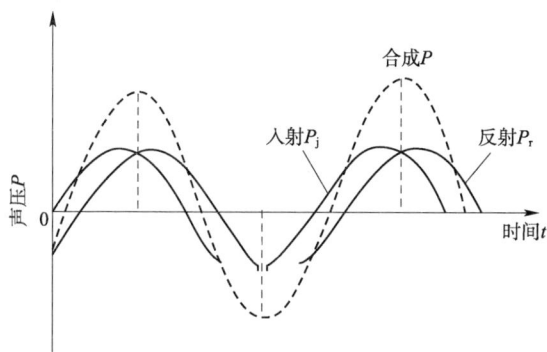

图7-5 驻波

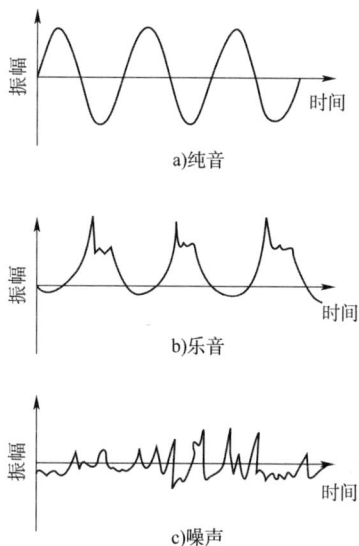

图7-6 纯音、乐音、噪声波形

影响到现代城市环境保护的噪声来源,主要包括交通运输噪声,工厂或车间生产设备噪声、建筑机械噪声和生活噪声。

各种道路机动车辆(各类汽车、摩托车、拖拉机等)、各种内河航运船舶、铁路机车以及飞机等发出的噪声,都属于交通运输噪声。它已成为现代城市环境最大的噪声污染源,在一些人口密集、交通发达的大城市,交通运输噪声约占城市噪声的75%或更高。

生产设备噪声是指工厂和车间的各种动力设备、加工机械等生产设备运行时所发出的噪声,其值也往往超过标准,一般说来污染范围仅是车间、工厂及其附近地区。

在城市建筑和市政建设中,越来越多地采用机械化设备,如卷扬机、打桩机、气锤、推土机、压气机、搅拌机等,形成了城市污染新噪声源。

此外,家庭生活现代化,广泛使用各种家电设备如空调设备、吸尘机、风扇、电冰箱等,也给家庭带来噪声烦恼。

第二节 噪声的量度与评价

一、声音的物理量度

1. 声强(度)I

声音具有一定的能量(声能)。声学中规定,在垂直于声波传播方向的单位面积上,单位时间内通过的声能称为声强I(W/m^2)。当声强的数值小到一定程度时,人耳就感觉不到了;人耳开始能听到的声强为$10^{-12}W/m^2$,该数值称为听阈声强。随着声强的加大,人耳对声音感觉越强烈,直到人耳开始感到疼痛难忍时,其声强已达$1W/m^2$。声强为$1W/m^2$的数值称痛阈声强。

2. 声压 p

媒质的质点受到声波作用时，不断地产生压力强弱变化。声压为当声波传播时媒质中的压力超过静压的值，通常用 p 表示，单位用 N/m^2。

声压是随时间变化的，每秒内波动的次数往往很大，当传到人耳时，由于耳膜的惯性作用，辨别不出声压的变化。声压一般指有效声压，它是一定时间间隔内，瞬时声压的方均根值，即：

$$p = \sqrt{\frac{1}{T}\int_0^t p^2(t)\,\mathrm{d}t} \tag{7-3}$$

式中：$p(t)$——瞬时声压，N/m^2；

  T——时间间隔，s。

声强 I 和声压 p 都可用来表示声音强弱，但因声强不易用一般常用仪器所测得，而且声音强弱的最终判别者——听觉器官，也是按作用在人耳鼓膜上的压力大小来衡量的。因此，采用声压 p 表示声音的强弱，更为直观和方便一些。好在 I 和 p 之间已由严格的数学关系所限定，在自由平面波或球面波的情况下，在传播方向的声强是：

$$I = \frac{p^2}{\rho c}\ (\mathrm{W/m^2}) \tag{7-4}$$

式中：p——有效声压，Pa；

  ρ——媒质密度，kg/m^3；

  c——声速，m/s。

"ρc"是媒质密度和声速的乘积，声学中称之为声特性阻抗，其物理含义是平面自由行波在媒质中某一点的有效声压与通过该点的有效质点速度的比值。在阻抗类比中声特性阻抗可和电学中无限长的传输线的特性阻抗相对应。对于空气在 $0℃$ 和 1 个大气压状况下 $\rho c = 428.5\mathrm{N \cdot s/m}$。因此，与听阈声强值相对应的听阈声压为 $2 \times 10^{-5}\mathrm{N/m^2}$，与痛阈声强值相对应的痛阈声压为 $20\mathrm{N/m^2}$。

3. 声功率 ω

声源在单位时间内辐射的声能量称为该声源的声功率 $\omega(\mathrm{W})$，它和声强 I 有如下关系：

$$W = \int_S^R I \cdot \mathrm{d}s \tag{7-5}$$

式中：W——声源的声功率，W；

  S——包围声源曲面的总面积，m^2；

  I——在指定点处的声强，W/m^2。

对于平面波：

$$W = IS$$

对于球面波：

$$W = 4\pi r^2 I$$

当声源放在具有反射的地面上，声源只能向半球面空间辐射，此时：

$$W = 2\pi r^2 I$$

声功率是表示声源特性的重要物理量，它与声波传播的距离、环境无关，而是在一定工作条件下的一个不变量，因此用声功率表示声源的一种特性，在任何环境下都可以用。

显然声源声功率一定时,在声场中不同点处的声强是不同的,它与离开声源的距离 r 的平方成反比($I \propto 1/r^2$)。

4. 声级 L

人的听觉器官——耳朵,具有独特的生理机能。人耳由听阈到痛阈声压的绝对值相差达 100 万倍,因此用声压或声强的绝对值来表示声音的强弱是很不方便的(表 7-2)。人们发现,人耳对声音的感觉(听觉)和客观的物理量(声强,或声压)之间并不是线性关系而近似于对数关系,因此,人们引出一个成倍比关系的对比量——声级,用来表示声音的强弱大小。它是一种做相对比较的无量纲单位。与声强、声压和声功率等物理量相对应,它包括有声强级、声压级和声功率级。

声音强弱的表示

表 7-2

名 称	听 阈	痛 阈	可听范围之比
声强 I	10^{-12}W/m^2	1W/m^2	$1:10^{12}$
声压 P	$2 \times 10^{-5} \text{N/m}^2$	20N/m^2	$1:10^{6}$
声功率 W	10^{-12}W	1W	$1:10^{12}$
声强级 L_I	0dB	120dB	$1:121$
声强级 L_p	0dB	120dB	$1:121$
声强级 L_W	0dB	120dB	$1:121$

1)声强级 L_I

声强级 L_I 定义为:

$$L_I = \lg \frac{I}{I_0} (\text{dB})$$ (7-6)

式中:I——被测声音的声强,W/m^2;

I_0——听阈声强(或称基准声强,$I_0 = 10^{-12} \text{W/m}^2$)。

根据公式,听阈的声强级为 0dB,而痛阈声强级为 120dB。

2)声压级 L_p

由于声压和声强是平方的关系($I \propto p^2$),所以可以从声强级的概念中引出声压级 L_p:

$$L_p = 20 \times \lg \frac{p}{p_0} (\text{dB})$$ (7-7)

式中:p——被测声音的声压,N/m^2;

p_0——听阈声压(或称基准声压),在 $f = 1\,000\text{Hz}$ 下的听阈声压 $p_0 = 2 \times 10^{-5} \text{N/m}^2$。

同样可求得听阈的声压级仍为 0dB,而痛阈声压级为 120dB。普通对话声音声压级大致为 60dB,大街上载货汽车、摩托车声音大致为 80~90dB,像凿岩机、球磨机噪声声压级达到 120dB。

测量声音(噪声)强弱的声级计的读数通常是声压级的分贝值。

由表 7-2 可见,采用声级(dB)表示声音的强弱比直接用声强或声压表示,既避免了大数量级数字的表达,又和人耳的实际感觉相近。

从式(7-7)可以看出,若 L_p 每变化 20dB,就相当声压绝对值变化 10 倍,每变化 40dB,就相当于声压值变化 100 倍,每变化 60dB 就相当于声压值变化 1 000 倍。因此,我们一定要有一个概念,声压级增减 20dB 或 40dB,声压绝对值变化是大的。比如,某处的声压 p 增加一倍:

$$L_\mathrm{p}' = 20 \times \lg \frac{2p}{p_0} = 20\lg \frac{p}{p_0} + 20\lg 2 = L_\mathrm{p} + 6\,(\mathrm{dB})$$

声压级增加 6dB；反之如果能使噪声声压级降低 10dB，人耳听觉感觉一定是很显著的。

3）声功率级 L_W

声功率级 L_W 定义为：

$$L_\mathrm{W} = 10 \times \lg \frac{W}{W_0} \tag{7-8}$$

式中：W——被测声音的声功率，W；

W_0——基准声音的声功率，$W_0 = 10^{-12}\,\mathrm{W}$。

声强级、声压级和声功率级之间在特定的声学环境中，具有一定的数量关系。在自由声场中，不考虑空气密度和空气中声速的变化的影响，可近似认为声压级与声强级相等。而自由声场中，以球面波向外辐射的声功率级与声压级（声强级）关系是：

$$
\begin{aligned}
L_\mathrm{w} &= 10 \times \lg \frac{W}{W_0} = 10 \times \lg \frac{4\pi r^2 I}{10^{-12}} = 10 \times \lg 4\pi + 10 \times \lg r^2 + 10 \times \lg \frac{I}{I_0} = L_\mathrm{I} + 20 \times \lg r + 11 \\
&= L_\mathrm{p} + 20 \times \lg r + 11\,(\mathrm{dB})
\end{aligned}
$$

$$\tag{7-9}$$

式中：r——离声源距离，m。

如果声源是放在一个光滑的平面上，可认为声波在半自由空间中传播，其声压级和声功率级的关系是：

$$L_\mathrm{w} = L_\mathrm{p} + 20\lg r + 8\,(\mathrm{dB}) \tag{7-10}$$

从以上两公式可以看出，同一声源，在半自由空间中的声压级比自由空间中声压级大 3dB（距离相同）。这恰好是由于光滑平面的反射，使空间中的能量增加一倍所致。

为了直观起见，在图 7-7 中分别示出了声压与声压级、声强与声强级、声功率与声功率级的关系。

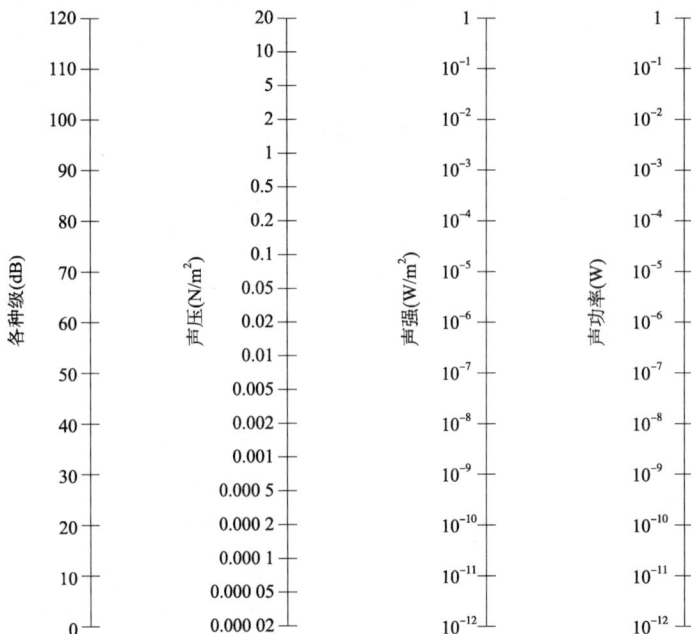

图 7-7　级的换算图

5. 声压级的合成与分解

在噪声测量现场,噪声源往往不止一个。两噪声源(例如 A 和 B)同时发生时,该合成声的声压级需要按能量叠加的原则进行。

设两噪声源 A 和 B 的声压级分别是 L_{pA} 和 L_{pB},但数值相等($L_{pA} = L_{pB} = L_p$),

按声压级的定义:

$$L_{pA} = 20 \times \lg \frac{p_A}{p_0} (dB)$$

$$L_{pB} = 20 \times \lg \frac{p_B}{p_0} (dB)$$

表示噪声能量的是声压 p_A 和 p_B,因此合成噪声的声压应当是:

$$p_\Sigma = \sqrt{p_A^2 + p_B^2}$$

其合成噪声的声压级应为:

$$L_{p\Sigma} = 20 \times \lg \frac{p_\Sigma}{p_0} = 20 \times \lg \frac{\sqrt{p_A^2 + p_B^2}}{p_0} = 10 \times \lg \frac{p_A^2 + p_B^2}{p_0^2}$$

$$= 10 \times \lg \frac{2p_A^2}{p_0^2} = L_p + 10 \times \lg 2 = L_p + 3 (dB)$$

推而广之,当 N 个同样分贝值的噪声源同时发声,在离声源等距离的一点上所产生的合成声压级为:

$$L_{p\Sigma} = 20 \times \lg \frac{\sqrt{p_1^2 + p_2^2 + \cdots + p_N^2}}{p_0} = 20 \times \lg \frac{\sqrt{N}p}{p_0} = L_p + 10 \times \lg N (dB) \qquad (7\text{-}11)$$

若两噪声源分贝值不同时,又如何合成(叠加)呢?

假设噪声源 A > B,现在需要知道的是从 A 噪声分贝值到合成噪声分贝值的增加值。该增加值应当是:

$$L_{p\Sigma} - L_{pA} = 10 \times \lg \frac{p_A^2 + p_B^2}{p_0^2} - 10 \times \lg \frac{p_A^2}{p_0^2} = 10 \times \lg \left(1 + \frac{p_B^2}{p_A^2}\right)$$

$$L_{pB} - L_{pA} = 10 \times \lg \frac{p_B^2}{p_0^2} - 10 \times \lg \frac{p_A^2}{p_0^2} = 10 \times \lg \frac{p_B^2}{p_A^2}$$

那么:

$$\frac{p_B^2}{p_A^2} = 10^{-(L_{pA} - L_{pB})/10}$$

所以:

$$L_{p\Sigma} = L_{pA} + 10 \times \lg \left[1 + 10^{-(L_{pA} - L_{pB})/10}\right] (dB) \qquad (7\text{-}12)$$

由上式可知,不同分贝值的两噪声合成时,合成后的分贝值应是原较大的分贝值,再加一个增加值,而增加值又是两噪声分贝值差数的函数,这种函数关系可用图7-8曲线表示,也可用如表7-3的表格表示,表中整数之间小数点后差值可用插值方法求得,已有足够的工程计算精确度。

合成噪声的增加值表 表7-3

两噪声分贝差(dB)	0	1	2	3	4	5	6	7	8	9	10
合成噪声增加值(dB)	3.0	2.5	2.1	1.8	1.5	1.2	1.0	0.8	0.6	0.5	0.4

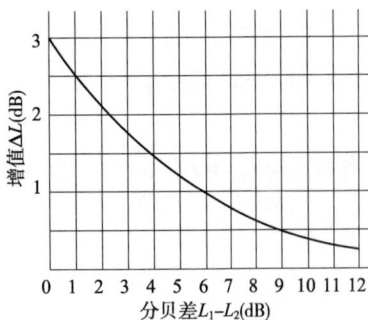

图 7-8　合成噪声的增加值图

如果有数个不同分贝值的噪声源同时发声时,应首先找出其中最大的两个声压级值用上述办法合成,得到叠加后的分贝值再和第三个大的声压级值合成求知,依此类推,直到加至两个噪声分贝值相差 10dB 以上时为止。

例题:某动力车间有三台柴油机。当单独运转时,测点处测得的声压级分别为 93dB、95dB 和 90.6dB,求三台柴油机同时运转时,总声压级应为多少?

解:利用表 7-3

$$L_{PA} = 95dB; L_{PB} = 93dB; L_{PC} = 90.6dB$$

$$L_{PA.B} = 95 + 2.1 = 97.1dB(分贝差为 2dB,增加值为 2.1dB)$$

$$L_{PA.B.C} = 97.1 + 0.9 = 98dB(分贝差为 6.5dB,增加值为 0.9dB)$$

在噪声测量现场,除了噪声级的合成问题之外,噪声级的分解(即分贝值相减)也是经常遇到的。如,在被测对象发声之前,测定场中已有一个难以避免的噪声存在,这种噪声相对被测噪声而言,称本底噪声(也有称暗噪声、环境噪声)。它的分贝值可以预先测定。被测对象发声后,所测得的分贝值事实上是被测噪声和本底噪声的总和。在有本底噪声存在的现场,被测对象的噪声是无法直接测定,只能在测得总噪声内减去本底噪声。同上面噪声相加一样,必须按能量相减的原则进行。经过公式推导可知,被测对象的分贝值应等于总噪声减去一个修正值,而修正了值又是总噪声和本底噪声之差的函数,如表 7-4 所示。

修　正　值　　　　　　　　　　　　　　　　　　表 7-4

总噪声与本底噪声之差（dB）	1	2	3	4	5	6	7	8	9	10
修正值(dB)	6.9	4.4	3.0	2.3	1.7	1.2	0.9	0.6	0.5	0.4

例如,某工地现场的本底噪声为 90dB,某柴油机开动后测得的总噪声为 95dB,分贝差为 5dB,由表 7-4 中查得修正值为 1.7dB,故柴油机的噪声实际值应是 95 - 1.7 = 93.3dB。

一般情况下,测得的总噪声超过本底噪声 10dB,可以忽略本底噪声的影响。但在差值小于 10dB 时,必须考虑本底噪声的影响,且可按表 7-4 进行修正,差值之间的数值,其修正值可用插值法求得。

二、频带与频谱分析

在人耳可闻的音频范围内,频率的高低,可引起人耳有不同音调的感觉。频率高时,声音尖锐,声调高。频率低时,声音低沉,音调低。所以,从声音的本性来说,声音的强度和频率是客观存在的物理量。为了了解某噪声所发出声音的特性。就需要客观地对它进行声音强度和频率分析。而声源发出的各种声音绝大部分是复音,即由许多不同强度,不同频率的纯音复合而成(纯音是单一频率的声音,如音叉所发出的声音为纯音)。动听的音乐和烦躁的噪声都是由不同强度和频率组成的复音。但是,为什么乐音听起来使人愉悦而噪声听起来使人焦躁不安呢? 这是因为,乐音是有规律、有节奏的振动产生的,乐音中频率最低的那个纯音奠定了这个复音的音调,其他音均为泛音。泛音频率是基音频率的整数倍,因此听起来是和谐的,泛音的数目多少,决定了声音的音色,泛音数目越多,声音听起来越好听。我们所以能够对不同的乐器发出的声音区别开(即使它们的音调相同、强度相同),就是由于泛音数目不同所致。而噪声则是由许多不协调的基音和泛音组合而成的声音,它的频率,声音强弱和波形都是杂乱无章的,没有乐音的性质,因此使人烦躁还会影响人体健康。

为了了解某噪声源所发出的噪声频谱特性,就需要详细分析它各个频率成分和相应的噪声强度,这对进一步采取降低噪声的有效措施是极为重要的。通常是,根据测量结果,以频率为横坐标,以声压级(或声功率级、声强级)的分贝值为纵坐标作出的噪声测量曲线称为噪声的频谱曲线(图)或称噪声的频率(谱)分析。它在频域上描述了声音强弱的变化规律。

图 7-9 所示为 4115T 柴油机的噪声频谱曲线,由图可知,在该柴油机的噪声中 125Hz 的声压级最高。

那么,在频率分析中,横坐标的各个频率点是怎样选定的呢?

人耳可听声频率范围从 20 ~ 20 000Hz ,有 1 000 倍的变化范围。为了方便,人们把一个宽广的声频范围划分为几个小的频段,这就是通常所说的频带或频程。在噪声测量中,最常见的是倍频程和 1/3 倍频程。

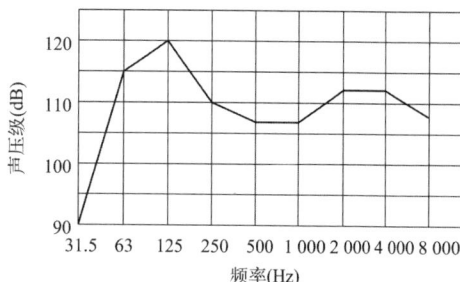

图 7-9 4 115T 柴油机倍频噪声频谱分析

倍频程是两个频率之比为 2∶1 的频程。如某倍频程的中心频率为 $f_{中}$,上、下限频率分别为 $f_{上}$, $f_{下}$ 的话,则 $f_{中} = \sqrt{f_{上} \times f_{下}}$, $f_{上} = 2f_{下}$ 。目前,通用的倍频程中心频率为 31.5、63、125、250、500、1 000、2 000、4 000、8 000、16 000Hz 。这 10 个倍频程可以把可闻声音全部包括进去,大大简化了测量。实际上在噪声控制的现场,往往只用 63 ~ 8 000Hz 这 8 个频程。倍频程的下限和上限频率如表 7-5 所示。

倍频程的中心频率范围(IEC[①])　　　　　　　　　　表 7-5

中心频率(Hz)	频率范围(Hz)	中心频率(Hz)	频率范围(Hz)
31.5	22.5 ~ 45	1 000	700 ~ 1 400
63	45 ~ 90	2 000	1 400 ~ 2 800
125	90 ~ 180	4 000	2 800 ~ 5 600
250	180 ~ 355	8 000	5 600 ~ 11 200
500	355 ~ 710	16 000	11 200 ~ 22 400

注:①IEC——国际电工委员会。

为了更详尽地研究噪声频率成分,在噪声分析时,还可采用 1/3 倍频程,即把一个倍频按等比级数(1∶ $2^{1/3}$ ∶ $2^{2/3}$ ∶ 2)分为三份,使频谱更窄。1/3 倍频程的中心频率及范围如表 7-6 所示。

1/3 倍频程频率范围　　　　　　　　　　表 7-6

中心频率(Hz)	频率范围(Hz)	中心频率(Hz)	频率范围(Hz)
50	44.7 ~ 56.2	1 000	891 ~ 1 122
63	56.2 ~ 70.8	1 250	1 122 ~ 1 413
80	70.8 ~ 89.1	1 600	1 413 ~ 1 778
100	89.1 ~ 112	2 000	1 778 ~ 2 239

中心频率（Hz）	频率范围（Hz）	中心频率（Hz）	频率范围（Hz）
125	112 ~ 141	2 500	2 239 ~ 2 818
160	141 ~ 178	3 150	2 818 ~ 3 548
200	178 ~ 224	4 000	3 548 ~ 4 467
250	224 ~ 282	5 000	4 467 ~ 5 623
315	282 ~ 355	6 300	5 623 ~ 7 079
400	355 ~ 447	8 000	7 079 ~ 8 913
500	447 ~ 562	10 000	8 913 ~ 11 220
630	562 ~ 708	12 500	11 220 ~ 14 120
800	708 ~ 891	16 000	14 130 ~ 17 780

在噪声现场进行频谱分析时，需要在每一频程分别进行测量，不仅耗费时间，而且对某些瞬间而过的噪声是无法测量的情况下，可以采用实时分析仪进行瞬时频谱分析，可在几分之一秒内把倍频程（或1/3倍频程）的频谱曲线显示在荧光屏上。对瞬间而过的噪声，也可先用磁带录音下来，而后在实验室内用数字频率分析仪进行频谱分析。

三、噪声的主观量度

在噪声研究中，一般用声压、声压级或频带声压级作为噪声测量的物理参数。人耳接受客观声压和频率后，主观上产生的"响度感觉"，与这些客观物理量之间并不完全一致。这是人耳作为声音的接受和判别装置，它具有许多特殊的生理机能所致。研究噪声特别是降噪问题，必须研究声音客观量和人耳主观感觉量之间统一的问题。

人耳对声音的响应不是单纯的物理问题，而包含了生理、心理等因素。因为它涉及主观感觉，实际上是人耳和大脑组成的听觉系统的响应问题，是人体生理医学研究范畴的事情。这里，我们只介绍与声压级和频率有联系的、人们通常所讲的声音的响度问题。

1. 等响曲线、响度级、响度

人耳的可听频率范围是 20 ~ 20 000Hz，且人耳对高频声反应敏感，对低频声反应迟钝。例如，一台空气压气机的高频噪声和一台小轿车的车内噪声（低频）相比，若测量其声压级很可能均为 90dB 左右，但就人耳的主观感受而言，自然是压气机的高频噪声要强烈与难受得多。这种主、客观量的差异是由声波频率的不同而引起的。因此在噪声测量时，存在着一个客观存在的声音物理量与人耳感觉的主观量的统一问题。表 7-2 中听阈和痛阈的数值是在 1 000Hz 纯音条件下，主、客观量度的统一；如果声频发生变化，其相应的听阈、痛阈的数值也应随之而变化。为使在任何频率条件下，主、客观量都能统一起来，就需要把人的听力试验在各种频率条件下——进行。这种试验得出的曲线就叫等响（度）曲线。

如图 7-10 所示，就是 ISO 推荐的等响曲线。图中的纵坐标是声压级（dB），横坐标是频率（Hz），二者都是声波客观的物理量。因为频率不同时，人耳的主观感觉不同，所以每个频率都有各自的听阈声压级和痛阈声压级。如果把它们连接起来，就能得到听阈线和痛阈线。两线之间按响度的不同可分为若干个响度级、通常分成 13 个响度级，单位是方（phon），听阈线为零方响度线，痛阈线为 120 方响度线。两者之间通常标出 10 方、20 方、…、120 方响度线。

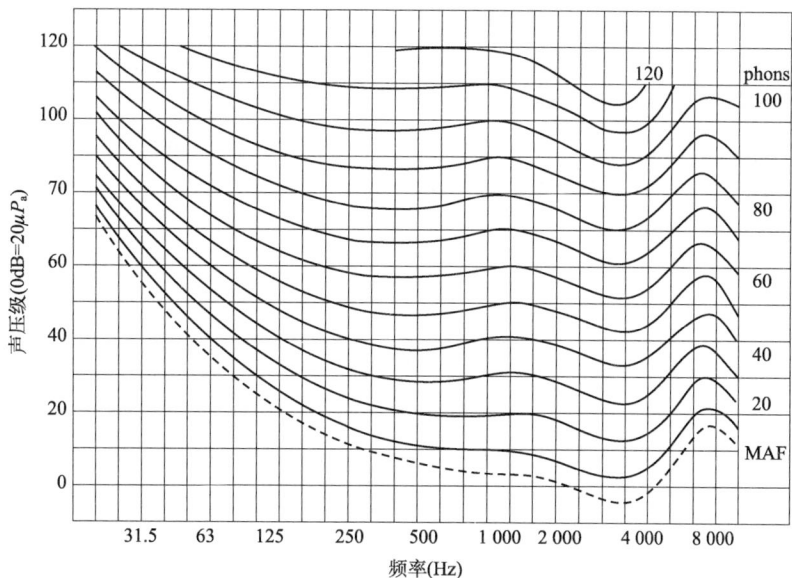

图 7-10   等响曲线(平均听者,窄带噪声或纯音)
MAF-最低可听声场

凡在同一条曲线上的各点,虽然它们代表着不同频率和声压级,但其响度(主观感觉)是相同的,故称等响曲线。每条等响曲线所代表的响度级(方)的大小由该曲线在 1 000Hz 的声压级的分贝值而定,就是选取 1 000Hz 的纯音作为基准声音,其声音听起来与该纯音一样响,该声音的响度级(分贝值)就等于这个纯音此时的声压级(分贝值)。例如某声音听起来与声压级 80dB、频率 1 000Hz 的基准声音一样响,则该声音的响度级就定为 80 方。从图 7-10 等响曲线能看出如下问题:

(1)根据声音的声压级和频率(客观物理量),能找到相应的响度级(主观感觉),这样就把声音的主、客观量度之间统一起来了。

(2)声音的频率对响度级影响很大。在低频范围内,即使声压级具有很高的分贝值,也未必能达到听阈线。由此可见,人耳对低频声敏感度很差。所以,在噪声治理中重点应优先解决高频声对人耳的损害;但对诸如收听音乐时也会感到低频音乐不丰富,为此可以通过乐器配置或者通过设计电子线路低频补偿网络来加强低频效果,这种补偿方法叫频率计权。

(3)声音的声压级高达 100dB 左右时,响度曲线比较平直,说明频率变化响度级的影响就不那么明显了,即高声压级下频率变化对人耳感觉的影响不明显。

响度级是个相对量,有时需要把它化为自然数,即用绝对值来表示,因此引出一个响度的概念。响度是受声刺激的听觉反应量,用响度单位——宋(Sone)来表达感觉上的声音大小。1 宋相当于对频率 1 000Hz、声压级 40dB 的纯音(即响度级为 40 方)听觉反应量。50 方为 2 宋,60 方为 4 宋,70 方为 8 宋等,可建立响度的标度。实验证明,响度级每增加 10 方,响度增加一倍,响度和 1 000Hz 的声强度的 0.3 方成正比。如 L_N 代表响度级(方),N 代表响度(宋),则:

$$N = 2^{(L_N - 40)/10} \tag{7-13}$$

或者:

$$\lg N = 0.030\ 1L_N - 1.204$$

$$L_N = 33.3\lg N + 40$$

这种幂函数关系（主观量比例于客观量的几次方）在人受外界刺激的感觉中是普遍的，只是对各种刺激（如气味、振动、握力、电流、软硬、发音粗细等等）幂数不同（0.3～3次），这可能和人的神经系统中的感觉过程有关。

用响度级表示声音的大小，可以直接推算出声响增加或降低的百分数，如某声源经声学处理后，响度级降低10方，则相当于响度降低50%；响度级降低20方，相当于响度降低75；响度级降低30方，相当于响度降低87.5%等等。显然，用响度级表示声音的变化是很直观的。

2. 声级计的计权网络

声级计是测量声音强弱的仪器，按其工作原理，声级计的"输入"是声音客观存在的物理量——声压和频率，而它的"输出"不仅应要求是对数关系得声压级，而且应该符合人耳特性的主观量——响度级，才最为理想，声压级没有反映出频率的影响，即具有平直的频率响应。为使声级计的输出符合人耳的听觉特性，应通过一套电学的滤波器网络造成对某些频率成分的衰减，使声压级的水平线修正为相对应的等响曲线。但是每条等响曲线的频率响应（修正量）各不相同，若想使它们完全符合，则在声级计上至少需要13套听觉修正电路，事实上是不可能的。

一般情况下声级计设有3套修正电路（即A、B、C三种计权网络），使它所接受的声音按不同的程度滤波。A网络是效仿40方等响曲线而设计的，其特点是对低频和中频声有较大的衰减，即使测量仪器对高频敏感，对低频不敏感，这正与人而对声音的感觉比较接近，因此用A网络所测得的噪声值较为接近人耳对声音的感觉。B网络是效仿70方等响曲线，使被测得声音通过时，低频段有一定的衰减。C网络是效仿100方等响曲线——任何频率都没有衰减，因为100dB的声压级线和100方等响曲线基本上是一条重合的水平线，因此，它代表总声压级，这三种计权网络的衰减量如图7-11所示。

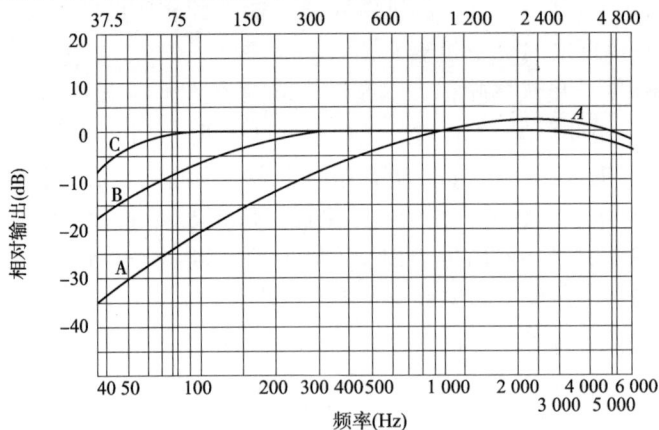

图7-11 声级计计权网络的衰减曲线

声级计的读数均为分贝（dB）值，但在分别选用这三套计权网络之后，其读数所代表的意义就不相同了。显然选用C挡网络测量时，声压级基本上未经任何修正（衰减），其读数还是声压级的分贝值。而A挡和B挡网络，对声压级已有所修正，故它们的读数不应是声压级，但也不是响度级，因为他们只是分别模仿了40方和70方这两条特定的等响曲线的频率响应，而不是所有等响曲线的频率响应。所以，把A和B网络的读数称声级的分贝值。

用声级计测量噪声声级的分贝值，必须用括号标明选用了何种计权网络。如表示为

85dB（A）、90dB（B）、95dB（C）等。

在声级计上同时设置了 A、B、C 三种计权网络时，可起到对噪声频率特性的粗略鉴别作用。由图 7-11 中各计权网络的衰减曲线能说明：

当 $L_p dB(A) = L_p dB(B) = L_p dB(C)$ 时，表明噪声的高频成分突出；

当 $L_p dB(C) = L_p dB(B) > L_p dB(A)$ 时，表明噪声的中频成分较多；

当 $L_p dB(C) > L_p dB(B) > L_p dB(A)$ 时，表明噪声是低频特性。

用这种方法，对噪声的频率特性只能进行粗略的估计。

近年来，为了便于对各种噪声的强弱进行统一比较，在测试过程中，有全部采用 A 计权网络的趋向，而有的声级计上甚至只设有 A 计权网络。

四、噪声评定的几种方法

噪声的大小，其危害程度以及对周围环境的污染，用什么方法评定呢？根据噪声源的频谱特性和不同的目的要求，国外提出的评定方法也非常繁多，有的计算也较复杂，各国的评定方法也不一样。这里仅概要地介绍我们经常用到的几种。

1. A 声级

前面已作介绍。用 A 声级来评定噪声，优点是：

（1）与人耳主观感觉比较接近；

（2）可以用声级计等仪器直接测量；

（3）可以同其他多种评定方法进行换算。

其缺点是：不能够准确地反映噪声源的频谱特性，相同的 A 声级，其频谱特性可以有很大差异。

2. 等效连续 A 声级 L_{Aeq}

对于幅度随时间变化很大的噪声（例如城市街道的交通噪声），可以用统计分布来描述。对于大部分噪声，其幅值随时间的分布近似于高斯分布。这种噪声的大小可以用等效噪声级来表述。即在声场内的一定位置上，采用能量平均的方法，将某一段时间内间歇暴露的几个不同的 A 声级的噪声，用一个 A 声级来表示该段时间内的噪声大小。这个声级即为等效连续 A 声级。可用公式表示：

$$L_{Aeq}, T = 10 \times \lg\left(\frac{1}{T}\int_0^T 10^{0.1L_A}dt\right) = 10 \times \lg\left(\frac{1}{n}\sum_{i=1}^n 10^{0.1L_{Ai}}\right) \tag{7-14}$$

式中：T——某段时间的时间总量；

L_{Ai}——n 个 A 声级中第 i 个测定值。

3. 噪声的频谱

如前所述，运用频谱分析技术可清楚地了解到在一定频谱围内声压级的分布状况，由此可以了解噪声的成分和性质，了解声源的特性。频谱中各对应频率下的声压级，就是由某种声源所产生的，找到了产生最大声压级的声源，就为控制和降低噪声的对象提供了依据。

4. 响度级和响度

响度级同时考虑了声音频率和声压级对人的听觉感觉的影响，更符合人耳接受声音的实际情况，响度级是相对量；有时需要化为绝对值，用响度来表示，响度是受声刺激的听觉反应量。

响度级不能直接测量。噪声的响度计算有两种方法：史蒂文斯（Stevens）法和兹维克（Zwicker）法，国际上都已经标准化，可参阅相关的声学手册。

5. 噪声评价数 N

噪声评价数由下式确定：

$$N = \frac{L_p - a}{b}(\text{dB}) \tag{7-15}$$

式中：L_p——倍频带声压级（dB）；

a、b——常数，与各频带中心频率 f_0 的关系见表7-7。

常数 a、b 与 f_0 的关系   表7-7

f_0	63	125	250	500	1 000	2 000	4 000	8 000
a	35.5	22	12	4.8	0	−3.5	−6.1	−8.0
b	0.790	0.870	0.930	0.940	1	1.015	1.025	1.030

N 数不能直接测量，而是先用倍频带声压级计测出各频带的声压级 L_p，然后按公式求得。在计算 N 数时，须注意下述情况：

(1) 如 N 数用于评定对听觉的损伤和语言的干扰，用 f_0 = 500、1 000、2 000Hz 三个倍频带，将测得的这三个声压级分别代入 N 数计算公式，取其最大值，作为噪声评价数。

(2) 如果 N 数用于评定对周围环境的干扰，则用 63 ~ 8 000Hz 八个倍频带声压级分别计算 N 数，取其中最大值，作为噪声评价数。

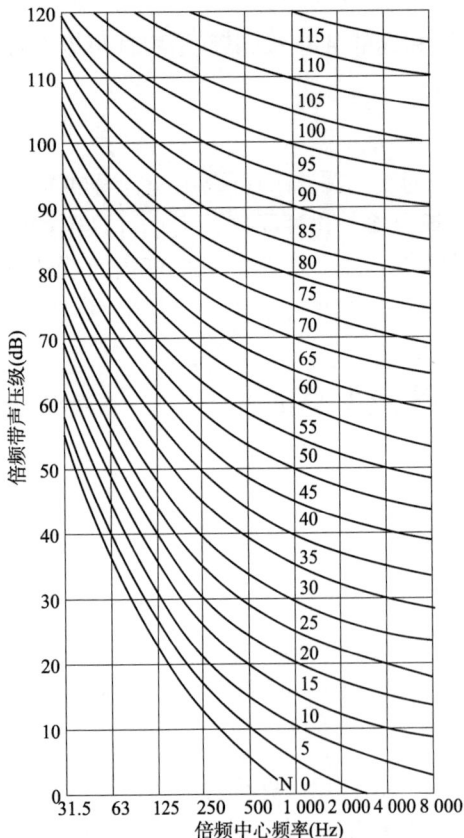

图 7-12　噪声评价数 N 曲线

(3) 如果已知 N 数，则可按下式求出 63 ~ 8 000Hz 每个频带的允许声压级：

$$L_p = a + bN$$

噪声评价数，主要用于评定噪声对听觉损伤、语言干扰和周围环境的影响，是 1961 年 ISO 提出和推荐使用的。它的特点是用一个 N 数，代表了噪声的强度和频率两个主要因素。知道了 N 数，可按公式求出相应频带的允许声压级，也可以按照图 7-12 查出每个倍频带的允许声压级。

6. 语言干扰级 SIL

倍频带中心频率 500、1 000、20 00Hz 下三个声压级的算术平均值，称为语言干扰级：

$$\text{SIL} = \frac{L_{P,500} + L_{P,1k} + L_{P,2k}}{3}(\text{dB}) \tag{7-16}$$

语言干扰级主要用来评价噪声对语言交谈、打电话时的干扰程度。谈话时要想被对方完全听清楚，必须高于语言干扰级 12dB。一般大人喊叫声在不发生语言畸变时，最大为 110dB。因此大声讲话时，允许的语言干扰级最大为 110 − 12 = 98dB。当噪声源产生的语言干扰级大于 98dB，两人离得很近，讲话也不能听清楚。

7. 声功率级和声功率

声功率级和声功率常用于评定一台机器或一个机组产生的噪声能量大小,对于系列产品模型或样机,建议测量声功率级或声功率。对某一固定机器来说,在一定的情况下,其声功率级和声功率是一个常数。这两个指标都不能直接测量。可根据具体情况,按照自由场、混响场、半混响场、近场测量声功率级的方法,来测出其平均声压级,然后按照相应的计算公式计算出声功率级和声功率。

8. 道路交通噪声的评价

由于交通噪声的特点,在一天 24h 内,呈现无规则的随机变化,人们通常采用统计学方法和计权方法组合成新的参数来评价交通噪声。

(1) L_{10}、L_{50}、L_{90} 统计声级。

在规定的 24h 内,每隔一定时间测量一次 A 声级,将其全部数据按大小顺序排列后,可以找出 10% 的所测数据超过的声级,这个声级称为 L_{10};50% 所测数据超过的声级为 L_{50};如 90% 所测数据超过的声级为 L_{90}。可见,L_{10} 可以表示这段时间的噪声峰值,L_{50} 表示了平均值,L_{90} 则表示了本底噪声。

试验证明,对于车辆流量较大的街道,L_{50} 数值和人们的主观吵闹感觉程度有较好的相关性,因此有些国家直接采用 L_{50} 来评价交通噪声。但当车辆流量较少时噪声起伏变化较大,用 L_{50} 表示的相关性要变差。

(2) 交通噪声指数 TNI。

$$TNI = 4(L_{10} - L_{90}) + L_{90} - 30 \tag{7-17}$$

它是在本底噪声 L_{90} 的基础上,再考虑噪声的起伏变化($L_{10} - L_{90}$),进行计权修正的。

(3) 噪声污染级 NPL。

NPL 用于更全面地估计噪声的社会影响,为此它在等效连续噪声中,增加一项具有更大烦扰程度的非稳态噪声项:

$$NPL = L_{eq} + k\sigma \tag{7-18}$$

式中:L_{eq}——测量时间内等效连续 A 声级;

σ——同一过程中的瞬时声级的标准偏差;

k——临时性系数,根据对飞机和交通噪声的研究,暂取 $k = 2.56$。

(4) 日夜平均声级 L_{dn}。

用 L_{dn} 来表达一个区域一昼夜间的噪声污染情况,表达式是:

$$L_{dn} = 10\lg[\,0.625 \times 10^{0.1L_d} + 0.375 \times 10^{0.1(L_n+10)}\,] \tag{7-19}$$

式中:L_d——白天 15h 内(上午 7 点到晚上 10 点)的等效连续 A 声级;

L_n——晚上 9h 内(晚上 10 点到次日晨 7 点)的等效连续 A 声级。

由于考虑到夜间噪声具有更大的烦扰程度,故表达式中将夜间给予比白天大 10dB 的计权。

第三节　噪声的测量

一、噪声测量常用的仪器

图 7-13 给出一个比较全面的噪声测量系统和仪器组合的方框图。传声器 1,即噪声测

量的传感器,其功用是将声压波动信号转换为电信号,常用的有压电式、电动式和电容式3种。压电式传声器利用压电晶体随着声压变化而产生电压输出,它的灵敏度高,结构简单成本低,频率响应也较平直,但受温度影响大。电动式传声器是由导体在磁场中运动而产生电压输出。它的固有噪声低,能在高温下工作,但体积较大,灵敏度较低,频率响应不平直。上述两种传声器一般仅用于普通声级计。电容式传感器的膜片振动而使膜片与后极板所构成的电容量发生周期性变化而输出交变电压信号,这种传声器性能稳定,频率响应、适用温度和湿度范围宽,因此它用在精密声级计。电容传声器阻抗很高,电缆电容衰减很大,一般在该传声器后要设置一级前置放大器进行阻抗变换。两级放大器3、5是将微弱的电信号放大,放大器的增益一般不变。滤波器或计权网络4根据需要可选择恒定百分比带宽滤波器、恒定带宽滤波器或者A、B、C计权网络。通过检波电路6,对交流信号进行平方,平均和开方得出电压的方均根值。最后将方均根电压信号输送到电表,只要对表头7刻度进行设计,就可以读出相应声压级的分贝值。

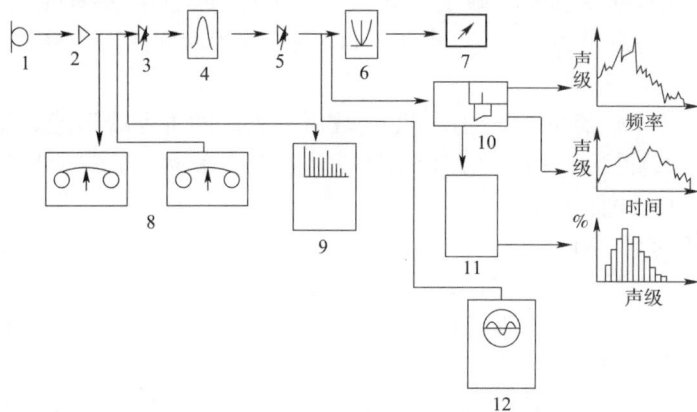

图 7-13　一种噪声测量系统的仪器组合

1-传声器(话筒);2-前置放大器;3、5-放大器;4-滤波器或计权网络;6-检波器;7-表头;8-录音机;9-实时分析仪;10-电平记录仪;11-统计分布仪;12-示波器

如需要知道声压变化波形,则可把放大器5输出的信号,输往示波器12显示。

如需信号储存和分析,可将磁带记录仪(录音机)8置于放大器3之前输出或输入。

对某些瞬态信号进行频谱分析,可借助实时分析仪9完成。

如要记录声压级随时间变化的过程或者把频谱分析自动记录下来,可在输出放大器后接高速电平记录仪10,因为记录仪具有方均根检波器和对数转换装置,能在纸带上记录声级随时间变化的过程,如果利用特殊软轴,使纸带速度和滤波器转换同步,则可自动记录声压级的频谱图。

对于随机变化的噪声,可用统计分布仪11得到它的统计分布参数。

从分析辐射噪声考虑,有时要测量振动的大小,这时可用加速度、速度、位移传感器代替传声器测出其大小和频谱成分,也可用这些量的振级来指示。

实际上,在各种仪器选择、配套和组合时,要根据具体的测量目的和要求,综合考虑和确定。

1. 声级计

声级计是噪声测量最常用的便携式仪器,可测量总声压级和各种计权声压级。按精度分为普通声级计和精密声级计两类。声级计由传声器、放大器、衰减器、计权网络和有效值指示表头等组成。

2. 频谱分析仪器

将滤波器与声级计配套使用,即可测定噪声的频谱,通常就称为频谱(分析)仪。图 7-14 示出的是声级计及与倍频程滤波器组成的方框图。

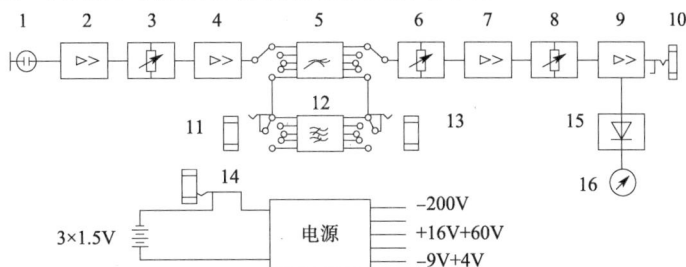

图 7-14　声级计结构方框图

滤波器只让规定的频率成分通过,其他成分衰减掉而不能通过滤波器可分为低通、高通、带通滤波器等,在噪声测量中,多采用带通滤波器。按带通宽度又分为恒定带宽、恒定百分比带宽、等对数频带宽 3 种滤波方式。

恒定带宽滤波器,即带宽不随中心频率而改变,带宽越窄,其分析频率越细,因它选择性强而更适合作高频成分的精确分析,适用于作噪声源的识别及检验产品的脉动噪声。经常采用的带宽为 5 Hz、20 Hz、50 Hz、200 Hz。

恒定百分比带宽滤波器,其带通特性是带宽 Δf 与其中心频率 f_0 之比为一不变的百分数(即 $\Delta f / f_0 = A$,A 为恒定百分数)。例如 $A = 3\%$,则当 $f_0 = 100$ Hz 时,带宽 $\Delta f = 3$ Hz;若 $f_0 = 1\,000$ Hz 时,$\Delta f = 30$ Hz,即带宽随中心频率增加而加大。这种滤波方式适合不稳定噪声的测定。

等对数带宽滤波器,又称相对带宽滤波器,在噪声测量中经常使用的倍频程滤波器和 1/3 倍频程滤波器即属此种,它只能对噪声进行粗略的频谱分析,但也足够满足机械产品噪声测量和分析的需要。

3. 实时分析仪

使用普通频谱分析仪测量需要有一定的时间,对随时间迅速变化或瞬间而过的噪声是无法测量的。这种情况下,可以采用实时分析仪进行瞬时频谱分析。

实时分析仪实际上就是一种快速频谱分析仪。图 7-15 示出一种平行滤波器实时分析仪框图。仪器内有很多平行带通滤波器,当将一个待分析快速变化的噪声信号输入时,则信号同时进入滤波器(一般都有 30～40 个 1/3 倍频程滤波器)。每一个滤波器通道都有自己的检波器、积分器和储存电路,通过开关和逻辑电路控制,并同时输出至显示屏幕或记录装置。所有通道的扫描时间和显示时间都只需几十毫秒。由于目前各种快速傅立叶变换和计算机技术的发展,多功能、高精度的实时分析仪不断面市。

4. 声级记录仪

声级记录仪又称电平记录仪,是按照自动平衡原理制成的笔式伺服记录仪器,它可与声级计或频谱分析仪配套,自动记录声级和频谱。

5. 磁带记录仪

在现场测噪时,可先用磁带记录仪把被测噪声记录下来,然后再在实验室内回放,用合

适仪器或计算机进行分析处理。磁带记录仪是利用磁性材料的磁化进行信息存储的仪器。本泛

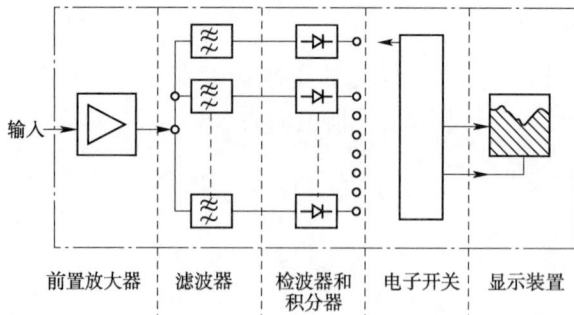

图 7-15　平行滤波器型实时分析仪原理图

由于磁带记录仪具有记录频带宽、可变换信号时间基准、能多通道同时记录、可长时间连续记录,可长期保存及易于与计算机连接,因而在噪声和内燃机各种测试中已得到广泛使用。

二、噪声的测量环境

发动机和其他机器产生的噪声对环境的影响,不仅取决于声学特性,而且与发动机等安置的方式和周围的声学环境有关。一般建议,测量工作应在符合一定要求的声学环境中进行,并由所测数据计算出发动机辐射产生的声功率级。

声级的评定按其声波传播条件(声学环境)可分为:自由声场法、混响声场法、半混响声场法和近场法几种。

1. 声场

声波传播的空间即为声场。自由场是指声波可无反射地进行自由传播的现场,在自由场中任一点位置所感受到的只是由噪声源辐射出来的直达声,而无反射声的影响,室外开阔地是典型的自由场,但在布满吸声材料的消声室或较大空旷的实验室内,只要没有反射的干扰都可算自由场。

从噪声源辐射出来的声波遇到坚实的边界来回重复反射时就构成了混响场。理想的情况是多次反射构成的声场使房间内各位置的声压级变得均匀一致,而不像自由场那样声压级是按离噪声源距离平方的反比关系而变化。按定义,自由场是指声波受到第一次反射前所形成的声场;而混响场则是第一次反射后多次反射的声能叠加,它强烈地依赖房间的大小和房间各个表面的反射特性。

当直达声和反射声同时存在就构成了半混响场。

由于混响声场的存在,致使在普通试验室内测得的声级高出被测噪声一定值。通常要求房间的混响影响小于3dB,并对所测噪声进行修正。

2. 消声室

消声室内的声场为声波无反射的自由声场。消声室内部的全面壁面(墙面、天花板、地板)采用优质吸声材料覆盖,声源辐射的声能在所要求的频率范围内全部被吸收。在消声室内,声源辐射的声压级随离开声源距离的平方反比而变化,因此,测点距声源距离每增加1倍时,声压级应降低6dB。图7-16示出消声室简图,通常采用由玻璃纤维、泡沫塑料制成的尖劈吸声结构具有较强的吸声性能消声室采用双层墙结构利用空气层隔声,以及采用减

振器或弹性支承,可以减少外部环境噪声对房间的干扰。

半消声室除地面是由水泥或水磨石等吸声系数很小的物质构成外,其四面墙壁和天花板则由吸声材料覆盖。大房间或野外空旷区可近似为半消声室。

为了对内燃机的声学特性进行准确的研究,应当建立专门的消声实验室。目前国内外一些大的工厂、研究机构都建有测量内燃机噪声用的专用噪声实验室。

3. 混响室

与消声室相反,混响室的吸声能力最低,墙壁、天花板和地板上采用材料的吸声系数很小。声源发出的声波,要经壁面多次反射后才损失掉,反射过程越长,对声源后来发出的声波的干扰也就越大。这样的声场即是混响声场或称扩散声场。

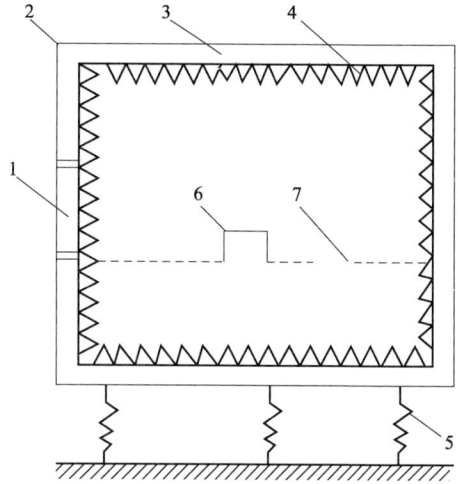

图7-16 消声室剖面简图
1-门;2-外墙;3-空气层;4-尖劈;5-减振器;6-噪声源;7-支承

混响室内声能密度均匀。鉴定混响室性能指标通常采用如下方法:在声场上任选6个以上的测点,测得的各点声压级相差应不大于±1dB。

混响室的用途主要是建立可控制的混响声场,以便在里面测定材料的吸声系数,声源声功率及频谱等。

4. 对实验室的声学要求

噪声测量最好在消声室内进行。但是在通常情况下,有时也就在普通发动机实验室内进行。普通实验室既非消声室,也不是混响室,介于两者之间,可称为半混响室。满足什么样的条件可用来进行噪声测量呢?

在半混响室内,任一点的声压级应当是直达声场和混响声场的合成声压级。这样我们总能找到室内某点处直达声与混响声相等的地方,把该点距声源的距离称为临界距离 r_c。当测点在临界距离之内($r < r_c$)时,直达声大于混响声,此时混响室的影响较小;当测点在临界距离之外($r > r_c$)时,混响声大于直达声,混响的影响较大。因此,在测量时应使 $r < r_c$,但 r 太小,则近场的影响作用要增大,所以测点的距离在标准中一般都作了规定。

为了使直达声大于混响声,要求实验室满足下式条件:

$$\frac{R}{S} \geq 4 \qquad\qquad (7-20)$$

式中:R——房间常数,是描述声场物理特性的一个重要参数,室内表面积 S 越大,室内各表面平均吸声系数 $\bar{\alpha}$ 越大,则 R 值大,表示声场的吸声性能好,可以用标准声源法或计算法求得;

S——测量表面积(m^2)。

三、噪声测量方法

在实际噪声测量中,针对不同噪声测量对象。我国参照国外有关同类标准特别是ISO标准制定了我国的测量方法和标准。我国现行的测量标准有《往复式内燃机声压法声功率

级的测定　第 1 部分:工程法》(GB/T 1859.1)、《往复式内燃机声功率级的测量　第 2 部分:简易法》(GB/T 1859.2)、《往复式内燃机声功率级的测量　第 3 部分:半消声室精密法》(GB/T 1859.3)、《内燃机排气消声器测量方法》(GB/T 4759)、《汽车加速行驶车外噪声控制限值及测量方法》(GB 1495)等噪声,应在学习和正确理解标准内容的前提下,按标准规定要求认真执行。

四、关于声功率级 L_W 的测定

为了直接表示声源的强度(或声源的辐射特性)需要采用声功率级,因为它是与测量条件特别是与测量距离无关,是表征声源特性的重要参数。

声功率级可以有以下用途:

(1)对在规定环境下工作的机械,可用它来计算与其有一定距离的声压级;

(2)比较相同类型或不同类型机械的噪声源辐射强度;

(3)为低噪声机械研制提供数据。

声源声功率级尚不能直接测定。通常是在消声室内或其他特定条件下测出声压级后加以换算求得。

1. 自由声场法

在自由声场(如消声室)中声源的声功率级 L_W 为

$$L_W = \bar{L}_p + 20 \lg r + R \, (\text{dB}) \tag{7-21}$$

式中:$\bar{L}_p$——以声源为中心;

　　r——半径的球面(或半球面)上数个测点的平均声压级,dB;在测量中 r 应取得足够大,一般应大于 2 倍机器的尺寸;

　　R——常数,对于球面波 $R = 11$,对于半球面波 $R = 8$。

2. 混响声场法

把待测量的内燃机放在混响室(扩散声场)或混响时间很长的房间中,然后测量室内的平均声压级后,便可由下式求得声功率级:

$$L_W = \bar{L}_p + 10 \times \lg R - 6 \, (\text{dB}) \tag{7-22}$$

式中:R——房间常数,可用下式求得:

$$R = \frac{\overline{Aa}}{1 - \bar{a}} \tag{7-23}$$

式中:A——房间总面积(m^2);

　　$\bar{a}$——房间表面的平均吸声系数。

$$\bar{a} = \frac{A_1 a_1 + A_2 a_2 + \cdots + A_n a_n}{\sum A_i} \tag{7-24}$$

式中:A_1、A_2、$\cdots$、A_n——试验室各壁面面积(m^2);

　　a_1、a_2、$\cdots$、a_n——相应壁面无规入射吸声系数。

关于用不同材料壁面的无规入射吸声系数,可查阅有关声学和噪声控制的手册,这里从略。

3. 半混响法

在半混响声场中,房间表面既非全吸收,也不是全反射,此时其声功率级用下式计算:

$$L_W = L_p - 10 \times \lg\left(\frac{1}{4\pi r^2} + \frac{4}{R}\right)(\text{dB}) \tag{7-25}$$

式中:L_p——测点声压级值,它表示室内直达声和混响声场的合成声压级,因此高出实际值,dB;

R——房间系数。

如果是球面传播,用 $4\pi r^2$ 表示球面面积;如果是半球面传播,则式(7-25)中用 $2\pi r^2$ 代入计算。

4. 标准声源法

先后把被测声源与标准声源放在同一位置,并分别测定在距离声源中心 $r(\text{m})$ 处的半球面上的平均声压级,则被测声源的声功率级 L_W 为:

$$L_W = L_{W0} + \overline{L}_p - \overline{L}_{p0}(\text{dB}) \tag{7-26}$$

式中:L_{W0}——标准声源的声功率级,dB;

$\overline{L}_{p0}$——标准声源 r 处的平均声压级,dB;

$\overline{L}_p$——被测声源 r 处的平均声压级,dB。

5. 近场测量法

为使测量结果免遭被测声源附近反射面和本底噪声的影响,在围绕声源近场(距被测声源表面 1~2cm)选择一个与被测机器外形相似的指定面,并在该指定面上选择若干指定点,测得各点声压级并求取平均值,同时换算为参考半径上的声级。如指定面面积为 S,则参考半径 r 处的声级 L_p 为:

$$L_{p\text{参}} = \overline{L}_{p\text{指}} - 20\lg\frac{r_\text{参}}{r_\text{指}}(\text{dB}) \tag{7-27}$$

式中:$\overline{L}_{p\text{指}}$——指定平面上的平均声压级,dB;

$r_\text{指}$——指定面的等效半球半径。

$$r_\text{指} = \sqrt{S/2\pi}(\text{m}) \tag{7-28}$$

则声功率级为:

$$L_W = L_{p\text{参}} - 20\lg r_\text{参} + 8(\text{dB}) \tag{7-29}$$

第四节 噪声的危害

噪声对人的影响是一个复杂的问题,不仅与噪声性质有关,而且还与每个人的生理状态以及社会生活等多方面的因素有关。经过长期研究证明,噪声的确危害人的健康,噪声级越高,危害性就越大,即使噪声级较低,如小于80dB(A)的噪声,虽然不致直接危害人的健康,但会影响和干扰人们的正常活动。就噪声对人的生理危害和心理影响而言,大致有以下几个方面。

一、听觉疲劳或听力损伤

噪声对人最直接的危害是对听觉器官的损伤。噪声对听力的影响与噪声的强度、频率及作用的时间有关,噪声强度越大、频率越高、作用时间越长,危害就越大。噪声对听力的影响,轻者可引起暂时性听阈偏移,重者可产生噪声性听力损伤乃至噪声性耳聋。

所谓暂时性听阈偏移,就是在强烈的噪声作用下,听觉皮质层器官的毛细胞受到暂时性的伤害,而引起听阈级的暂时性的偏移。离开噪声环境到比较安静的地方经过一段时间仍会恢复到原来的听阈状态,恢复时间的长短,随噪声的声级而不同。对于低声级噪声恢复时间可以是几分钟,对于高声级噪声则往往需要两三个星期。听阈偏移决定于噪声级、噪声特性、暴露时间以及各人对噪声的敏感性。听觉灵敏度最大改变率是在 3 000 ~ 6 000Hz 的范围,低于和高于这一范围的频率改变得稍少一些。大量试验数据表明,强噪声环境下工作人员听阈最明显的偏移是在 4 000Hz 左右。长期暴露在噪声环境下时,暂时性的听阈偏移可能转化为永久性的听阈偏移,再也不能恢复正常的听阈能力,此时就称为听力损失。

关于噪声性耳聋的划分,目前国内外尚无统一的标准,一般以 500、1 000、2 000Hz 三个频率的平均听力损失超过 25dB(A) 时,就认为是噪声性耳聋。此时就影响人的工作能力和活动能力。根据国外统计,在不同噪声级下长期工作,其后果见表 7-8。ISO 统计和美国统计虽有出入,但相差不远。从表中数字看出,80dB(A) 以下不至于引起噪声性耳聋,但 95dB(A) 就比较严重了。

工作 40 年后噪声性耳聋发病率 表 7-8

噪声级 dB(A)	国际统计 ISO(以百分数计)	美国统计(以百分数计)
80	0	0
85	10	8
90	21	18
95	29	28
100	41	40

噪声性耳聋通常按听力损失的分贝数分级,一般小于 25dB 时属于正常状况;大于 25dB(A) 为轻度噪声性耳聋,听轻声谈话略有障碍;在 40 ~ 45dB 之间为中度噪声性耳聋,听正常谈话、听收音机等感觉困难;在 55 ~ 70dB 之间属于高度噪声性听力损伤,大声讲话也听不清楚;70dB 以上为重度噪声性耳聋,此时已听不到谈话声音。

另外,特别高的噪声级还会引起人耳的外伤,高于 130dB 的声音,不仅使听阈偏移不能恢复,甚至使耳膜击穿而出血,使双耳完全失去听觉能力,所以高于 130dB 的声音即使是暴露很短时间也应避免。

二、噪声影响人体健康

强烈的噪声对人的生理刺激是诱发某些疾病,影响人体健康的一个原因,除了特别强烈的噪声能引起精神失常、休克乃至危及生命外,由噪声诱发的疾病主要表现在神经、心脏、消化系统会产生一系列不良反应。对神经系统的影响,主要表现为头晕、头胀、头痛、失眠、神经过敏、惊慌、记忆力下降、注意力不集中;对心脏系统的影响,主要表现为心跳过速、高血压、冠心病等;对消化系统的影响主要表面在消化不良、闻声呕吐等方面。

三、噪声干扰谈话和通话

通常,人们正常谈话时的声压级一般为 60 ~ 70dB。若环境噪声高于谈话声,谈话就要被干扰,以致听不清对方谈话内容。同样,打电话时的环境噪声在 60dB 时可以听清楚对方的所说内容,噪声超过 70dB 后就无法使用电话。不同噪声的干扰程度见表 7-9。由表可以看出,在开会、讲课、听广播、看电视等与语言有关的活动中,45dB 以下的环境噪声对人影响很小,超过 65dB 就比较严重了。

噪声对谈话、使用电话的干扰程度

表 7-9

噪声声压级 dB(A)	能正常交谈的最大距离(m)	电话通话质量
45	10	很好
55	3.5	好
65	1.2	较困难
75	0.3	困难
85	0.1	不可能

四、噪声影响人们的工作和正常生活

在噪声影响下,人们不容易集中精力工作,尤其对脑力劳动者,常常由于噪声打断思路,反应迟钝,因而会大大降低工作效率。对某些要求注意力高度集中的工种(如汽车驾驶员、文字校对者等),不仅影响工作进度,而且降低工作质量,容易出现差错和引起事故。

噪声还会影响人们的睡眠质量和时间,当睡眠受到噪声干扰后,工作效率和健康都会受到影响,40dB 的连续噪声,可使 10% 的人睡眠受到影响,70dB 影响 50%,而 40dB 突发噪声可使 10% 的人惊醒,60dB 时可使 70% 的人惊醒。

人们的正常生活(休息、睡眠、社交活动等)需要一个比较安静的环境,这是不言而喻的。但是,在城市中,由于建筑密集、道路狭窄、工厂与居民区混杂、交通繁忙等,致使工厂噪声、交通噪声及日常生活噪声混杂在一起,使环境噪声达到相当高的数值。

我国 47 个城市噪声调查资料表明,白天平均声级为 59dB(A),夜间为 49dB(A),道路交通噪声绝大部分超过 70dB(A),平均达 74dB(A),城市人口 2/3 暴露在较高的噪声环境之下,城市居民有近 30% 在难以忍受的噪声环境中生活。

第五节　噪声的控制标准

一、保护听力的容许标准

在高噪声环境中,人耳长期感受高的噪声级之后会使听力受到损伤,从暂时性听阈偏移逐渐演变为永久性听阀偏移,由噪声而产生的永久性听阈偏移,当听力损失大于 25dB 时,称为噪声性耳聋,这种永久性听阈偏移是随着暴露于噪声中的时间延长而逐渐发展的。图 7-17 给出了由噪声诱发听力损失的发展情况,由图可见,在开始暴露噪声的短期内,听力损失先在 4 000Hz 左右有一定程度的降低,随着暴露时间的延长,频率范围逐渐扩大,尤其在 2 000~4 000Hz 之间降低得特别多。图中最下面的一条曲线为暴露时间 35~39 年的统计值,此时,中、低频的听力损失不到 20dB,而 2 000~4 000Hz 的听力损失可达 50dB 以上。

为了清楚地反映噪声级、工龄与产生噪声性耳聋的危险率之间的关系,国际标准化组织曾经公布过一份详细的统计资料,如图 7-18 所示。图中的纵坐标为引起耳聋的危险率,它是听力损失受害者(包括噪声性耳聋者)与听力因自然原因而衰减者的百分数之差值。这

一统计资料认为噪声级低于80dB（A）时,听力损失主要是自然原因造成的。由图可见:危险率随着噪声等效连续A声级的增加而增加;噪声越高,危险率随工龄的增长速度也越快;在不同噪声级下,危险率随着工龄的增长达到一最高值,以后又逐渐下降。根据这一统计资料,可以提出保护听力的容许噪声标准。如将危险率定为10%,则可看出,容许标准为85dB（A）,在整个工龄期间都是比较安全的。也就是说,若将听力保护的噪声标准定为85dB（A）,则在整个工龄期间,因噪声诱发的耳聋危险率不会超过10%。若规定为90dB（A）,则危险率的最高值要超过20%。由此可见,为了保护听力,噪声容许标准不应超过90dB（A）,这是目前国际上比较一致的认识,许多国家在这一方面的标准均为90dB（A）。表7-10所示为一些国家的听力保护容许标准。

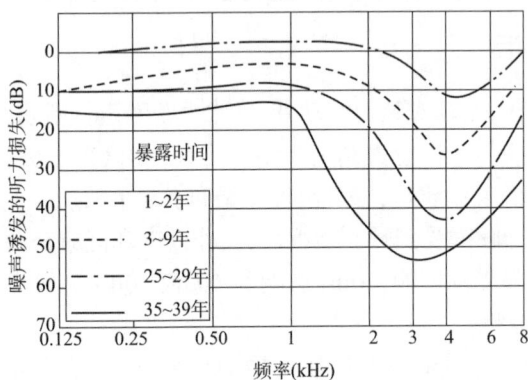

图7-17 噪声诱发听力损失的发展情况

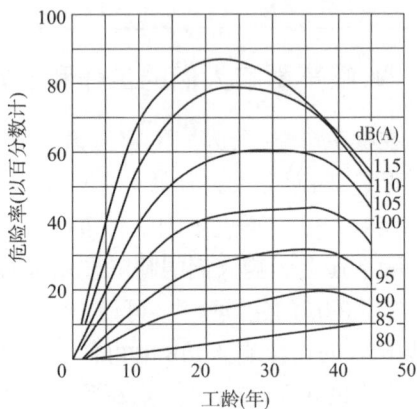

图7-18 产生噪声性耳聋的危险率与噪声级工龄的关系

一些国家的听力保护容许标准　　　　　　　　　　　表7-10

国　　别	稳态噪声声压级 dB（A）	暴露时间 （h）	最高限度 dB （A）	脉冲声声压级峰值 dB	减半率 dB （A）
中国	90	8	—	—	—
德国	90	8	—	—	—
法国	90	40	—	—	—
英国	90	8	135	150	3
美国	90	8	115	140	5
加拿大	90	8	115	140	5

二、机动车辆噪声标准和城市区域环境噪声标准

机动车辆噪声标准,是控制城市环境噪声的一个重要基础标准。世界上已有几十个国家颁布了机动车辆标准。这不仅作为一种产品质量标准,为车辆的研究、设计和制造提供了噪声控制指标,而且也是城市机动车辆管理、监测的依据。

随着机动车拥有量的增加,交通噪声已成为影响城市环境的主要公害之一,为了提高我国汽车的设计、制造水平和控制城市环境交通噪声污染,国家环保局分别制定颁布了控制汽车辆噪声的标准(表7-11)和控制城市区域环境噪声的标准(表7-12)。

汽车分类		噪声限值[dB(A)]	
		第三阶段	第四阶段
		2020 年 7 月 1 日—2023 年 6 月 30 日期间生产的汽车	2023 年 7 月 1 日以后 生产的汽车
M₁	GVM≤2.5t	72	71
	GVM>2.5t	73	72
M₂	GVM≤3.5t	74	73
	GVM>3.5t	76	75
M₃	GVM≤7.5t	78	77
	7.5t<GVM≤12t	80	79
	GVM>12t	81	80
N₁	GVM≤2.5t	73	72
	GVM>2.5t	74	73
N₂	GVM≤7.5t	78	77
	GVM>7.5t	79	78
N₃	GVM≤17t	81	80
	GVM>17t	82	81

城市各类区域声环境质量标准(GB 3096—2008)　　表 7-12

类　别	昼间 dB(A)	夜间 dB(A)
0	50	40
1	55	45
2	60	50
3	65	55
4	70	55~60

注:0 类标准适用于疗养区、高级别墅区、高级宾馆区等特别需要安静的区域。1 类标准适用于以居住、文教机关为主的区域。2 类标准适用于居住、商业、工业混杂区。3 类标准适用于工业区。4 类标准适用于城市中的道路交通干线道路两侧区域,穿越城区的内河航道两侧区域。

　　由表 7-11 和表 7-12 可以看出,交通干线两侧的噪声不得大于 70dB(A),而机动车的噪声标准都在 72dB(A)以上,因此,必须采取一系列的控制措施,才能保证城市街道两侧环境噪声符合国家《声环境质量标准》(GB 3096—2008)的要求。

第八章 汽车噪声及其控制

随着汽车工业和交通运输业的发展,汽车拥有量的日益增加,汽车噪声污染问题越来越突出。各种调查和测量结果表明,汽车噪声是目前城市环境中最主要的噪声源。因此,降低汽车本身的噪声是减少城市环境噪声最根本的途径。

第一节 汽车噪声污染源及特征

一、汽车噪声源

汽车是一个包括各种不同性质噪声的综合噪声源,由于汽车上的噪声源没有一个是完全封闭的,因此汽车整车所辐射的噪声就取决于各声源的声压级、特性和它们之间的相互作用。因此,描述噪声时,除了用声压级外,还要考虑其频谱特性。图 8-1 给出了各种汽车加速行驶的频谱图,由图可见,汽车加速行驶噪声是宽频带噪声,中低频段声压级较高,主要是因为各声源(如进、排气噪声)的中、低频有较高的声压级。各车型相比,重型货车的噪声频谱曲线较平坦,且高频段声压级较高,一般要比小客车和轻型货车高出 8～12dB。

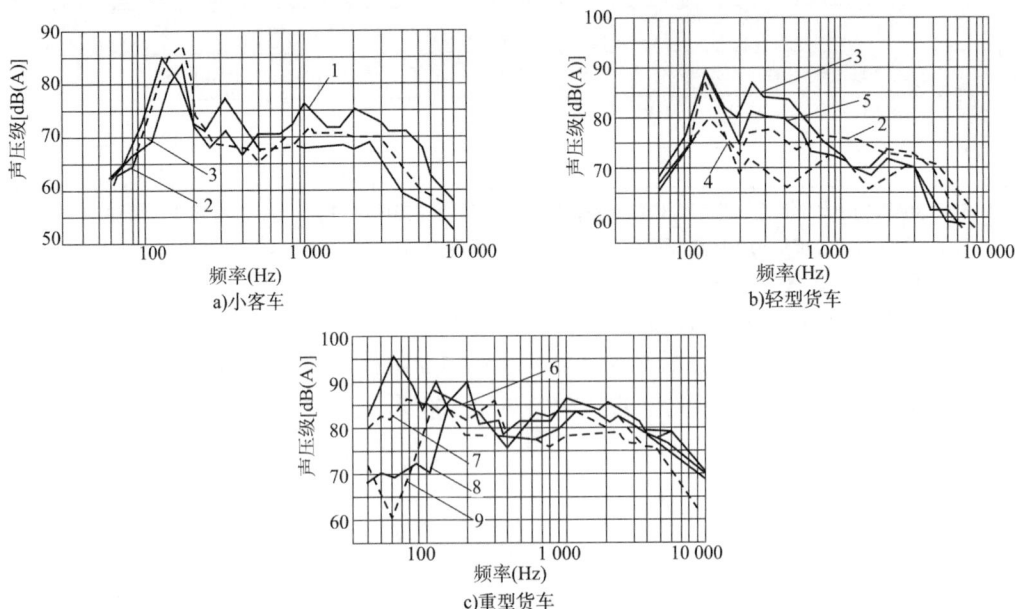

图 8-1 汽车加速行驶的噪声频谱

1-排量 1.1L;2-排量 1.5L;3-排量 1.7L;4-排量 2.3L;5-排量 2.4L;6-直列 6 缸排量 8L;7-V 形 8 缸排量 8L;8-V 形 8 缸排量 13L;9-直列 6 缸排量 6L

二、汽车噪声的影响因素

1.汽车运行参数影响汽车噪声

对汽车噪声有较大影响的行驶参数主要有发动机转速、变速器所处挡位、汽车行驶速度和装载质量等。

发动机转速增加,其机械噪声和空气动力噪声均大幅度上升,从而使整车噪声直线上升,如图 8-2 所示。发动机转速增加 1 倍,噪声级升高 9～11dB。

汽车噪声与车速的关系如图 8-3 所示,当汽车行驶速度增加时,其噪声亦会随之直线上升。大量试验统计表明,汽车行驶速度增加 1 倍,整车噪声上升 9～12dB。由图可见,小客车噪声随车速增加较多,而重型货车噪声随车速增加得略少些。结合发动机转速对整车噪声的影响可以发现,汽车行驶速度增加之所以使噪声增加的主要原因是,发动机转速增高以及轮胎噪声随

图 8-2　发动机转速与噪声的关系
1-排量 2.5L;2-排量 2.2L;3-排量 1.7L;4-排量 1.5L

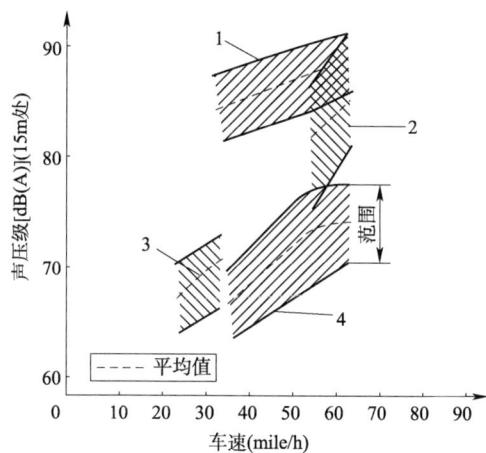

车速而升高。汽车噪声的频率构成也与汽车行驶速度有关,图 8-4 所示的某柴油车行驶速度与频率构成的关系可见,车速增加时,汽车低频噪声变化较小,而高频噪声却有较大幅度增长。

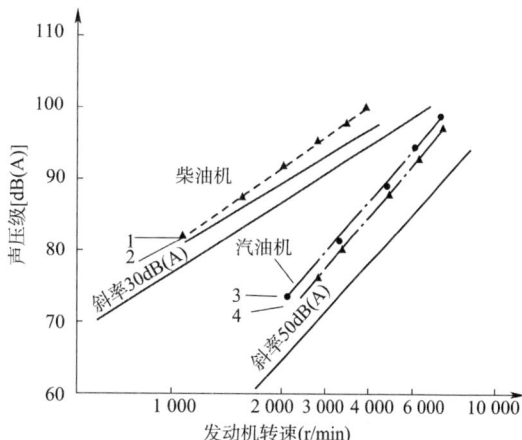

图 8-3　汽车噪声与行驶速度的关系
1-重型货车;2-大型客车;3-轻型货车;4-小客车

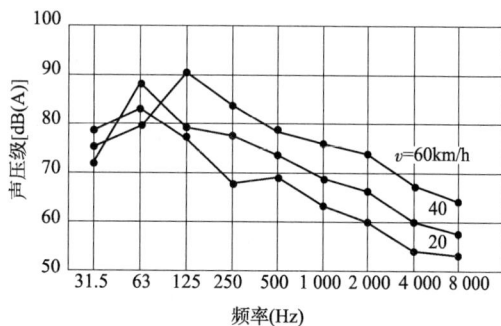

图 8-4　大型柴油车噪声频率构成与车速的
关系(水泥路面)

汽车噪声还与变速器所处挡位及汽车加速度有关。在汽车行驶速度一定的情况下,变速器处于低挡时,发动机转速较高,则汽车噪声较大。在相同挡位下,汽车加速度不同时,汽车噪声有一定变化。图 8-5 显示了某轿车在不同挡位和加速度条件下整车噪声随车速的变化情况,显然,在低速和起动时,汽车噪声随加速度的变化更明显。

载质量对汽车噪声影响相对较小。图 8-6 所示为 EQ140 汽车重载和空载条件下匀

速行驶噪声和滑行噪声与车速的关系,汽车重载行驶噪声要比空载高出 2~3dB,滑行时重载比空载噪声要高出 2~3dB。载质量使整车噪声增加的原因主要是轮胎噪声的增大。当然,载质量增加,还会使发动机负荷增大,发动机噪声也有所增加,导致总噪声稍有增加。

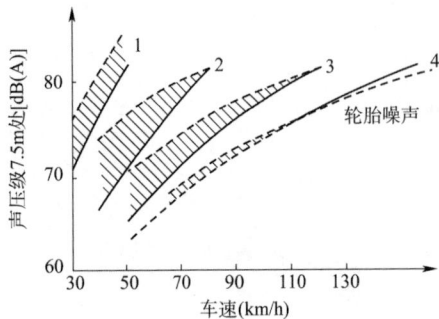

图 8-5　轿车在不同挡位和加速时的噪声
1-1 挡;2-2 挡;3-3 挡;4-4 挡

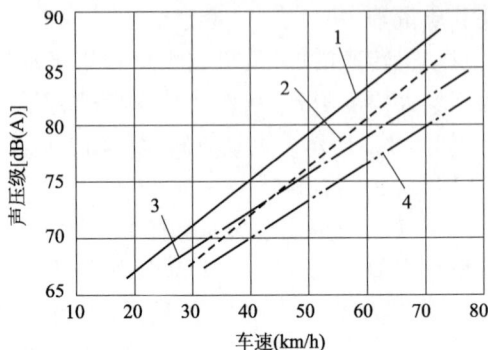

图 8-6　东风 EQ140 汽车噪声与载质量的关系
1-重载匀速;2-空载匀速;3-重载滑行;4-空载滑行

与匀速行驶噪声相比,汽车加速行驶噪声一般较高。因此,当今世界上大多数实施汽车噪声限制的国家,都把加速噪声作为衡量汽车噪声的重要指标之一。

2. 汽车技术水平影响各噪声源辐射噪声的大小

汽车行驶时的噪声是由很多性质和声压级不同的声源综合作用而构成的,它们互相关联,较小的噪声源被更大的噪声源所掩盖,因此很难彻底从行驶噪声中分离各个声源。在此,只能对汽车的几个主要噪声源所占整车噪声的比例进行定性讨论。图 8-7 和图 8-8 分别是国产和进口货车加速行驶时车外噪声声源分解图。由图 8-7 可见,国产汽车在加速行驶时,排气噪声对车外加速噪声贡献最大,其次是发动机风扇噪声,而作为底盘噪声的传动系噪声和轮胎噪声则相对较小。因此,降低国产汽车的加速噪声应优先考虑降低排气系统噪声和冷却风扇噪声。进口的日本货车发动机的机械噪声和燃烧噪声在其车外总加速噪声中所占比例最高,排气噪声次之,轮胎噪声最小。这两个实例说明,汽车各噪声源所占车辆总噪声的比例是因车而异的,当噪声较大的声源得到治理而降低噪声级水平后,原来所占比例较小的声源会上升到主导地位。

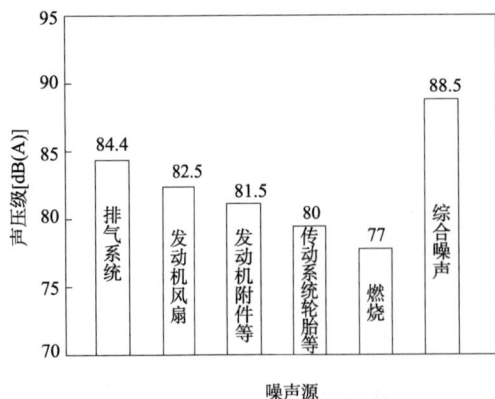

图 8-7　国产中型货车加速行驶车外噪声声源分解图

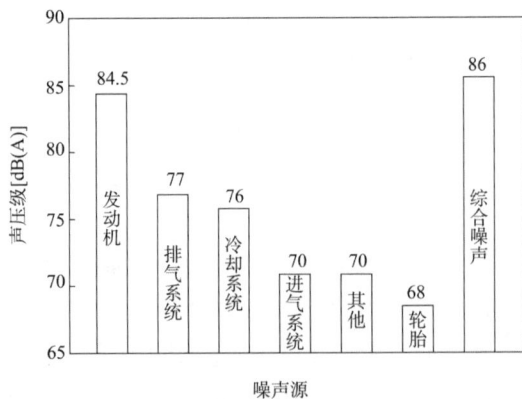

图 8-8　日本中型货车加速行驶车外噪声声源分解图

第二节　汽车发动机噪声及控制

发动机是汽车的主要噪声源。我国轿车车外加速噪声中,发动机噪声约占55%;大、中型汽车车外加速噪声中,发动机噪声约占65%。随着汽车噪声标准的提高,发动机噪声问题显得日益突出,国内外都非常重视降低汽车发动机噪声。如日本大型汽车的发动机噪声已降到仅占车外总噪声的30%。由此可见,为了降低我国汽车噪声总水平,首先应以控制发动机噪声为主要目标。

一、发动机噪声的分类及评价

按照噪声辐射的方式,可将汽车发动机的噪声分为直接向大气辐射的和通过发动机表面向外辐射的两大类。直接向大气辐射的噪声源有进、排气噪声和风扇噪声,它们都是由气流振动而产生的空气动力噪声。发动机内部的燃烧过程和结构振动所产生的噪声,是通过发动机外表面以及与发动机外表面刚性连接的零件的振动向大气辐射的,因此称为发动机表面辐射噪声。

根据发动机噪声产生的机理,又可分为燃烧噪声和机械噪声。

燃烧噪声的发生机理相当复杂,主要是由于汽缸内周期性变化的压力作用而产生的,与发动机的燃烧方式和燃烧速度密切相关。机械噪声是发动机工作时各运动件之间及运动件与固定件之间作用的周期性变化的力所引起的,它与激发力的大小和发动机结构动态特性等因素有关。

一般说来,在低转速时,燃烧噪声占主导地位;在高转速时,由于机械结构的冲击振动加剧而使机械噪声上升到主导地位。实际上很难将燃烧噪声与机械噪声区分开,因为它们之间有着密切的联系,燃烧噪声的大小对机械噪声有影响,严格地说,机械噪声也是发动机汽缸内燃料燃烧间接激发的噪声。但为了研究方便,把汽缸内燃烧所形成的压力振动并通过缸盖和活塞→连杆→曲轴→缸体的途径向外辐射的噪声叫燃烧噪声;把活塞对缸套的敲击,正时齿轮、配气机构、喷油系统等运动机械撞击所产生的振动激发的噪声称为机械噪声。因此,发动机噪声的基本组成如图8-9所示。

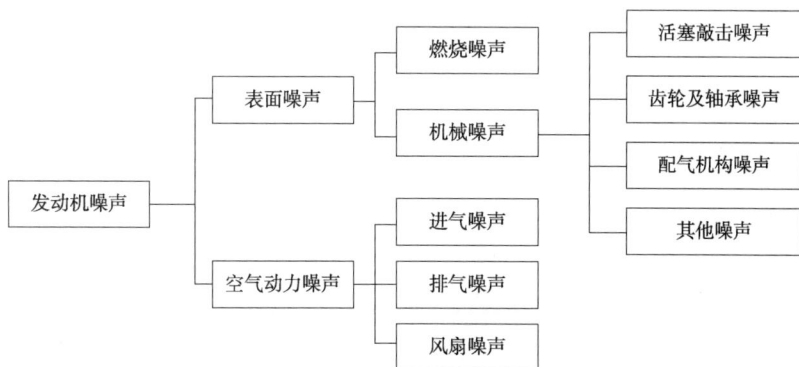

图8-9　发动机噪声的分类

对于发动机噪声的评价,除考虑其辐射噪声能量总水平外,还应考虑噪声级及其随发动机工作状态的变化,发动机周围空间各点噪声级的分布状态,空间各点的噪声频谱以及发动机工作过程各阶段的瞬时声压级。通过这些信息,不但可以比较和评价发动机辐射噪声的大小,还可以深入研究辐射声能在频域上的分布情况,判断发动机工作循环中辐射噪声最大的阶段,以便分析高噪声产生的原因,提出噪声控制措施并比较和评价这些措施的有效性和经济上的合理性。

二、燃烧噪声及其控制

1.燃烧噪声的产生及特点

汽油机正常工作时,燃烧柔和,噪声比较小,但当发生爆燃和表面点火等不正常燃烧时,将产生较大的噪声。其主要是 4 000～6 000Hz 的高频爆震声和 500～2 000Hz 的工作粗爆声;其声压级与转速之间的关系为:

$$L_p = 50 \times \lg n + K_g \tag{8-1}$$

式中:n——汽油机转速;

K_g——汽油机固有常数。

柴油机燃烧噪声在发动机噪声中占有相当大的比重,其主要为频率为 1 000Hz 以上的高频噪声,一般比汽油机高出 6～8dB。因此这里主要讨论柴油机的燃烧噪声。因为柴油机的燃烧过程直接影响这种噪声的产生及强弱,因此我们从柴油机燃烧过程的 4 个阶段来分析其噪声的产生和特点。

在滞燃期内燃料并未燃烧,汽缸中的压力和温度变化都很小,对噪声的直接影响甚微,但滞燃期对燃烧过程的进展有很大影响,因此对发动机燃烧噪声起着间接的影响作用。

在速燃期内燃料迅速燃烧,汽缸内压力迅速增加,直接影响发动机的振动和噪声。影响速燃期内压力增长率的主要因素是着火延迟期的长短和供油规律。着火延迟期越长,在此期间喷入汽缸的燃料越多,压力增长率就越高,意味着柴油机的冲击载荷越大,使柴油机内零件敲击严重,从而增加了柴油机的结构振动和所辐射的噪声。

缓燃期,汽缸内压力有所增长,但增长率较小,因此能激发起一定程度的燃烧噪声,但对噪声的影响不显著。

在补燃期,因活塞下行且绝大多数燃料已在前两个时期内燃烧完毕,所以对燃烧噪声影响不大。

综上所述,燃烧过程所激发的噪声主要集中在速燃期,其次是缓燃期。燃烧噪声主要表现在两个方面,一是由汽缸压力急剧变化引起的动力负荷产生振动和噪声,其频率相当于各传声零件的自振频率,二是由汽缸内气体的冲击波引起的高频振动和噪声,其频率为汽缸内气体的自振频率。

柴油机燃烧噪声的声压级与转速之间的关系为:

$$L_p = 30 \times \lg n + K_d \tag{8-2}$$

式中:K_d——柴油机固有常数。

燃烧噪声与发动机燃烧过程有直接的关系,而燃烧过程又与燃料的性质、压缩比、供油系统的各参数(如供油提前角、供油规律,喷油器孔径、孔数及喷油压力)、发动机的结构类型(如风冷、水冷)、燃烧室形状(如 ω 形、盆形、球形、涡流室及预燃室)、发动机进气状态(如进气温度、压力)及发动机运转工况和技术状况等各种因素均有密切关系。因此控制燃烧噪声应从改善燃烧过程出发。

2.燃烧噪声的控制

汽油机控制燃烧噪声主要是通过根据压缩比选择合适牌号的燃油;适当推迟点火提前

角;及时清除燃烧室积炭来抑制爆燃和表面点火现象的产生,即可抑制噪声。

控制柴油机燃烧噪声的根本措施是降低燃烧时的压力增长率。由于压力增长率取决于着火延迟期和着火延迟期内形成的可燃混合气的数量和质量,因此可以通过选用十六烷值高的燃料,合理组织喷射和选用低噪燃烧室实现。具体措施如下:

(1)适当延迟喷油定时。

由于汽缸内压缩温度和压力是随曲轴转角变化的,喷油时间的早晚对于着火延迟期长短的影响通过压缩压力和温度而起作用。如果喷油早,则燃料进入汽缸时的空气温度和压力低,着火延迟期变长,反之,适当推迟喷油时间可使着火延迟期缩短,燃烧噪声减小。但喷油过迟,燃料进入汽缸时的空气温度和压力反而变低,从而又使着火延迟期延长,燃烧噪声增大。如单从降低噪声的角度来讲,希望适当推迟喷油时间,即减小喷油提前角,但喷油正时延迟将影响柴油机的动力性和经济性。

(2)改进燃烧室结构形状。

燃烧室的结构形状与混合气的形成和燃烧有密切关系,不但直接影响柴油机的性能,而且影响着火延迟期、压力升高率,从而影响燃烧噪声。根据混合气的形成及燃烧室结构的特点,柴油机的燃烧室可分为直喷式和预燃式两大类。

在其他条件相同的情况下,直喷式燃烧室中的球形和斜置圆桶形燃烧室的燃烧噪声最低,预燃式燃烧室的燃烧噪声一般也较低;但 ω 形直喷式燃烧室和浅盆形直喷式燃烧室的燃烧噪声最大。试验表明,若用球形燃烧室代替 ω 形燃烧室,可使柴油机的总噪声降低3~6dB。

(3)提高废气再循环率和进气节流。

提高废气再循环率就可减小燃烧率,使发动机获得平稳的运转,因此,对降低燃烧噪声有明显的作用。其中:

$$废气再循环率 = \frac{参与废气再循环气体流量}{吸入空气量 + 参与废气再循环气体流量} \times 100$$

而进气节流可使气缸内的压力降低和着火时间推迟,因此,进气节流不但能降低噪声,同时对减少柴油机所特有的角速度波动和横向摆振也很有作用。

(4)采用增压技术。

增压后进入汽缸的空气密度增加,从而使压缩终了时汽缸内的温度和压力增高,改善了混合气的着火条件,使着火延迟期缩短。增压压力越高,着火延迟期越短,使压力升高率越小,从而可降低燃烧噪声。大量试验证明,增压可使直喷式柴油机燃烧噪声降低2~3dB。

(5)提高压缩比。

提高压缩比可以提高压缩终了的温度和压力,使燃料着火的物理、化学准备阶段得以改善,从而缩短着火延迟期,降低压力升高率,使燃烧噪声降低。但压缩比增大使汽缸内压力增加,导致活塞敲击声增大,因此,提高压缩比不会使发动机的总噪声有很大降低。

(6)改善燃油品质。

燃油品质不同,喷入燃烧室后所进行着火前的物理、化学准备过程就不同,从而导致着火延迟时间不同。十六烷值高的燃料着火延迟期较短,压力升高率低,燃烧过程柔和。因此,为了降低燃烧噪声,应选用十六烷值较高的燃油。

降低燃烧噪声,除采取上述措施改进燃烧过程外,还应在燃烧激发力的辐射和传播途径上采取措施,增强发动机结构对燃烧噪声的衰减,尤其是对中、高频成分的衰减。措施有:提高机体及缸套的刚性,采用隔振隔声措施,减少活塞、曲柄连杆机构各部分的间隙,增加油膜厚度,在保持功率不变的条件下采用较小的汽缸直径,增加缸数或采用较大的 S/D 值,改变薄壁零件(如油底壳等)的材料和附加阻尼等。

三、空气动力噪声及其控制

汽车发动机空气动力噪声主要包括进气噪声、排气噪声和风扇噪声。主要是由于气流扰动及气流与其他物体相互作用而产生的。是发动机的主要噪声源,也是易于采取降噪措施的对象。

1. 进气噪声及其控制

进气门周期性开闭引起进气管道内压力起伏变化,从而形成的空气动力噪声,是仅次于排气噪声的发动机主要噪声源。

当进气阀开启时,活塞由上止点下行吸气,其速度由零突变到最大值25m/s左右,气体分子必然以同样的速度运动,这样在进气管内就会产生一个压力脉冲,从而形成强烈的脉冲噪声。另一方面,在进气过程中气流高速流过进气门流通截面,会形成强烈的涡流噪声,其主要频率成分在 1 000 ~ 2 000Hz 范围内。

当进气阀突然关闭时,必然引起进气管内空气压力和速度的波动,这种波动由气门处以压缩波和稀疏波的形式沿管道向远方传播,并在管道开口端和关闭的气门之间产生多次反射,在此期间进气管内的气流柱由于振动会产生一定的波动噪声。

进气噪声的大小与进气方式,进气门结构,缸径及凸轮线形设计等有关。同一台发动机进气噪声受发动机转速影响较大,与转速的关系为:

$$L_p = 45 \times \lg n + K \tag{8-3}$$

式中:K——与进气系统有关的常数。

如图8-10所示,发动机转速增加1倍时,进气噪声可增加 13 ~ 14dB,其原因在于,转速增高使进气管内的气流速度增加,加剧了气体涡流、脉冲和波动。控制进气噪声,一方面设计合适的空气滤清器,在允许的情况下,尽量加大空气滤清器的长度或断面,以增大容积,并保持空气滤清器清洁;另一方面在进气系统设置进气消声器。为了既满足进气和滤清的要求,又满足降低噪声的要求,通常将进气消声器和空气滤清器设计结合起来考虑。对于噪声指标要求较严的客车,往往需要另加进气消声器。非增压柴油机的进气消声器可采用抗性扩张室或共振式消声器,也可采用阻抗复合式消声器。对于涡轮增压柴油机的进气噪声,因其含有明显的高频特性,所以应选阻性消声器或阻抗复合式消声器。

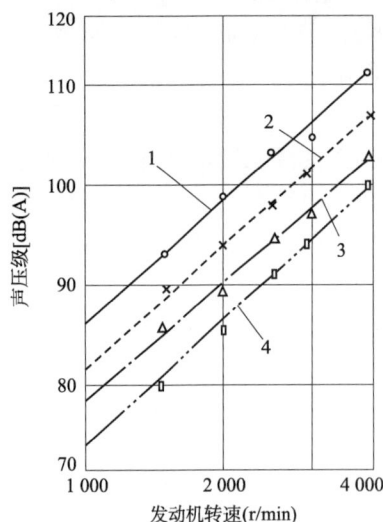

图 8-10　进气噪声与转速的关系

1-不带进气歧管;2-带进气歧管;3-安装小容积进气消声器;4-安装大容积进气消声器

2. 排气噪声及其控制

(1)排气噪声。

排气噪声是发动机最主要的噪声源,往往比发动机本体噪声高出 10 ~ 15dB。当发动机的排气门突然开启后,废气会以很高的速度冲出,经排气管冲入大气,整个排气过程表现为一个十分复杂的不稳定过程。在此过程中,必然产生强烈的排气噪声,其中以废气通过排气门时产生的涡流噪声最强烈。排气噪声的基频是发动机的发火频率,在整个排气噪声频谱中呈现出基频及其高次谐波的延伸。

发动机排气噪声的频率可按下式进行计算:

$$f_i = \frac{ni}{60\tau}k \tag{8-4}$$

式中:k——谐波次数;

$\quad i$——汽缸数;

$\quad n$——发动机曲轴转速(r/min);

$\quad \tau$——冲程系数,二冲程发动机取 $\tau = 1$,四冲程发动机取 $\tau = 2$。

图8-11是某中型汽车汽油发动机的排气噪声倍频谱,在基频处取得最大值噪声级,$K > 2$ 的高次谐波噪声级都较低。

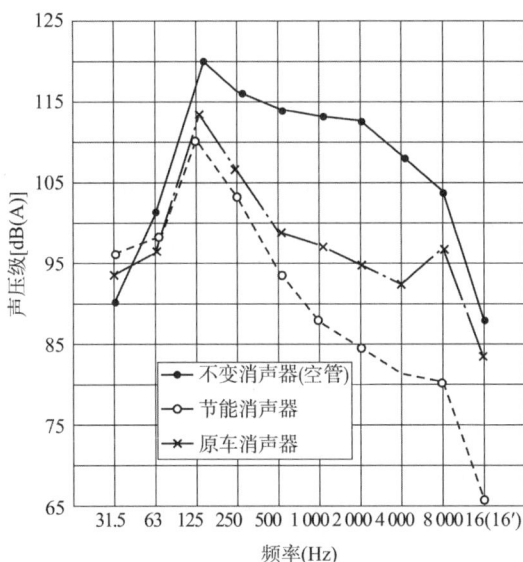

图8-11 中型汽车发动机额定工况排气噪声频谱

因此,排气噪声归结为:①周期性排气噪声,气门开启时,气流急速流出,压力剧变,而产生的压力波;②涡流噪声,高速气流流经排气门和排气管时产生涡流;③空气柱共鸣噪声,排气系统中空气柱在周期性排气噪声激发下产生共鸣。此外还包括废气喷柱和冲击噪声。

在同等条件下,柴油机的排气噪声比汽油机大,二冲程发动机比四冲程发动机排气噪声大。

发动机排气噪声呈明显的低频特性,噪声级的大小与发动机功率、排量、转速、平均有效压力以及排气口形状、尺寸等因素有直接关系。大量试验表明,排气噪声随排量、转速,功率、平均有效压力的增加而提高。

对同一发动机来说,影响排气噪声最重要的因素是发动机转速及负荷。发动机转速增加1倍,空负荷排气噪声增加 $10 \sim 14$dB,而全负荷排气噪声仅增加 $5 \sim 9$dB。综合大量的试验数据可得出排气噪声级 L_p 与发动机转速、平均有效压力和排量的关系如下。

四冲程柴油机:

$$L_p = 28 \times \lg n + 20 \times \lg p_{me} + 15 \times \lg V_H + K_1 \tag{8-5}$$

四冲程汽油机：

$$L_{\mathrm{p}} = 25 \times \lg n + 20 \times \lg p_{\mathrm{me}} + 13 \times \lg V_{\mathrm{H}} + K_2 \qquad (8\text{-}6)$$

式中：n——发动机转速，r/min；

　　p_{me}——平均有效压力，100kPa；

　　V_{H}——发动机排量，L；

　K_1、K_2——与发动机结构有关的常数。

（2）对发动机排气噪声的控制。

对发动机噪声的控制可以从以下两个方面采取措施。

一方面可以对噪声源采取措施，这需要从排气噪声的发生机理分析入手，采取相应对策。在不降低发动机性能、不对排气系统做大改动情况下，改进排气歧管的布置，使吹过管口的气流方向与管的轴线方向夹角保持在最不易发生共振的角度范围内；合理设计各歧管的长度，使管的声共振频率错开；使各排气歧管管口及各管之间连接处都有较大的过渡圆角，减小断面突变，避免管口的尖锐边缘，以减弱声共振作用；降低排气门杆、气门、歧管和排气管内壁面的表面粗糙度，以减小紊流附面层中的涡流强度；在保证排气门刚度和强度的条件下，尽可能减小排气门杆直径等。

另一方面的措施是采用排气消声器和减小由排气歧管传来的结构振动。排气消声器是普遍采用的最有效的降噪措施。为了控制排气歧管传递的结构振动，可改进排气歧管结构以获得适宜的振动传递特性，或对排气歧管采取隔振措施，均可起到控制振动、降低噪声的目的。

（3）汽车消声器。

汽车消声器，主要用于降低机动车的发动机工作时产生的噪声，其工作原理是汽车排气管由两个长度不同的管道构成，这两个管道先分开再交汇，由于这两个管道的长度差值等于汽车所发出的声波的波长的一半，使得两列声波在叠加时发生干涉相互抵消而减弱声强，使传过来的声音减小，从而达到消声的效果。

消声器按消声机理的不同，可分为阻性消声器、抗性消声器和阻抗复合式消声器 3 大类。

①阻性消声器。主要利用吸声材料增大声阻来消声。把吸声材料固定在气流通道的内壁上或按照一定方式在管道中排列，就构成了阻性消声器当声波进入阻性消声器时，一部分声能在多孔材料的空隙中摩擦而转化成热能耗散掉，使通过消声器的声波减弱。阻性消声器具有良好的中、高频消声效果。

②抗性消声器。是由突变界面的管和室组合而成的，类似于一个声学滤波器，每一个带管的小室都有自己的固有频率。当包含有各种频率成分的声波进入第一个短管时，只有在第一个网孔固有频率附近的某些频率的声波才能通过网孔到达第二个短管口，而另外一些频率的声波则不可能通过网孔。只能在小室中来回反射，从而达到消声的目的。这类消声器对中、低频消声效果良好，因而在汽车拖拉机中应用较普遍。

③阻抗复合式消声器。是把阻性结构和抗性结构按照一定的方式组合起来一种消声器，它综合了上述两种的特点，兼有阻性和抗生的作用，消声频带宽，主要用于声级很高的低、中频宽带消声。

实用的汽车排气消声器一般为多个扩张腔用穿孔管和穿孔板连接而成的多级消声器，级数越多消声量越大，且高频消声效果就越好。但消声量并不随级数增加而按比例增加，五级以上时,再增加级数消声量增加就微小了,故一般消声器的级数都在 2 ~ 5 级内选取。例如,大型汽车消声器多选 2 ~ 4 级,内部结构采用扩张和穿孔结构相结合;中型货车消声器基本上是 3 ~ 4 级,内部结构比较复杂,有穿孔管结构、旁支共振腔结构和扩张腔结构等;轻型汽车消声器则基本上采用四级或五级,其内部结构更加复杂。

图 8-12 是几种扩张式汽车排气消声器结构示意图。其消声原理主要表现在两个方面:一是利用管道的截面突变引起声阻抗变化,使沿管道传播的声波朝声源方向反射回去;二是通过改变扩张室和内接管长度,使前进的声波与管子不同界面上的反射波之间的相位相差 180°,发生干涉而相互抵消,从而达到消声的目的。

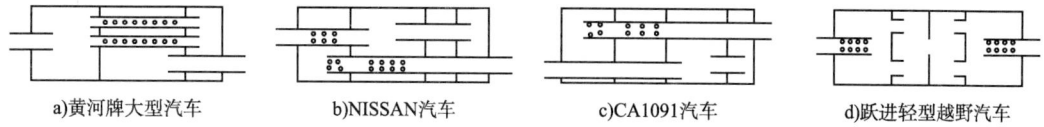

| a)黄河牌大型汽车 | b)NISSAN汽车 | c)CA1091汽车 | d)跃进轻型越野汽车 |

图 8-12　扩张式汽车排气消声器结构

3. 风扇噪声及其控制

风扇噪声由旋转噪声和涡流噪声组成。

旋转噪声又叫叶片噪声,是由于旋转着的叶片周期性地切割空气,引起空气的压力脉动而产生的,其基频为:

$$f_1 = \frac{nZ}{60} \qquad (8-7)$$

式中:n——风扇转速,r/min;

　　Z——叶片数。

除基频外,其高次谐波有时也较突出。

风扇转动时使周围气体产生涡流。此涡流由于黏滞力的作用又分裂成一系列分离的小涡流。这些涡流及其分裂过程使空气发生扰动,形成压缩与稀疏过程,从而产生涡流噪声。它一般是宽频带噪声,主要峰值频率为:

$$f_{max} = k\frac{v}{d} \qquad (8-8)$$

式中:v——风扇圆周速度,m/s;

　　d——叶片在气流入射方向上的厚度,m;

　　k——常数,取值范围为 0.15 ~ 0.22。

显然,f_{max} 与 v 成正比,但旋转叶片上的圆周速度随着与圆心距离不同而连续变化,因此,涡流噪声呈明显的连续谱特征。

风扇噪声随转速增加而迅速提高,如图 8-13 所示,转速提高 1 倍,声级增加 11 ~ 17dB。通常在低转速时,风扇噪声比发动机本体噪声低得多,但在高转速时,风扇噪声往往成为主要甚至最大的噪声源。

控制风扇噪声可以从以下几方面着手。

(1)适当选择风扇与散热器之间的距离。试验表明,汽车风扇与散热器之间的最佳距离为 100 ~ 200mm,这样既能很好地发挥风扇的冷却能力,又能使噪声最小。

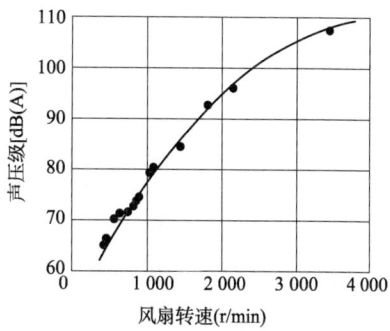

图 8-13　风扇转速对其噪声的影响

（2）因为风扇叶片附近涡流的强度与叶片形状有密切关系，故可改进叶片形状，使之有较好的流线型和合适的弯曲角度，从而降低涡流强度，达到控制噪声的目的。

（3）试验表明，叶片材料对其噪声也有一定的影响。铸铝叶片比冲压钢板叶片的噪声小，有机合成材料(如玻璃钢、高强度尼龙等)叶片比金属叶片噪声小。

（4）汽车行驶过程中风扇必须工作的时间一般不到10%，因此装风扇离合器使风扇仅在必要的时间工作，不仅可以减少发动机功率损耗和使发动机经常处在适宜的温度下工作，还可起到降低噪声的作用。

（5）叶片非均匀分布，如四叶片风扇的叶片间夹角布置为70°和110°，可有效降低风扇噪声频谱中那些突出的线状频率尖峰，使噪声频谱变得较为平坦，从而起到降噪作用。

四、机械噪声及其控制

发动机的机械噪声是发动机运转过程中各零部件受流体压力和运动惯性力的周期性变化作用而引起振动和相互冲击所激发的噪声。发动机高速运转时，机械噪声在发动机噪声中占主导地位，另外，机械噪声还受发动机制造工艺水平的制约。

机械噪声主要包括活塞敲缸声，配气机构噪声、齿轮啮合噪声、供油系噪声、不平衡力引起的噪声等。

1.活塞敲击噪声及其控制

活塞对汽缸壁的敲击，通常是发动机最大的机械噪声源。敲击的强度主要取决于汽缸的最大爆发压力和活塞与汽缸之间的间隙。因此，这种噪声既和燃烧有关，又和活塞的具体结构有关。大功率柴油机上，这种敲击力可高达数吨，能激发出很强的噪声。在冷起动后以及急速工况下，由于活塞和缸壁的间隙较大，这种敲击噪声相当突出。

由于活塞与汽缸之间存在间隙，在活塞的往复运动中，作用于活塞上的气体压力，惯性力和摩擦力周期性变化方向，使活塞在侧向力作用下，在上、下止点附近发生方向突变，产生横向运动冲击汽缸壁产生噪声。这一噪声是发动机的最大机械噪声源，而且发动机高速运转时，活塞的这种换向的横向运动以极高速度进行，形成对缸壁的强力冲击，特别是换向发生在膨胀行程开始时，这种冲击将更为严重。

影响活塞敲缸声的因素有活塞与汽缸的间隙，活塞销孔的偏移，活塞的高度，活塞环在活塞上的位置以及汽缸润滑条件，发动机转速，气缸直径等。实验表明，活塞与汽缸的间隙增大1倍时，其噪声可增加 $3 \sim 4dB$。

控制活塞敲缸噪声的措施：

（1）在满足使用和装配的前提下，尽量减小活塞与汽缸之间的间隙，减小间隙可以减小甚至消除活塞横向运动的位移量，从而减轻或避免活塞对缸壁的冲击，达到降噪的目的。若能保证发动机冷态和热态下，此间隙值变化不大，将会使降噪效果更佳。为了实现这一目的，现代汽车发动机在活塞结构设计上采了一些措施，如针对活塞上部的膨胀量大于其下部的情况，将活塞制成直径上小下大的锥形，使其在汽缸中工作时上下各处的间隙近于均匀；采用椭圆形裙部；在汽油机的铝合金活塞最下面一道环槽上切一横槽，以减少从头部到裙部的传热；在裙部车纵向槽，使裙部具有弹性，从而减小导向部分间隙等等。此外，为了适应高压缩比、高转速发动机的强度和刚度要求，可采用镶钢片活塞，即在铝合金活塞中镶入热膨胀系数比铝合金小的材料，以阻碍活塞裙部推力面上的膨胀，从而减小活塞裙部的装配间隙，达到降低噪声的目的。这种镶钢片活塞在汽油机和柴油机上都有采用。

（2）活塞销孔向主推力面方向偏移，使活塞的换向提前到压缩终了前，同时可以使活塞换向的横向运动方式由原来的整体横移冲击变为平滑过渡，可起到显著的降噪作用。现代汽车上普遍采用这种降噪措施。但应注意偏移量大小的控制，过大的偏移量，会增大活塞承受尖角负荷的时间，引起气缸早期磨损，损失有效功率。

（3）在可能的情况下适当加大活塞裙部长度，增大支承面。

（4）增加活塞表面的振动阻尼，采用底油环或在裙部表面覆盖一层可塑性材料，增加振动阻尼，缓冲或吸收活塞敲击的能量，也可明显降低活塞敲缸声。如在活塞裙部表面涂一层聚四氟乙烯，然后再外加一层厚度为 0.2mm 铬氧化物。

2. 配气机构噪声及其控制

在配气机构中，凸轮和挺杆间的摩擦振动、气门的不规则运动、摇臂撞击气门杆端部以及气门落座时的冲击等均会发出噪声。

发动机低速时，气门机构的惯性力不高，可将其看成多刚体系统，噪声主要源于刚体间的摩擦和碰撞，在气门开启和关闭时有较大的噪声。气门开启的噪声主要是由施加于气门机构上的撞击力造成的，而气门关闭时的噪声则是由于气门落座时的冲击产生的，气门的噪声级和气门运动的速度成正比，如图 8-14 所示。

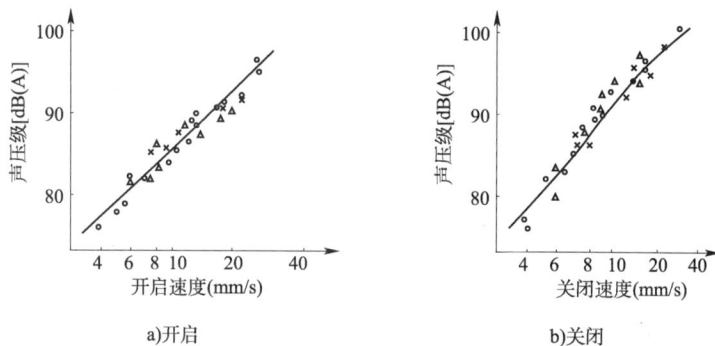

图 8-14　气门机构开闭噪声与气门运动速度的关系

在发动机高速运转时，气门机构的惯性力相当大，使得整个机构产生振动。气门机构实际上是一个弹性系统，工作时各零件的弹性变形会使位于传动链末端气门产生"飞脱"和"反弹"等不规则运动现象，增加气门撞击的次数和强度，从而产生强烈的噪声。发动机转速越高，这种不规则运动越强烈，噪声越大，严重时还会使发动机的正常工作遭到破坏。因此，高速时配气机构的噪声主要与气门的不规则运动有关。

影响配气机构噪声的主要因素有凸轮型线，气门间隙和配气机构的刚度等，因此控制噪声应从以下几方面着手。

（1）减小气门间隙。发动机低速运转时，气门传动链的弹性变形小，配气机构噪声主要来源于气门开、闭时的撞击。减小气门间隙可减小因间隙存在而产生的撞击，从而减小噪声。采用液力挺杆，可以从根本上消除气门间隙，从而消除传动中的撞击，并可有效地控制气门落座速度，因而可使配气机构的噪声显著降低。

（2）提高凸轮加工精度和减小表面粗糙度。

图 8-15 给出了两种用不同加工方法制造的凸轮的噪声级。凸轮 A 是用常规方法加工出来的，通过测量凸轮升程发现，在气门关闭的缓冲段有无规则的波纹，凸轮 B 是提高磨削速度加工出来的。试验表明，凸轮 A 比凸轮 B 有更大的噪声，特别是当发动机转速为

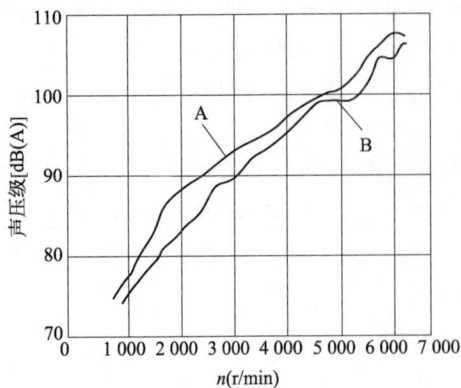

图 8-15 凸轮型线加工精度与气门噪声的关系

2000r/min 时,噪声级可相差 6dB(A)。

(3)减轻驱动元件质量。在相同发动机运转速度下,减轻配气机构驱动元件质量即减小了惯性力,从而降低配气机构所激发的振动和噪声。缩短推杆长度是减轻机构重量并提高刚度的一项有效措施。在高速发动机上,应尽量把凸轮轴移近气门,甚至取消推杆,构成所谓顶置式凸轮轴,这对减小噪声改善发动机动力特性是有利的。

(4)选用性能优良的凸轮型线。设计凸轮型线时,除保证气门最大升程、气门运动规律和最佳配气正时外,采用几次谐波凸轮,降低挺杆在凸轮型线缓冲段范围内的运动速度,从而减小气门在始升或落座时的速度,降低因撞击而产生的噪声。

3.供油系噪声及其控制

喷油系统的噪声主要是由于喷油泵和高压油管系统的振动所引起的,主要是几千赫兹以上的高频声,可分为流体性噪声和机械性噪声。流体性噪声包括:

(1)液压泵压力脉动激发的噪声。这种压力脉动将激发泵体产生振动和噪声,同时还将使燃油产生很大的加速度,从而冲击管壁而激发噪声。

(2)空穴现象激发的噪声。这是当油路中、高压力急速脉动的情况下,油中含有空气不断地形成气泡又破灭,从而产生所谓空穴噪声。

(3)喷油系统管道的共振噪声。当油管中供油压力脉动的频率接近或等于管道系统的固有频率时,引起共振,激发噪声。

机械性噪声之一是喷油泵凸轮和滚轮体之间的周期性冲击和摩擦,特别是当复位弹簧的固有频率和这种周期性的冲击接近时,会产生共振,使噪声加剧。

另一主要的机械噪声是喷油泵产生的噪声,主要是由周期性变化的柱塞上部的燃油压力、高压油管内的燃油压力以及发动机往复运动惯性力激发泵体自身振动而引起的,其大小与发动机转速、泵内燃油压力、供油量及泵的结构有关。试验表明:凸轮轴转速增加 1 倍,喷油泵噪声约增加 8~15dB;燃油压力由 0 增至 150MPa 时,噪声增加 9dB;供油量由 0 增至 100% 时,噪声仅增加 3~4dB,说明供油量对喷油泵噪声影响较小。为了减小喷油泵噪声,可提高喷油泵的刚性,采用单体泵及选用损耗系数较大的材料作泵体,以减少因泵体振动而产生的噪声。

第三节　汽车传动系噪声及其控制

汽车传动系中,可能成为噪声源的机构及总成有变速器、传动轴、差速器和轮边减速器等。它们产生的噪声既有齿轮啮合、轴承运转产生的噪声,也有机械振动引起的噪声。如变速器噪声就是由齿轮、轴承运转噪声和发动机通过离合器传给变速器壳体的振动噪声等组成。

一、齿轮噪声及其控制

齿轮传动被广泛应用在变速器和驱动桥总成中。齿轮传动的特点是轮齿相互交替啮合,在啮合处既有滚动又有滑动,不可避免地要产生齿与齿之间的撞击与摩擦,从而使齿轮产生振动并发出噪声。另一方面,发动机曲轴的扭振会使其所驱动的齿轮传动的正常啮合关系遭到破坏,从而激发出噪声。齿轮还承受着交变负荷,齿轮的加工误差会使这种负荷更为严重,从而使轴产生弯曲振动,并在轴承上引起动负荷,最终传给箱体,使之辐射出噪声。

1. 齿轮噪声产生机理

齿轮噪声可分为高频齿轮噪声和低频齿轮噪声两大类。

(1)高频齿轮噪声。

高频齿轮噪声主要是由齿轮基节偏差引起的,是齿轮噪声的主要成分。基节偏差会使齿轮在进入啮合或分离时产生撞击,该撞击称为啮合撞击,齿轮每转过一个轮齿就产生一次撞击,撞击频率取决于齿轮转速和齿数。显然,这种啮合冲击噪声的基频即为齿轮的啮合频率。

$$f_m = \frac{nz}{60} \tag{8-9}$$

式中:n——齿轮转速,r/min;

z——齿数。

当齿轮和相关旋转件的安装或制造有偏心时,除上起离心惯性力激发噪声外,偏心的齿轮旋转一周期间,两个齿轮啮合的齿侧间隙要发生变化,这使啮合力随齿轮传动角位移而变,从而激发振动和噪声,这种噪声也是高频噪声。此外,齿形误差及轮齿表面粗糙度等因素也引起部分高频噪声。

(2)低频齿轮噪声。

低频齿轮噪声主要是由齿距累积误差引起的冲击噪声。这种噪声一般不是齿轮噪声的主要成分。

值得注意的是齿轮的固有频率,当啮合频率与之一致或接近时,齿轮还可能产生共振,从而激发出更强烈的噪声。

2. 齿轮噪声的控制

影响齿轮的噪声的因素主要有齿轮的设计参数(如结构、材料、啮合率、压力角、模数、齿形修正和与之相配的轴与轴承等),齿轮加工精度(如各种加工误差、表面质量和热处理等),装配精度(如齿隙、接触面大小、位置和装配力矩等)及使用条件(如转速、负荷、润滑及工作条件等)。因此,控制齿轮噪声措施有:

(1)合理选择齿轮结构形式和改进齿轮修正设计。

对于圆柱齿轮,按噪声大小排列顺序为:直齿、斜齿、人字形齿;对于圆锥齿轮按噪声大小排列顺序为:直齿、螺旋齿、双曲线齿。因此从控制齿轮噪声角度出发,宜优选低噪声齿轮结构。

选择齿轮参数时,增加重叠系数,减小齿轮间的相对滑移和冲击,使齿轮工作过程平稳。因此,首先要选择大重叠系数的啮合副,但应注意重叠系数不宜过大,尤其是在齿轮精度不高的场合,因为多对轮齿同时啮合反而会加剧振动、增大噪声。啮合副类型一定时,增大齿轮模数、减小齿轮压力角,也可以使重叠系数增加,从而降低齿轮噪声。其次选择齿宽的大小要适当,以保证齿隙大小合适。齿隙过大,齿轮工作时有较大冲击;而齿隙过小,轮齿啮合时排气速度增加,轮齿间容易发生干涉,都将使齿轮噪声水平上升。

如果齿轮圆周速度从 v_1 降低到 v_2，其噪声衰减值 ΔL 可用下式估算：

$$\Delta L = 23 \times \lg \frac{v_1}{v_2} \qquad (8\text{-}10)$$

齿轮转速加倍，噪声增加约 7dB。因此，齿轮设计时应注意限制其工作转速，以防齿轮噪声过大。

（2）改进工艺，提高加工精度。

提高齿轮制造精度，降低各种误差和轮齿表面的粗糙度，均可以有效地降低齿轮噪声。国外对齿轮研究表明，齿轮制造精度等级提高一级，传动噪声可降低 7~10dB。采用磨齿、研齿和剃齿均可达到较高加工精度，有效降低噪声。齿形修缘可以改善轮齿的受力情况，也是降低噪声的有效措施。

（3）正确安装合理使用。

安装齿轮时，必须满足精度要求，使两啮合齿轮的轴心线平行度限制在允许范围内，各部位的间隙应适当调整。在齿轮使用时，要正确选用润滑油，保持齿轮合适的润滑状态，以减小齿间摩擦、吸收振动能量、降低工作噪声。

（4）齿轮阻尼减振措施。

在齿轮基体上加装合适的阻尼减振材料，能有效抑制齿轮振动幅度，阻止其向外辐射噪声。实际中常采取的阻尼减振措施为：在齿轮轮缘处压入摩擦系数较大的材料制成的环（如铸铁环等），在轮辐上加装橡胶垫圈（如聚硫橡胶圈）；在轮辐等噪声辐射的主要表面涂敷含铅量高的巴氏合金等阻尼材料。

二、滚动轴承噪声及其控制

汽车传动系中使用了大量的滚动轴承，这些轴承不可避免地会因振动和摩擦而产生噪声。虽然其噪声较低，但其对系统的支承刚度和固有频率有较大的影响。且轴承振动会导致共振噪声。

滚动轴承的噪声是由于工作中的振动和摩擦产生的。表面质量差、径向间隙小和润滑不良等，均会引起摩擦而产生较大的噪声。滚动体和套圈在径向载荷作用下产生弹性变形以及轴心在旋转中心产生周期性的跳动，都将使滚动体、套圈和保持架之间产生撞击和摩擦声。

轴承的结构类型、加工精度及安装的刚度均对噪声有较大的影响。轴承精度差会使轴承内套圈变形，轴承座精度和刚度低会造成轴承外套变形，这两种情况都会使轴承运转时产生振动和噪声。一般说来，如果轴承几何形状有较大的误差、表面质量低或安装使用不当，则会使轴承噪声大大加剧。若轴的固有频率和轴承振动的固有频率接近时，将引起轴的共振而激发出较大噪声。当轴承内有灰尘杂质，滚动体和滚道上有斑痕、压痕、锈蚀等，轴承也会产生周期性的振动和噪声。

轴承噪声的控制措施如下：

（1）在条件许可的情况下，优先选用球轴承，因为球轴承在理想的工作状态下为点接触，其噪声水平远较其他轴承低得多。

（2）提高轴承的制造精度和套圈的刚度，以减少滚动体与滚道间摩擦与冲击。

（3）正确安装，调整好轴承间隙和预紧度，改善润滑条件，在轴承外环上加装隔振衬套等，都可有效控制振动和噪声。

三、变速器及驱动桥噪声控制

汽车变速器、驱动桥及其中的齿轮传动,是汽车传动系主要的动力振动系统,它除了产生齿轮噪声、轴承噪声外,还激发壳体的表面振动而辐射噪声。变速器噪声大约占传动系总噪声的50%~70%,而汽车变速器和驱动桥的噪声是由其壳体表面辐射的,因此,除前面已研究过的齿轮噪声外,还必须进一步讨论这些表面振动噪声,特别要注意当齿轮的啮合频率以及轴承的振动频率与箱体的固有频率重合或接近时,将产生共振而辐射出较强的噪声。

为了控制变速器噪声,结构设计应力求紧凑,以保证壳体有足够的刚度,避免共振。提高壳体刚度的常用措施有:增加壁厚,合理布置肋条、肋板、把箱壁内表面设计成弧形,转角采用大圆弧过渡等。提高壳体的密封性,减少通向外界的孔道数目和大小,可防止齿轮噪声直接向外传出,从而起到隔声作用。选择高内阻材料(如铸铁、塑料和层合板)制造壳体,例如,用铸铁制的壳比用钢板焊接的箱壳噪声辐射要低。在壳体表面涂阻尼材料也可明显降低表面噪声辐射。

汽车驱动桥的噪声与变速器的噪声有许多相似之处,但驱动桥支撑在悬架上,受簧上振动质量和扭转的作用以及路面不平的影响,会产生强烈的弯曲振动和扭转振动,特别是在共振情况下,会产生强烈的噪声。因此,在设计和制造时,驱动桥应作振动计算和振动特性的测试。例如,某汽车增加了后桥的弯曲刚度,在万向传动轴中装用橡胶减振元件并降低了主传动比后,避免了共振,其噪声下降了6~15dB。

四、传动轴噪声及其控制

1. 传动轴噪声

发动机的转矩波动和振动,变速器及驱动桥等振动的输入,万向节输入和输出转速、转矩的不均衡性,传动轴本身的不平衡等,都是引起传动轴振动噪声的重要原因。

传动轴振动噪声的扩散传播主要有两个途径,一是经传动轴的中间支承、变速器和驱动桥传给车身及其他部件,引起更广泛的振动和噪声;二是经周围空气直接向外辐射噪声。

传动轴动平衡的好坏是影响其振动噪声的主要因素。一般情况下,传动轴的平衡度主要影响传动轴的一次谐振;由于传动轴两端十字轴万向节的影响,使其转速与转矩按周期性规律变化,将影响传动轴总成的二次谐振,从而增加传动轴的噪声。

2. 传动轴噪声的控制

(1)提高传动轴刚度,保证传动轴动平衡。由于传动轴振动主要是其质量不平衡和弹性弯曲所致,因此控制传动轴噪声时首先应考虑提高传动轴刚度和动平衡,以减轻振动。因此使用中应经常进行传动轴动平衡校正,因为花键、十字轴磨损、传动轴变形或装合差错均会引起传动轴的不平衡。

(2)消除不等速万向节带来的传动轴转矩和转速的波动,减小传动轴工作时的振动。控制万向节最大允许夹角在5°以内,最好选用等速万向节。

(3)传动轴中间支承对其振动和噪声也有较大影响,特别支承座与吊耳间的隔振措施。在支承座与吊耳间加装隔振橡胶衬套可以阻止传动轴振动通过中间轴承向车身的传播。

（4）汽车使用中,应注意保持对传动轴各润滑点的正常润滑,避免因磨损而使间隙增大。修理汽车时应对传动轴重新进行平衡,消除万向节径向间隙及伸缩花键间隙引起的轴偏心对平衡的影响。为消除万向节径向间隙,可采用滚针轴承端部具有弹性的万向节,以便给十字轴以适当的预紧力。

第四节 车身与行驶系噪声及其控制

一、车身噪声及其控制

1. 车身噪声的产生

车身噪声主要来自两个方面:一是车身振动,二是空气与车身之间的冲击和摩擦。前者引起的噪声受车身结构、发动机安装方式、各激振源特性等多种因素影响;而后者只受车身外形结构和汽车行驶速度的影响。两种噪声对汽车车外噪声和车内噪声均有所贡献,在一般情况下,以车身振动噪声的贡献为大。

（1）车身振动噪声。

车身是由骨架和壁板组成的复杂结构体,在发动机和路面振动激励下,其振动状态十分复杂。车身前部振动由前轮激振力产生,它是由前轴非悬架支承质量共振与车身的一阶弯曲共振、发动机垂直振动以及悬挂质量纵向角振动共振而合成的。车身横向振动是由于左右车轮的逆向振动而产生悬挂质量横向角振动的共振和车身的扭转共振。这些振动互相影响,使车身实际振动状态更为复杂。研究表明,作为车身振动噪声的频率为 5~300Hz 左右,其中以车身骨架结构为主产生的振动噪声在 5~30Hz 的低频范围,以壁板为主产生的振动噪声在 30~300Hz 的低、中频范围内。

从车身结构类型看,由于无骨架车身直接承受路面的冲击,所以较骨架式车身更容易产生振动噪声。对于一些大型车辆,由于车身较长,相应的车身质量增加,使车身整体刚度下降;而对于一些轿车,由于车身轻量化的设计措施,也同样使车身整体刚度下降。若车身刚度不足,则固有频率降低,汽车行驶中容易产生车身共振,从而引起较大噪声。

此外,发动机、底盘与车身隔振措施不佳也易激发车身振动,从而加剧噪声。

（2）空气动力噪声。

汽车行驶时,车身内、外总会存在不同程度的空气动力噪声,它包括空气通过车身缝隙或孔道进入车内而产生的冲击噪声,空气吹过车身外表面凸起物而产生的涡流噪声,空气与车身的摩擦声 3 个方面。由于空气阻力与汽车行驶速度的平方成正比,因而汽车高速行驶时,空气动力噪声较大。

空气动力噪声对车内影响更大些。由于其频率较高,一般为 2 000Hz 左右,人们对该噪声感觉为鸣叫声。

空气动力噪声虽因轿车、货车和客车的车型不同而差异较大,但不论何种汽车,如果车身外表面制造粗糙、车身流线型差、车外凸起件多等,都会增大车身的空气动力噪声。

2. 车身噪声的控制

（1）控制车身辐射的振动和噪声。

在车身各构件中,板件振动对车身噪声影响最大。这是因为板件的声辐射效率较高。

为减弱板件振动,可在其上设置加强肋以提高其刚度;也可加装阻尼带或粘贴减振材料,以增加对振动的衰减。在板件上涂阻尼涂料,降低其声辐射效率,对减少噪声也很有效果。一般说来,涂料覆盖量为 $0.25g/cm^2$ 时,防声效果最佳。

车身外板的共振频率通常在 $40 \sim 300Hz$ 左右,地板共振频率在 $50 \sim 60Hz$ 左右。不同的车身结构,其共振频率有很大差异。车身设计时应正确选取,避免发动机、底盘的共振频率或激振力频率与车身各板件的共振频率相一致,同时应将车身外侧、车顶、地板的共振频率互相错开,以防产生强烈的共振噪声。路面激励使车身振动,车身振动会引起发动机振动,而发动机振动又反过来传给车身,为避免这种"反馈"现象,可采用试验方法决定发动机最佳安装位置和支承刚度,使整车各部件固有频率实现最佳匹配。

采用流线型好的车身不仅可以降低行驶阻力,而且可减少空气涡流及空气对车身的冲击。光洁的车身可以减少摩擦,从而降低噪声。车身凸出物的数量和凸出幅度也应加以控制,以利降低空气动力噪声。

(2)控制车内噪声。

汽车上几乎所有的噪声源都对车内辐射噪声,加上车身自身产生的噪声及车身对外部噪声的放大作用,所以车内噪声控制是一项相当复杂的工作。但归纳起来有减弱声源强度、隔绝传播途径和吸声处理等几个方面。

①消除或减弱噪声源的噪声辐射。

降低每一个噪声源辐射能量,对车内噪声控制都是有利的,如对发动机采取屏蔽处理可以达到显著的降噪效果,大客车采用发动机屏蔽罩,并在屏蔽罩壁板涂敷阻尼层,可降低车内噪声 $9 \sim 10dB$。

②隔绝传播途径。

利用隔振,隔声和密封等措施来隔绝噪声传播途径。利用具有弹性和阻尼的材料来隔断振源与车身之间的振动传递;利用涂布,阻尼粘胶等来改善车身壁板隔声性能,并辅以密封措施减小车室壁板的孔隙数和尺寸,从而可阻断固体传声和削弱气体传声。均可以减弱汽车行驶过程中传入车内的噪声。

③吸声处理降低车内混响声。

对车室顶棚、底板和侧壁采用吸声处理,如选用软内饰、衬垫时尽量使用本身吸声性能好的材料,同时综合考虑隔声和阻尼,都可起到降低车内混响声的作用。

④防止或消除车室共鸣与风振。

调整设计车身固有频率,有效利用吸声材料或在激振力—传递系统—声发射系统上调节振动特性,来改善车室空腔共鸣问题。

消除风振的措施可在车窗部分设置适当的覆盖物,防止卡门涡流对窗框的冲击等。

二、轮胎噪声及其控制

1.轮胎噪声的产生

轮胎在路面上滚动过程中将产生 3 个方面的噪声,即空气扰动噪声、轮胎结构振动噪声和路面噪声,其产生原因见表 8-1。此外在紧急制动、急转弯、猛起步或遇积水路面时,轮胎还会产生振动鸣声和溅水声等。

噪 声 种 类	噪 声 产 生 原 因
空气扰动噪声	轮胎快速滚动对周围空气产生扰动而产生的噪声;另外,轮胎胎冠花纹槽中的空气在路面与轮胎之间被压缩和排除时,由于泵吸效应发生的噪声。噪声的频率与1s内轮胎滚过的花纹槽数相等
轮胎结构振动噪声	轮胎在滚动过程中,花纹凸起与路面形成冲击并发生变形。当花纹滚离路面时,该花纹凸起从一个高的应力状态释放,这个过程中花纹凸起产生振动并辐射噪声
路面噪声	路面粗糙不平,不仅激发轮胎振动而产生噪声,而且路面的沟槽在轮胎滚过时也会产生泵吸效应,从而形成路面噪声

　　轮胎结构的弹性振动同样会激起花纹沟槽内的空气振动,从而辐射噪声。如图 8-16 所示,当轮胎胎面与地面接触时,花纹沟槽容积形成类似于共振管结构的共鸣管,轮胎振动使该容积中的空气流动并激发空气振动。

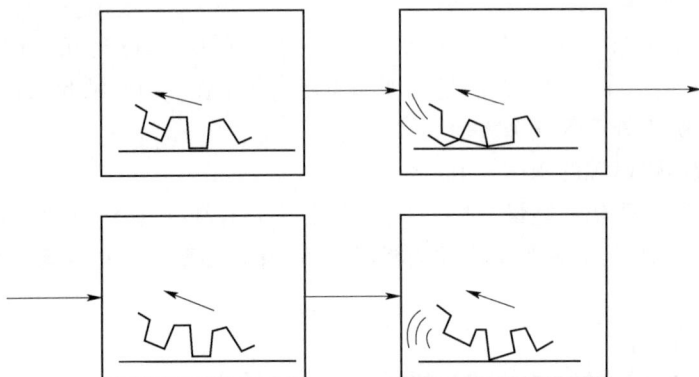

图 8-16　轮胎花纹沟槽共鸣效应

　　汽车在平滑路面上起步、紧急制动或急转弯时,轮胎与地面接触摩擦引发局部自激振动,从而产生尖锐的噪声。这种振鸣噪声的特性和大小,取决于轮胎花纹刚度,橡胶及路面性质等因素。

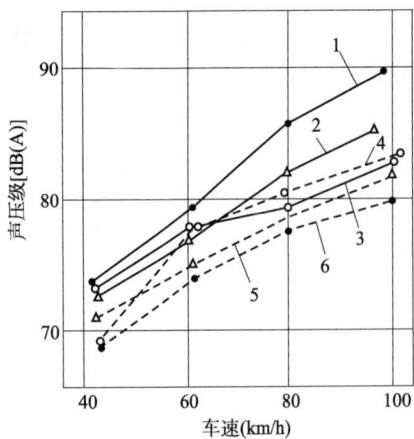

图 8-17　轮胎噪声与车速的关系
1-齿形;2-普通轮胎;3-块状形普通胎;4-齿形子午线轮胎;5-块状形子午线轮胎;6-肋条形子午线轮胎

2.影响轮胎噪声的因素

　　影响轮胎噪声辐射因素,一是设计因素,包括轮胎种类与结构、花纹设计和轮胎材料等;另一类是使用因素,包括轮胎滚动速度、载荷、充气压力、路面状况等。其中,最重要的因素是花纹设计与路面状况。

　　在轮胎花纹的基本类型中,横向直花纹轮胎噪声最大,纵向直花纹轮胎噪声最小。因为横向花纹的胎面沟槽深,且与前进方向成直角,花纹中空气受挤压程度高,所以噪声最大。纵向花纹由于沟槽与前进方向相同,花纹中空气受挤压程度弱,噪声因此而很小。在同种花纹情况下,增大花纹高度,减小花纹与轮胎轴线的夹角,则轮胎噪声增加。选用窄轮胎结构、合适的花纹宽度,可降低轮胎噪声。

　　如图 8-17 所示,汽车的行驶车速增加,轮胎噪声显著增加,最大增幅可达 30dB 左右,轮胎噪声已成为高速行驶汽车的主要噪声源。当汽车载质量不同时,其振动特性亦有所不同,轮胎所受负荷也不同,即轮胎花纹受挤压程度发生变化,从而使噪声产生差异,尤其是对横向花纹轮胎噪声影响较大,对其他花纹的轮胎噪声则影响较小。对于载货车来说,满载时的轮胎噪声比空车时高 5 ~ 6dB。另外,轮胎气压增高,轮胎变形就会减小,从而可取得与降低轮胎载荷相同的效果。

轮胎噪声还与路面状况、特殊行驶条件、轮胎的磨损程度以及轮胎的数量等有关。试验表明,普通纵向花纹轮胎在粗糙的混凝土路面上行驶噪声比在光滑混凝土路面上高 10dB;在一般情况下,制动和加速时轮胎噪声约上升 1 ~ 4dB;急转弯时能使轮胎噪声在高频范围内增大 10dB 左右;轮胎磨损后,噪声增加 2 ~ 4dB。

3.轮胎噪声的控制

(1)改进轮胎结构。降低轮胎花纹接地宽度与轮胎直径的比值,采用变节距轮胎等,对降低噪声高速行驶车辆的轮胎噪声效果相当明显。

(2)合理选择使用轮胎。根据汽车使用地区和使用条件的不同,合理选择轮胎结构与花纹类型。在满足使用要求的条件下,应优先选用子午线轮胎和纵向花纹或接近于纵向花纹的轮胎。以东风 EQ1090 汽车为例,在平原条件下使用条形花纹子午线轮胎,轮胎噪声可降低 2 ~ 8dB。

(3)控制轮胎噪声的传播途径。在轮胎与车身的连接之间加装弹性阻尼隔振装置,以衰减轮胎振动向车身的传递,可以达到间接控制噪声的目的。

(4)在汽车行驶中,适时调整轮胎气压,控制行驶速度和加速度,均可降低轮胎噪声。

(5)改善道路质量,减少弯道和坡道。合适的路面粗糙度也可起到控制轮胎噪声的目的。路面粗糙度以 0.5mm(平均纹高)为宜,在此基础上,若粗糙度每增加 1 倍,噪声将增加 6dB;同时粗糙度每减小 1 倍,噪声亦增加 2.5 ~ 3dB。

三、制动噪声及其控制

汽车制动噪声主要有制动器的鸣叫声、轮胎与路面的摩擦声及车身钣金件的振颤声等。这里主要分析制动器工作时的鸣叫声。

1.制动噪声的特性

制动噪声源于制动器的振动,是一种非连续的噪声。对于鼓式制动器,由于制动蹄片与制动鼓接触的恶化,实施制动时,制动蹄、鼓之间的摩擦振动激发出固有频率极高的制动器各部件共振,辐射噪声;对于盘式制动器,主要是由于衬块的振动激励盘体做轴向振动而产生噪声。

制动器产生的噪声是一种极为"刺耳"的高频鸣叫声,通常也叫"尖叫声",鼓式制动器比盘式制动器更易产生这种噪声,当制动蹄摩擦片的端部和根部与制动鼓接触时,易产生噪声。

2.影响因素

(1)制动器结构。

一般情况下,增加制动鼓的刚度和质量,降低制动蹄的刚度和质量可适当降低制动噪声;制动蹄摩擦片的动、静摩擦系数相差越大,表面硬度越高,产生制动噪声的倾向性越大;制动鼓直径影响噪声的频率范围,直径越大,噪声频率越低。

（２）制动蹄摩擦片温度。

对制动噪声的影响主要决定于制动蹄摩擦片的摩擦材料特性与温度的关系。一般说来，制动蹄摩擦片处于常态温度下（低于 150℃）时，易产生制动噪声，超过某一温度后，摩擦片摩擦系数降低，制动噪声随之减小或完全消失。

制动噪声不仅与制动蹄摩擦片的温度有关，而且与摩擦片的热历程有关。如果制动器经连续制动而温度增高再冷却后，摩擦片的表面状况会发生变化，还可能产生塑性变形，使制动蹄摩擦片与鼓在两端接触，制动噪声发生比例会大大增加。

（３）制动初速度和制动减速度。

一般在制动初速度较低时（即滑动速度 1.0m/s 以下），制动噪声较高；制动减速度既影响制动噪声的大小，又影响噪声的频率，减速度越大，发生的噪声频率越高，噪声越大，制动噪声发生的比例也较大。在各种车速下进行空载，满载试验表明，点制度（减速度为 0.2 ~ 0.5m/s²）时，制动噪声产生的比率为 32.8%，而轻制动（减速度为 1.1m/s²）及紧急制动（减速度为 5.5m/s²）时，该比率上升到 87.9% 和 100%。

（４）使用维护。

对于种制动器来说，其设计容量是一定的，如果使用中经常使之超载工作，则单位车重摩擦面积减小，摩擦片磨损加快，摩擦片表面发硬、发亮，易产生制动噪声。如经常超载运行的客车，其制动噪声发生的比例就相当高。另外，维护及更换摩擦片时调整不当，使蹄与鼓接触不良，也易引起制动噪声。

3. 制动噪声的控制

从设计、制造、使用及维护等各个方面采取措施，都可对制动器噪声进行控制，但最根本的是要从设计制造方面控制制动噪声。在设计上控制噪声的措施主要是优化制动器结构参数与合理选用材料。

（１）增大制动鼓的刚度，减小制动蹄的刚度。

增大制动鼓的刚度，可以增加固有频率，如鼓摩擦部分厚度增加 2 倍固有频率可上升约 1.7 倍，能显著降低低频区的噪声。减小制动蹄的刚度时，可以降低其固有频率，并且改善摩擦片与鼓之间的压力分布和接触情况，从而降低制动噪声。合理匹配其刚性，使鼓的固有频率高于蹄的固有频率，可有效抑制共振、减小噪声。

（２）加强鼓与蹄对振动的衰减。

在蹄或鼓上及与之接触部分采取阻尼措施衰减其振动可减少噪声能量的传播，从而实现降低噪声的目的；也可以在与蹄接触的部分，如分泵、支承等相应处加装减振材料，也能衰减振动达到降噪的目的。

（３）改善摩擦片的特性和衰减振动的能力。

改善摩擦片的摩擦特性的措施主要有：降低摩擦材料的摩擦系数，降低蹄的刚性以改善其压力分布，适当减小摩擦片的包角等。但有些措施可能会带来副作用，如摩擦片的摩擦系数减小，必然导致制动效果下降，此时必须采取适当的补救措施，以保证所需的制动容量。摩擦片对振动的衰减主要依赖于摩擦材料的物理性能，在选择材料时应予以注意。

（４）优化结构。

对于盘式制动器，增大制动盘对振动的衰减、限制摩擦块的振动以及控制振动的传播，是盘式制动器优化结构的主要措施。增大盘衰减的措施有在盘根部开一环槽或设衰减环。此外，还可选用内部衰减大的材料作制动盘，以达到衰减其振动和噪声的目的。为限制摩擦块的振动,在摩擦块钢背与活塞之间,摩擦块及活塞的振动应得到衰减,使表面压力分布均匀,并避免局部表面应力过高。其措施有阶梯形活塞或异形垫片等。

第五节　车内噪声主动控制技术

一、噪声主动控制技术原理

控制噪声的方法分为两种,它们分别是被动噪声控制和主动噪声控制。传统的噪声控制方法是采用被动噪声控制(也叫作无源噪声控制)。被动噪声控制一般采用封闭、隔音板、消音器等方法来削弱噪声。传统的被动噪声控制效果优良,且降噪频率范围广。但它有着体积较大,价格昂贵,低频区效果差的缺点。此外,传统的无源噪声控制会提高发动机排气系统背压,从而降低发动机的经济性。为了克服传统被动噪声控制的缺点,专家们将其精力放到主动噪声控制技术上来。主动噪声控制系统通过引入一个抗噪声源设备来消除噪声。它通过生成一个和源噪声幅值和相位相反的抗噪声音,利用声音干涉原理和源噪声结合,最终达到抵消源噪声的目的。如图8-18所示,噪声源和抗噪声源相加后变成残余噪声,噪声源强度大大削弱。降噪效果取决于抗噪声源振幅和相位的精度。

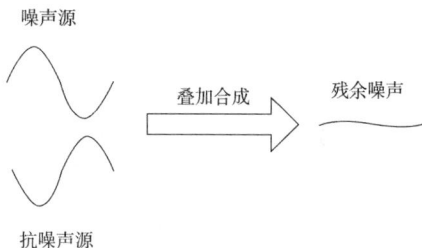

图8-18　噪声主动控制基本原理

二、噪声主动控制系统类型

按噪声源的频谱特性来划分,噪声源分为宽带噪声和窄带噪声。对于宽带噪声的消除需要获取噪声源的实时信号。噪声源的测量结果作为宽带噪声消除器的参考输入信号。控制器参考输入信号通过抗噪扬声器输出和源噪声强度和相位相反的信号,从而消除了源噪声信号。

有关窄带噪声控制技术已经十分成熟,降噪效果也非常有效。由于窄带噪声一般是由周期性或旋转机械产生,窄带噪声控制可以不需要像宽带带噪声控制那样通过输入麦克风来提供参考输入信号,只需要通过一个转速表提供噪声源的基本频率信息。由于周期性噪声都是由其基本频率以及其谐波组成,所以可以根据窄带噪声的基频来模拟窄带噪声信号,将其作为窄带噪声控制器参考输入信号,通过主动噪声控制算法产生抗噪声源来消除噪声源。这种噪声控制系统应用在汽车舱内同样是可行的。因为汽车的预警信号,广播信号等都和发动机的旋转不相关,所以控制器不会消除汽车舱内的这些与发动机旋转不相关信号。

主动噪声控制系统一般采用以下两种方法,一个是前馈型控制,它是在噪声源传播到抗噪扬声器之前,控制器需要获取到噪声参考输入信号。另一个是反馈型控制,它的控制器没有外部输入噪声源参考信号,它的参考信号是控制器内部合成的。其中前馈型噪声控制系统是当今主动噪声控制系统的主流。

1. 宽带前馈型

宽带前馈型噪声控制系统最基本的结构原理图如图8-19所示。图中的参考信号$x(n)$是通过一个靠近噪声源的输入麦克风采集获取。噪声控制器通过输入的参考信号,经噪声控制算法产生一个与噪声源幅值相同,相位相反的抗噪声源信号$y(n)$,抗噪声源驱动抗噪扬声器产生声音达到消除噪声源的目的。

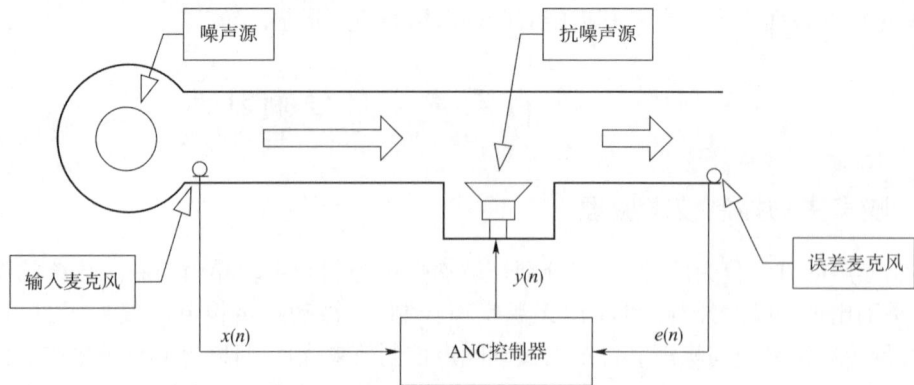

图 8-19　宽带前馈型主动噪声控制系统结构

　　宽带前馈型噪声控制方法的基本原理是在噪声源传播到抗噪扬声器之前,控制器利用这段时间延迟通过参考信号产生抗噪声源信号来抵消噪声源。所以说输入麦克风和抗噪扬声器之间的空间位置必须满足因果关系和连贯性。这也意味着在噪声源传播到达抗噪扬声器位置时,系统需要尽早测量出参考信号来生成抗噪声源信号。另外系统声音传播管道不能过多改变噪声源信号,需要保证采集到的参考信号和抗噪扬声器位置的噪声源信号的一致性。这样控制器才能根据参考信号 $x(n)$ 准确地产生一个和噪声源幅值相同,相位相反的抗噪声源信号 $y(n)$,最终消除噪声。

　　图中的信号 $e(n)$ 来自于误差麦克风测量的管道尾端残余噪声,主动噪声控制器参考残余噪声信号 $e(n)$ 实时更新自适应滤波器的系数,从而使残余噪声减小到最小。此外,实际应用时还需要考虑管道声学元素。

　　2. 窄带前馈型

　　在实际应用中,如果噪声源属于周期性噪声或者近似周期性噪声,像这类噪声一般都产生于旋转或重复摆动的机器(比如:发动机排气噪声),由前文可知,这种噪声称之为窄带噪声。该类噪声控制器的参考输入信号不需要像宽带噪声控制那样,通过输入麦克风采集获取。它可以采用非声学传感器(如:转速表,光学传感器等)代替输入麦克风。如此一来,该系统就可以避免抗噪扬声器后级声音反馈回其前级输入麦克风而影响参考信号的问题。

　　窄带前馈主动噪声控制系统的框图如图 8-20 所示。图中非声学传感器所采集到的信号是同噪声源相关的同步信号。控制器可以参照该信号产生噪声源的基频信号以及其谐波信号,从而合成系统的参考输入信号 $x(n)$。例如在汽车发动机排气系统中,就可以根据发动机转速信号来模拟合成参考输入信号 $x(n)$。主动噪声控制器根据参考信号 $x(n)$ 产生抗噪声源 $y(n)$ 驱动抗噪扬声器来消除噪声源。其中,系统同样需要误差麦克风来采集残余噪声信号 $e(n)$ 来更新数字滤波器的系数。

　　一般来说,窄带前馈型主动噪声控制系统的最大优点就在于非声学传感器不会受到声音的影响。如此,系统既能获取参考输入信号 $x(n)$,又能避免管道系统中干扰声音的影响。

　　总之,窄带前馈型 ANC 系统具有以下几个方面的优点。

　　(1)系统无需关心输入麦克风的环境和老化问题,这从工程的角度来看意义重大。因为输入麦克风很难在高温和高气流的环境中(如汽车发动机排气系统)正常长久的工作。

　　(2)窄带噪声是周期性噪声,这就避免了系统因果关系的约束。因为噪声源的频谱成分固定不变,所以控制器只需要考虑噪声源的相位和强度因素。抗噪扬声器的空间排放位置更加灵活,控制器的处理时间也更长。

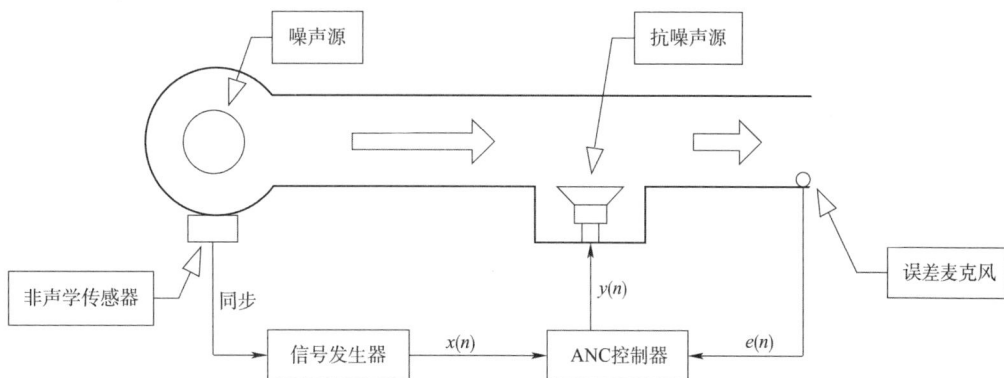

图 8-20　窄带前馈型主动噪声控制系统结构

（3）采用信号发生器提供参考信号 $x(n)$ 可以有选择性地消除任意特定频率信号。系统可以选择性的控制噪声源的各个谐波成分。

（4）只需要对噪声源的一部分谐波的声学传递函数关系建模。采用低阶 FIR 数字滤波器就可以有高的计算效率。

（5）采用非声学传感器替代输入麦克风,全完避免了干扰声的反馈影响。

3. 反馈型

1953 年 Olson 和 May 最先提出了反馈有源噪声控制。在他们的系统方案中,采用一个误差麦克风来检测残余噪声。误差传感器信号经过电子滤波器的幅值和相位响应产生抗噪声源信号,该信号驱动误差麦克风附近的抗噪扬声器来消除噪声。反馈有源噪声控制对有限频率范围的窄带噪声或有限带宽的宽带噪声只能达到有限的降噪效果。另外,由于在高频带的正反馈可能性,该系统的稳定性较差。由于窄带噪声的可预测性,反馈有源噪声控制系统可以根据误差信号 $e(n)$ 直接预测合成参考信号 $x(n)$。再通过窄带前馈系统控制算法来消除噪声。其反馈型有源噪声控制系统的原理框图如图 8-21 所示。

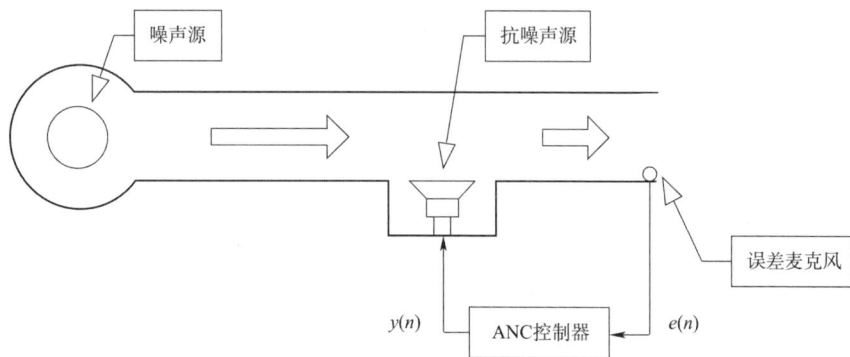

图 8-21　反馈型主动噪声控制系统结构

反馈型有源噪声控制系统的实际应用主要用于降噪耳机或听力保护设备中,并且这类设备已经产品化和商业化了。

4. 多通道型

主动噪声控制还可以应用于一些更为复杂的场合,这些应用包括有应用于大型管道或封闭空间里,刚性物体或建筑物的多个自由度控制以及汽车车厢内或飞机舱内。多通道主动噪声控制系统的原理框图如图 8-22 所示。

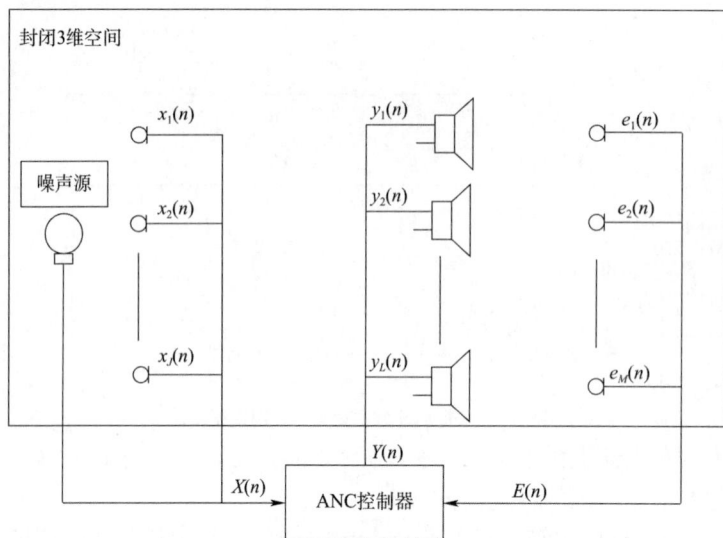

图 8-22　多通道型主动噪声控制系统结构

当声场的几何结构十分复杂时,采用简单的单一抗噪声源和单一的误差麦克风已经不能有效的消除噪声源。对于复杂的声场噪声控制需要更加优越的噪声控制算法和足够通道的噪声控制结构。多通道型主动噪声控制系统包含有多组抗噪扬声器和误差麦克风。

参考文献

[1] 李岳林,王生昌.交通运输环境污染与控制[M].北京:机械工业出版社,2013.

[2] 王建昕,等.汽车排气污染治理及催化转化器[M].北京:化学工业出版社,2002.

[3] 程志远,解建光.内燃机排放与净化[M].北京:北京理工大学出版社,2000.

[4] Noel de Nevers. Air Pollution Control Engineering,McGraw-Hill[M].北京:清华大学出版社,2012.

[5] 蔡凤田.汽车排放污染物控制实用技术[M].北京:人民交通出版社,2004.

[6] 李兴虎.汽车环境保护技术[M].北京:北京航空航天大学出版社,2004.

[7] 魏名山.汽车与环境[M].北京:化学工业出版社,2005.

[8] 蒋德明.内燃机燃烧与排放学[M].西安:西安交通大学出版社,2001.

[9] 冯晓,等.道路机动车污染测评技术与方法[M].北京:人民交通出版社,2003.

[10] 张远航,等.机动车排放、环境影响及控制[M].北京:化学工业出版社,2004.

[11] 张雨.汽油机瞬态排放分析[M].长沙:国防科技大学出版社,2005.

[12] 龚金科.汽车排放及控制技术[M].北京:人民交通出版社,2018.

[13] 李兴虎.汽车排气污染与控制[M].北京:机械工业出版社,2011.

[14] 李勤.现代内燃机排气污染物的测量与控制[M].北京:机械工业出版社,1998.

[15] 秦文新,等.汽车排气净化与噪声控制[M].北京:人民交通出版社,2004.

[16] 魏象仪.内燃机燃烧学[M].大连:大连理工大学出版社,1992.

[17] 李岳林.汽油机多区燃烧模型的建立及应用研究[M].北京:人民交通出版社,2002.

[18] 魏春源,等.高等内燃机学[M].北京:北京理工大学出版社,2007.

[19] 刘圣华,周龙保,等.内燃机学(第4版)[M].北京:机械工业出版社,2017.

[20] 周庆辉.现代汽车排放控制技术[M].北京:北京大学出版社,2010.

[21] 朱崇基,等.汽车环境保护学[M].杭州:浙江大学出版社,2001.

[22] 吴炎庭,袁卫平.内燃机噪声振动与控制[M].北京:机械工业出版社,2005.

[23] 赵良省.噪声与振动控制技术[M].北京:化学工业出版社,2004.

[24] 王继斌,等.大气污染控制技术[M].大连:大连理工大学出版社,2014.

[25] (美)诺埃尔·德·内韦尔.大气污染控制工程[M].胡敏,等译.北京:化学工业出版社,2005.

[26] 张玉芬,等.道路交通环境工程[M].北京:人民交通出版社,2001.

[27] 袁昌明,等.噪声与振动控制技术[M].北京:冶金工业出版社,2007.

[28] (美)Fuquan(Frank)zhao 著.帅石金译.汽油车近零排放技术[M].北京:机械工业出版社,2010.

[29] 陈南,等.汽车振动与噪声控制[M].3版.北京:人民交通出版社股份有限公司,2021.

[30] 张翠平,王铁.内燃机排放与控制[M].北京:机械工业出版社,2012.

[31] 支树模.汽车排放污染物控制与零排放净化技术[M].北京:中国标准出版社,2012.

[32] 黄震,等.机动车可吸入颗粒物排放与城市大气污染[M].上海:上海交通大学出版社,2014.

[33] 黄锦成,沈捷.车用内燃机排放与污染控制[M].北京:科学出版社,2012.

[34] 王建昕,帅石金.汽车发动机原理[M].北京:清华大学出版社,2011.

[35] 周庆辉.汽车新能源与排放控制[M].北京:北京大学出版社,2016.

[36] 蒋德明,黄佐华.内燃机替代燃料燃烧学[M].西安,西安交通大学出版社,2007.

[37] 杜长明.低温等离子体净化有机废气技术[M].北京:化学工业出版社,2017.

[38] 陈京瑞,霍柏琦,刘宗鑫,张志谋,石磊.直喷式柴油机准维多区燃烧模型最新技术发展[J].小型内燃机与车辆技术,2017,46(06):71-76.

[39] 陈文淼,王建昕,帅石金.柴油品质对发动机排放性能的影响[J].汽车工程,2008,(08):657-663.

[40] 李庆海.汽油机稀薄燃烧控制技术[J].交通科技与经济,2012,72(4):126-128.

[41] 郑宇,张强.汽油机HCCI技术路线综述[J].内燃机与配件,2019,(16),62-64.

[42] 刘光义,等.柴油机WHTC冷起动过程SCR温度热管理技术研究[J].内燃机工程,2017,38(6):145-151.

[43] 刘永平.柴油内燃机排放物环保净化技术研究[J].内燃机与配,2021,(23):54-55.

[44] 李颖.发动机可变气门正时技术原理及其发展探析[J].农机使用与维修2022,(3):49-51.

[45] Akhilendra P S,et al. Evaluation of comparative engine combustion,performance and emission characteristics of low temperature combustion(PCCI and RCCI)modes[J]. Applied Energy,2020,278(15):1-11.

[46] Han X Y,et al. Suita bility study of n-Butanol for enabling PCCI and HCCI and RCCI combustion on a high compression-ratio diesel engine[J]. SAE Technical Paper,2015.

[47] 伍赛特.商用车柴油机排气净化措施研究及展望[J].内燃机,2020,2(4):40-43.

[48] 赵伟.国VI汽油车颗粒物排放后处理应对策略[J].汽车维护与修理,2021,(4):7-11.

[49] 刘世宇,等.满足超低NOx排放标准的紧凑耦合SCR系统控制策略研究[J].汽车工程,2020,42(12):1630-1637.

[50] 曾科,等.采用低温等离子体技术降低柴油机有害排放物的研究[J].内燃机学报,2003,21(1):45-48.

[51] 刘华年,赵岳虎.低温等离子体净化技术[J].汽车实用技术,2022,38(11):187-190.

[52] 谭丕强,等.柴油机选择性催化还原捕集技术(SDPF)的研究现状与发展趋势[J].中国环境科学,2021,41(12):5495-5511.

[53] 王志坚,等.满足重型柴油机超低排放法规的后处理技术现状与展望[J].环境工程,2020,38(9):159-167.

[54] 徐仪.小型汽油机乙醇汽油适用性与排放研究[J].机械化工,2018,2018(12):172.

[55] 贾国瑞,等.替代燃料汽车发展趋势研究[J].汽车工业研究,2018,2018(12):42-47.

[56] 纪常伟,等.零碳及碳中和燃料内燃机应用进展[J].北京工业大学学报,2022,48(2):273-291.

[57] 杨斌,等.面向碳中和的燃烧反应动力学研究进展与展望[J].工程热物理学报,2022,43(5):1-16.

[58] 张红云,等.新型生物柴油的制备[J].西北农业学报,2006,15(1):139-143.

[59] Li Y,et al. Ethylene glycol monomethyl ether cottonseed oil monoester:properties evaluation as biofuel[J]. International Journal of Green Energy,2012,9(4):376-387.

汽车排放与噪声控制(第3版)

［60］ Wang X J,et al. Rapeseed oil monoester of ethylene glycol monomethyl ether as a new biodiesel［J］. Journal of Biomedicine & Biotechnology,2011,1-8.

［61］ 王智化,等. 新型零碳氨燃料的燃烧特性研究进展［J］. 华中科技大学学报(自然科学版),2022,50(7):24-40.

［62］ 杨斌,等. 面向碳中和的燃烧反应动力学研究进展与展望［J］. 工程热物理学报,2022,43(5):1-16.

［63］ 曹军,等. 我国环境空气中温室气体监测技术研究进展［J］. 环境监控与预警,2022,14(1):1-6.

［64］ 孙婷,朱焰. 环境空气质量标准指引家居场景空气质量标准制定［J］. 家电科技,2021,(S1):181-185.

［65］ 孟维. 直喷柴油机燃烧的现象学快速预测模型研究［D］. 上海交通大学,2019.

［66］ 胥昌懋. 被动氮氧化物分子筛催化剂 NO_x 吸脱附特性实验研究［D］. 上海交通大学,2020.

［67］ 王子威. 生物基质长链醚类含氧燃料的燃烧排放及碳烟生产特性研究［D］. 南京:东南大学,2020.

参考文献